普通高等院校信息类CDIO项目驱动型规划教材

丛书主编：刘平

操作系统配置与维护教程
（Windows 7）
（项目教学版）

杨玥 主编

吴瑕 王婷 张岩 高晶 副主编

清华大学出版社

北 京

内容简介

本书以客户端系统的安装和配置为线索，从客户端初次安装操作系统的角度出发逐步展开。以项目为驱动，使学生从一开始就带着项目开发任务进入学习，在做项目的过程中逐渐掌握完成任务所需的知识和技能，一步一步地解决问题，每一个单项工作任务（子项目）的完成都会带来小小的成功喜悦，增加一点点自信，引发继续向上的动力。

本书是国内真正的CDIO项目驱动型规划教材，以任务为中心，以培养职业岗位所需的能力为目标，按照企业网站开发的基本流程组织教材内容，通过精心构造的项目，循序渐进地向读者展现知识结构，让读者在做项目的过程中轻松掌握客户端操作系统的安装、设置和使用技巧。

图书在版编目(CIP)数据

操作系统配置与维护教程：Windows 7（项目教学版）/杨玥主编. --北京：清华大学出版社，2015（2016.7重印）
普通高等院校信息类CDIO项目驱动型规划教材
ISBN 978-7-302-39961-2

Ⅰ. ①操… Ⅱ. ①杨… Ⅲ. ①Windows操作系统－高等学校－教材 Ⅳ. ①TP316.7

中国版本图书馆CIP数据核字(2015)第085459号

责任编辑：付弘宇 薛 阳
封面设计：常雪影
责任校对：焦丽丽
责任印制：何 芊

出版发行：清华大学出版社
网　　址：http://www.tup.com.cn，http://www.wqbook.com
地　　址：北京清华大学学研大厦A座　　**邮　　编**：100084
社 总 机：010-62770175　　**邮　　购**：010-62786544
投稿与读者服务：010-62776969，c-service@tup.tsinghua.edu.cn
质 量 反 馈：010-62772015，zhiliang@tup.tsinghua.edu.cn
课 件 下 载：http://www.tup.com.cn，010-62795954
印 装 者：三河市少明印务有限公司
经　　销：全国新华书店
开　　本：185mm×260mm　　**印　张**：19.75　　**字　　数**：481千字
版　　次：2015年5月第1版　　**印　　次**：2016年7月第2次印刷
印　　数：2001～3000
定　　价：39.50元

产品编号：062243-01

丛书序

在课堂教学越来越难以吸引学生注意力的高校课堂，越来越多的教师开始引入项目教学，用以激发学生的学习兴趣和内在潜力。然而，真正适应项目教学的实用教材却非常匮乏，许多冠以项目教学或任务驱动型的教材，仅仅是在原教材的体系基础上，在每章或部分章的后面增加一个项目或任务而已。

为此，我们贯彻“应用为本、学以致用”的办学理念，在学习和借鉴 CDIO 国际工程教育理念与方法的基础上，通过多年的项目教学实践，建立了“教学内容与实际工作相结合、校内培养与企业培养相结合、学生角色与员工角色相结合”的项目教学内容体系，同时开发了这套普通高等院校信息类 CDIO 项目驱动型规划教材。其最大特点在于用项目驱动教学，用任务引领学习。每本教材均由一个完整的课程项目发端，再分为若干个子项目，将相关知识点有机融合到各个子项目里。

教师由传统的授课角色转为项目发包人兼项目导师的角色，通过发包实际任务激发学生的学习热情，挖掘学生的内在潜力；通过指导学生亲自完成实际任务来掌握相关知识要点，掌握工程项目实施理念和方法。

这种以项目为核心的教学方式打破了教室和实验室的界限，实现了理论教学与实践教学的高度融合，学生的工程实践能力得到显著加强。通过做项目，培养了学生的创新精神与团队合作意识，使学生通过做项目学会了做事，也学会了合作，使学生毕业时真正成为“懂专业、技能强、能合作、会做事”的可以直接上岗的技术应用型人才。

虽然，CDIO 项目教学引入我国已经有了一段时间，但仍处于探索推广阶段，需要广大的教育工作者共同努力，勇于探索，积极交流。为此，我们热切欢迎广大读者提出宝贵的意见和建议，同时也欢迎有志于项目教学探索与推广的老师参与到系列教材的编写开发中来。交流邮箱：liuping661005@126.com。

刘平 教授
普通高等院校信息类 CDIO 项目驱动型规划教材丛书主编
沈阳工学院信息与控制学院院长
2012 年 10 月于李石开发区

前言

随着计算机技术和网络技术的快速发展，与以往的 Windows 操作系统相比，Windows 7 在很多方面都有了革命性的改变，Windows 7 对用户界面和底层架构都做了大量的精雕细琢，同时又引入了众多的新特性和重大的改进来支持新的硬件和软件技术，给广大用户带来更多、更好的工具体验和管理数字化生活。Windows 7 在易用性、安全性、稳定性、兼容性以及文件管理的强大功能等诸多方面都广受赞誉。

本项目中一共包含 10 个子项目，分别是系统的安装和升级、系统中的硬件管理、屏幕和窗口设置、用户和权限管理、文件和文件夹管理、软件的管理和使用、网络设置和应用、系统的安全防范、常用工具的使用、系统的维护和故障处理。

本书概念清晰，逻辑性强，循序渐进，语言通俗易懂，适合作为高等学校计算机相关专业的客户端操作系统配置等课程的教材，也适合于使用计算机操作系统的初级、中级人员学习参考。

由于本书涉及的范围比较广泛，加之项目教学在我国又是新生事物，开展的时间还不长，因此书中不足之处在所难免，敬请读者批评指正。

作　者

2015 年 1 月

目 录

客户端系统操作的项目导入

如果说微软用 Windows 开启了自己的帝国时代，那么 Windows 7 便是继 Windows XP 之后最重要的一次操作系统革新。与以往的 Windows 操作系统相比，Windows 7 在很多方面都有了革命性的改变，尽管它构建在 Windows Vista 的基础之上，但是 Windows 7 对用户界面和底层架构都做了大量的精雕细琢，同时又引入了众多的新特性和重大的改进来支持新的硬件和软件技术，给广大用户体验和管理数字化生活带来了更多、更好的工具。

Windows 7 在易用性、安全性、稳定性、兼容性以及文件管理的强大功能等诸多方面都广受赞誉。Windows 7 系统的安装和操作入门简单，有方便的资源管理器和文件资源管理，具有 Windows Media Center 媒体中心、多媒体和娱乐以及连接并畅游 Internet，可便于收发和管理电子邮件，便于组建家庭和小型办公网，可以共享网络资源和下载网络资源，并且可以自定义工作组，可以自己手动安装和删除软件和数码设备，拥有强大的用户和计算机权限管理，以及计算机管理等诸多优势。

本项目中一共包含 10 个子项目，分别是系统的安装和升级、系统中的硬件管理、屏幕和窗口设置、用户和权限管理、文件和文件夹管理、软件的管理和使用、网络设置和应用、系统的安全防范、常用工具的使用、系统的维护和故障管理。

子项目1 系统的安装和升级

1.1 项目任务

在本子项目中要完成以下任务：

(1) 客户端系统的安装；

(2) 客户端系统的版本升级。

具体任务指标如下：

(1) 确定 Windows 7 系统的安装条件，选择系统版本，安装 Windows 7 系统；

(2) 在线升级客户端操作系统。

1.2 项目的提出

对于刚刚入门的用户首先遇到的问题是如何打开、关闭计算机，如何能够合理有效地安装 Windows 7 系统，安装 Windows 7 系统需要具备哪些条件，并且如何在线升级客户端操作系统。

1.3 实施项目的预备知识

预备知识的重点内容

(1) 理解 Windows 7 系统的安装条件；

(2) 重点掌握 Windows 7 系统的安装步骤；

(3) 重点掌握客户端系统的在线升级功能。

关键术语

(1) 操作系统(Operating System，OS)：是管理和控制计算机硬件与软件资源的计算机程序，是直接运行在“裸机”上的最基本的系统软件，任何其他软件都必须在操作系统的支持下才能运行。

(2) 32 位处理器：计算机中的位数指的是 CPU 一次能处理的最大位数。32 位计算机的 CPU 一次最多能处理 32 位数据，例如它的 EAX 寄存器就是 32 位的，当然 32 位计算机通常也可以处理 16 位和 8 位数据。在 Intel 由 16 位的 286 升级到 386 的时候，为了和 16 位系统兼容，它先推出的是 386SX，这种 CPU 内部预算为 32 位，外部数据传输为 16 位。直到 386DX 以后，所有的 CPU 在内部和外部都是 32 位。

(3) 64 位处理器：这里的 64 位技术是相对于 32 位而言的，这个位数指的是 CPU GPRs(General-Purpose Registers，通用寄存器)的数据宽度为 64 位，64 位指令集就是运行 64 位数据的指令，也就是说处理器一次可以运行 64 比特数据。64 比特处理器并非现在才有的，在高端的 RISC(Reduced Instruction Set Computing，精简指令集计算机)很早就有 64 比特处理器了，例如 Sun 公司的 UltraSparc Ⅲ、IBM 公司的 POWER5、HP 公司的 Alpha 等。

预备知识概括

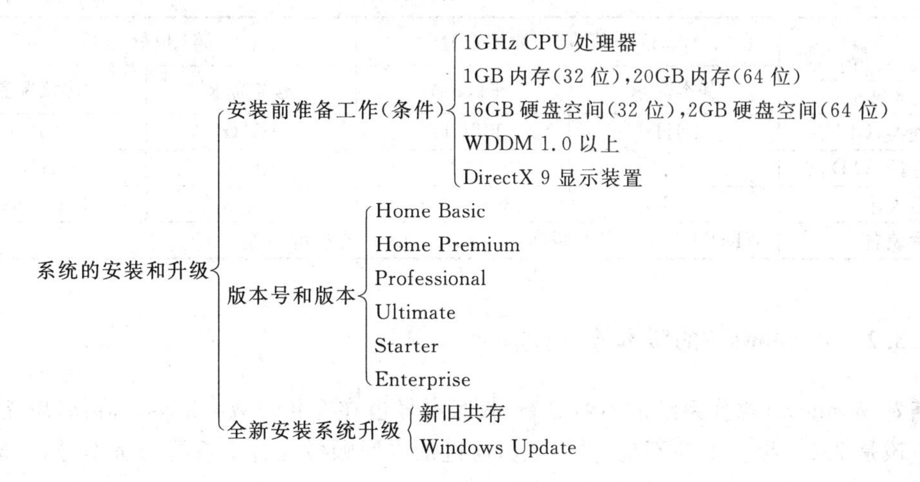

预备知识

1.3.1　安装系统前的准备工作

首先，要确定硬件是否能够正常工作，包括主板、CPU、内存、硬盘等。一般而言，在主板的自我检测时就可以得到一些相关信息。

其次，要看硬件配置是否达到系统最低的配置要求。由于 Windows 7 整合了许多创新技术，所以其硬件要求也相对较高。不同的版本，对硬件配置的要求也不相同。只有达到了最低配置的要求，才能成功安装 Windows 7。

当系统升级到 Windows 7 时，应检查软件在新的系统中是否能正常运行，例如在之前系统版本中使用的 Acrobat 8，在 Windows 7 系统中就要升级为 Acrobat 9 才可以使用。

用户可以把原系统的文件和设置转移到新的操作系统中，例如可以转移常用的应用程序配置信息、电子邮件、文件资料等，这样可省去重新配置的时间和麻烦。

在安装或升级 Windows 7 之前，必须先了解 Windows 7 的安装需求，以避免发生无法安装或操作速度太慢等问题。

Windows 7 的硬件基本配置要求如下：

(1) 1GHz CPU 处理器(32 位或 64 位)。

(2) 1GB 的内存(32 位时)，2GB 的内存(64 位时)。

（3）16GB的硬盘空间(32位时)，20GB的硬盘空间(64位时)。

（4）WDDM 1.0或以上版本，支持DirectX 9的显示装置。

（5）若使用Windows XP模式升级时提示“错误！尚未定义书签”，则需要2GB的内存以及15GB的硬盘空间，并支持硬件虚拟化的处理器。

以上所列的是微软公司所公布的硬件需求，近两年内所购买的硬件应该都能满足其需求(除了支持虚拟化的处理器外)。事实上，安装时使用的硬盘空间约占7GB，但安装其他软件如Office、Acrobat Reader等后，会使用约10GB的硬盘空间，因此硬盘空间的规划需根据使用者而定。一般在许可的情况下，建议为C盘划分30GB以上的空间。下面列出基本和建议的硬件规格，如表1.1所示。

表1.1　硬件规格

选　　项	32位处理器(一般用户)		64位处理器	
	基本需求	建议配置	基本需求	建议配置
处理器(CPU)	1GHz	1.6GHz	1GHz	2GHz
内存(RAM)	1GB	2GB	2GB	2GB
硬盘大小	16GB	30～50GB	20GB	35～60GB
显示装置	WDDM 1.0或以上版本，支持DirectX 9的显示装置			

1.3.2　Windows 7的版本号

随着Windows操作系统的不断更新，其版本号也在变化。Windows 7，顾名思义，其版本号应该是7.0。事实上并不是这样，下面通过依次回顾微软各个系统的版本号，来阐述微软公司出品的有代表性的操作系统及其版本号。

Windows第一个版本叫Windows 1.0，第二版称为Windows 2.0，第三版是Windows 3.0。

Windows 3.0之后是Windows NT，它的版本号是Windows 3.1；接着是Windows 95，版本号为Windows 4.0；再接着是Windows 98、98Se以及Windows Me，它们的版本号分别为4.01998、4.10.2222、4.90.3000，所以我们把所有的Windows 9x和Windows Me都统称为Windows 4.0。

Windows 2000的版本号是5.0，而Windows XP的版本号是5.1，尽管XP是一次重大升级，但为了保持应用程序的兼容，仍然没有改变主版本号。

当Windows Vista出现时，所用的版本号就是Windows 6.0，所以，作为微软的另一个重大升级，Windows下一版本号称为Windows 7是自然而然的事。

然而Windows 7“真正”的版本号为Windows 6.1，在Windows 7的版本介绍中可看到这个版本号。

有人会认为将Windows 7的版本号定位为6.1意味着Windows 7是Windows Vista的一次小的升级。但事实并非如此，Windows 7是一次重大的革命性创新，使用版本号6.1的唯一原因是保持应用程序的兼容性。另外，由历史的经验来看，3.1(Windows NT)、4.1(Windows 98Se)、5.1(Windows XP)都有不错的销量，或许微软公司也认为，版本号尾数为1的版本卖得会更好，也因此丢弃了版本号7，而改用6.1。

下面将Windows产品的版本号和上市名称做一个详细的对比，如表1.2所示。

表 1.2　系统版本号

版　本　号	上 市 名 称
Windows 1.0	Windows 1.0
Windows 2.0	Windows 2.0
Windows 3.0	Windows 3.0
Windows 3.1	Windows NT
Windows 4.0	Windows 95
Windows 4.01998	Windows 98
Windows 4.10.2222	Windows 98Se
Windows 4.90.3000	Windows Me
Windows 5.0	Windows 2000
Windows 5.1	Windows XP
Windows 6.0	Windows Vista
Windows 6.1	Windows 7

1.3.3　Windows 7 的版本介绍

Windows 7 共发行 6 个版本，分别是家庭基础版（Windows 7 Home Basic）、家庭高级版（Windows 7 Home Premium）、专业版（Windows 7 Professional）、旗舰版（Windows 7 Ultimate）、初级版（Windows 7 Starter）和企业版（Windows 7 Enterprise）。

1. Windows 7 Starter（初级版）

缺少的功能：Aero 特效功能；可同时运行三个以上同步程序；家庭组（HomeGroup）的创建；完整的移动功能。

可用范围：仅在新兴市场投资，仅安装在原始设备制造商的特定机器上，并限于某些特殊类型的硬件。

2. Windows 7 Home Basic（家庭普通版）

缺少的功能：Aero 特效功能；实时缩略图预览、Internet 连接共享。

可用范围：仅在新兴市场投放（不包括美国、西欧等其他发达国家）。

3. Windows 7 Home Premium（家庭高级版）

包含功能：Aero 特效功效；多点触摸功能；多媒体功能（播放电影和刻录 DVD）；组建家庭网络组。

可用范围：全球。

4. Windows 7 Professional（专业版）

包含功能：加强网络的功能，如域加入；高级备份功能；位置感知打印；脱机文件夹；移动中心（Mobility Center）；演示模式（Presentation Mode）。

可用范围：全球。

5. Windows 7 Enterprise（企业版）

包含功能：Branch 缓存；DirectAccess；BitLocker；AppLocker；Virtualization Enhancements（增强虚拟化）；Management（管理）；Compatibility and Deplayment（兼容性和部署）；VHD引导支持。

可用范围：仅批量许可。

6. Windows 7 Ultimate（旗舰版）

包含功能：家庭高级版和企业版的所有功能。

可用范围：有限。

其中，Windows 7 家庭高级版和 Windows 7 专业版是两大主打版本，前者面向家庭用户，后者针对商业用户，如表 1.3 所示。

表 1.3　Windows 7 版本

选　　项	初级版	家庭普通版	家庭高级版	专业版	企业版	旗舰版
在我国贩卖方式	不贩卖	OEM	零售和 OEM	零售和 OEM	大量授权	零售和 OEM
32/64 位支持	32 位	两者皆支持	两者皆支持	两者皆支持	两者皆支持	两者皆支持
最大内存支持（64 位模式）	无	8GB	16GB	192GB	192GB	192GB
家庭组建立和加入	只可加入	只可加入	两者皆可	两者皆可	两者皆可	两者皆可
多重窗口	否	可	可	可	可	可
快速用户切换	否	可	可	可	可	可
改变背景主题	否	可	可	可	可	可
桌面窗口管理员	无	有	有	有	有	有
Windows 行动中心	无	有	有	有	有	有
Windows Aero	无	部分	有	有	有	有
多点触摸	无	无	有	有	有	有
高级游戏	无	无	有	有	有	有
Media Center	无	无	有	有	有	有
远程桌面	无	无	有	有	有	有
备份和还原中心	无，需手动	无，需手动	无，需手动	有	有	有
加密文档系统	无	无	无	有	有	有
Windows XP 模式	无	无	无	有	有	有
多语言界面包	无	无	无	无	有	有
虚拟硬盘启动	无	无	无	无	有	有

注意：Windows 7 中的虚拟 PC 整合了一套完整的 Windows XP（Service Pack 3），并使用远程桌面控制来显示独立的应用程序，此功能只在 Windows 7 专业版以上版本中提供。

1.3.4　挑选适合自己的版本

用户群体最大的一般为家庭高级版和专业版。有些人对家庭高级版的功能不大放心，会去选择专业版；也有人觉得专业版价格较贵，不如家庭版更实惠。

撇开二者的相同点不谈，专业版具有以下5个优势。

(1) 加入数据域：如果用户的计算机时常需要加入网域中，最好选择专业版或者旗舰版。

(2) 网络备份驱动：Windows 7每个版本都可以自动备份和恢复系统，但是专业版中可以将备份文件存储在网络中，甚至可以远程控制计算机进行备份。

(3) 远程控制：只有在专业版以上的系统中，用户才可以对其他计算机进行很好的远程控制和信息通信。

(4) 离线同步：专业版内置的"文件同步"功能可以在离线状态下将选中的文件同步到其他计算机，设置好同步以后，系统会在计算机连接到网络后自动传送同步文件。

(5) XP模式：Windows 7中的XP模式可谓是一大创新，在专业版以上的系统中提供完全授权许可的XP虚拟系统。

其实上述一些功能，都可以通过第三方软件实现，但是显然不如系统内置使用起来更稳定、方便。Windows 7家庭普通版是上网本不错的选择；如果普通用户要求不高，家庭高级版完全可以满足需要了。

1.3.5　系统的全新安装

通过光盘安装Windows 7时，首先必须用光盘启动(在主板BIOS选项中设置)，进入光盘的系统环境，再通过安装程序的引导，一步步地设置系统，再将必要的文件复制到系统中，制作硬盘开机扇区，再将光盘取出，直接通过硬盘开机。

1.3.6　系统的升级

如果计算机中已安装系统，例如Windows XP或Windows Vista，则可以将其升级到Windows 7。升级后将不保留原来的系统，即原系统将被覆盖，其部分设置会被保留至Windows.old的目录之下。

1.3.7　新旧系统共存

若计算机已有原系统，如Windows XP或Windows Vista，希望在原系统保留的情况下再安装一个新的Windows 7系统，就可以参考以下介绍的操作步骤。

(1) 要保留原系统，必须在原来硬盘分区上有两个以上的分区，如图1.1所示，并且安装Windows 7的分区必须大于16GB。例如，原来的系统上有C、D、E盘，并在C盘上安装了Windows XP，则可以将Windows 7安装在D盘或E盘中。

(2) 当出现硬盘分区界面时，可将系统安装在原系统以外的磁盘中(如D盘)，单击"下一步"按钮，如图1.2所示。

(3) 之后就会开始安装系统，安装过程中会自动重新启动系统，并更新登录，接着会继续系统安装步骤，如图1.3所示。

(4) 再次重新启动系统后，开机菜单中会出现Windows 7的选项界面，如图1.4所示。

(5) 选用默认的Windows 7开机后，会继续安装的动作并检查视频性能，然后经过一系列基础设置后，就可以登录Windows 7了，如图1.5所示。

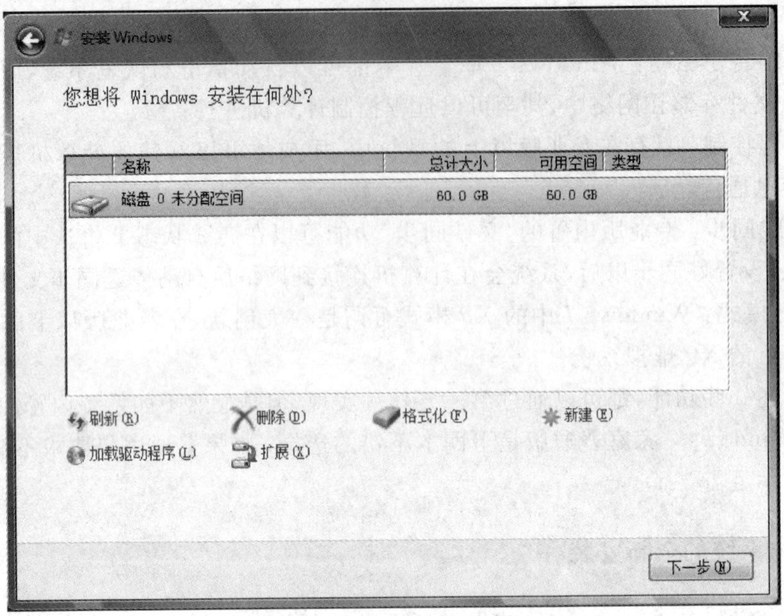

图 1.1 系统中的两个分区

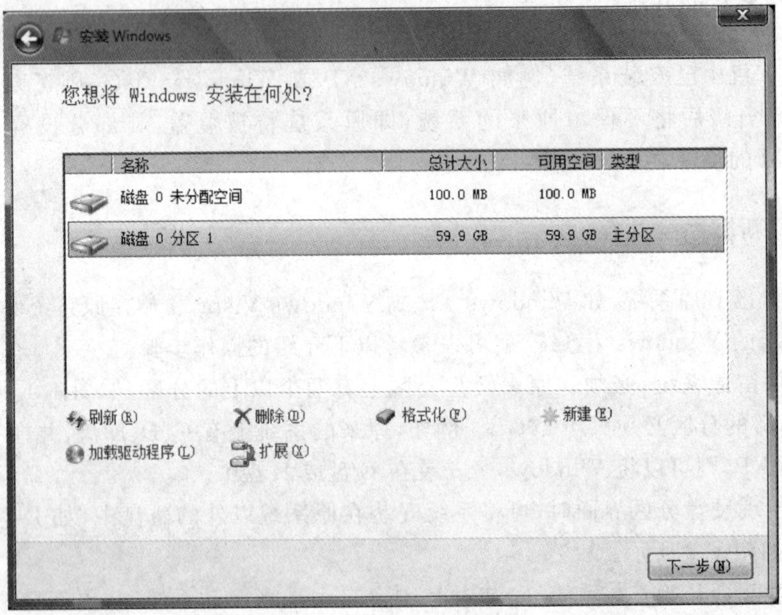

图 1.2 硬盘分区界面

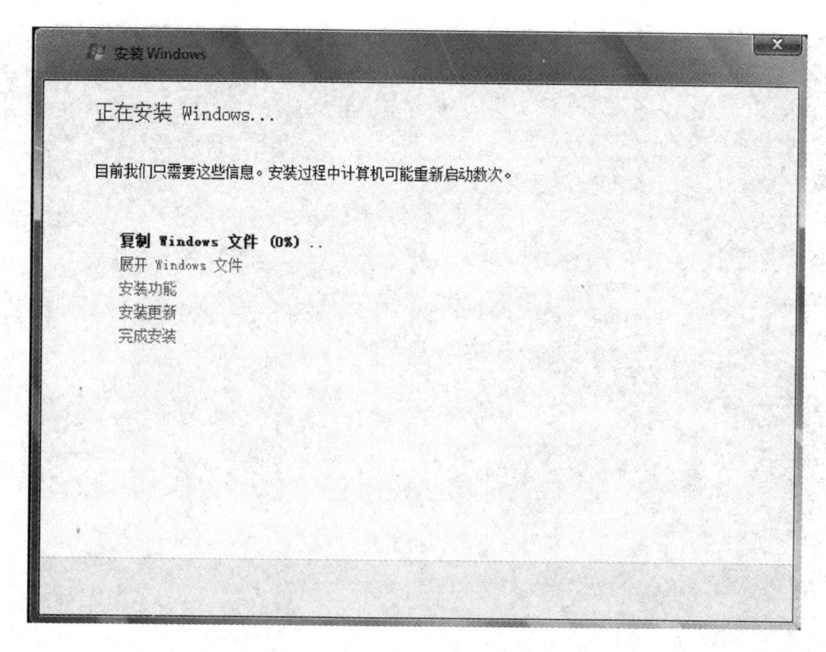

图 1.3　“安装 Windows”界面

图 1.4　Windows 选项界面

(6) 进入系统后，用户可以在“计算机”中查看硬盘情况，原系统安装在 C 盘中，而新系统安装在 D 盘。

1.3.8　安装后的系统设置

在第一次安装系统后，屏幕右下方会出现操作中心的提示信息。

单击该信息提示之后会弹出控制面板中的操作中心。

在操作中心内可进行病毒防护和系统恢复等选项的设置，进行相应设置后，即可放心使用计算机了。

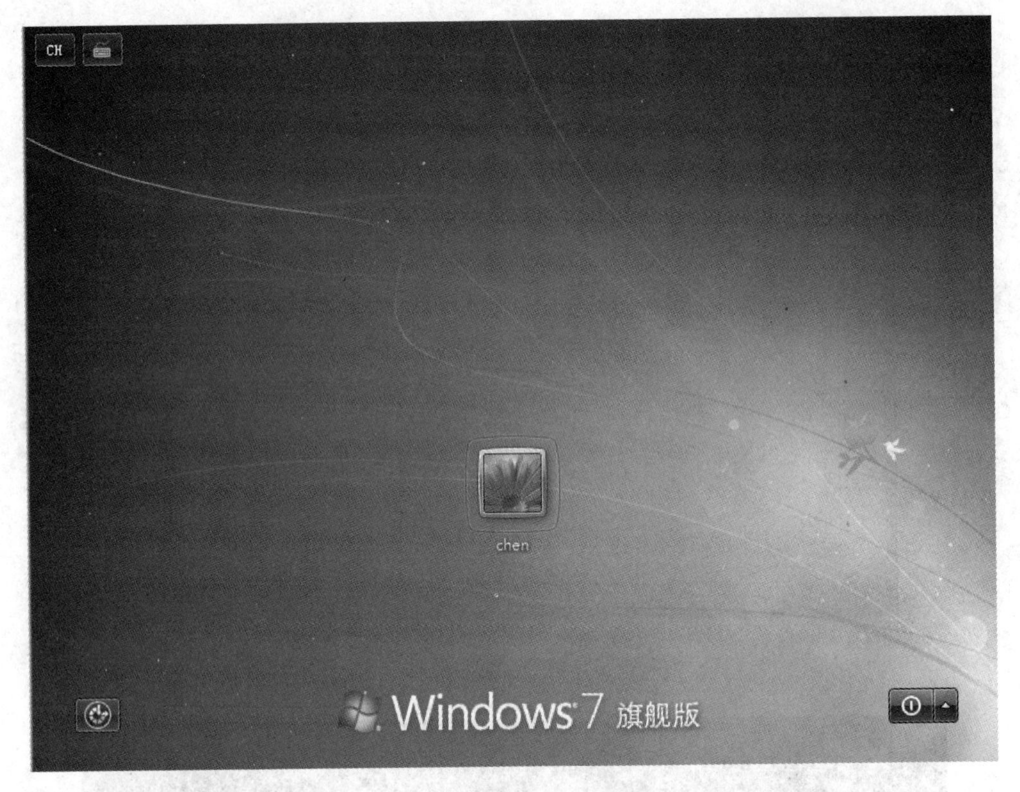

图 1.5　登录 Windows 7 界面

1.3.9　Windows Update 在线更新

操作系统本身是由程序构成的。当程序发生问题时，就需要进行修补。这可能是程序本身编写上的瑕疵，会导致某些情况下发生意外终止或是其他不正常的现象；也可能是忽略了某些安全上的考虑而导致出现系统安全上的漏洞。因此，下载并更新系统是必要而且急迫的。

Windows Update 是 Windows 的在线更新工具，它可以直接联机到微软的服务器下载并自动安装更新。

1.4　项目实施

1.4.1　Windows 7 系统安装

1. 光盘启动

开启电源，并将 Windows 7 安装光盘放入光驱中（必须为可读取 DVD 的光驱），如图 1.6 所示，并确定 BIOS 设置中的开机选项，其中光盘 CD-ROM Drive 必须为开机的第一顺序。

操作步骤如下：

(1) 设置完毕后重启，当出现如图 1.7 所示的界面后，就代表通过光盘成功启动了。

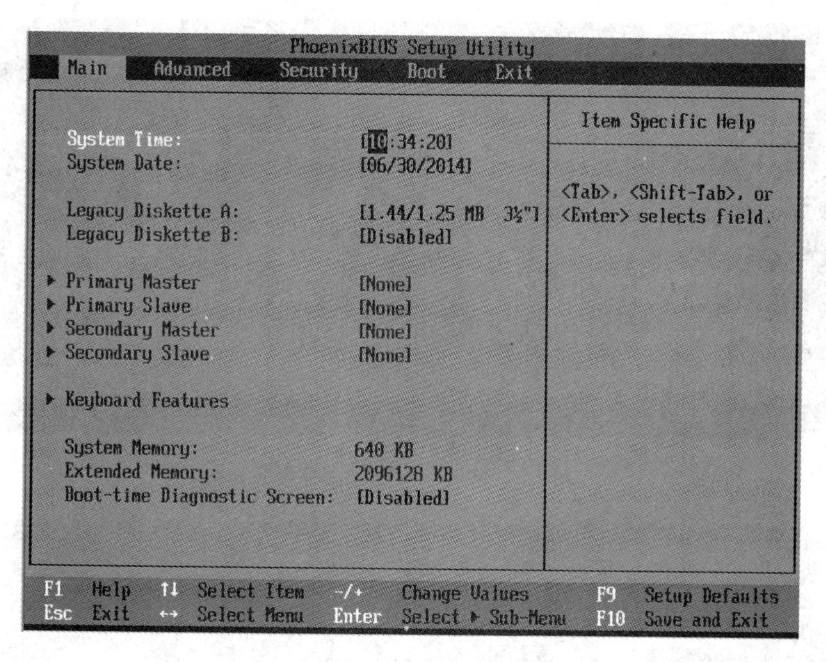

图 1.6　BIOS 设置

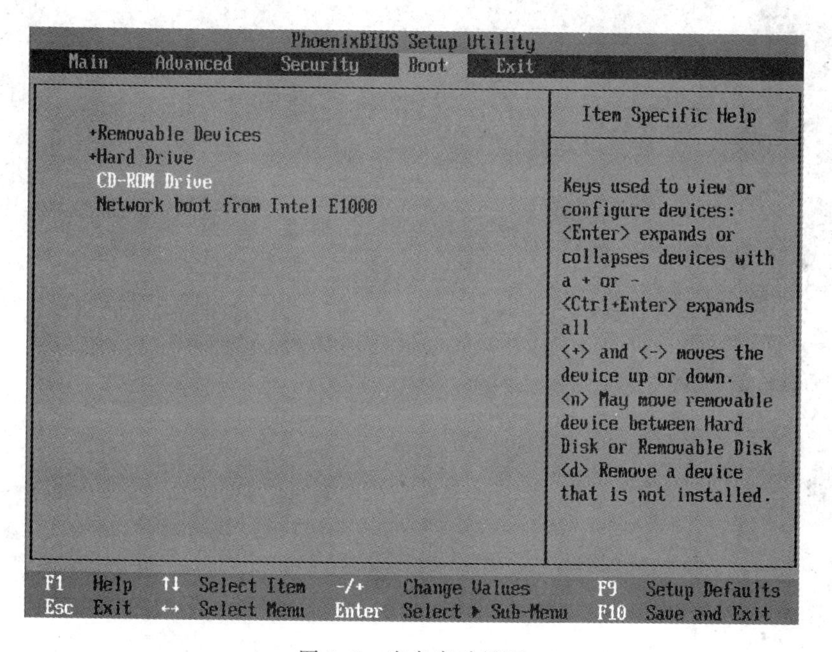

图 1.7　光盘启动界面

(2) 在图 1.7 中，按 Enter 键确定安装 Windows 7。接着，系统就会在光盘中读取文件，并显示读取的进度，如图 1.8 所示。

(3) 接着就会出现 Windows 7 的安装界面，如图 1.9 所示。

(4) 单击“现在安装”按钮，即可启动安装程序，如图 1.10 所示。

(5) 接着就会出现授权许可界面，如图 1.11 所示。选中“我接受许可条款”复选框，然后单击“下一步”按钮。

图 1.8　Windows 加载文件界面

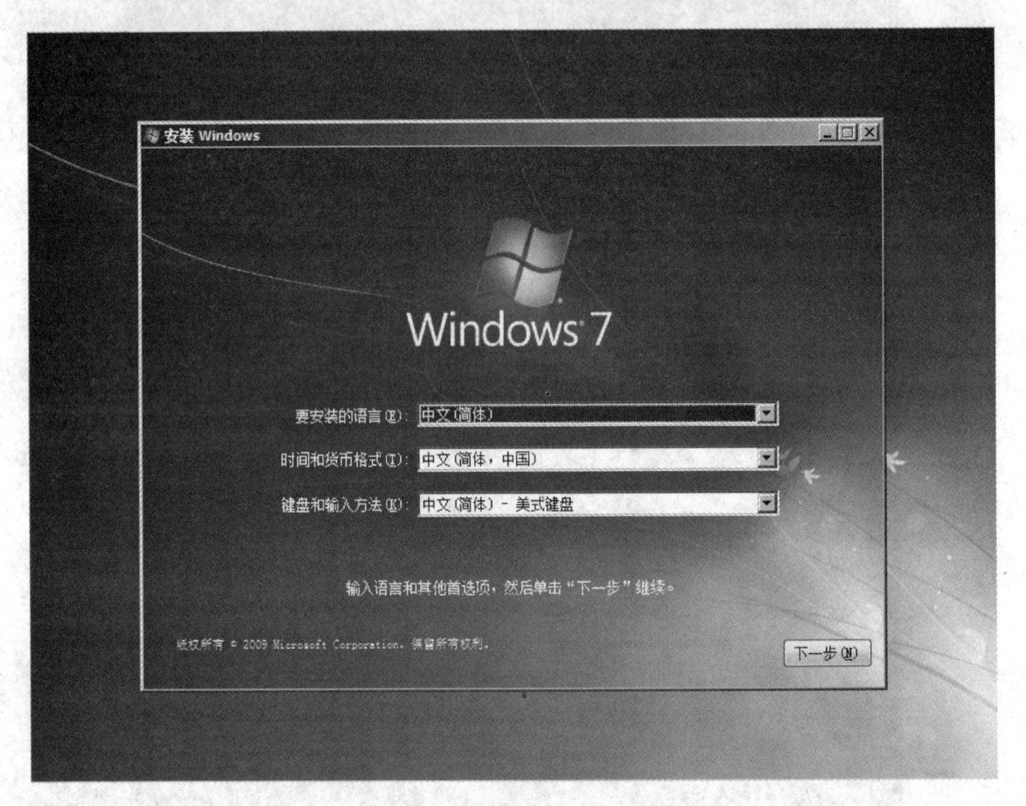

图 1.9　Windows 安装界面

2. 设置分区

如果在硬盘上已安装 Windows 操作系统，例如 Windows XP、Windows Vista，计算机会询问用户要进行何种类型的安装，如果选择“升级”，系统就会一步一步按照默认的设置进行安装；如果选择“自定义(高级)”，则需要用户根据自己的要求，自行设置相关配置，如图 1.12 所示。如果硬盘上没有安装其他系统，则会直接出现如图 1.13 所示的界面，可以进行全新安装。

图 1.10 启动安装程序

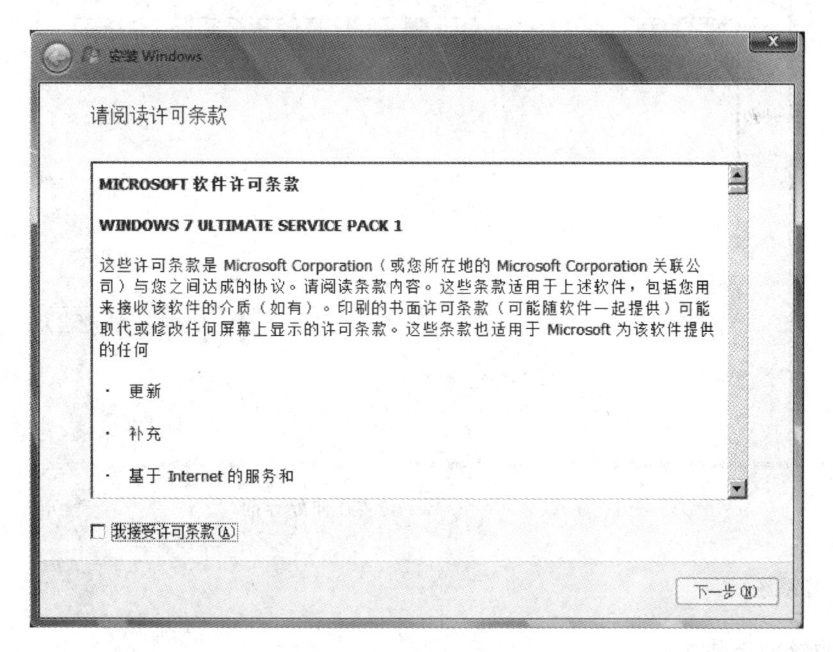

图 1.11 阅读许可条款界面

(1) 可以根据各自需要设置硬盘分区的数量和大小。

(2) 设置完成,单击“下一步”按钮继续。

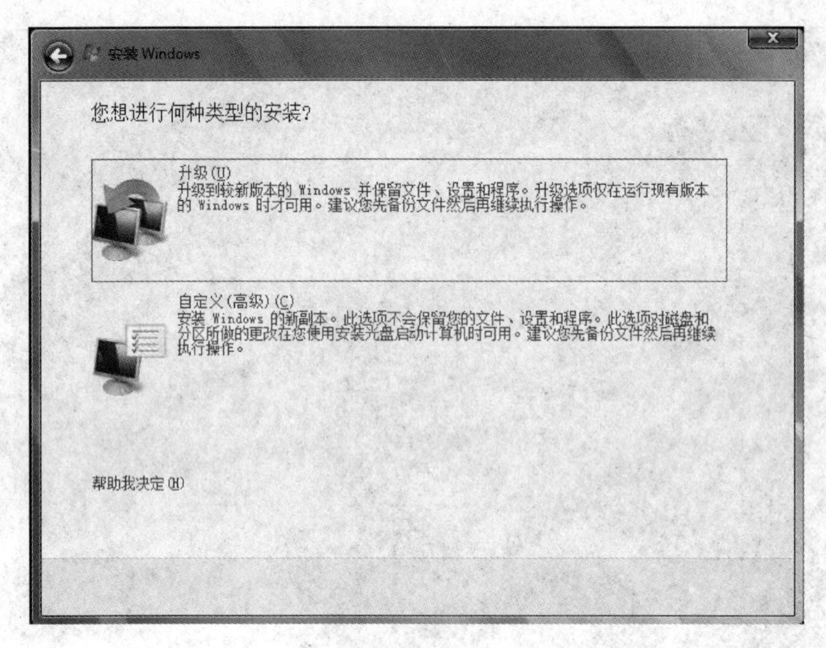

图 1.12　安装类型界面

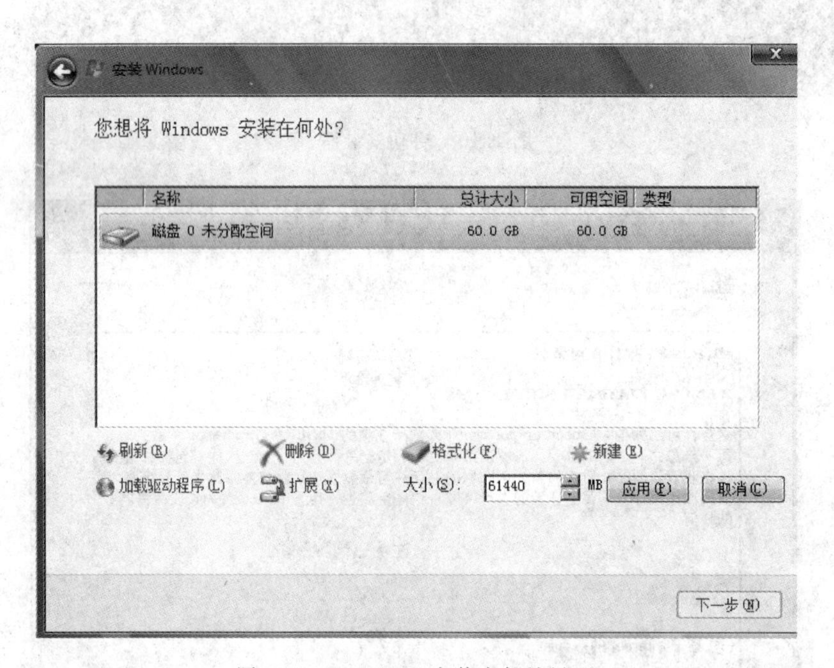

图 1.13　Windows 安装在何处界面

3. 安装系统

安装系统的步骤如下：

(1) 开始安装 Windows 7 操作系统，如图 1.14 所示。

(2) 接着会检查视频性能，如图 1.15 所示。

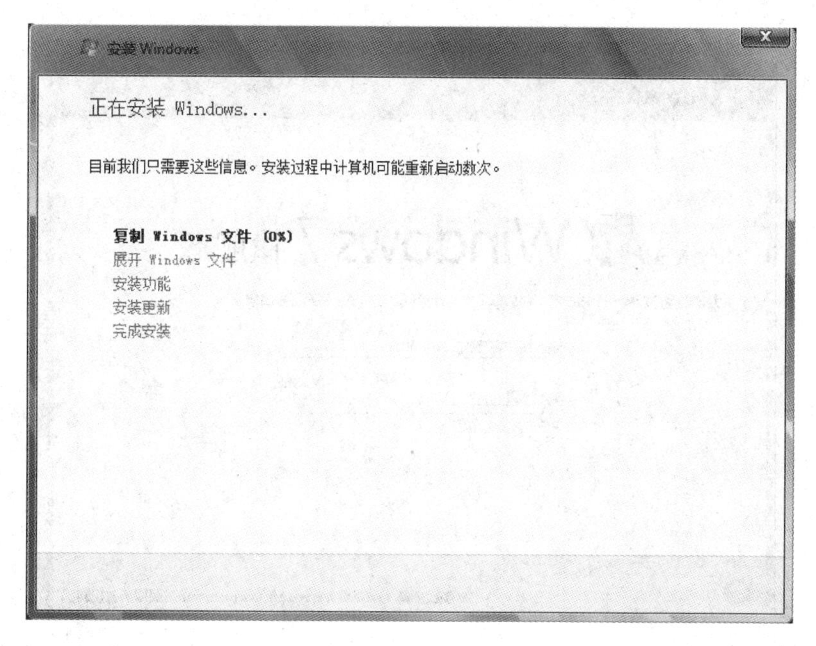

图 1.14　正在安装 Windows 界面

图 1.15　检查视频性能界面

4. 输入密钥以及基本设置

操作步骤如下：

(1) 安装完成后，首先进入设置 Windows 7 向导。输入用户名以及计算机名称，如图 1.16 所示。

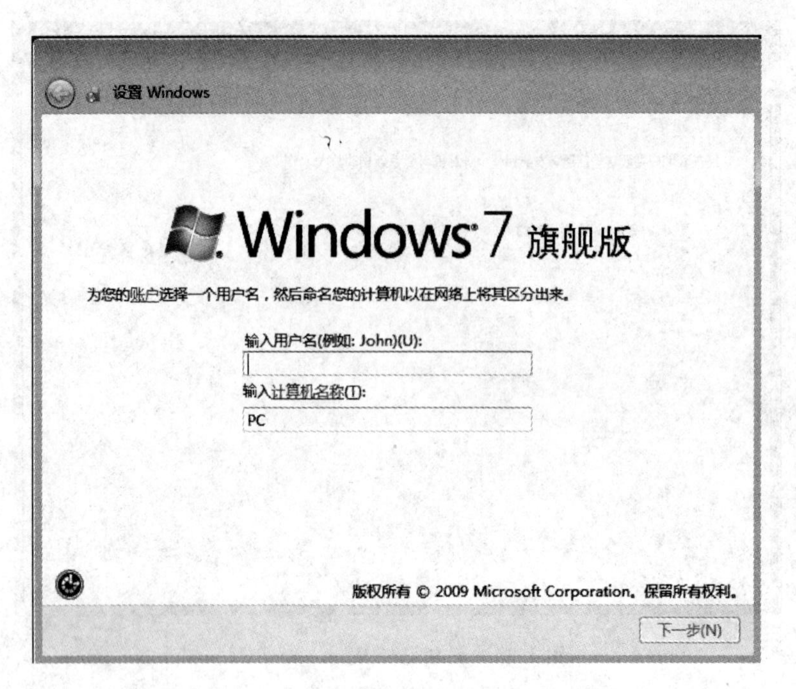

图 1.16　输入用户名以及计算机名界面

（2）设置账户登录密码，如图 1.17 所示。

设置 Windows
为账户设置密码
创建密码是一项明智的安全预防措施，可以帮助防止其他用户访问您的用户账户。请务必记住您的密码或将其保存在一个安全的地方。
输入密码(推荐)(P):
再次输入密码(R):
输入密码提示(H):
请选择有助于记住密码的单词或短语。
如果您忘记密码，Windows 将显示密码提示。
下一步(N)

图 1.17　设置登录密码界面

（3）系统会提示输入 Windows 产品密钥。Windows 产品密钥为在 Windows 7 光盘的包装盒中内附的黄色纸条上的一段密码。它由字母和数字组成，每组有 5 个字符，共 5 组。它是当前系统是否为正版的唯一标识，所以特别重要。输入密钥后，选择“当我联机时自动激活 Windows”复选框，如图 1.18 所示。这样，只要密钥是合法购买的，就不会有手动激活以及黑屏等麻烦。

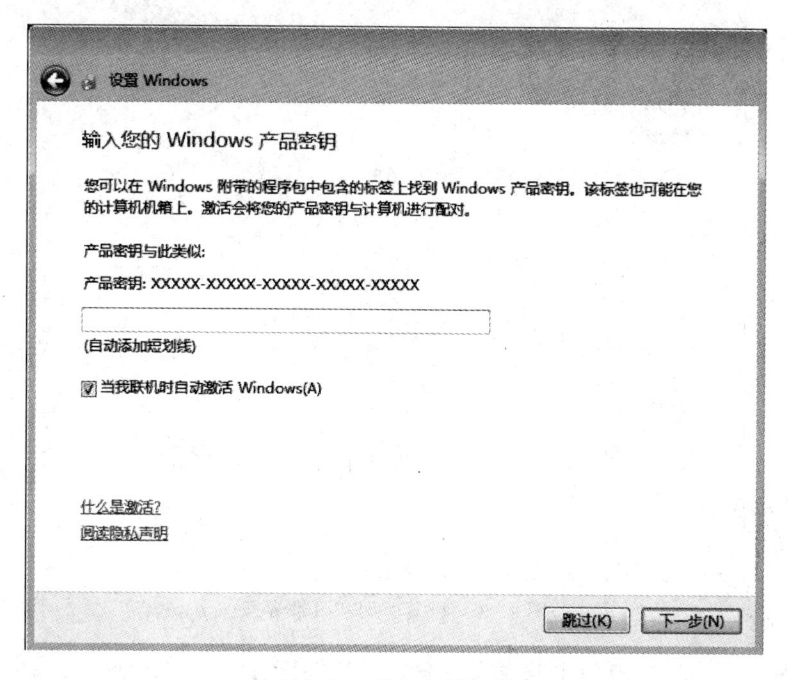

图 1.18　产品密钥界面

（4）进行计算机安全以及更换新的向导设置。单击“使用推荐设置”选项，如图 1.19 所示。

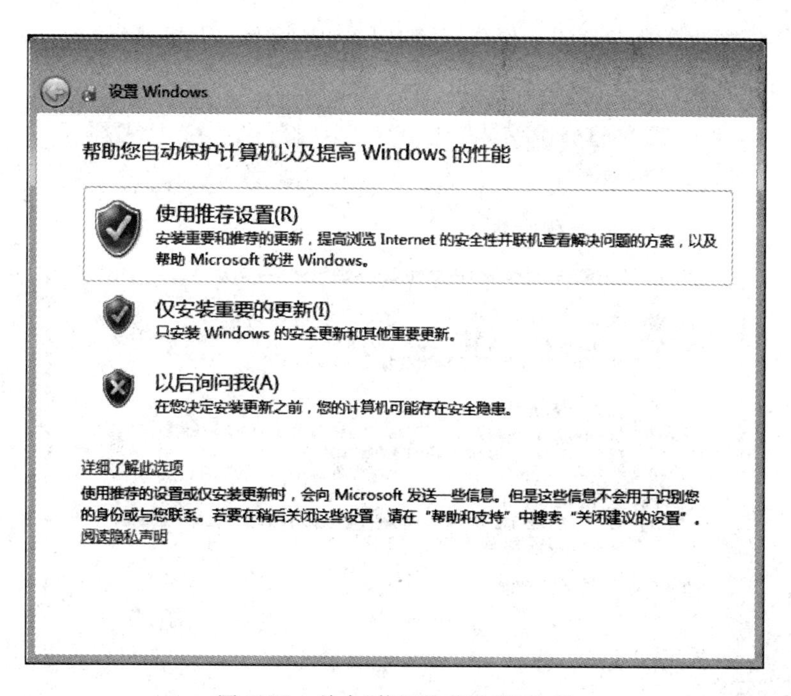

图 1.19　单击“使用推荐设置”选项

(5) 对时区、时间和日期进行设置，设置完毕以后单击“下一步”按钮，如图 1.20 所示。

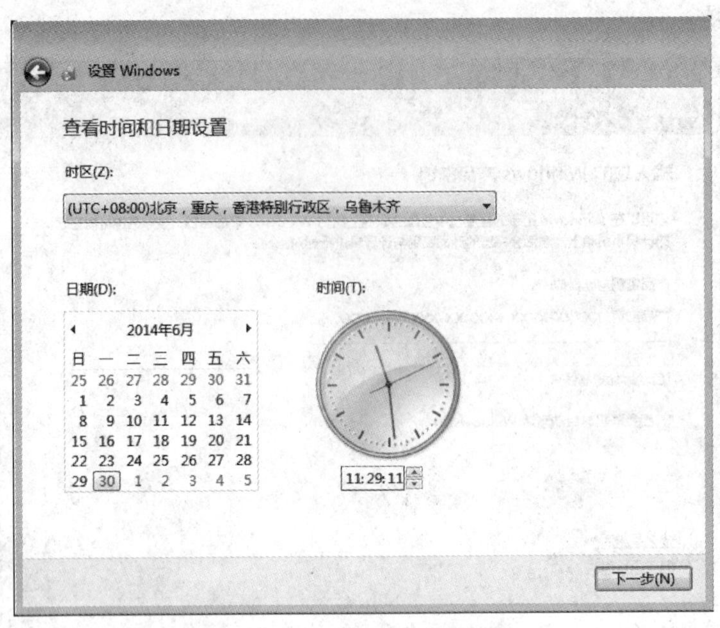

图 1.20　设置时间和日期界面

(6) 如果使用者的计算机上装有无线装置(如笔记本自带的无线网卡，或是外接的 USB 无线网卡)，系统会自动识别并将其安装，接着还会自动搜索到当前的无线网络。选择好无线网络后，输入密码，单击“下一步”按钮。如果没有搜索到网络，或者不希望上网，也可以直接单击“跳过”按钮继续。

(7) 接着设置计算机当前的工作位置，如图 1.21 所示。设置好后，系统就会根据使用者当前的位置设置网络的安全状况。

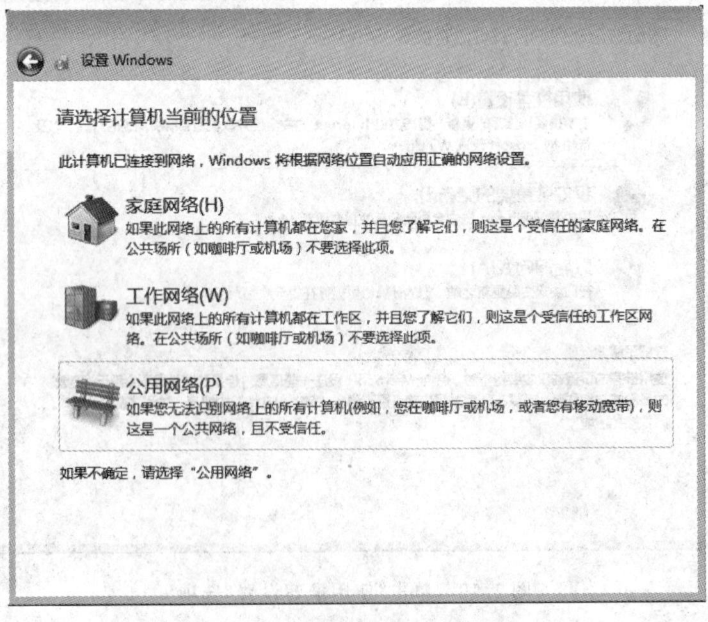

图 1.21　设置计算机的工作位置

(8) 一般在家中或者可信任的环境下,可以选择"家庭网络"设置。单击图 1.21 中的"家庭网络"选项,系统就会开始连接网络并应用设置。

(9) 如果局域网内设置了家庭组,接着就会出现家庭组的设置。首先选择要共享的文件夹,接着输入家庭组的密码。密码可在设置家庭组的计算机控制面板中找到,输入完后单击"下一步"按钮,如图 1.22 所示。

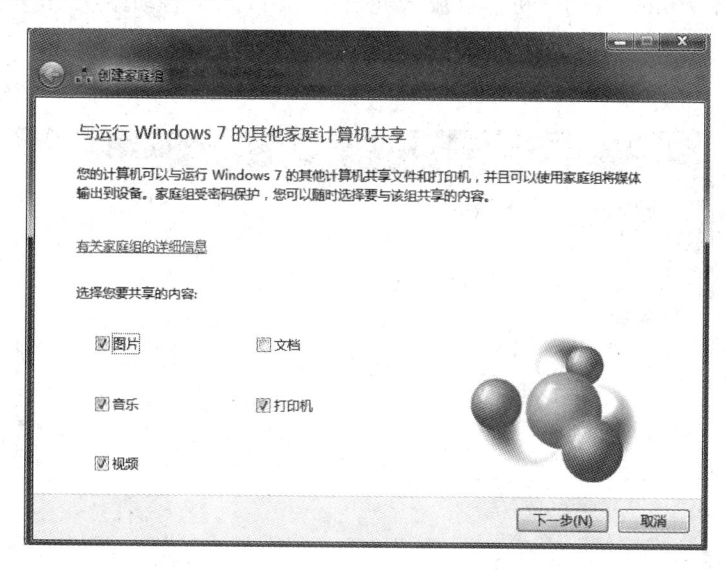

图 1.22　加入家庭组

5. 重新启动

设置完成后,就会进入"欢迎"界面,如图 1.23 所示。然后自动进入 Windows 7 操作界面。

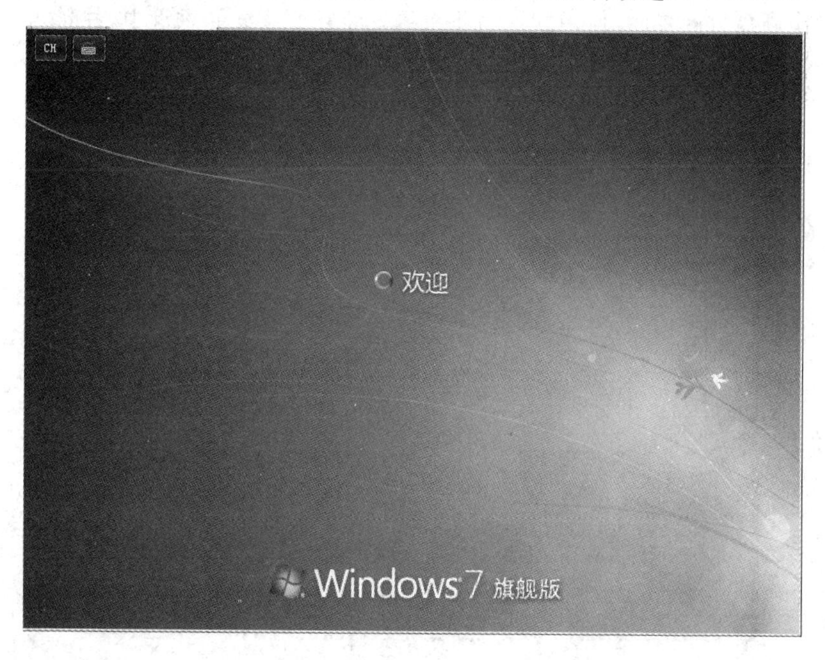

图 1.23　进入"欢迎"界面

1.4.2 升级到 Windows 7 系统

在安装前要先确认硬件是否满足 Windows 7 的需求，系统安装的磁盘(默认为 C)需保留 10GB 以上的空间。原系统升级到 Windows 7 的步骤如下。

(1) 首先将 Windows 的开机光盘放入光驱中，并以光驱启动系统，其步骤方法和安装新系统类似。

(2) 在安装类型选择的向导界面中，如图 1.24 所示，单击“自定义(高级)”选项。

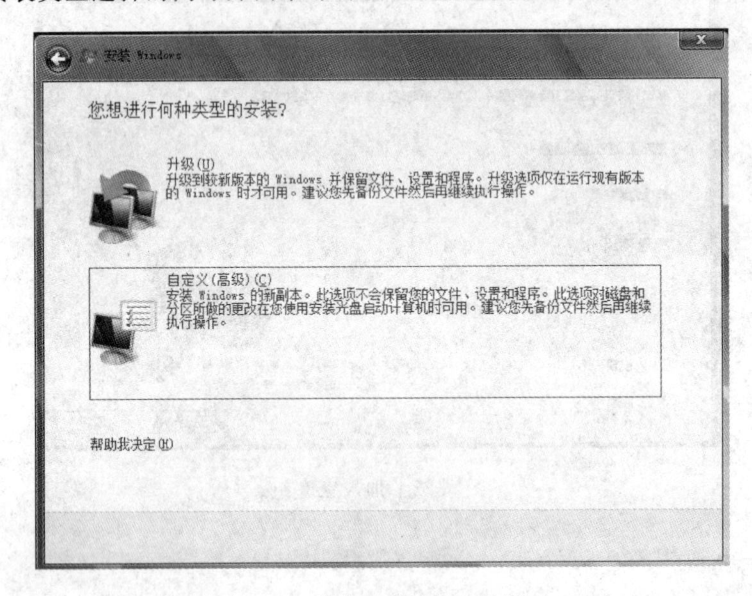

图 1.24　安装类型选择向导界面

(3) 弹出硬盘分区界面，使用默认值将系统安装在原系统的磁盘中，并单击“下一步”按钮，如图 1.25 所示。

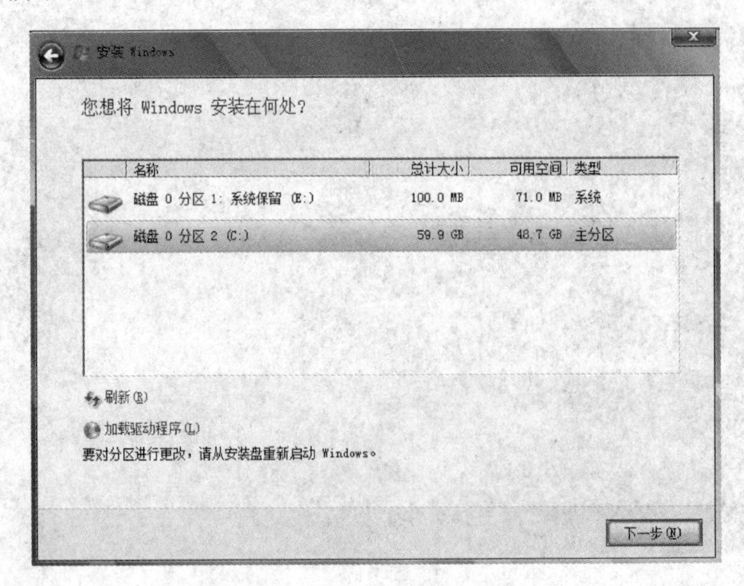

图 1.25　安装类型界面

(4) 弹出警告窗口，提示安装程序将会覆盖原有系统，单击“确定”按钮，如图 1.26 所示。

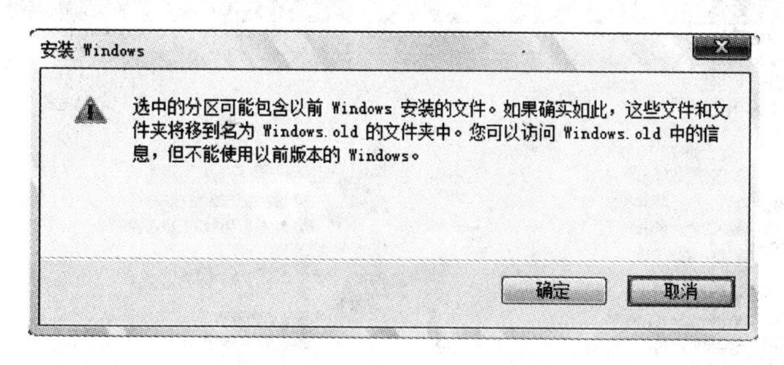

图 1.26　覆盖原有系统界面

设置好后开始安装系统，余下步骤与安装新系统一样，这里不再赘述。

在安装后，用户可以在 C 盘的文件夹中看到 Windows.old 文件夹，该文件夹就是旧版系统中的 Windows 文件夹。

1.4.3　Windows Update 自动更新

1. 自动安装更新

为了使系统实时更新，用户可以将系统设置成保持自动更新的状态。这样不仅省去了手动更新的麻烦，还可以避免因为更新不及时而导致的问题。操作步骤如下。

(1) 用户可以通过控制面板中的设置完成计算机自动安装更新的操作。首先单击桌面左下角的“开始”按钮。接着在“开始”菜单中单击“控制面板”命令，如图 1.27 所示。

图 1.27　“开始”菜单

（2）在出现的"控制面板"窗口中，单击"系统和安全"选项，如图 1.28 所示。

图 1.28 "控制面板"选项

（3）在弹出的"系统和安全"窗口中，单击"操作中心"选项，如图 1.29 所示。

图 1.29 "操作中心"选项

(4) 弹出“操作中心”窗口。这里有两个选项,即“安全”和“维护”,如图 1.30 所示。单击“维护”选项,打开“维护”选项菜单。在“检查更新”选项组中,单击“打开有关 Windows Update 提示的消息”选项。

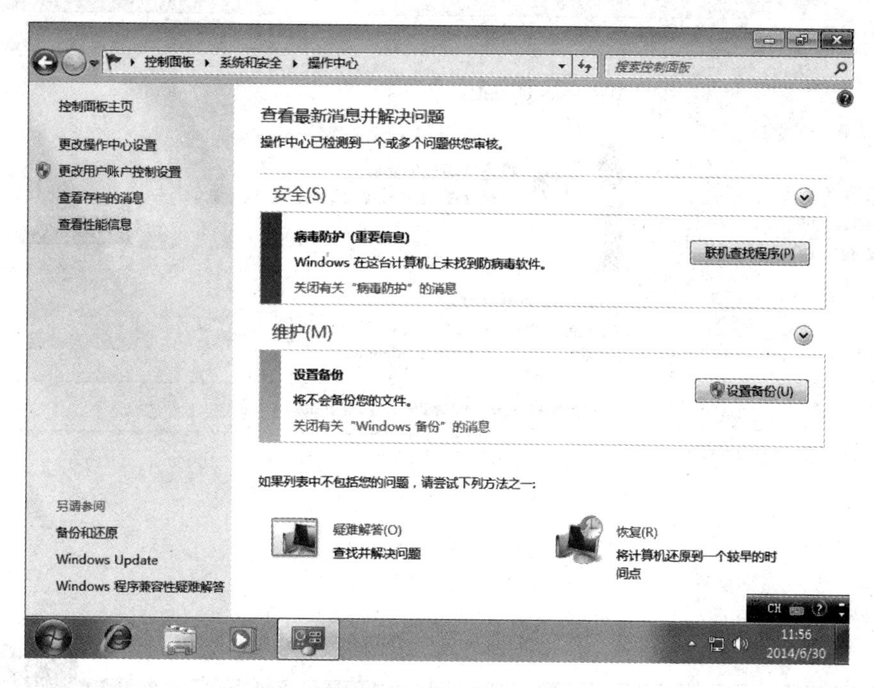

图 1.30　安全和维护

(5) 如果要查看目前的更新设置,可以先打开“系统和安全”窗口,接着单击 Windows Update 选项,如图 1.31 所示。

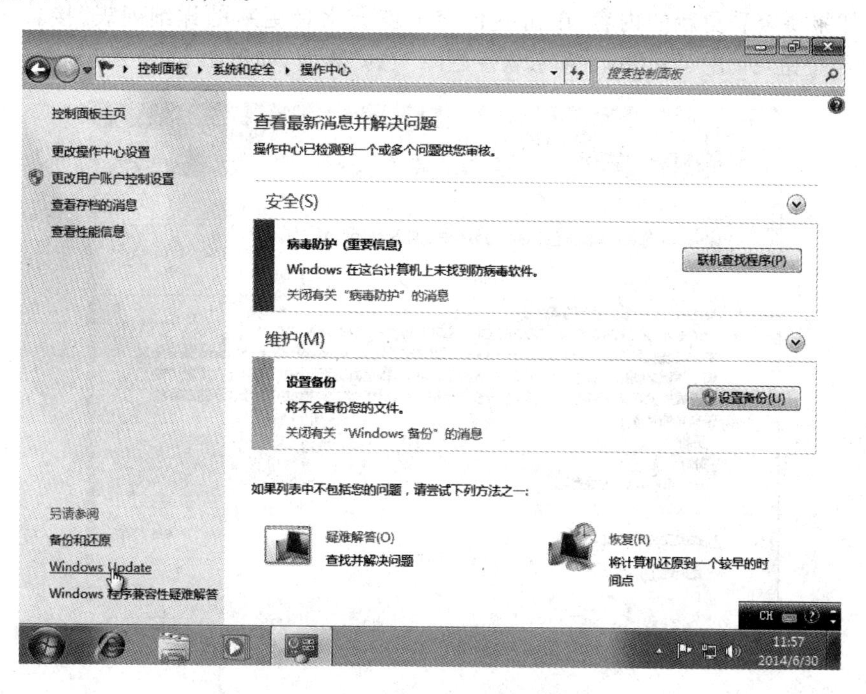

图 1.31　Windows Update 选项

（6）弹出 Windows Update 界面，其中会列出可安装的更新（包含重要更新和可选更新），如图 1.32 所示。

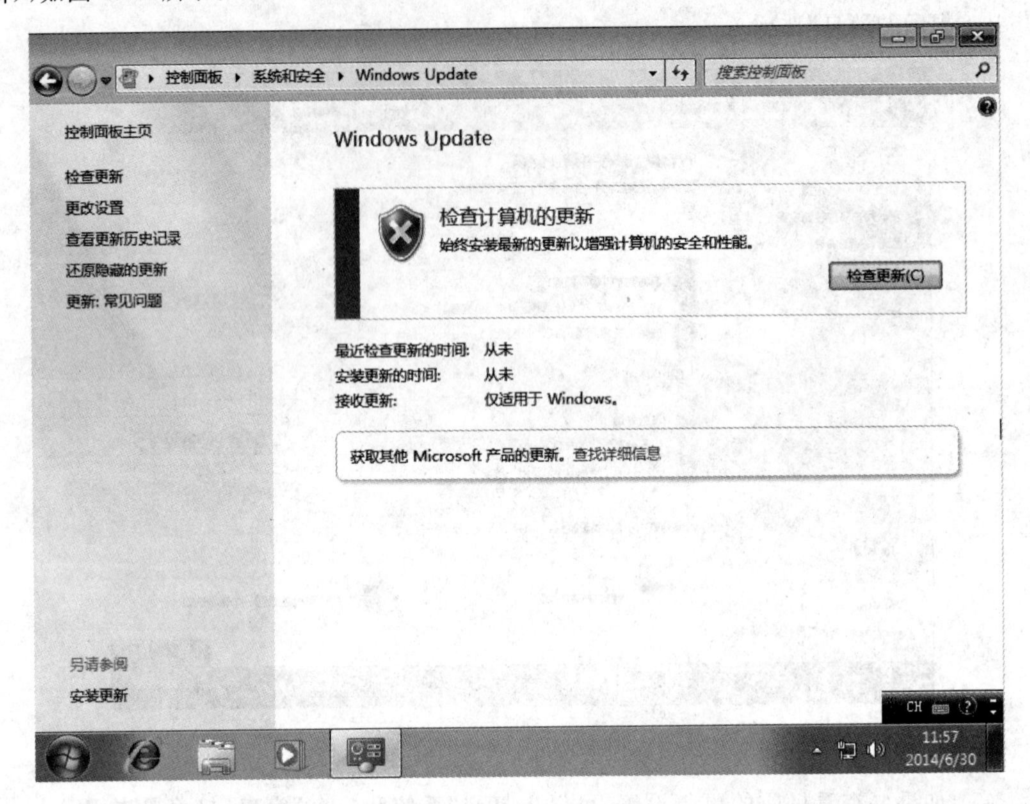

图 1.32　Windows Update 界面

（7）如果要查看更新的内容，单击蓝色字体就会出现更新的详细列表，接着可以单击“安装更新”按钮，弹出“Windows 恶意软件删除工具”界面，如图 1.33 所示。

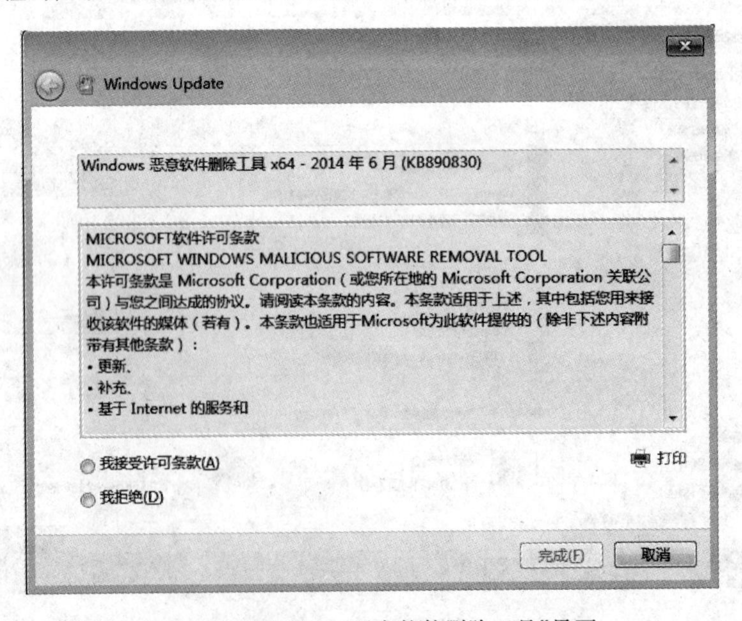

图 1.33　“Windows 恶意软件删除工具”界面

(8) 选中“我接受许可条款”单选按钮,并单击“完成”按钮,就可以开始下载并安装更新,如图 1.34 所示。

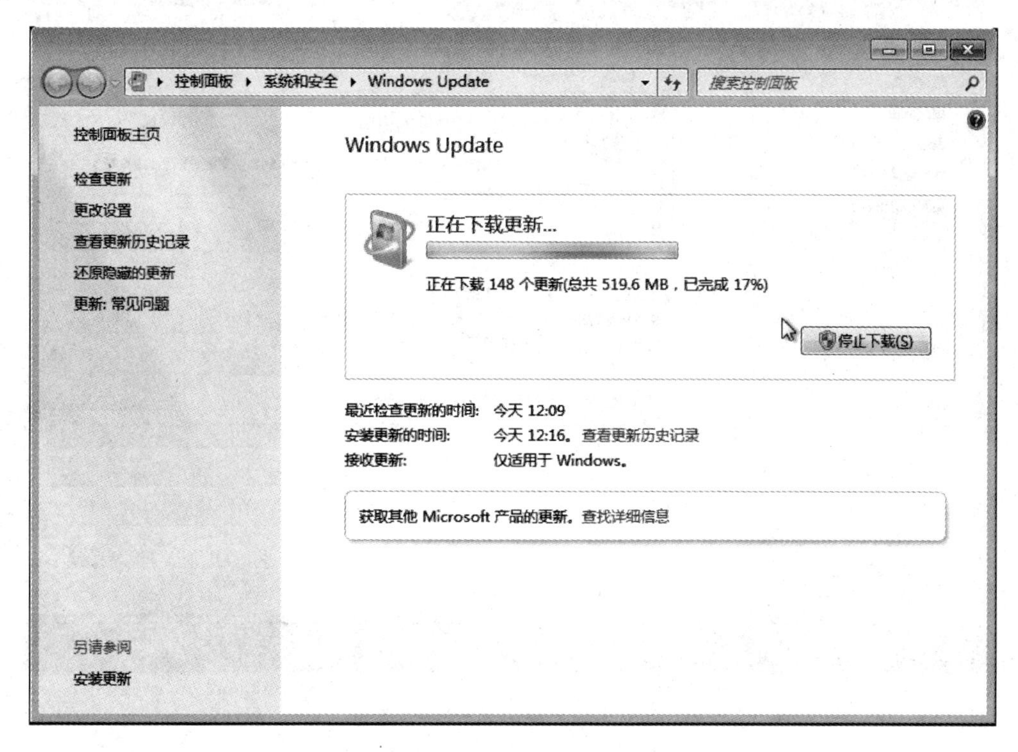

图 1.34　“正在下载更新”界面

(9) 安装完成后,单击“立即重新启动”按钮,即可重新启动计算机并套用新的更新。

2. 手动设置更新

当用户不希望系统自动联机到微软的网站下载更新时,可以选择手动设置更新。需要这样设置的用户有以下几类。

(1) 使用以流量计费的网络(如 3G 网络),为避免在不知情的状态下下载了更新而造成高昂的网络费用。

(2) 本机上安装了需要特殊版本的软件,若下载更新可能造成该软件无法使用。

(3) 网络带宽有限,自动下载会影响别人的使用。

(4) 避免更新时影响现有程序的操作。

在上述情况下,用户可取消自动更新而改为手动更新。下面介绍手动更新的操作步骤。

(1) 选择“开始”→“控制面板”命令,则会弹出“控制面板”界面,单击“系统和安全”→Windows Update 选项,弹出 Windows Update 界面,单击左边的“更改设置”选项,如图 1.35 所示。

(2) 弹出“更改设置”界面,如图 1.36 所示。

(3) 更新的设置默认值为“自动安装更新”,若要修改自动更新的时间,可在“安装新的更新”内进行时间设置;若要变更自动更新选项,可打开下拉列表框进行设置,如图 1.37 所示。

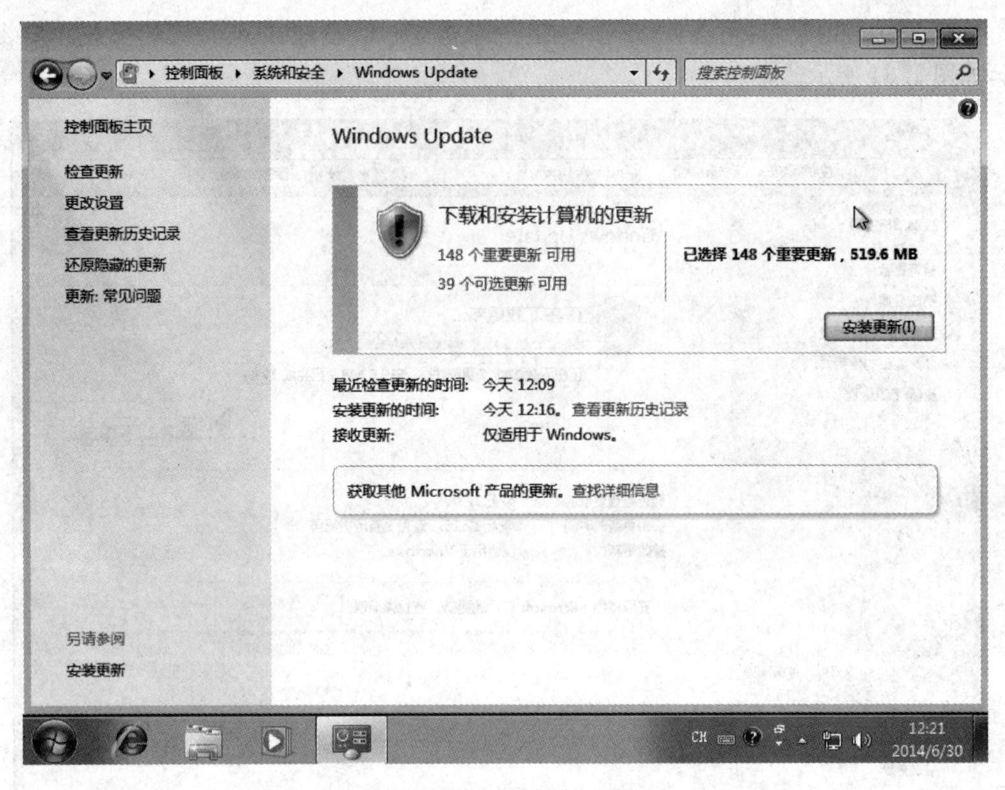

图 1.35　Windows Update 界面

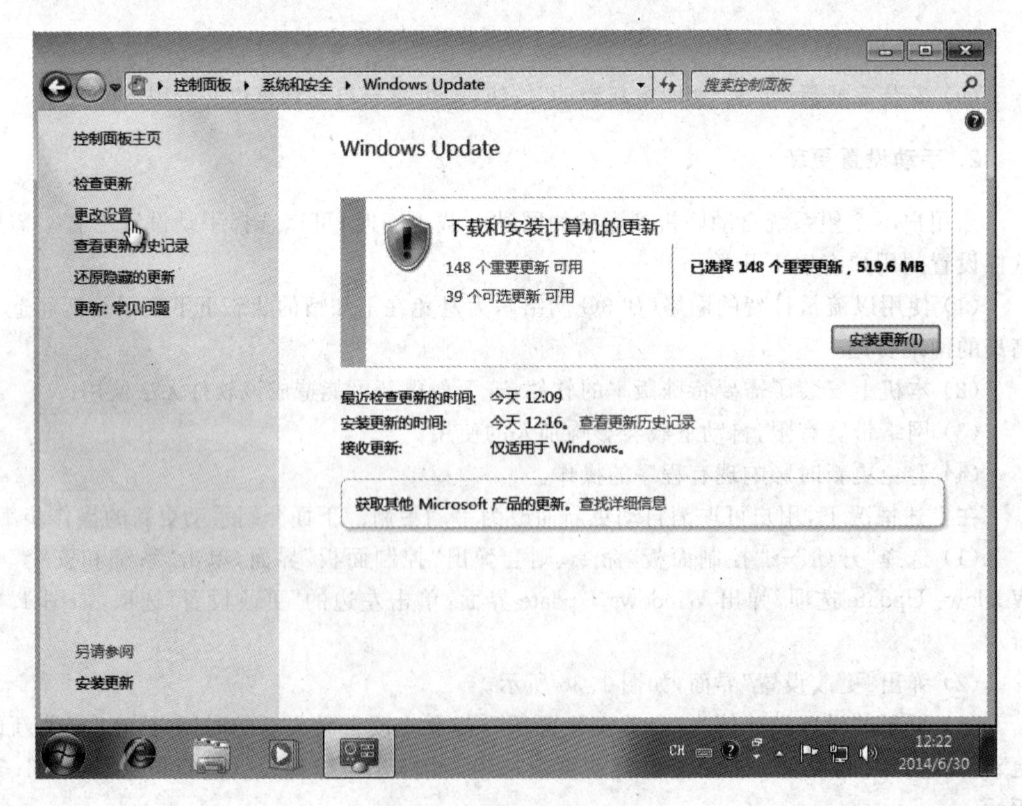

图 1.36　“更改设置”界面

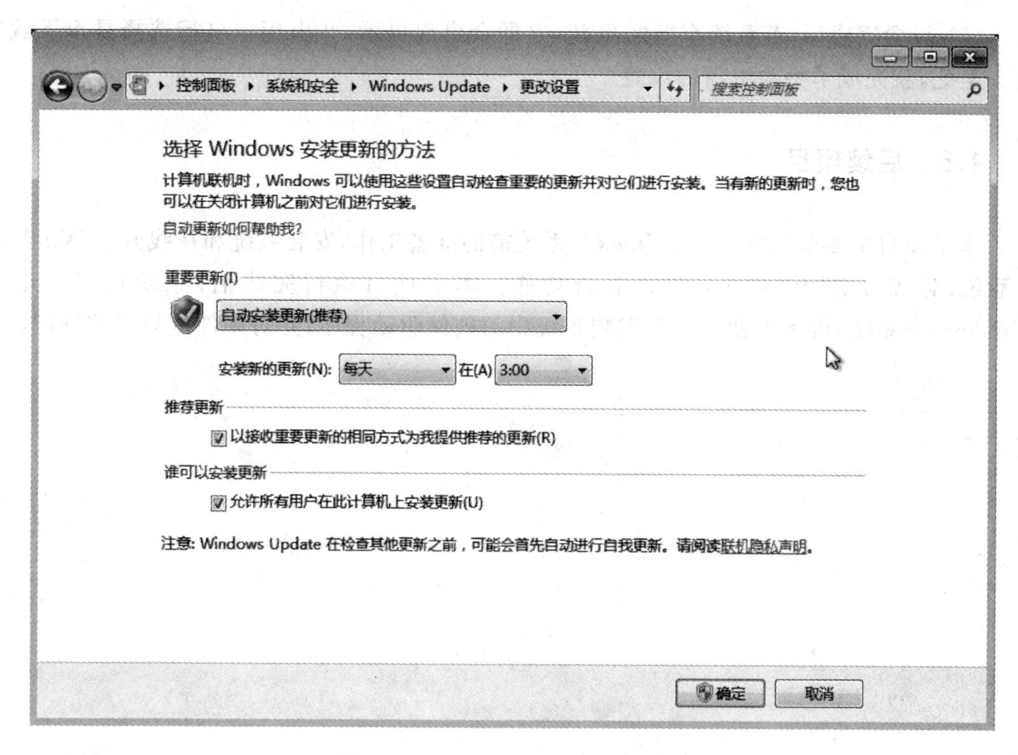

图 1.37　Windows 安装更新的方法

(4) 若用户希望只检查更新而不自动下载，可选择“检查更新，但是让我选择是否下载和安装更新”选项，如图 1.38 所示。

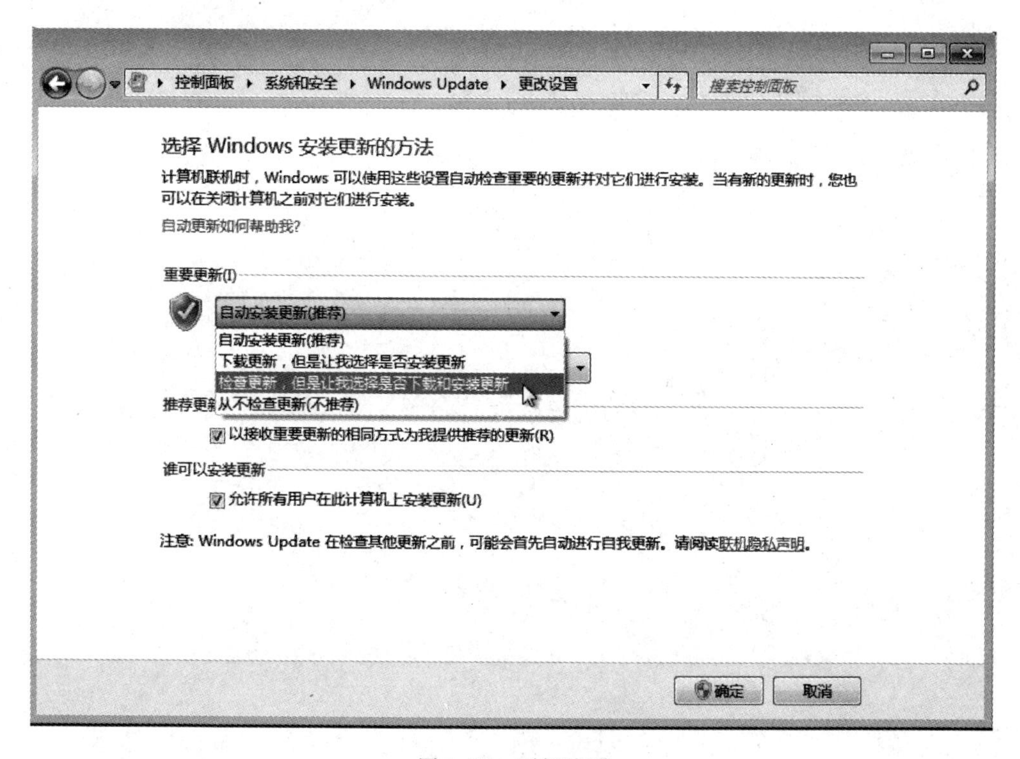

图 1.38　更新选项

(5) 设置完成后，若系统有新的更新，立即会出现提示，并由用户自行选择是否下载安装。至此，就完成了手动更新的设置。

1.5 后续项目

本子项目主要包括安装 Windows 7 系统前的准备工作，安装系统和在线升级 Windows 7 系统，以及实现 Windows 自动更新功能。本子项目执行完成后，系统已经安装了 Windows 7 系统，接下来就是需要安装系统中的硬件驱动程序，并对硬件进行管理维护。

子项目 2　系统中的硬件管理

2.1　项目任务

在本子项目中要完成以下任务：

(1) 安装非即插即用型硬件；

(2) 安装和配置显卡。

具体任务指标如下：

(1) 对于非即插即用型硬件设备，要学会安装硬件设备的驱动程序，保证硬件设备的正常使用；

(2) 显卡属于非即插即用型设备，需要加载显卡自带的驱动程序，才能够保证显卡的正常使用。

2.2　项目的提出

随着电子产业的发展和计算机的普及，硬件的性能也越来越优异。就像开汽车需要司机一样，要使用计算机硬件也需要相应的程序。驱动程序就像硬件的司机，驱动计算机硬件按部就班地工作。

驱动程序是一种可以使计算机和装置沟通的特殊程序，相当于硬件和操作系统的接口。操作系统只有通过这个接口，才能控制硬件装置的工作。假设某硬件装置的驱动程序未能正确安装，该硬件便不能正常工作。

2.3　实施项目的预备知识

预备知识的重点内容

(1) 理解驱动程序的概念和作用；

(2) 重点掌握非即插即用型硬件设备的驱动安装；

(3) 重点掌握显卡的安装和配置方法。

关键术语：

（1）驱动程序（Device Driver）：全称为“设备驱动程序”，是一种可以使计算机和设备通信的特殊程序，可以说相当于硬件的接口。操作系统只有通过这个接口，才能控制硬件设备的工作，假如某设备的驱动程序未能正确安装，便不能正常工作。因此，驱动程序被誉为“硬件的灵魂”、“硬件的主宰”和“硬件和系统之间的桥梁”等。

（2）显卡：全称为“显示接口卡”（Video Card，Graphics Card），又称为显示适配器（Video Adapter）或显示器配置卡，是计算机最基本的配置之一。

（3）即插即用型：顾名思义是仅仅需要接上物理连接线，即可完成安装。无须再做什么软件配置、系统配置，属于傻瓜型安装方式。

预备知识概括

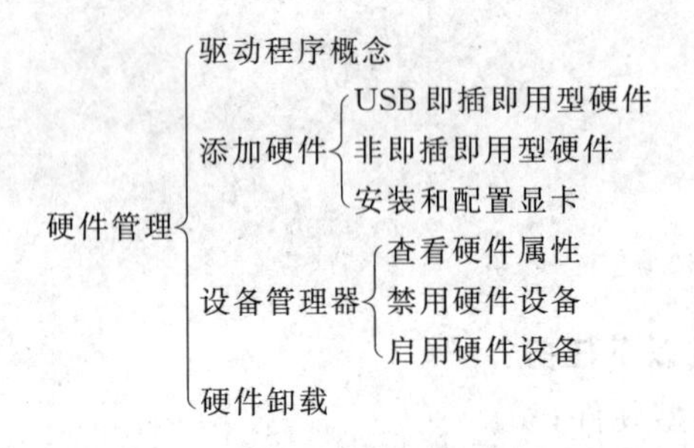

预备知识

2.3.1 驱动程序概述

驱动程序在系统中所占的地位十分重要，当操作系统安装完毕后，首要的便是安装硬件装置的驱动程序。在 Windows 7 当中并不需要安装所有硬件装置的驱动程序，如 CPU、硬盘、光驱、显示器等，这些装置的驱动程序都已经包含在操作系统中。需要另外安装驱动程序的硬件有显卡、声卡、Modem、网卡，而在 Windows 7 中对于不能识别的硬件几乎都能上网直接下载驱动并安装。

Windows 7 内包含了大量的硬件驱动程序，一般在安装完 Windows 7 后，相应的硬件驱动程序就已经安装完毕。如果需要安装驱动程序的硬件，但相关硬件的驱动程序还没有推出 Windows 7 版本，一般可安装 Vista 版本的驱动程序来代替，因为 Windows 7 和 Windows Vista 的核心架构基本相同，对硬件的兼容性差别也不大。此外，也可以通过 Windows 7 直接从网上下载相应的驱动资源，并安装驱动程序。

从 Windows 2000 开始，使用者会发现在为计算机安装某些硬件的驱动程序时，会弹出一个“没有数字证书”的警告对话框，这个对话框会提示新硬件有可能是不可靠的、有可能影响整体的稳定性，这是为什么呢？

驱动程序的数字证书是计算机硬件和驱动程序可靠性和兼容性的一个标志。原来，早在 Windows 9x 时代，通过用户调查，微软公司就发现之所以有操作系统蓝屏错误的发生，往往是由不可靠的硬件和编制不良的驱动程序造成的。蓝屏错误是使用者最讨厌看到的画面，因为一旦出现了这个画面，多数情况意味着使用者的数据无法挽回了，必须要关机或重新启动。

在这样的情况下，微软公司成立了自己的硬件质量实验室。各硬件厂商在开发硬件的驱动程序时，需要通过 WHQL 的认证，然后再发布给用户使用，否则，就会出现警告对话框，即便能够成功安装，也可能会给操作系统带来安全和稳定方面的隐患。

在安装操作系统时，常用到的驱动程序包括芯片组、显卡、声卡、Modem、网卡。一般在安装 Windows 7 后会自动安装这些装置的驱动，但是如果要使用这些硬件的全部性能，特别是厂商外加的功能，还是需要手动安装硬件厂商所提供的驱动程序。驱动程序一般是越新越好，但并不绝对。在选择硬件驱动程序的时候应留意安装对应操作系统的驱动，使用版本错误的驱动程序将造成硬件停用等严重后果。

2.3.2　硬件的添加

1. 新增 USB 即插即用型硬件

现在 U 盘、视频等外部硬件装置越来越多地出现在日常生活中。怎样让计算机正确识别这些装置呢？

一般情况下，通过 USB 进行连接的即插即用型硬件，只要连上计算机，系统就会自动为其安装驱动程序，例如 U 盘、随身硬盘、打印机等。这样，使用者不用对其进行设置，只需等待操作系统识别该硬件并安装驱动程序后即可使用。

2. 安装非即插即用型硬件

对于非即插即用型的硬件设备需要安装驱动程序。

3. 安装和配置显卡

显卡属于非即插即用型设备，在初次安装 Windows 7 时，操作系统会自动为显卡加载自带的驱动程序，但这样一来虽然能使用显卡，但无法发挥出显卡的全部性能。这就需要手动为显卡安装驱动程序。

2.3.3　设备管理器的操作

设备管理器是一种管理工具，可用它来管理计算机上的设备。使用设备管理器可以查看硬件属性、禁用硬件设备、启用硬件设备等。

1. 查看硬件属性

查看硬件属性的步骤如下。

(1) 右击“计算机”图标，然后在弹出的快捷菜单中选择“属性”命令，如图 2.1 所示，打开“系统”窗口。

(2) 在“系统”窗口中单击左上角的“设备管理器”选项，如图 2.2 所示。

(3) 在“设备管理器”窗口中可以看到安装在计算机上的所有设备的工作情况，具体可分为以下三种情况。

① 停用的设备：在该设备的图标上有一个禁用标记，如图 2.3 所示。

② 未能成功安装驱动的设备：该设备的图标中有一个黄色感叹号。这样的设备需要使用驱动光盘安装驱动，或者右击该设备，在弹出的快捷菜单中选择“更新驱动程序软件”命令，如图 2.4 所示。驱动添加成功后，黄色感叹号会自动消失。

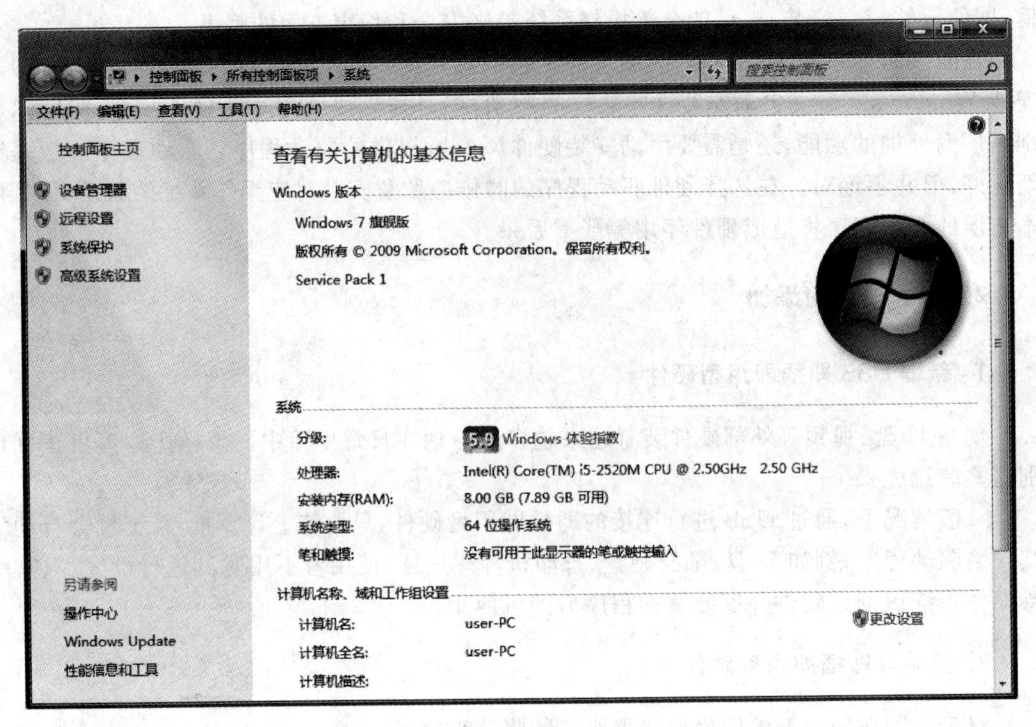

图 2.1 “系统”窗口

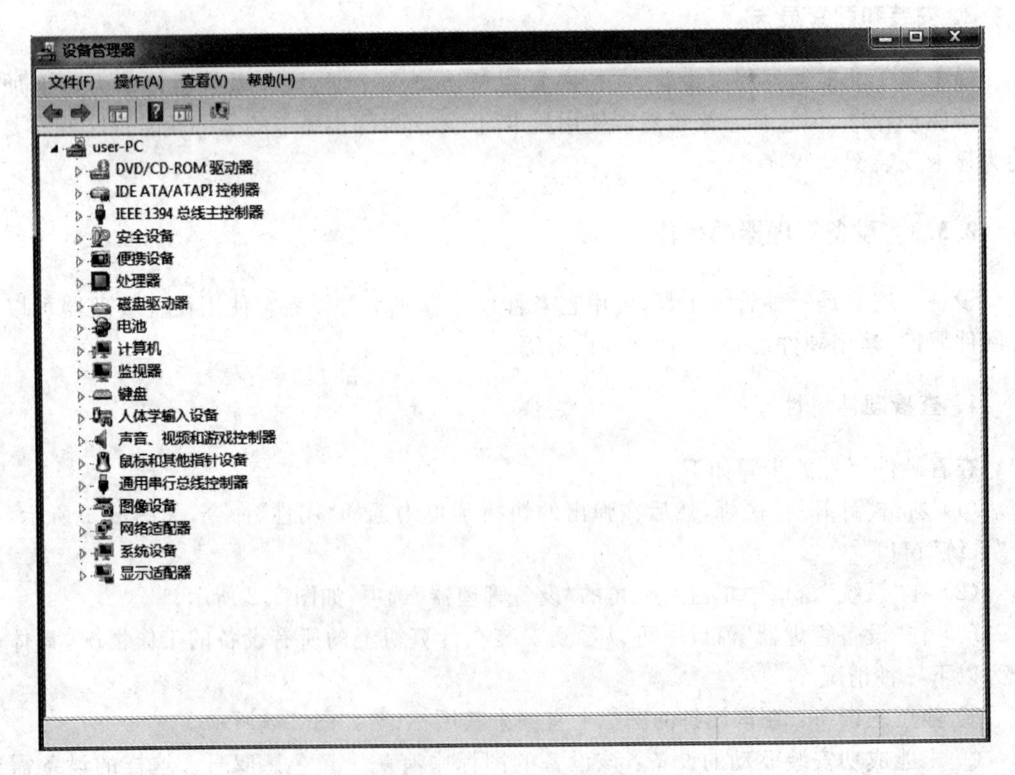

图 2.2 “设备管理器”窗口

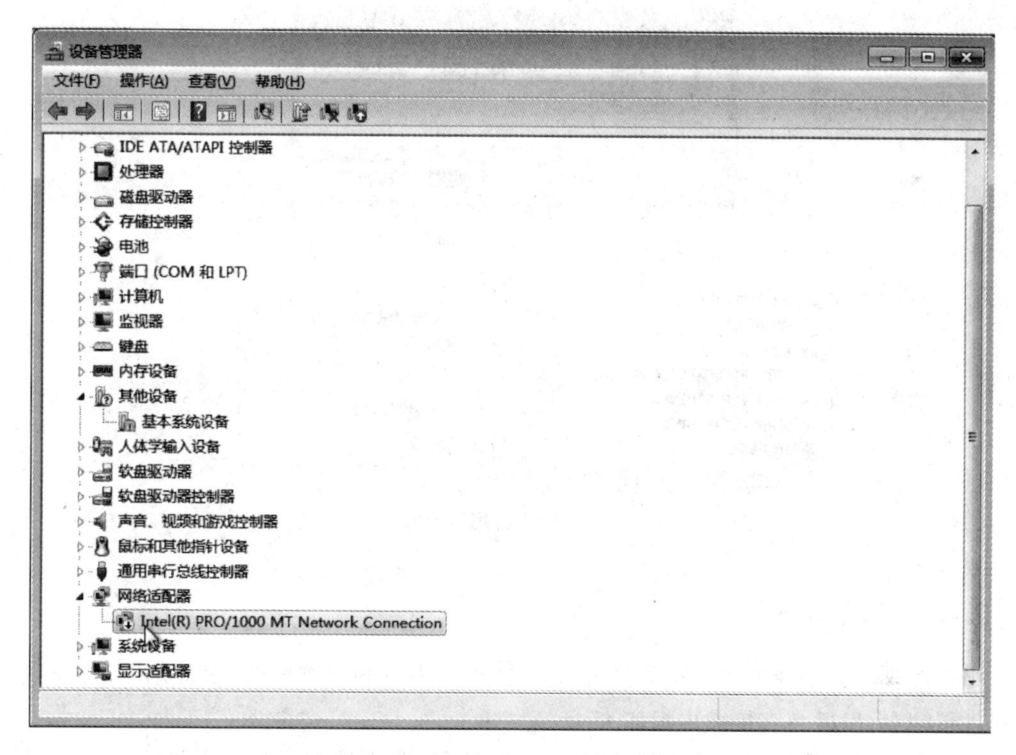

图 2.3　禁用标记

③ 正常工作的设备：如果设备图标前没有出现红色小叉，或者黄色问号和叹号，皆为正常工作的设备，如图 2.5 所示。

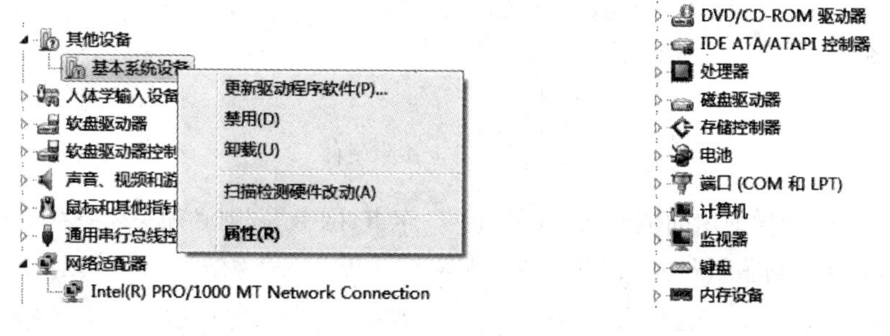

图 2.4　“更新驱动程序软件”命令　　　　图 2.5　正常工作的设备

2. 禁用和启用硬件设备

在“设备管理器”窗口中，还可以将硬件禁用或者重新启动。

右击要禁用的硬件设备，在弹出的快捷菜单中选择“禁用”命令，若设备图标前出现图标 ，则硬件被成功禁用，如图 2.6 所示。

若要开启被禁用的设备，只需右击该设备，在弹出的快捷菜单中选择“启用”命令。设备前的图标消失，则硬件被成功启用，如图 2.7 所示。

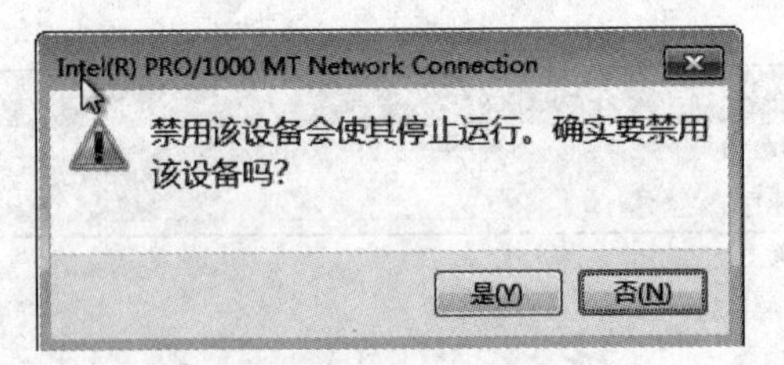

图 2.6 “禁用”命令

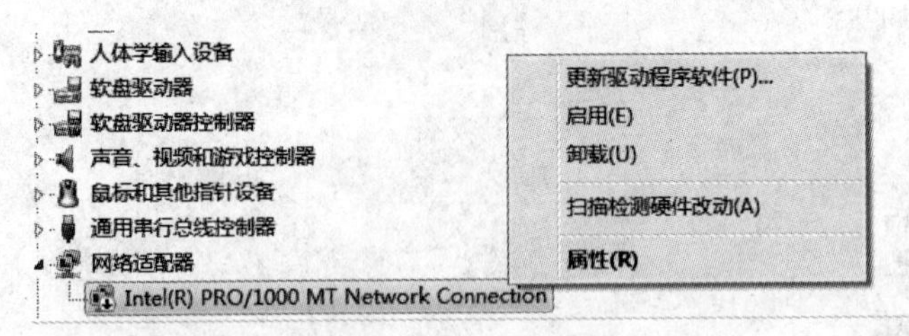

图 2.7 “启用”命令

2.3.4 硬件的卸载

现在最常用的即插即用型硬件设备就是 U 盘。当复制完资料时,要拔出 U 盘,需要先对其进行卸载,以避免直接拔出损坏 U 盘。

在桌面右下角找到安全卸载硬件图标。如果要删除即插即用型硬件设备,可以直接单击图标,然后在弹出的菜单中选择“弹出该设备”命令,如图 2.8 所示,系统会提示已安全移除设备。此时可直接将硬件设备拔出。

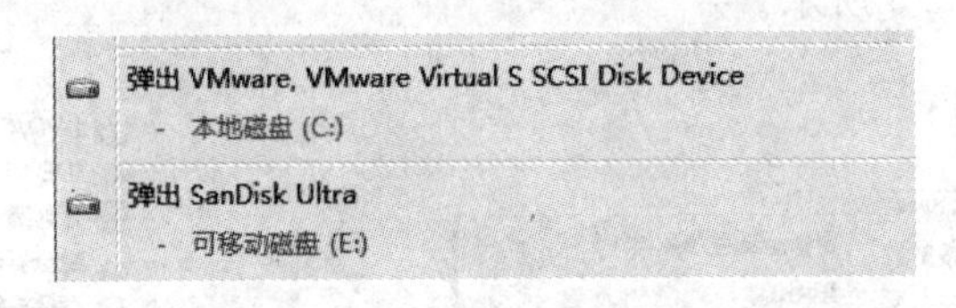

图 2.8 安全移除硬件

如果要移除非即插即用的硬件,如内存、显卡、声卡、网卡等,则必须关闭系统并将电源关闭,手动将该硬件移除后再重新开机。开机后 Windows 7 系统会识别系统变动并自动更新硬件设置。

2.4 项目实施

2.4.1 安装非即插即用型硬件

下面以 Windows 7 不支持的英特尔主板安装为例来介绍手动安装驱动程序的方法,操作步骤如下。

(1) 打开驱动程序所在的位置,并双击 Setup 图标。

(2) 接着就会出现准备安装的向导,如图 2.9 所示。

(3) 当准备完毕后,向导会自动转到许可协议界面,如图 2.10 所示。

(4) 单击“接受”按钮,显示 Readme 文件信息界面,如图 2.11 所示。

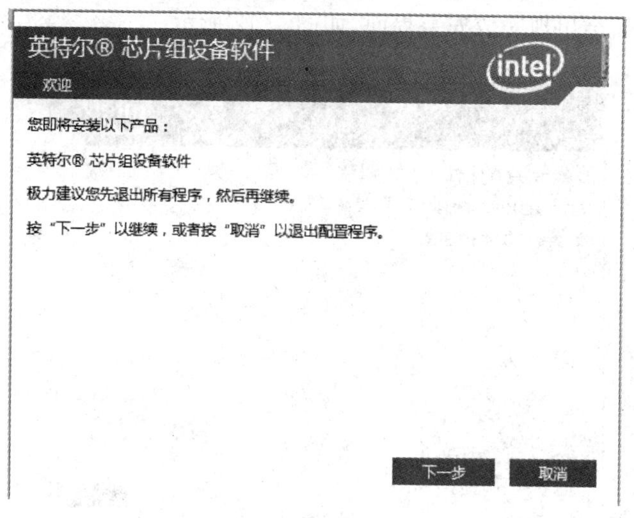

图 2.9　安装向导

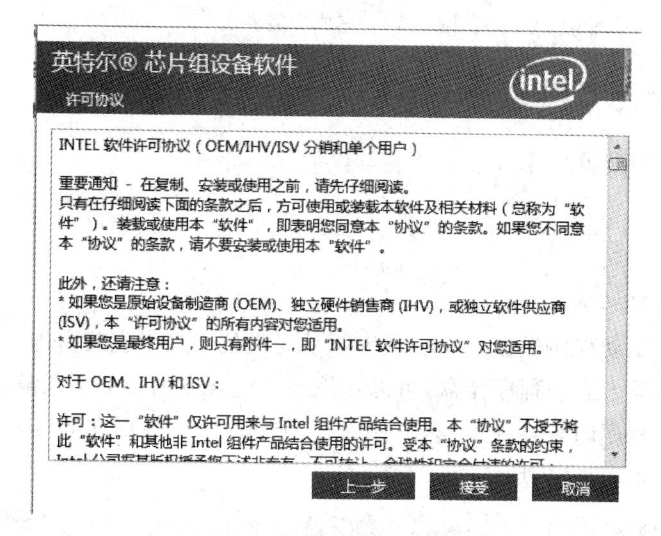

图 2.10　许可协议界面

图 2.11　Readme 文件信息界面

（5）安装完毕后会出现完成安装界面，如图 2.12 所示。

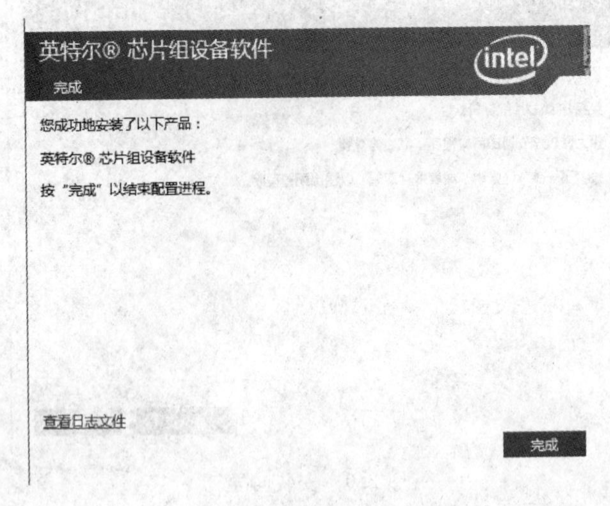

图 2.12　完成安装界面

（6）单击"完成"按钮，完成该硬件的安装。

2.4.2　安装和配置显卡

1. 安装显卡

安装显卡的操作步骤如下。

（1）放入显卡驱动程序光盘。一般显卡驱动光盘位于显卡包装盒内。

（2）若遗失了显卡驱动程序光盘，可以在该显卡的官方网站上下载最新的驱动程序。

（3）运行驱动程序的兼容性检查，如图 2.13 所示，然后根据向导逐步进行安装。单击"精简"安装选项，如图 2.14 所示。

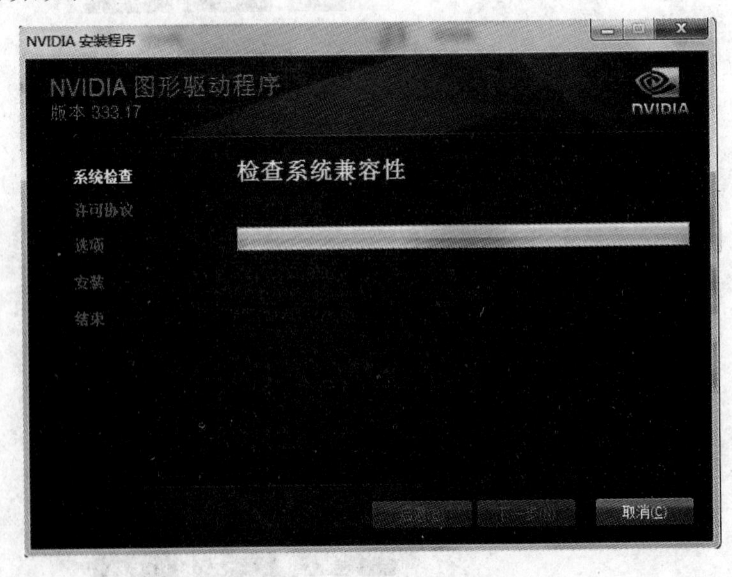

图 2.13　检查系统兼容性界面

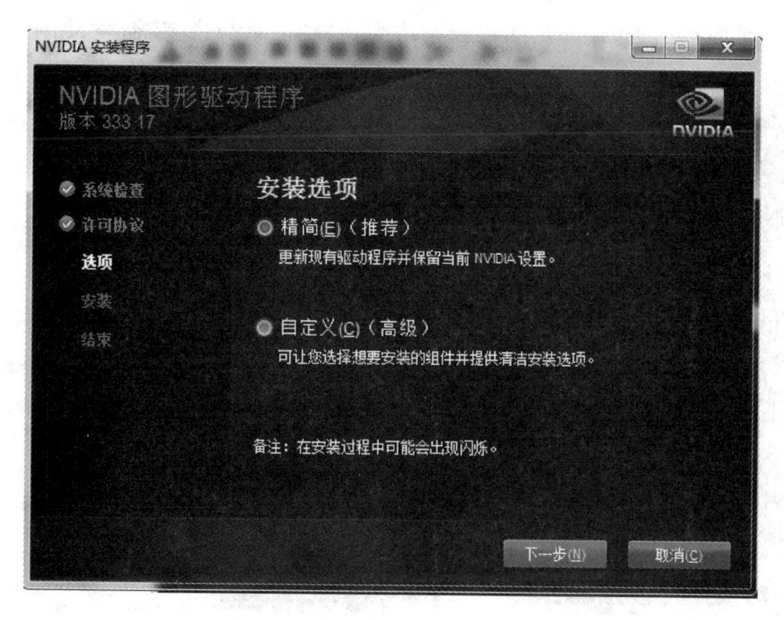

图 2.14　选择安装选项界面

注意：不同厂家的显卡驱动程序肯定不同。

(4) 在选择安装选项界面中，单击“下一步”按钮，开始安装驱动程序，如图 2.15 所示。

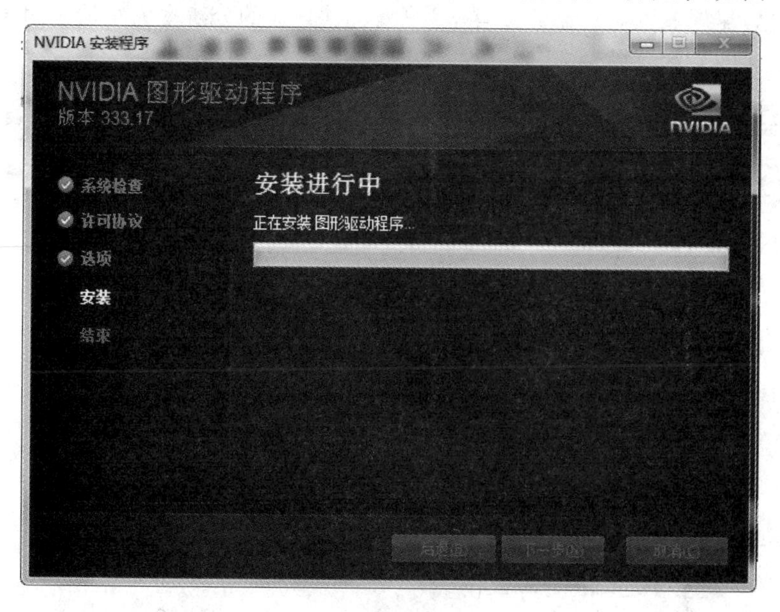

图 2.15　驱动程序安装过程

(5) 一段时间后，会出现“安装完成”界面，如图 2.16 所示。

2. 配置显卡

安装好显卡驱动后，需要对显卡进行正确的配置，这样才能使显卡驱动程序发挥最大功效，操作步骤如下。

(1) 右击桌面空白处,在弹出的快捷菜单中选择“屏幕分辨率”命令,如图 2.17 所示。

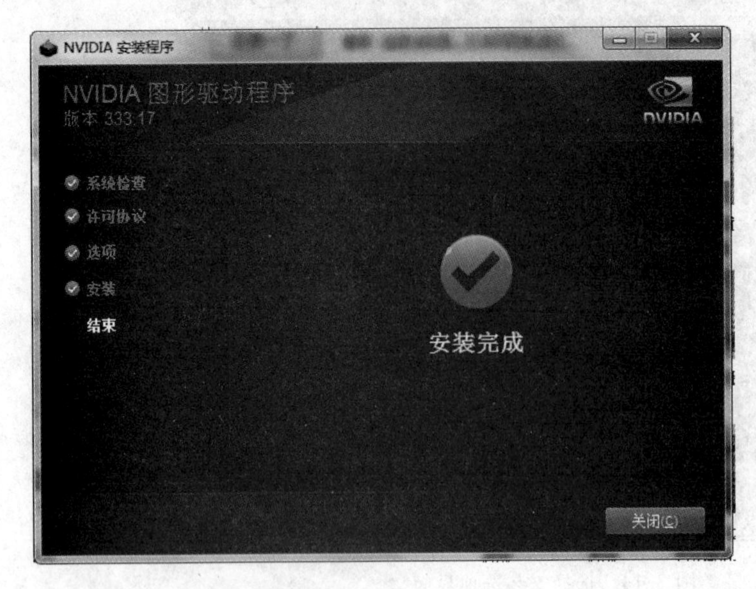

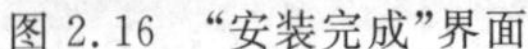

图 2.16 “安装完成”界面

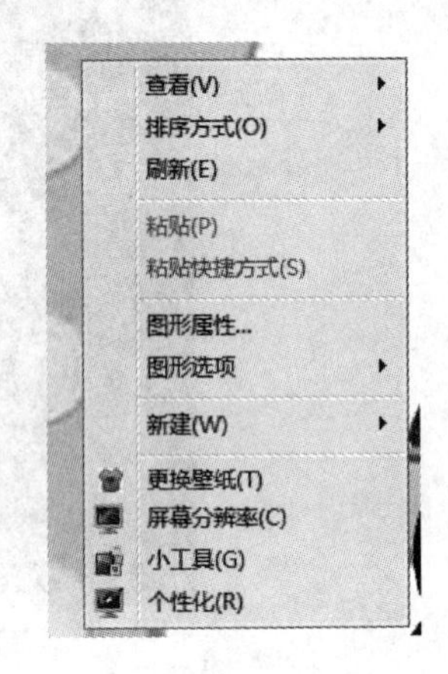

图 2.17 “屏幕分辨率”命令

(2) 进入如图 2.18 所示的窗口,在这个窗口中,可以更改屏幕的分辨率,对于使用液晶显示器的用户,建议设置显示器的分辨率为默认值(具体的分辨率大小请参照显示器使用手册)以获得最佳的显示效果。

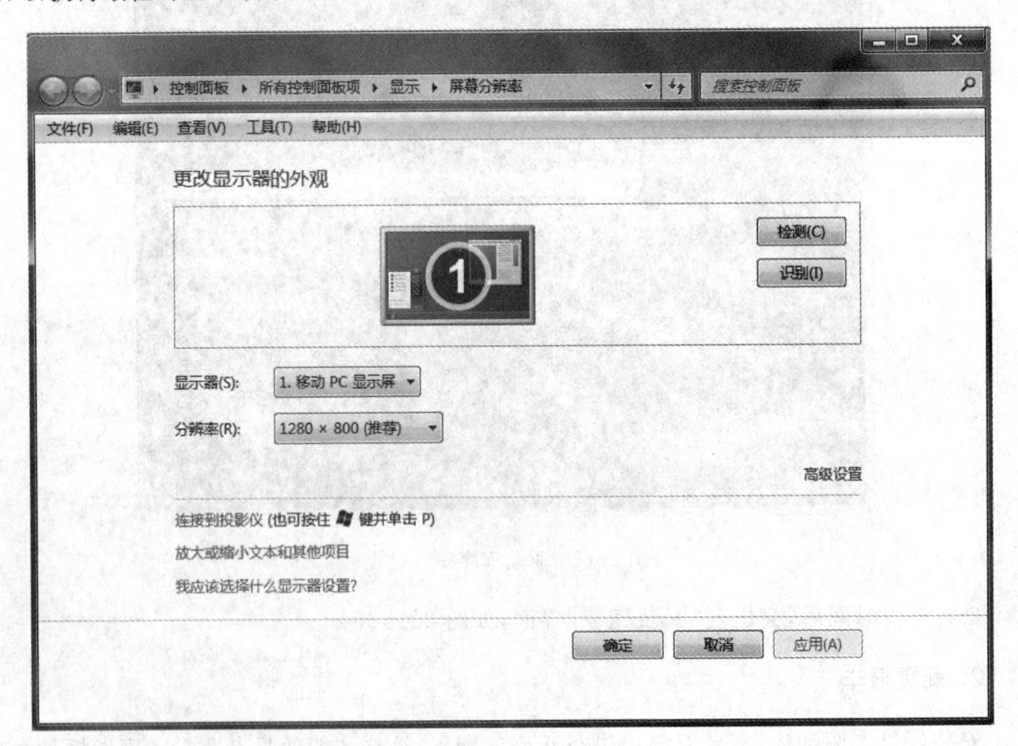

图 2.18 屏幕分辨率界面

(3) 单击“高级设置”按钮,进入如图 2.19 所示的显卡高级设置对话框。

通用即插即用监视器 和 Mobile Intel(R) 945 Express Chipset Fa...
Intel(R) GMA Driver for Mobile
适配器　监视器　疑难解答　颜色管理
适配器类型
Mobile Intel(R) 945 Express Chipset Family
属性(P)
适配器信息
芯片类型:　Intel(R) GMA 950
DAC 类型:　Internal
BIOS 信息:　Intel Video BIOS
适配器字符串:　Mobile Intel(R) 945 Express Chipset Family
总可用图形内存:　256 MB
专用视频内存:　0 MB
系统视频内存:　64 MB
共享系统内存:　192 MB
列出所有模式(L)
确定　取消　应用(A)

图 2.19　显卡高级设置对话框

(4) 在“监视器”选项卡中可以设置“屏幕刷新频率”,如图 2.20 所示。一般液晶显示器的屏幕刷新频率为 60Hz,少数液晶显示器能够达到 75Hz,传统的 CRT 显示器一般是 85Hz,若屏幕刷新频率设置不正确,将出现屏幕闪烁或黑屏等症状。

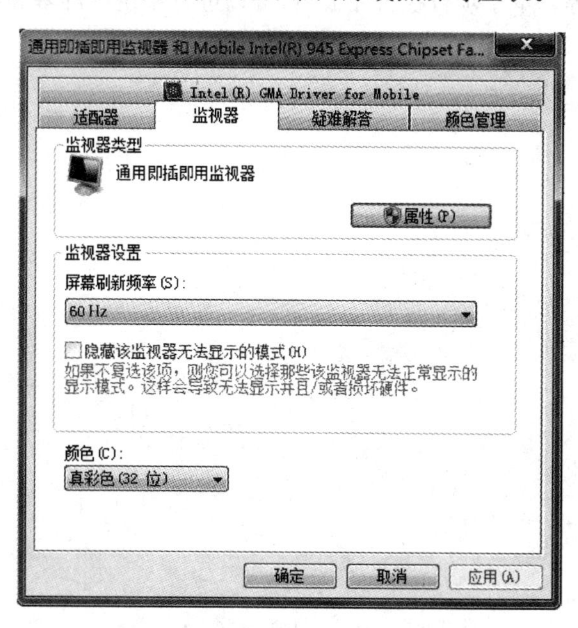

图 2.20　设置屏幕刷新频率

(5) 打开 Intel(R) GMA Driver for Mobile 选项卡(不同品牌的显卡具有不同名称的选项卡),可以进入显卡驱动的高级设置页面,如图 2.21 所示。

图 2.21 显卡驱动的高级设置页面

2.5 后续项目

本子项目主要是管理系统中的硬件设备,通过设备管理器可以查看硬件属性、禁用硬件设备、启用硬件设备等。本子项目执行完成后,可以进行系统中屏幕和窗口的设置。

子项目3 屏幕和窗口设置

3.1 项目任务

在本子项目中要完成以下任务：

(1) 更改 Windows 7 的颜色设置；

(2) 更改 Windows 7 的桌面背景；

(3) 设置 Windows 7 的屏幕保护程序；

(4) 更改 Windows 7 的音效；

(5) 更改 Windows 7 的鼠标形状和大小；

(6) 设置 Windows 7 的小工具。

具体任务指标如下：

(1) 更改 Windows 7 系统中的个性化设置，根据自己的喜好，自由设置桌面的属性，不但使整个画面更加符合自己的审美观，还可以提高用户的工作效率；

(2) 添加并设置 Windows 7 系统中的小工具，便于用户进行桌面操作。

3.2 项目的提出

Windows 7 系统安装完成并完成硬件驱动程序的安装后，用户就可以开始正式使用 Windows 7 系统了，那么用户可以进行个性化的设置，便于自己操作方便，并提供工作效率。用户可以修改 Windows 7 系统的屏幕和分辨率、界面主题、颜色设置、桌面背景、屏幕保护程序、音效、鼠标形状和大小以及 Windows 7 系统中的小工具，便于用户进行桌面操作。

3.3 实施项目的预备知识

预备知识的重点内容

(1) 重点掌握系统中的屏幕和界面设置属性；

(2) 重点掌握系统中的小工具设置功能；

(3) 重点掌握系统的状态；

(4) 了解系统的窗口功能和对话框设置。

关键术语

(1) 屏幕保护程序：计算机的屏幕保护程序有什么用处，得分情况讨论。部分计算机的屏幕保护程序有省电的作用（有的显示器在屏幕保护作用下，屏幕亮度小于工作时的亮度，这样有助于省电），更重要的是还可以保护显示器。在未启动屏保的情况下，长时间不使用计算机的时候显示器的屏幕长时间显示不变的画面，这将会使屏幕发光器件疲劳变色，甚至烧毁，最终使屏幕的某个区域偏色或变暗。

(2) Windows Aero：是从 Windows Vista 开始使用的新型用户界面，透明玻璃感让用户一眼贯穿。Aero 为 4 个英文单字的首字母缩略字，即 Authentic（真实）、Energetic（动感）、Reflective（反射）及 Open（开阔）。意为 Aero 界面是具立体感、令人震撼、具透视感并且开阔的用户界面。除了透明的接口外，Windows Aero 也包含实时缩略图、实时动画等窗口特效，吸引用户的目光。

预备知识概括

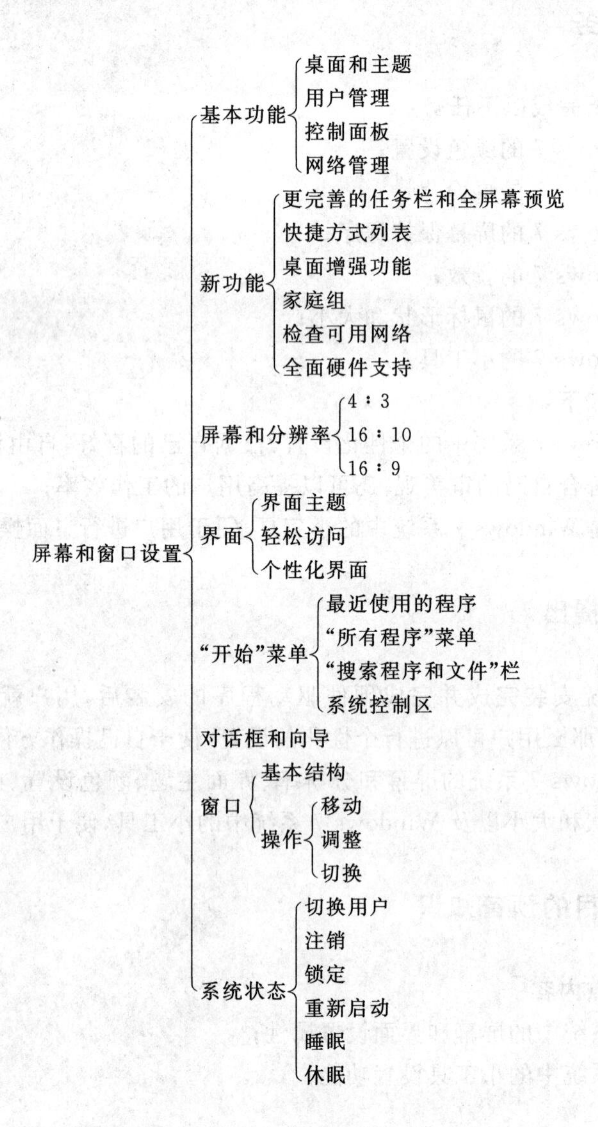

预备知识

3.3.1　Windows 7 抢先看

1. 桌面和主题

开机后，输入密码登录，就会出现操作桌面，如图 3.1 所示。

图 3.1　操作桌面

这是 Windows 7 默认的主题和桌面，除此之外系统还自带 7 个 Aero 主题、6 个基本和高对比主题，以及数十张美轮美奂的背景图片可以选择更换。

除此之外，使用者还可以通过网络下载更多令人兴奋的主题和壁纸。

Windows 7 的精美程度不能说是绝后，但一定是空前的。与 Windows Vista 相比，Windows 7 的改进远不只拥有更华丽的界面那么简单，除超级任务栏外，增强的桌面特性也让很多操作更加方便。

2. 用户管理

在安装 Windows 7 时，系统会自动生成一个 Guest 账户，在系统安装完成后，还会要求建立一个管理员账户。这个管理员账户拥有所有用户的最高权限，管理员可以在“用户账户和家庭安全”窗口中管理或建立新用户，如图 3.2 所示。

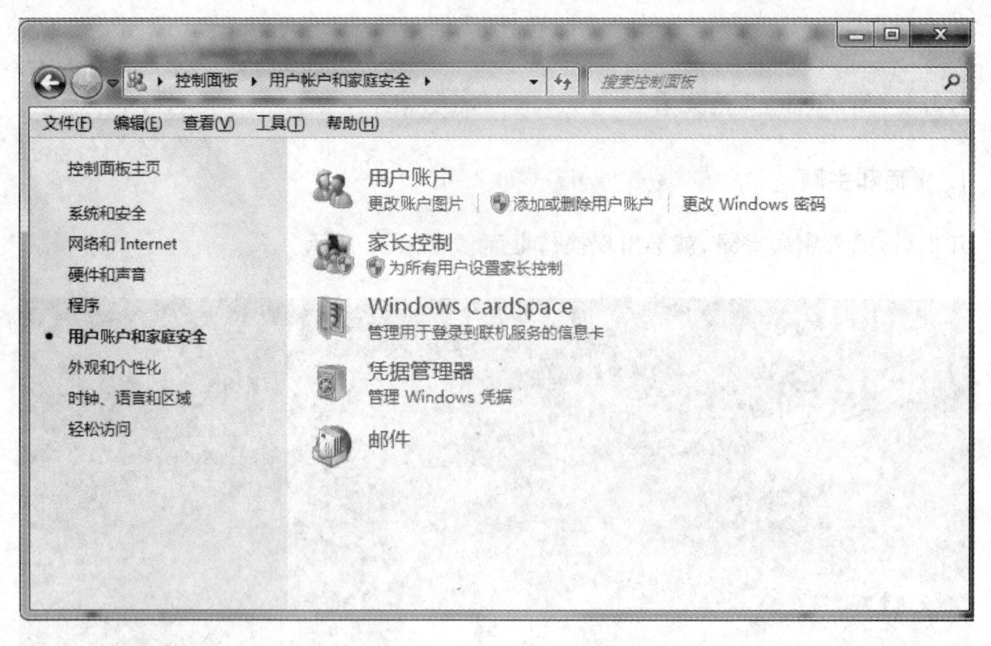

图 3.2　用户账户界面

3. 控制面板

“控制面板”中包含“系统和安全”、“网络和 Internet”、“硬件和声音”、“外观和个性化”等的设置。基本上在“控制面板”中可以进行任何关于调整计算机的操作,如图 3.3 所示。

图 3.3　“控制面板”界面

4. 网络管理

用户可以通过“控制面板”中的选项，对网络进行查看和设置。Windows 7 中的这些功能变得更加形象化。打开“网络和共享中心”窗口，就可以看到基本的网络信息，如图 3.4 所示。

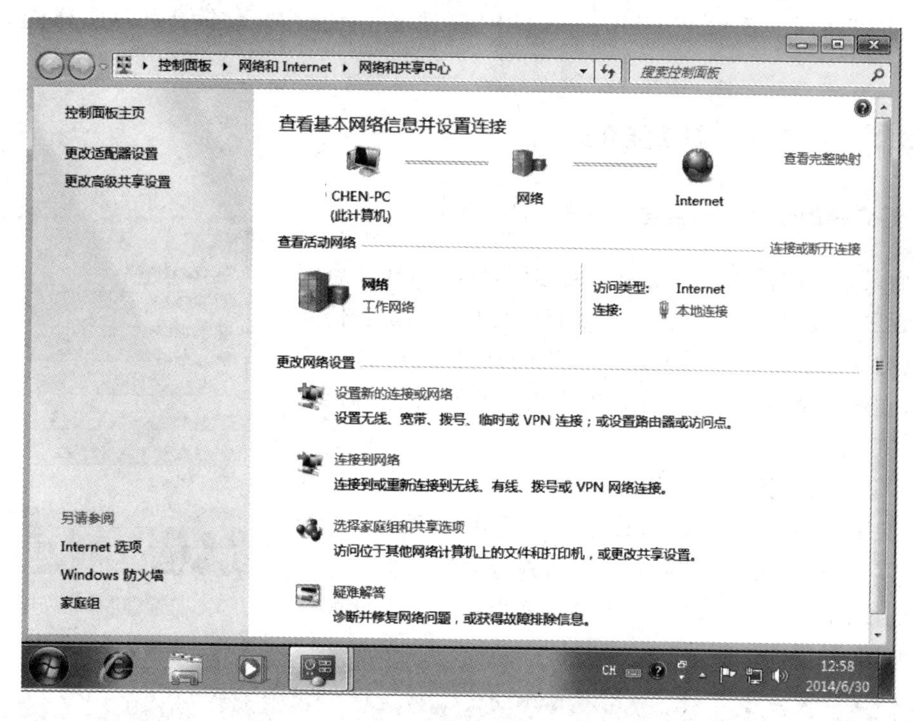

图 3.4　基本的网络信息

接着单击“查看完整映射”链接，就会看到详尽的网络连接方式，当某一段网络有问题时，就会直观明了地在图上显示一个叉号，如图 3.5 所示。

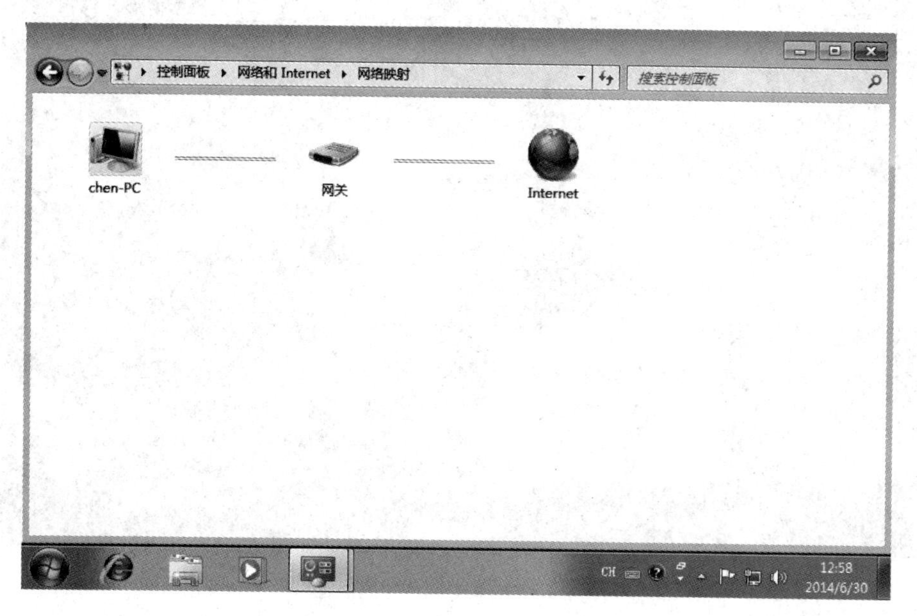

图 3.5　查看网络映射

新版 Windows Live 整合了 MSN、家长控制、计划任务等功能。使用者可以通过 Windows Live 进行相关的操作。用户不但可以查看或发送账号的信件，使用“家长控制”功能管理孩子对计算机的使用，还可以计划自己的行程安排，或登录 MSN 交友聊天。

例如，打开 Windows Live Mail 后，可以登录 Windows Live 并汇入上面所有联络人的信息，也可以在网上登录 Windows Live 并使用“家长控制”功能查阅家中计算机的使用状态。

3.3.2 Windows 7 新功能介绍

1. 更完善的任务栏和全屏幕预览

界面最下方的任务栏可用来启动程序，或者切换开启中的不同程序。在 Windows 7 中，可以将任何程序固定在任务栏上，其方法是右击任务栏上正在使用的软件图标，弹出快捷菜单，在快捷菜单中选择“将此程序锁定到任务栏”命令。如图 3.6 所示。

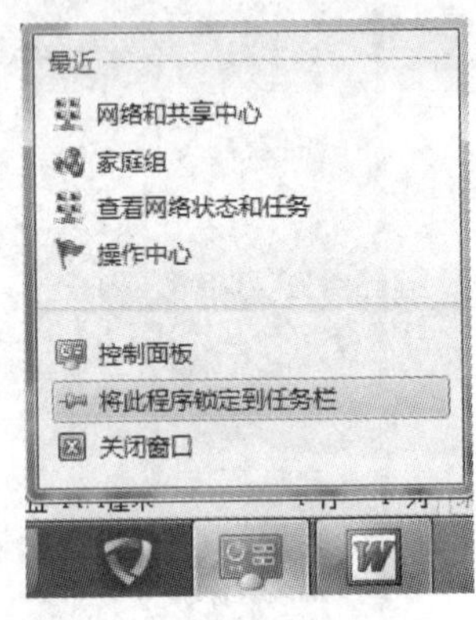

图 3.6　选择“将此程序锁定到任务栏”命令

之后只需单击固定在任务栏上的图标，就可以启动该程序，而且只要按住并拖曳，就可以重新排列图标顺序。对图标大小进行调整，可让使用者更方便地查看内容。将鼠标指针暂留到图标上方，就会显示该程序中开启的每个文件或窗口的缩略图，如图 3.7 所示。

图 3.7　文件或窗口的缩略图

若将鼠标指针移到某个缩略图上方，之前打开的所有其他窗口就会变成透明的，在桌面上只显示鼠标指示的窗口，从而达到预览该窗口的效果，如图 3.8 所示。将鼠标指针从缩略图移开，全屏幕预览就会消失。

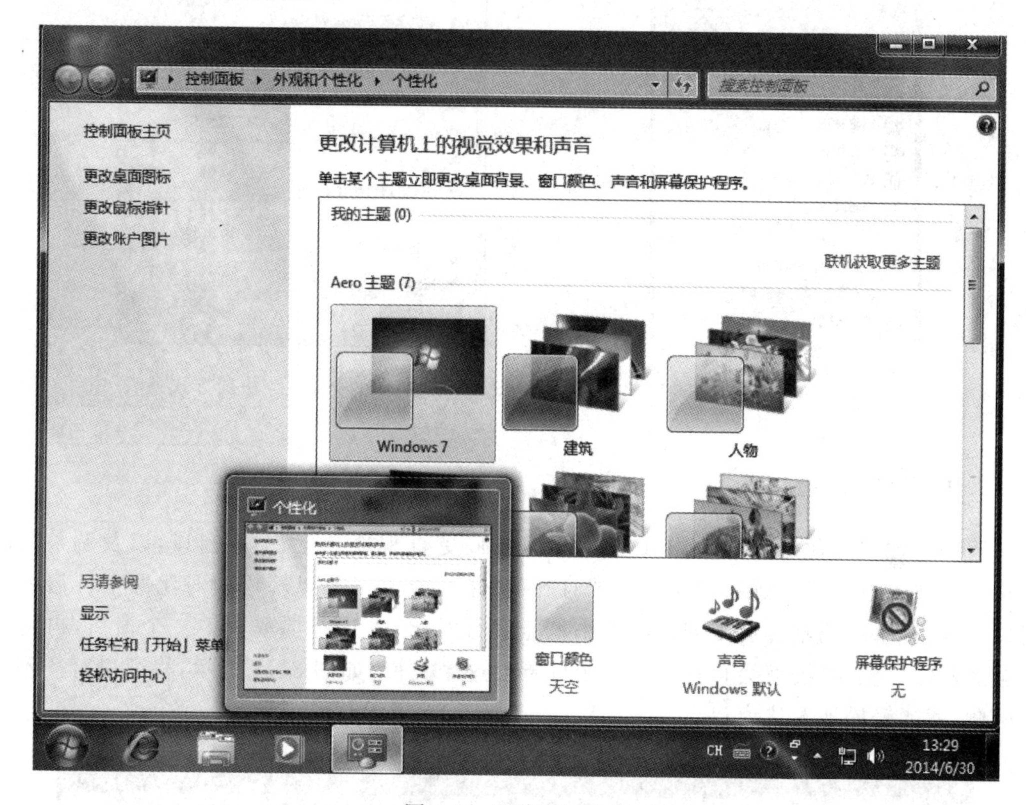

图 3.8　预览窗口效果

2. 快捷方式列表

Windows 7 更加强调常用功能的便利性，新的"快捷方式列表"(Jump List)功能就是其中一个例子。这项便利的功能可以快速存取曾经开启过的文件。若要查看用户最近使用过的文件，只要在任务栏中的图标上右击即可。例如，在 Word 图标上右击就会显示用户最近使用过的 Word 文件，如图 3.9 所示。

另外，如果用户还有其他文件需要快速存取，只要将文件固定在"快捷方式列表"中，就会永远显示这些文件，如图 3.10 所示。

这样，只要单击几下鼠标，就能随时使用所需要的文件。

部分程序(如 Windows Media Player)可以预先在其"快捷方式列表"中填入常用的工作。例如，在 Windows Media Player 的"快捷方式列表"中，用户可看到"播放所有音乐"或"继续上次播放清单"等选项。在 Internet Explorer 的"快捷方式列表"中，用户会看见经常访问及最近访问过的网站。使用某些程序时，甚至可以快速存取之前 Windows 版本中只能在程序内进行的工作，例如撰写新的电子邮件信息。

图 3.9　显示最近使用过的文件

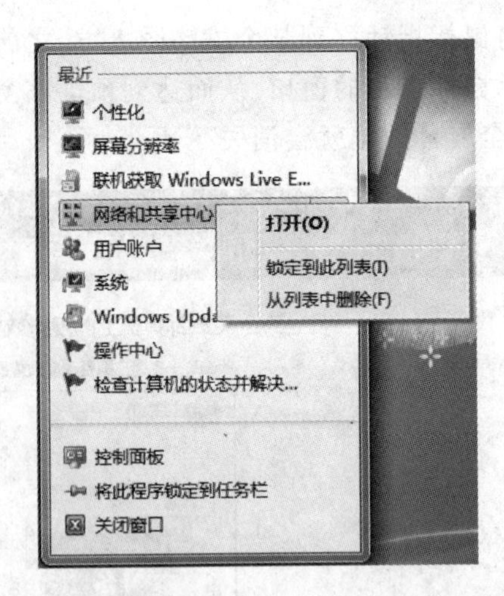

图 3.10　将文件固定在“快捷方式列表”中

3. 桌面增强功能

Windows 7 简化了窗口使用方式，可以让我们更直观地开启、关闭窗口，以及调整窗口大小或排列窗口顺序。例如，只要使用“对齐”功能就能比以前更轻松地对比两个开启中的窗口，不需要手动调整开启中窗口的大小就能进行对比，方法是抓取其中一个窗口，再将其拉至屏幕任一侧，系统就会自动平分半个屏幕给这个文件，如图 3.11 所示，将窗口对齐到屏幕两侧，就能轻松地对比窗口。

图 3.11　文件平分屏幕

若要查看所有桌面小工具，只需将鼠标移至桌面右下角即可。这个动作会使所有开启中的窗口变成透明，可让用户立即看见桌面和桌面上的小工具，如图 3.12 所示。

图 3.12　透明的开启窗口

当鼠标离开“显示桌面”按钮时，桌面立即恢复原来的窗口。如果要切换到桌面进行新的操作，单击“显示桌面”按钮即可。

此外，若要清除所有窗口，而只留下其中一个窗口，可在该窗口上方按住鼠标左键并左右晃一下，这可以将所有其他开启中的窗口最小化到任务栏中，如图 3.13 所示。再晃几下该窗口即可让所有窗口恢复原状。

4. 家庭组

现在的家庭通常会共享互联网连接，不过，其他如共享文件和打印机等就没有那么容易了。如果您家中有一台或多台计算机，却只有一台打印机；如果您和大多数人一样，当需要将计算机中的文件用另一个房间内的打印机打印时，可能会利用其中一台计算机将文件通过电子邮件传送到另一台计算机上，或者利用 U 盘传送文件。此外，如果需要某个文件，但不知道该文件存储在哪一台计算机中，很可能得花上整夜的时间在每台计算机中逐一搜寻。

家庭组是 Windows 7 的新功能，可让用户轻松连接家中的计算机。当您将第一台执行 Windows 7 的计算机新增到家用网络时，就会自动安装家庭组。在家庭组中新增更多执行 Windows 7 的计算机相当容易。可以明确指定每一台计算机可与家庭组中所有计算机共享的内容。接下来，可以通过“控制面板”打开家庭组的设置窗口，如图 3.14 所示，然后轻松地在家中所有计算机及许多其他装置上共享文件，就像使用同一个硬盘存储所有数据一样。

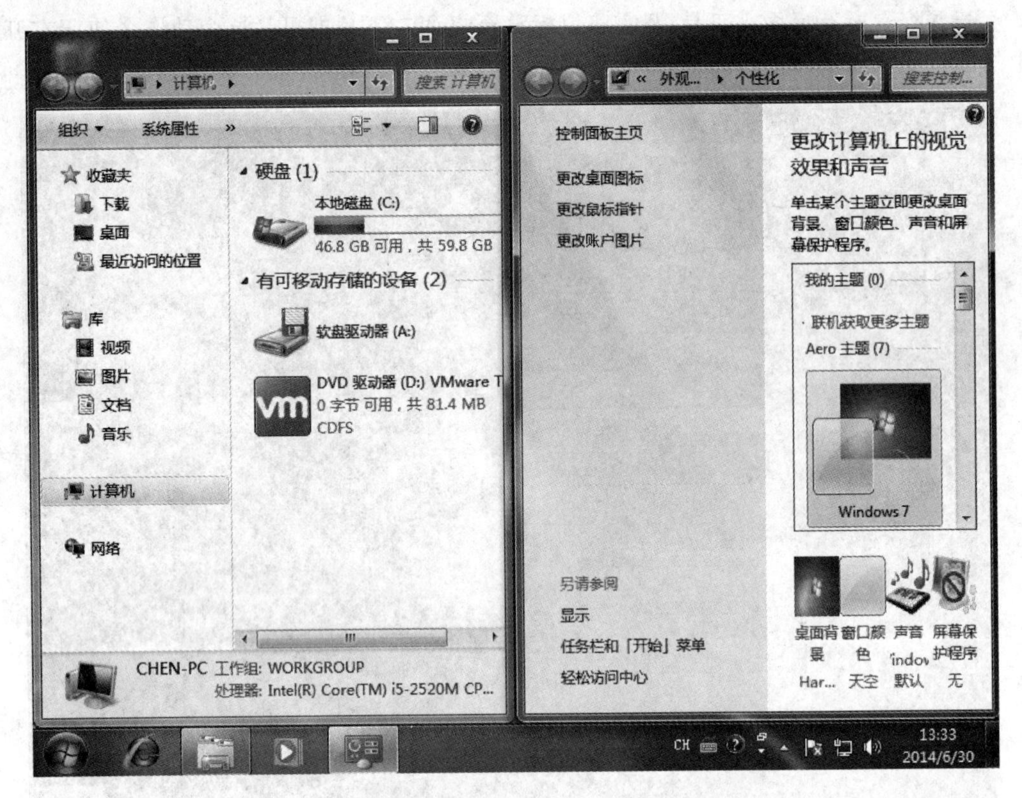

图 3.13　将所有其他开启中的窗口最小化到任务栏

也就是说，用户可以将数码照片存储在房间内的一台计算机上，然后通过家中任何位置的计算机轻松存取这些照片。同样，只要位于家庭组内，房内的打印机就能自动供家中所有计算机共享。

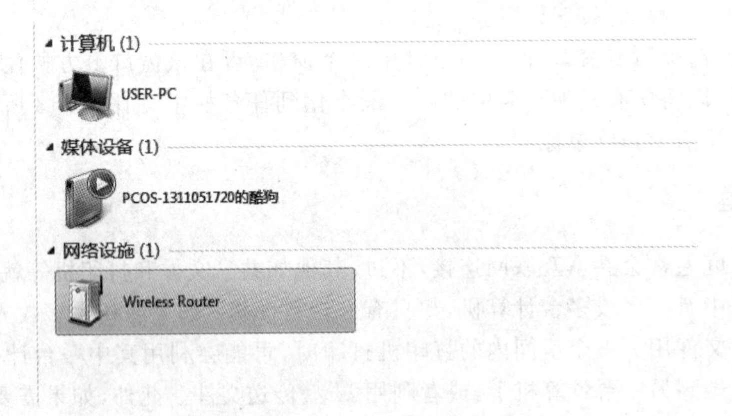

图 3.14　更改家庭组设置

5. 检查可用的网络

Windows 7 能让检查及连接所有网络的工作变得相当简单而一致。无论是 WiFi、移动网络宽带、拨号连接还是企业 VPN 式的网络，只要按一下，就可存取可用的网络。用户可以单击“网络和共享中心”中的“设置新的连接或网络”按钮，打开“设置连接或网络”对话框进行设置，如图3.15所示。

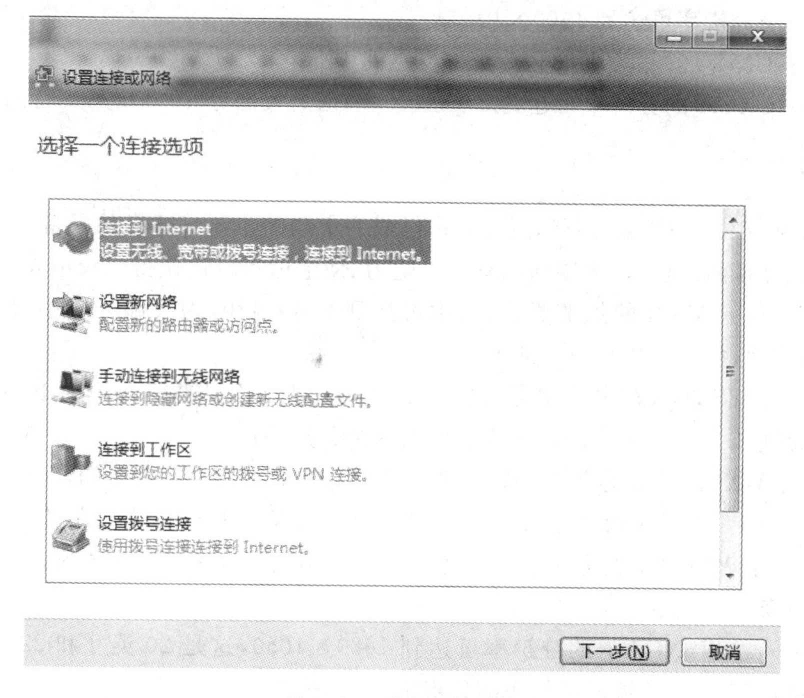

图3.15　当前网络连接

6. 全面的硬件支持

Windows 7操作系统默认支持大部分的硬件，并且只要连接网络就可自动下载硬件的驱动程序并自动安装。

3.3.3　设置Windows 7的屏幕和分辨率

屏幕分辨率就是使用者在屏幕上看影像时，所感受到的画面清晰程度。通常使用两个数值来表现屏幕分辨率，如1024×768，其中1024表示横向的点数，而768表示纵向的点数，这个数值越高代表屏幕呈现的像素点越多，画面也就越细致和逼真。

屏幕分辨率是由显卡(独立的显卡，或是整合在主板上的显示芯片)所决定的，但屏幕也必须支持该显卡的分辨率，否则会在一个画面之下无法呈现整个桌面，必须要使用指针来拖拉桌面。

分辨率会根据宽和长的比例作为分类的依据，早先都是标准的4∶3屏幕，而最近几年都是16∶10或16∶9的宽屏幕。

1. 4∶3屏幕

4∶3是最早的屏幕比例标准，在宽屏幕兴起前，绝大部分的屏幕分辨率都是按照这个比例制定的。

VGA：VGA是所有显卡都接受的基本分别率，分辨率可达到640×480。

SVGA：SVGA 是 Super VGA 的简写，分辨率可达到 800×600。

XGA：XGA 的分辨率可达到 1024×768。

SXGA+：分辨率可达到 1400×1050。

UXGA：UXGA 又称为 UGA，分辨率可达到 1600×1200。

QXGA：QXGA 的分辨率可达到 2048×1536，也是大部分 4∶3 屏幕支持的极限。

2. 16∶10 家族

16∶10 就是常见的“宽屏幕”，近几年来已成为市场的主流。这样的屏幕大小有许多好处，例如可以并排两个窗口、人眼横向移动不吃力、使笔记本可以做得比较小等。

WVGA：这是 VGA 的加宽版，分辨率可达到 800×480，为大部分中小型的 Netbook 所采用的分辨率，如第一代 7 英寸的 Eee PC。

WSVGA：WSVGA 的分辨率可达到 1024×600，这并不是准确的 16∶10，而是相当接近的规格，目前 8.9 英寸的 Netbook 大多使用这个分辨率。

WXGA：WXGA 最早是指 1366×768(1024×768 的加宽版)，是 LCD TV 常见的分辨率，但在计算机上 WXGA 通常是指 1280×800，通常出现在 13～15 英寸的笔记本上。

WXGA+：WXGA+的分辨率可达到 1440×900，这是宽屏幕笔记本常用的分辨率，也常出现在 19 英寸的宽屏幕 LCD 上。

WSXGA+：WSXGA+的分辨率可达到 1680×1050，这是 20 英寸和 22 英寸宽屏幕 LCD 以及部分 15.4 英寸笔记本使用的分辨率。

WUXGA：WUXGA 的分辨率可达到 1920×1200，这是 UXGA 的宽屏幕版本。

WQXGA：WQXGA 的分辨率可达到 2560×1600，这通常是 30 英寸 LCD 屏幕使用的分辨率。

3. 16∶9 家族

16∶9 主要是 HD 电视所用的比例，少部分的笔记本也会使用它。

可以通过两种方式进入屏幕分辨率的设置界面。

右击桌面空白处并选择“屏幕分辨率”命令，如图 3.16 所示。

或者在“控制面板”中，单击“外观和个性化”中的“调整屏幕分辨率”选项，如图 3.17 所示。

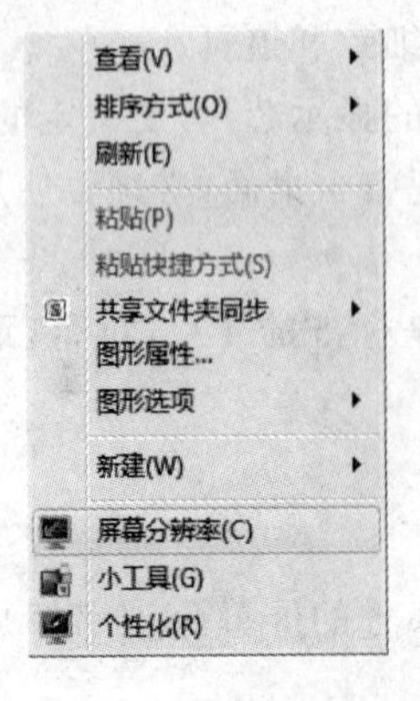

图 3.16 选择“屏幕分辨率”命令

图 3.17 “调整屏幕分辨率”选项

通过上述两种方式中的任一种，都可以进入屏幕分辨率的设置界面。设置分辨率的步骤如下。

(1)"分辨率"下拉列表中会列出所有显卡和屏幕都支持的分辨率，这里选择 1440×900，如图 3.18 所示。

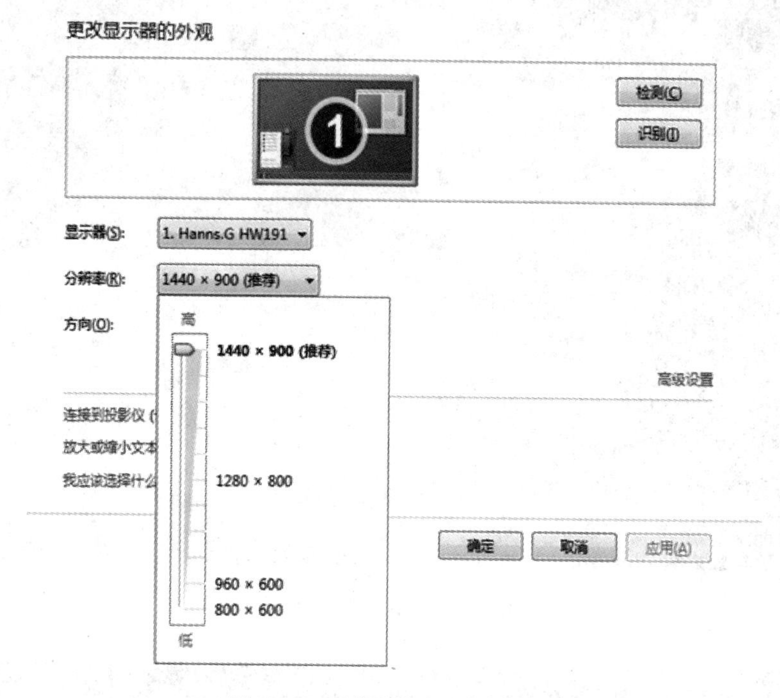

图 3.18　屏幕分辨率的设置界面

(2) 单击"确定"按钮，系统会询问是否保留这些设置。

(3) 单击"保留更改"按钮，则会改变屏幕分辨率。

3.3.4　设置 Windows 7 的界面

Windows 7 的精美在很大程度上体现在界面上。Windows 自带 13 个不同风格的主题，以及数十张美轮美奂的桌面图片等。使用者可以根据自己的需要自由改变不同风格的桌面。

1. 简述 Windows 7 的界面主题

所谓"登录"，就是将计算机运行为可以操作的状态。连接好电源并打开主机后，就会显示"登录"界面。若是第一次登录，或是没有其他用户、没有修改用户设置，在这里将会默认以管理员身份登录，并要求输入管理员密码，如图 3.19 所示。

在"登录"界面中，左上角是输入法选项，可以在这里选择不同的输入法。右下角是"电源"按钮，在这里可以选择"关机"、"休眠"、"重启计算机"等选项。左下角是"轻松访问"设置区，单击这个按钮，可以打开一个新窗口，如图 3.20 所示，在此可以根据个人习惯选择相应的设置。

图 3.19　管理员登录界面

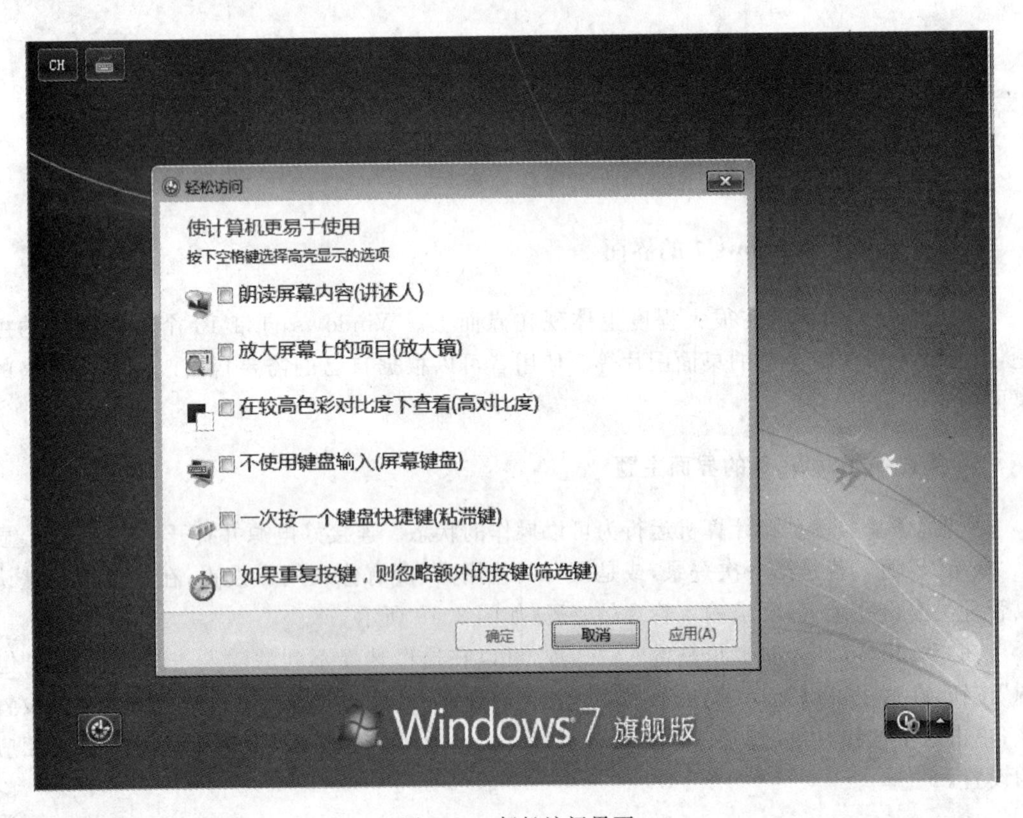

图 3.20　轻松访问界面

输入用户密码以后,按向左方向键或者 Enter 键,即可登录操作系统。同时读者可以看到 Windows 7 精美的桌面,如图 3.21 所示。

图 3.21　Windows 7 精美的桌面

说到 Windows 7,就不能不提到它绝美的视觉效果。Windows 的 Aero 主题和自带的壁纸交映生辉,为用户展现出一个又一个舒适精美的操作环境。除了 Aero 主题,Windows 7 根据不同用户的爱好和需求,同样带有经典、高对比度等多种界面。

(1) Windows Aero 界面

Windows Aero 是从 Windows Vista 开始重新设计的用户界面,半透明的毛玻璃感让使用者眼前一亮。Aero 为英文 Authentic(真实)、Energetic(动感)、Reflective(反射性)及 Open(开阔)的首字母组合,其界面具有立体感、令人震撼、透视感和宽大的效果,如图 3.22 所示。

读者可以看到窗口的边缘具有半透明的毛玻璃效果,透过窗口可以看到下面的模糊图像;窗口的四周有阴影,使得界面立体感更强。除此之外,Windows Aero 还有两项激动人心的新功能——任务栏按钮缩略图和 Windows Flip 3D,使用户能够在桌面上以视觉鲜明的便利方式管理窗口。

任务栏按钮缩略图是对之前 Windows 版本中 Alt + Tab 组合键功能的升级。任务栏按钮缩略图可以显示打开窗口的活动缩略图,而不是通用图标。当光标移动到某一个缩略图上时,就会在屏幕上显示出这个文件。这为用户提供了一种快捷简便的方法,可以更加轻松地准确查找到需要的窗口,如图 3.23 所示。

Windows Flip 3D 为用户提供了查找想要窗口的新方法。当按 Start + Tab 组合键时,Windows Flip 3D 会以三维堆叠视图的窗口形式,动态显示桌面上所有打开的文件,使用户可以轻松地在打开的窗口间进行三维翻页,如图 3.24 所示。

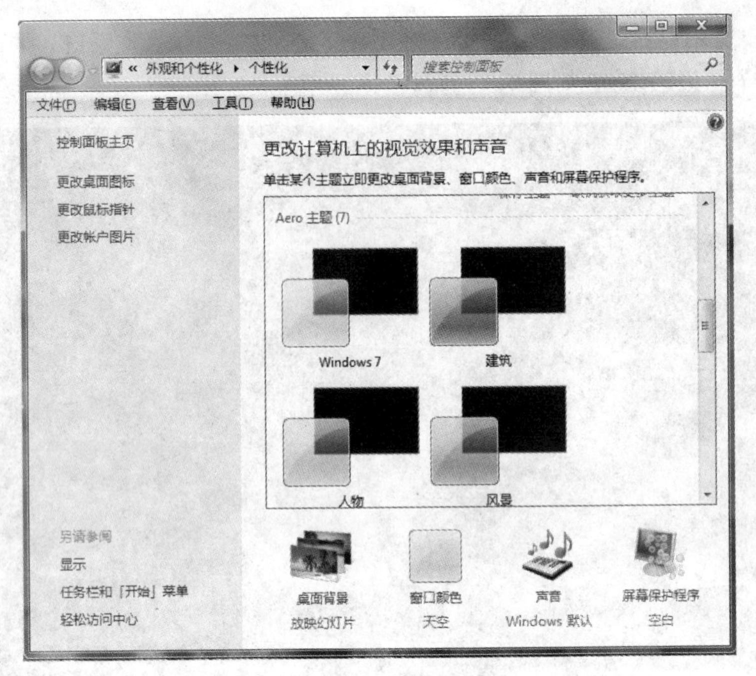

图 3.22　个性化界面

图 3.23　活动缩略图

图 3.24　三维翻页

Windows Flip 3D 甚至可以显示活动的进程，如播放视频，也可以使用箭头键或鼠标上的滚轮在打开的窗口间顺畅地翻转，并选择所需的窗口。

(2) Windows 基本界面

与 Windows Aero 界面相比，Windows 7 基础界面减少了一些视觉效果的处理，并去掉了些小功能，因此降低了系统对硬件的要求。但整体上还是保留了 Windows Aero 界面的视觉效果，如图 3.25 所示。

图 3.25　Windows 基本界面

(3) Windows 经典界面

Windows 经典界面最显著的特点就是沿用了以前老版本的 Windows 用户界面，这也是对计算机配置要求最低的一种用户界面，如图 3.26 所示。

图 3.26　Windows 经典界面

2. 更改 Windows 7 的颜色设置

Windows 7 的桌面十分精美，具有很多个性化的设置，可根据自己的喜好，通过这些设置自由改变桌面的属性，不但可以使整个画面更加符合自己的审美观，还可以提高用户的舒适感，并提高工作效率。

3.3.5 解析 Windows 7 的“开始”菜单

Windows 7 仍然延续了 Windows Vista 的“开始”菜单风格。“开始”按钮是一个带有 Windows 标识的圆形按钮。新的菜单在之前版本的基础上，增加了许多新功能，极大地改善了使用效果。

“开始”菜单如图 3.27 所示，这里把“开始”菜单分为 4 个区域，即最近使用的程序、“所有程序”菜单、“搜索程序和文件”栏以及系统控制区。

图 3.27 “开始”菜单

1. 最近使用的程序

用户最近使用过的文件和程序，都会显示在这个区域内。这个设置十分便于找到常用的软件或文件，不但简化了操作，又节省了时间、提高了效率。

2. “所有程序”菜单

以往 Windows 版本中的“所有程序”菜单由许多连续的新菜单组成，在使用时不断打开的新菜单充斥着整个桌面，不但操作麻烦，稍有一点错就需要重新返回到“开始”菜单的初始状态重新打开，而且看上去杂乱无章。

打开 Windows 7 的“所有程序”菜单，首先显示的是各个程序汇总的一级菜单。在该菜单中选择一个选项，如 Microsoft Office 文件夹，将会打开此菜单的二级菜单，即其文件夹中包含的各个软件，如图 3.28 所示。

图 3.28　Microsoft Office 文件夹

3.“搜索程序和文件”栏

对于很久没使用的文件，常常只记得文件名，却不记得存放的路径。要怎样找到需要的文件呢？Windows 7 的“开始”菜单中的左下角，有一个“搜索程序和文件”栏，使用该功能搜索，能更加方便地找到需要的文件。

下面以搜索 Excel 为例进行介绍。

(1) 当输入第一个字符时，搜索就会开始，如图 3.29 所示。

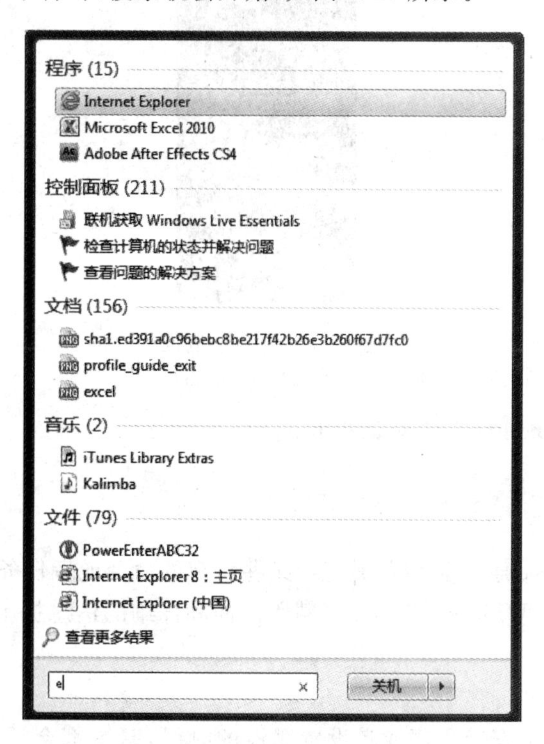

图 3.29　开始搜索

(2) 随着输入的文件名越来越完整，系统会自动筛选符合要求的文件，因此列出的搜索结果会越来越少。当输入完整的文件名时，就会很容易找到需要的文件了，如图 3.30 所示。

图 3.30　完成搜索文件

4. 系统控制区

“开始”菜单的右侧区域是 Windows 的系统控制区。系统控制区基本保留了之前 Windows 版本的“开始”菜单中最常用的几个选项，从上到下依次是个人文件夹（本机为 chen）、文档、图片、音乐、游戏、计算机（或我的电脑）、控制面板、设备和打印机、默认程序、帮助和支持、关机，如图 3.31 所示。

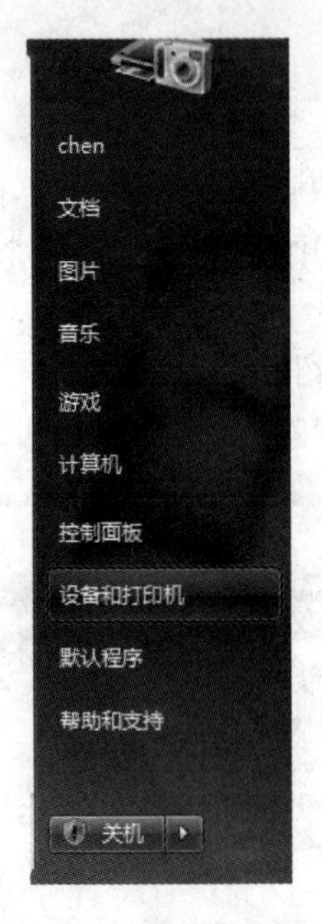

图 3.31　系统控制区

3.3.6　解析 Windows 7 的对话框和向导

1. 对话框

对话框常用于提示、确定等情况，是完成某些特定的命令或者任务的途径。在 Windows 7 中，对话框继续延续了 Windows Vista 的精美画面和详细的信息提示，如图 3.32 所示。

2. 向导

在使用 Windows 7 安装程序或者设置属性的时候，基本都会遇到“向导”的概念。“向导”设置一般用于提示用户来完成某项设置。一般来说，“向导”主要具有以下几个按钮，即“上一步”、“下一步”和“取消”。与“对话框”一样，“向导”也没有最大化和最小化，不能改变其形状，如图 3.33 所示。

图 3.32　对话框界面

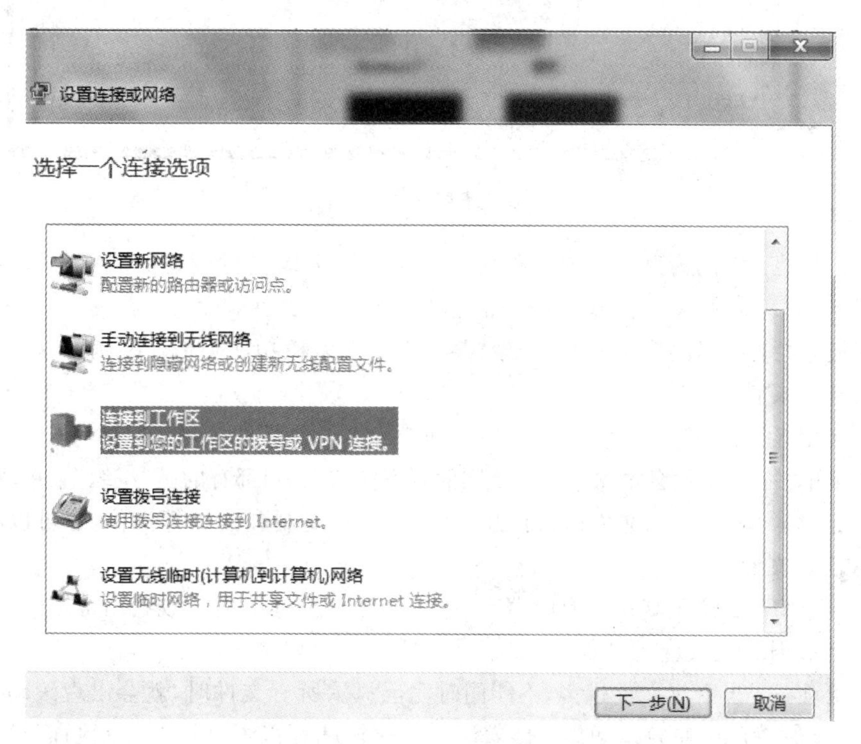

图 3.33　向导界面

3.3.7 解析 Windows 7 的窗口

在 Windows 系统中，窗口是一个矩形的界面，用于显示内容和启动程序。虽然不同的窗口用途各不相同，但其形状和用法却差不多。下面以“计算机”窗口为例来介绍窗口的基本结构以及操作方法。

1. 窗口的基本结构

完整的程序窗口由很多部分组成，下面就根据图 3.34 来介绍窗口的组成和每个部分的用途。

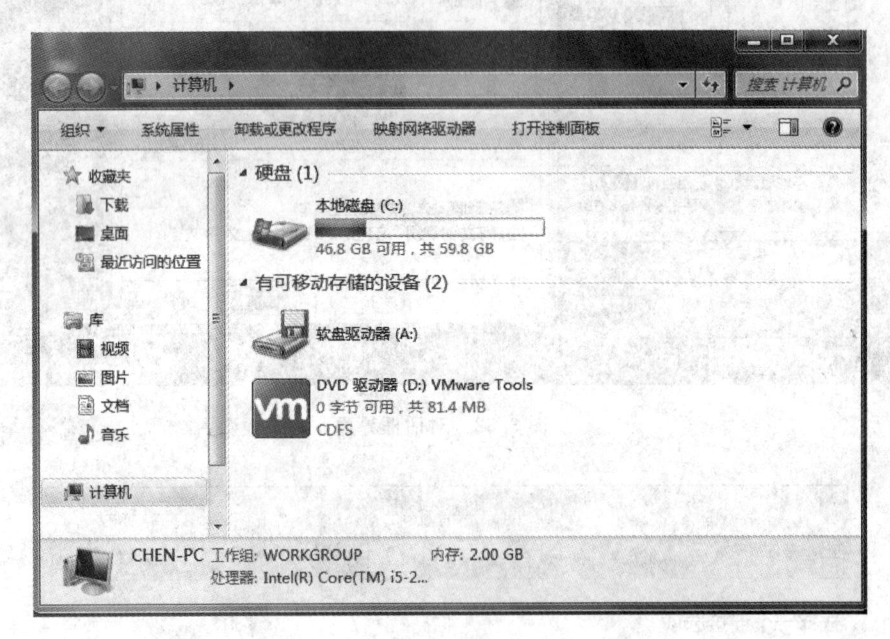

图 3.34 程序窗口

(1) 地址栏：作用为显示目前工作区的路径。单击地址栏最右侧的三角按键，即可拉出路径菜单，可以通过该列表选择文件路径，打开需要的文件。

(2) 搜索栏：这里的搜索栏和“开始”菜单中的搜索栏功能类似。差别是这里只搜索当前文件夹中的文件。

(3) 快捷区域：可用于改变工作窗口版面排列及“帮助”的区域。

(4) 菜单栏：菜单栏会根据文件的不同而有不同的选项，都有的是“组织”菜单，如图 3.35 所示。通过此菜单，可以对文件执行打开、删除、剪切、复制和撤销等操作，也可以将文件隐藏或查看隐藏文件。

(5) 导航窗格：这里默认含有收藏夹、库以及计算机等绝大多数我们常用的文件资料，方便用户工作时查找其他的文件。

(6) 滚动条：当窗口文件过多，不能同时完全显示所有文件时，就会出现滚动条。它的作用是，拉动它就可以使窗口和界面跟着滚动。这样就可以看到因为显示画面过小而没有显示出来的文件。

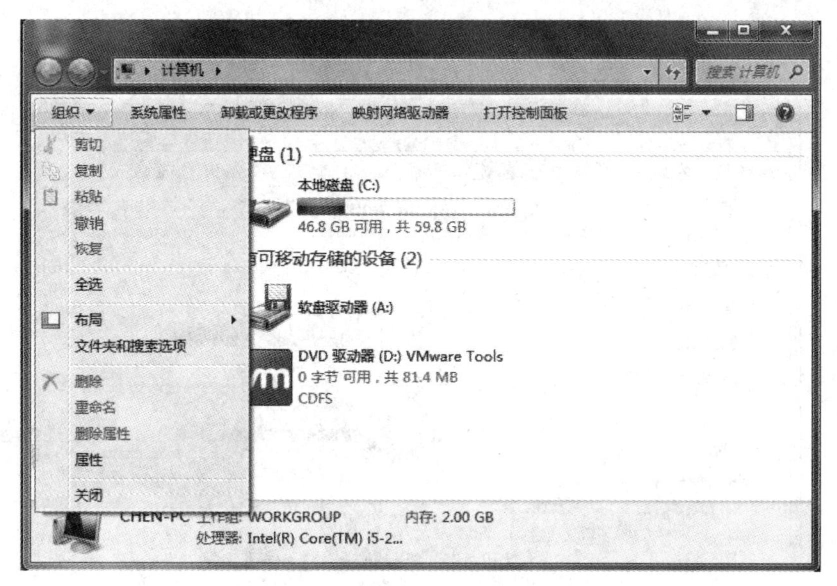

图 3.35 “组织”菜单

(7) 工作区：作用为显示当前已打开的文件夹中的文件或文件夹。

(8) 细节窗格：作用为显示当前文件夹的信息状态。单击某个文件夹或文件时，也会显示出相关信息，例如大小、状态等。

(9) 控制按钮：我们最常使用的三个按钮，由左向右依次是“最小化”、“最大化(向下还原)”、“关闭”。单击按钮，即可进行相应的操作。

2. 窗口的基本操作

(1) 移动窗口

移动窗口最简单的方法就是用鼠标直接拖曳：把鼠标指针移动到窗口的标题栏上，当鼠标变成白色指针时，按住鼠标左键，窗口就会随着鼠标的移动而移动，可以随意移动窗口到任何位置，如图 3.36 所示。

(2) 调整窗口

调整窗口有几种方法，下面逐一介绍具体的操作步骤。

① 通过控制按钮调整。

每个窗口右上方的区域都有三个控制按钮，分别是“最小化”、“最大化(向下还原)”、“关闭”。单击“最小化”按钮，窗口会在桌面上消失，而该窗口在工作栏中的图标仍然存在，只要单击此图标，这个窗口又会重新恢复到桌面上。单击“最大化”按钮后，窗口就会展开，以致占满桌面。当窗口最大化时，原来的“最大化”按钮就变成“向下还原”。单击“向下还原”按钮，当前窗口又会回到原来的形状大小。双击窗口的标题栏，也可使窗口最大化或者向下还原到原来大小。

② 自由拖拉窗口大小。

能不能使窗口的大小随用户的意愿而改变呢？答案是可以的，而且操作方法十分简便：在一个已打开的窗口中，把鼠标移动到该窗口的边框位置。此时鼠标的指针就变成一个可拖曳的标志，如图 3.37 所示。

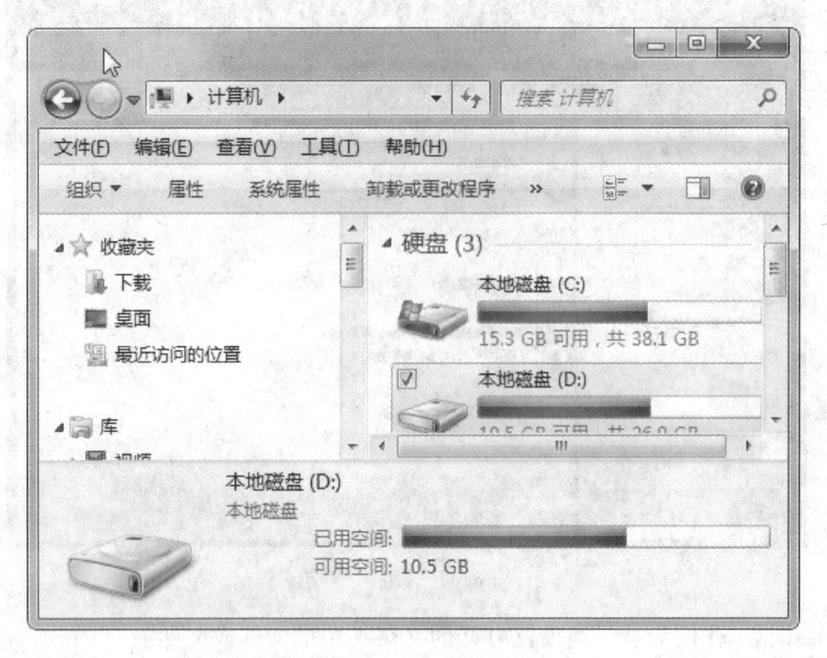

图 3.36　移动窗口

图 3.37　自由拖拉窗口大小

然后按住鼠标左键。此时,窗口就会随着鼠标的滑动而改变大小。窗口的4个边框都可以这样操作,窗口的大小形状也就可以自行调节了。

(3) 智能调整

在 Windows 7 中有很多智能设置,如用鼠标拖曳窗口的标题栏,然后拖向桌面的左右两边或者上边。当窗口被拖向左右两边的时候,此窗口会分别扩大到整个屏幕的左半面或右半面,即左对齐和右对齐;窗口被拖到桌面上边,则窗口会最大化占满整个桌面。当窗口被拖到某一边上时,先会出现一个半透明的预览画面,如图 3.38 所示。松开鼠标,窗口立即扩大到预览的透明玻璃面大小。当选中窗口的标题栏,重新放回桌面中心时,窗口又恢复成原大小。

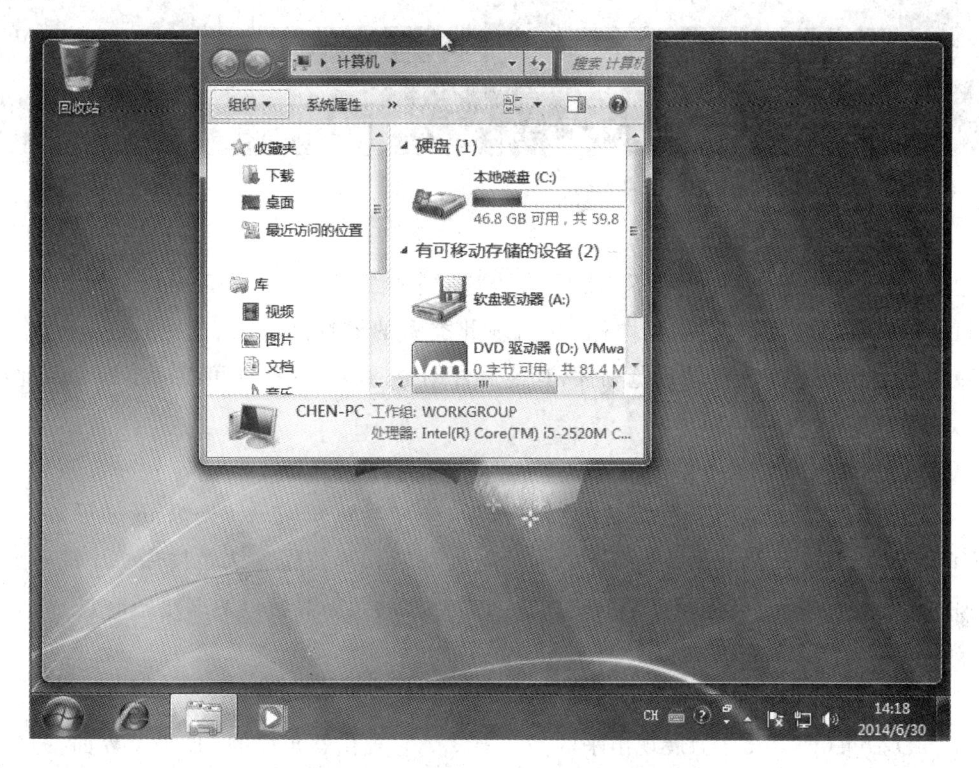

图 3.38　智能调整

3. 切换窗口

在使用计算机时,桌面上经常同时打开许多窗口。在这些窗口中,除了正在使用的窗口在最前面外,其余的都被挡在下面或者最小化,那么怎样迅速地在这些窗口中找到需要的窗口呢? Windows 7 提供了几种方法来解决这个问题,下面简单介绍常用的两种方法。

(1) 用鼠标直接单击

使用者打开一个新的窗口时,在任务栏中系统就会自动生成一个窗口类型的图标。当此类型的窗口为一个文件时,只要在任务栏中单击该图标,此文件窗口会立即出现在桌面的最前面;当同一类型的文件数量不止一个时,系统会自动合并该类型的窗口,并在任务栏中显示重叠样式的图标。单击重叠样式的图标或者把鼠标放在上面,就会出现打开的文件缩略图,如图 3.39 所示。至此就可以简单方便地选择要使用的文件了。

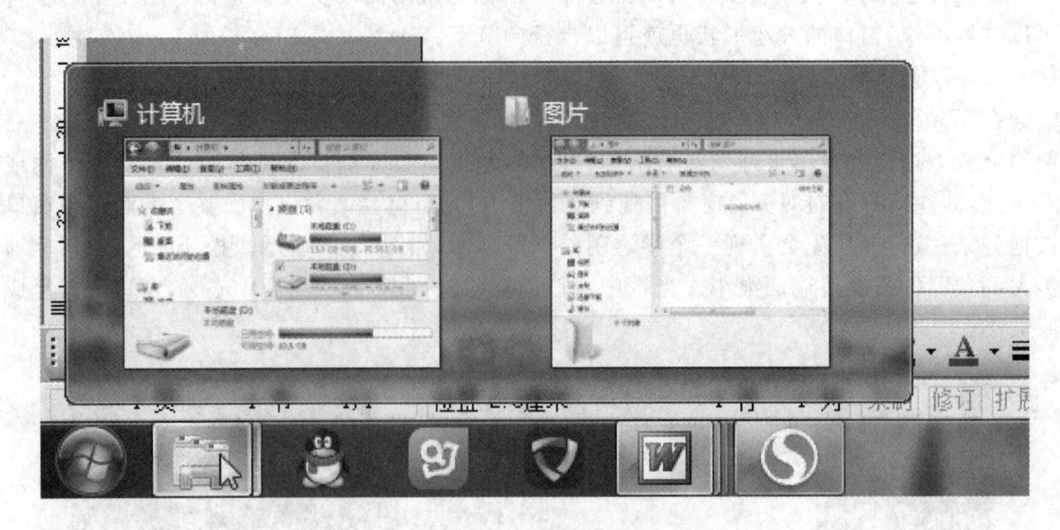

图 3.39　文件缩略图

如果还是觉得缩略图太小，不容易分辨清楚哪个是需要的文件，Windows 7 还有个简单易行的方法：在单击任务栏中的图标，并出现此类型的缩略图时，把鼠标放在某个缩略图上，桌面就会出现这个文件的预览画面，其他文件则会透明。这样便可以清楚地看到此窗口是否是需要的了。

(2) 使用快捷键切换不同的窗口

对于使用过 Windows 操作系统的用户来说，一定会熟知按 Alt ＋ Tab 键可以在不同的窗口间任意切换。Windows 7 同样继承了这个功能。其使用方法是按住 Alt 键不放，每按一次 Tab 键，光标就会移动一个缩略图。当光标移动到需要窗口的缩略图时，松开 Alt＋Tab 键，此窗口便会展现在桌面上。

除了按 Alt ＋ Tab 键外，还可以按“开始”＋ Tab 键进行切换。这是一个把所有开启的窗口以 3D 效果(即 Flip 3D)展现出来的操作方式。它提供斜角度的 3D 预览界面。这样不但可使用户更大程度地了解窗口内容，更给人耳目一新的视觉感受，如图 3.40 所示。用法和 Alt ＋Tab 键一样，按住“开始”键，然后按 Tab 键。在该视图中，可以在打开的窗口中任意依次切换。当找到正在查找的窗口时，只要松开“开始”＋ Tab 组合键，当前窗口便会切换到桌面最上层。

图 3.40　使用快捷键切换不同窗口

3.3.8　设置 Windows 7 的系统状态

计算机使用结束时需要关闭计算机，单击“开始”菜单中右下角的“关机”按钮即可，如图 3.41 所示。

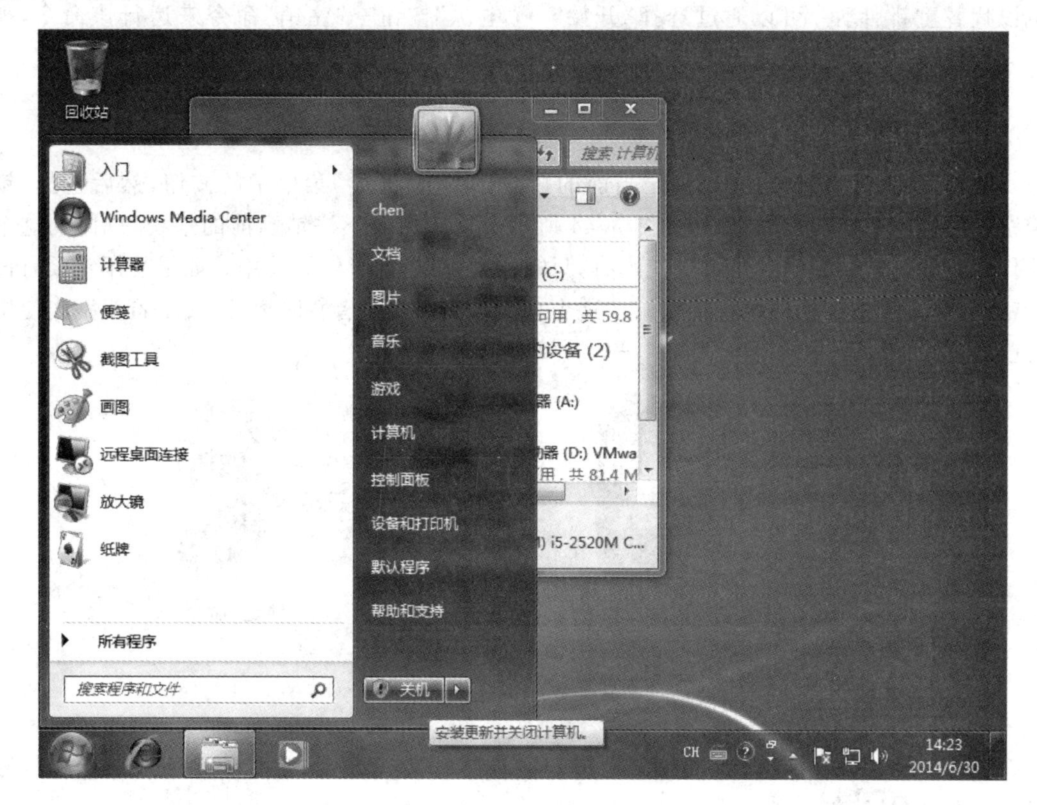

图 3.41　单击“关机”按钮

这是最简单也是最常用的操作方式，下面介绍几种其他系统状态的设置。

1. 切换用户

在家庭中，为了方便自己的设置或者出于保护自己隐私的目的，不同用户常常会在同一台计算机上分别建立属于自己的账户。这样既方便了自己，又不会扰乱其他人的操作。一般情况下，在这种多人共享一台计算机的环境中，我们常常会建立多个不同的账户。有的时候，当前用户操作结束后，下一位用户接手时，可以重新启动，或者注销当前账户，再登录自己的账户。不过这样会显得十分麻烦。这时候就可以使用“切换用户”，立刻切换到自己的账户中。这样不仅方便，而且并不注销上一位使用者的操作系统，当上一位使用者再次接手计算机时，还可直接切换到自己的账户，免去再次重新启动的麻烦。

单击“开始”菜单中的“关机”按钮右边的三角形，然后选择“切换用户”命令，如图 3.42 所示。之后就会出现账户的“登录”界面。

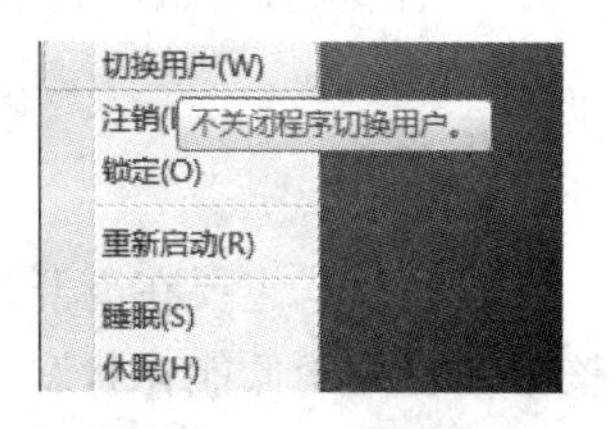

图 3.42　“切换用户”命令

2. 注销

所谓注销,是指向系统发出清除现在登录的账户的请求,清除后即可返回到“登录”界面,接着可以登录其他账户系统,注销可以清空当前用户的缓存空间和注册表信息,但是不可以代替重新启动。可以通过选择“开始”→“电源”按钮→“注销”命令来运行该命令,如图 3.43 所示。

3. 锁定

所谓锁定,顾名思义,就是锁定当前的账户。单击“开始”菜单中的按钮,然后选择“锁定”命令,即可锁定当前的用户,如图 3.44 所示。这个命令不注销当前的系统,仅回到这个操作账户的“登录”界面。当再次使用时,只需输入密码,即可继续使用。如果使用者没有设置密码,单击用户图标即可直接登录。这个功能常用于操作者暂时离开,又不希望别人使用自己的账户的情况。

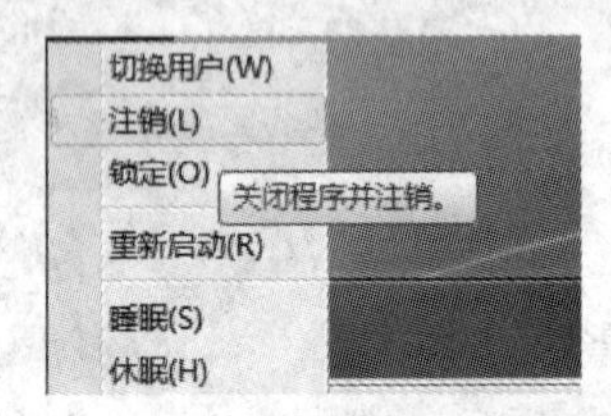

图 3.43 “注销”命令

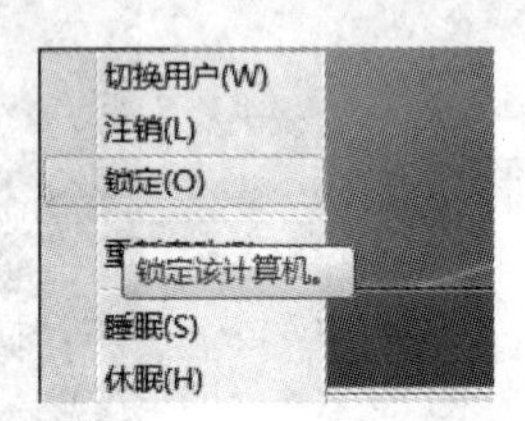

图 3.44 “锁定”命令

4. 重新启动

当安装一些新程序后,为了能正常运行该程序,或者使用者觉得计算机运行速度过慢时,就需要将计算机重新启动。

单击“开始”菜单中的“关机”按钮右边的三角形,然后选择“重新启动”命令,如图 3.45 所示。

图 3.45 “重新启动”命令

5. 睡眠

睡眠模式主要在离开计算机时为节省电量并减少硬件消耗时使用。进入睡眠模式后,整个系统处于低能耗状态。按下主机电源开关,即可退出睡眠状态,重新使用计算机。退出睡眠模式后,可迅速恢复工作进度,之前所有未关闭的文件或者程序都将恢复到睡眠前的状态。睡眠模式可以使计算机节省电能,降低耗损。

单击“开始”菜单中的“关机”按钮右边的三角形，然后选择“睡眠”命令即可，如图3.46所示。

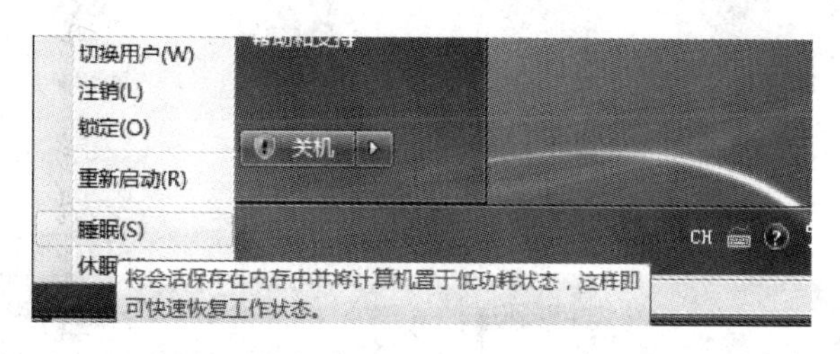

图3.46 “睡眠”命令

6. 休眠

与睡眠模式相比，休眠模式会关闭计算机的硬盘、风扇、显示器等硬件设备。按主机电源开关键将退出此模式，休眠前打开的所有程序都会恢复到之前的状态。退出休眠模式进入Windows的速度较慢，与退出睡眠模式相比，需要花点时间。

单击“开始”中的“关机”按钮右边的三角形，然后选择“休眠”命令即可，如图3.47所示。

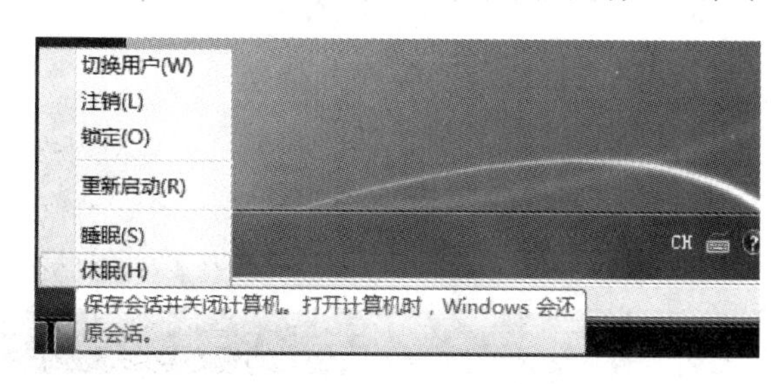

图3.47 “休眠”命令

3.4 项目实施

3.4.1 更改 Windows 7 的颜色设置

(1) 右击桌面空白处，在弹出的快捷菜单中选择“个性化”命令，如图3.48所示。

(2) 之后会出现“个性化”窗口。要改变窗口的设计或颜色时，可以单击“窗口颜色”图标，如图3.49所示。

(3) 接着会弹出“窗口颜色和外观”窗口，如图3.50所示。

(4) 单击不同的色彩图标，就可以改变窗口边框、“开始”菜单和任务栏的颜色。接着，可以通过勾选或者取消勾选“启动透明效果”复选框来定窗口边框是否透明化。

(5) 还可以通过调节“颜色浓度”来调节色彩，滚轮向左颜色渐淡，滚轮向右颜色渐浓。单击“高级外观设置”选项，会弹出如图3.51所示的界面。

(6) 在这里，可以设置各种不同窗口的各种属性，包括字体、颜色、大小等。读者可根据自己的需求进行设置。

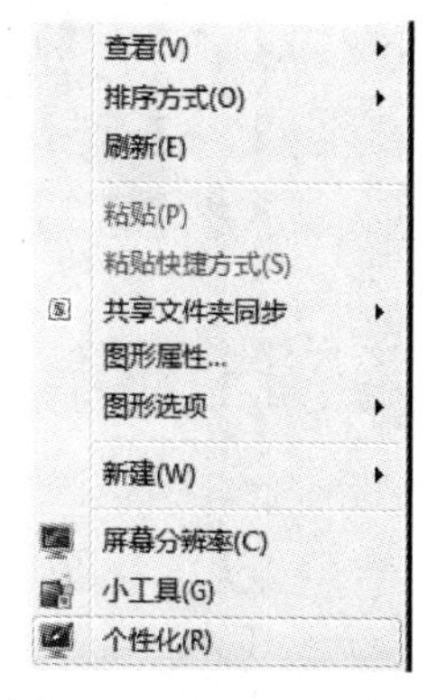

图3.48 “个性化”命令

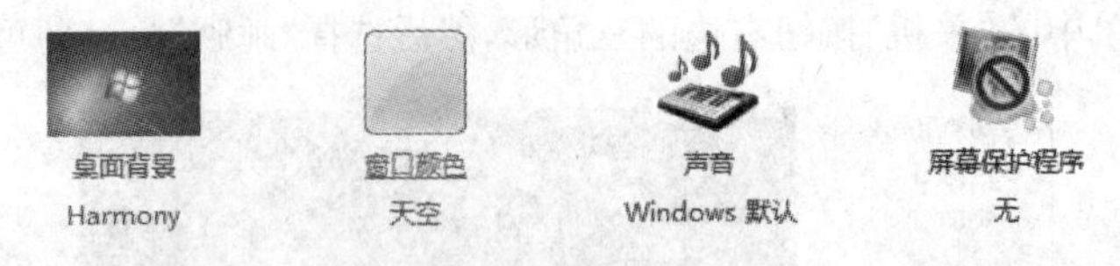

图 3.49 “窗口颜色”图标

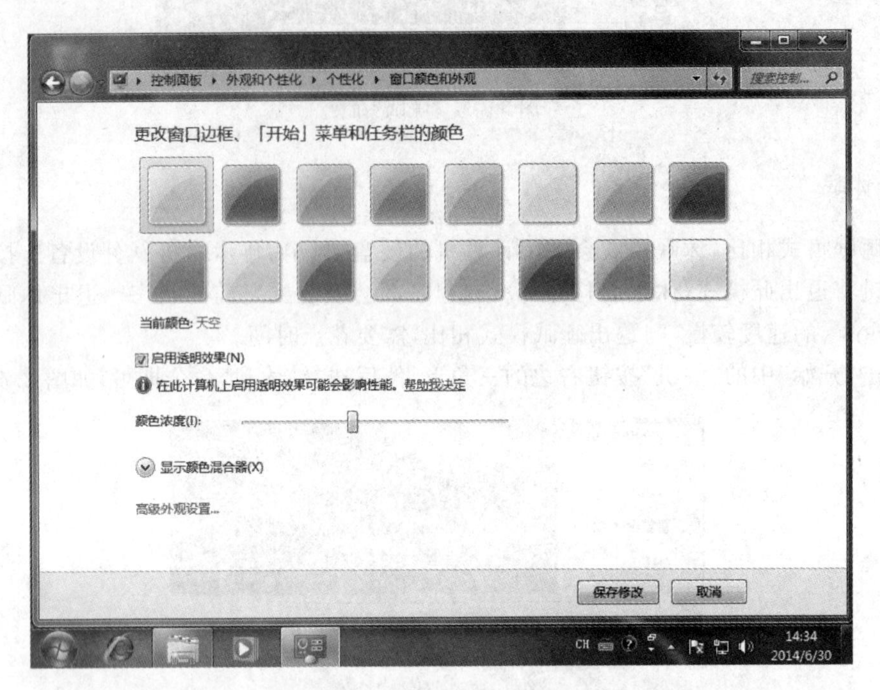

图 3.50 “窗口颜色和外观”窗口

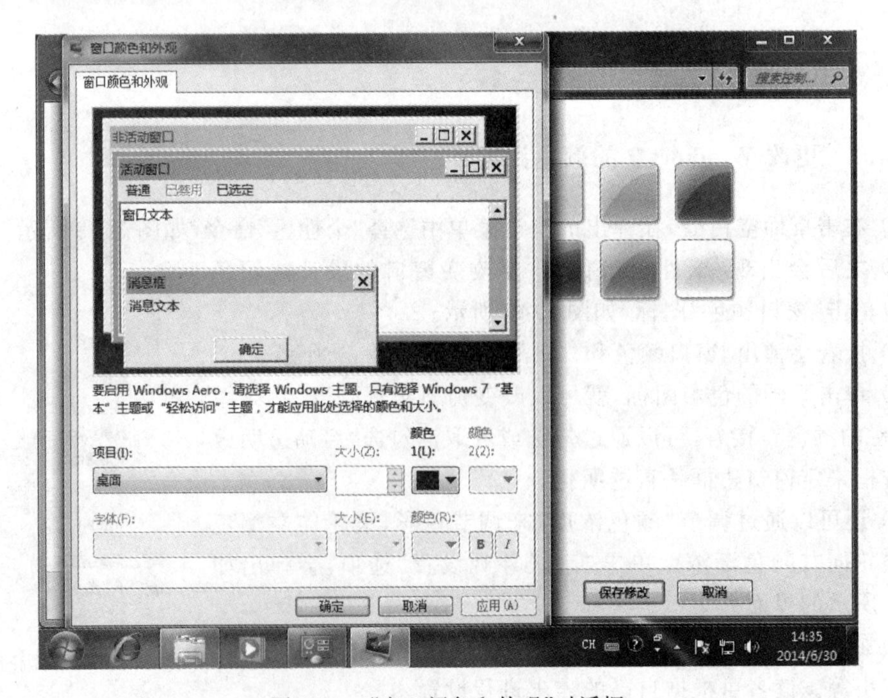

图 3.51 “窗口颜色和外观”对话框

3.4.2 更改 Windows 7 的桌面背景

背景桌面可以自由改变，操作步骤如下。

(1) 单击“个性化”窗口中的“桌面背景”图标，如图 3.52 所示。

图 3.52 “桌面背景”图标

(2) 接着会弹出“桌面背景”窗口，如图 3.53 所示。

(3) 在这里，已经准备好了很多精美的桌面。可以通过设置“图片位置”来选择图片的文件夹，“Windows 桌面背景”选项中有 30 多张针对不同主题的图片；“纯色”选项内的图片都是一种颜色。

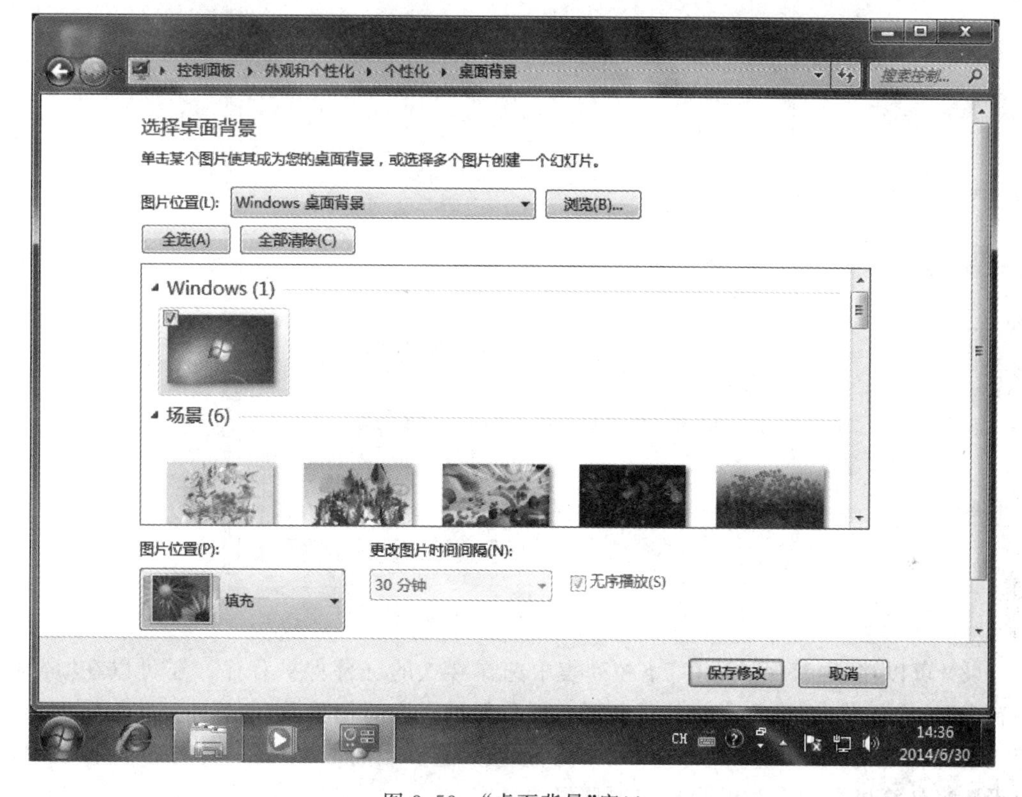

图 3.53 “桌面背景”窗口

(4) 选择喜欢的图片后双击，或在单击后，单击“保存修改”按钮即可完成选择，不修改可单击“取消”按钮放弃选择的图片。被选择的图片在图片缩略图的左上方会用“√”标记出来。也可以同时选择多张喜欢的图片，并在窗口下面的“更改图片时间间隔”中设置每张图片作为桌面背景的时间，使它们轮流作为桌面背景。

(5) 桌面背景也可以放置数码照片或从网上下载的图片，如在“桌面背景”窗口中，单击“浏览”按钮，打开图片的所在位置，然后直接双击图片即可。

3.4.3 设置 Windows 7 的屏幕保护程序

若一定时间内计算机无人操作，则会显示出动画，这就是屏幕保护。当操作者返回时，

按键盘任意键或者晃动鼠标,即可退出屏幕保护程序,回到离开时的界面。动画的种类和计算机的空闲时间都是可以设置的。操作步骤如下。

(1) 打开"个性化"窗口,在界面右下角可以看到"屏幕保护程序"图标,如图 3.54 所示。

(2) 单击"屏幕保护程序"图标,会出现"屏幕保护程序设置"窗口,如图 3.55 所示。

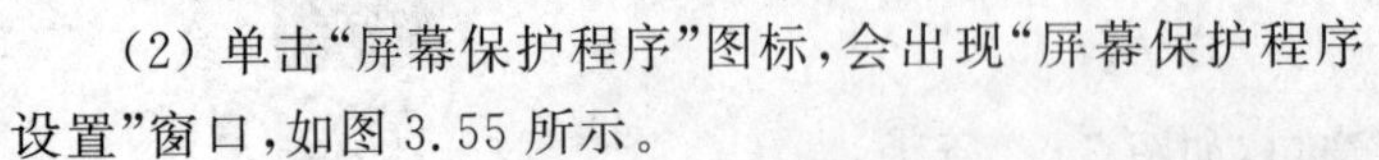

图 3.54 "屏幕保护程序"图标

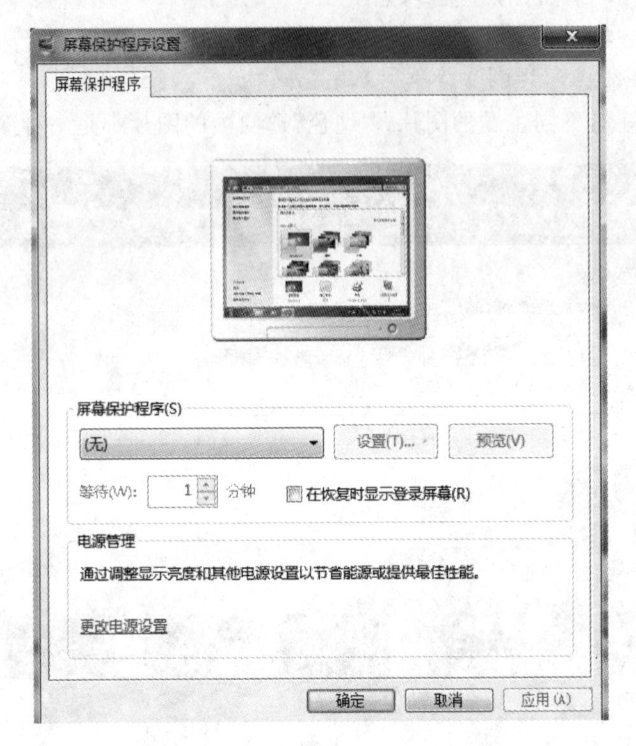

图 3.55 "屏幕保护程序设置"窗口

(3) 可以在"屏幕保护程序"下拉列表中选择喜欢的屏幕保护程序。还可以在"屏幕保护程序"的右侧单击"设置"按钮,从而调整屏幕保护程序的相关设置,例如文字的字型、大小等。设置好屏幕保护以后,可以单击"预览"按钮来查看当前的屏幕保护。在"等待"栏中,可以设置当计算机空闲多久时会出现屏幕保护程序。

(4) 如果勾选"在恢复时显示登录屏幕"复选框,在退出屏幕保护程序时会出现"登录"界面。

(5) 在最下面的"更改电源设置"中,可以设置关闭显示器或使计算机变为睡眠状态的时间等。

3.4.4 更改 Windows 7 的音效

Windows 7 在进行启动、结束等操作时,都会出现不同的音效,这些音效也是可以改变的,操作步骤如下。

(1) 在"个性化"窗口中,单击"声音"图标,如图 3.56 所示。

图 3.56　“声音”图标

(2) 弹出“声音”对话框,如图 3.57 所示。在“声音”对话框中可对“声音方案”进行配置。选好声音方案后,就可以在下面的“程序事件”中分别测试每个不同操作的提示音。同时,当选择好某个程序事件后,也可以在下面的“声音”列表中选择不同的声音。

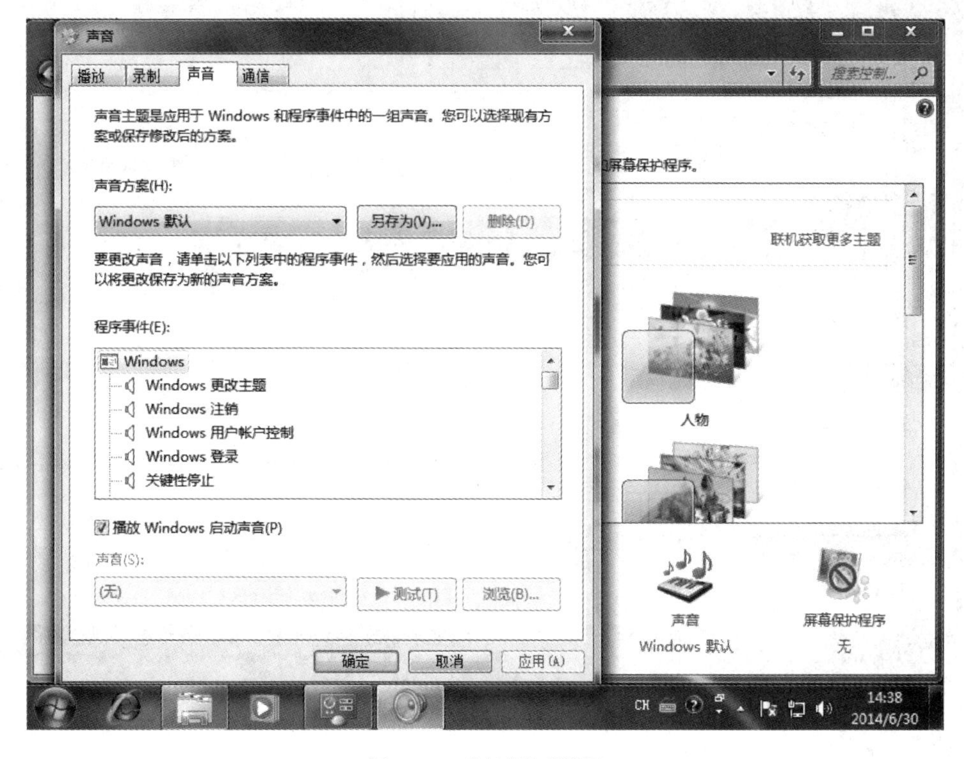

图 3.57　“声音”对话框

3.4.5　更改 Windows 7 的鼠标形状和大小

鼠标的指针也可以自由改变,操作步骤如下。

(1) 在“个性化”界面中,单击“更改鼠标指针”选项,则会弹出“鼠标属性”窗口,如图 3.58 所示。

(2) 用户可以在“方案”下拉列表中选择多个不同的配置方案。选择“自定义”列表框中的某方案后,单击“确定”按钮即可,如图 3.59 所示。

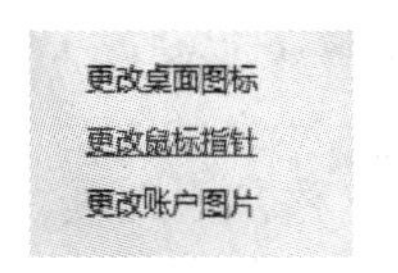

图 3.58　“鼠标属性”窗口

鼠标指针的速度以及可见性等也可以更改。在“鼠标属性”对话框中,打开“指针选项”选项卡。

为了便于介绍,可将其功能从上至下依次标记为 5 个区域。

区域 1:选择指针的移动速度,即可调节指针移动的快慢。将指针调整成自己习惯的速度,就可以让 Windows 7 的操作更加舒服。

区域 2:“自动将指针移动到对话框中的默认按钮”功能是指在操作计算机时,如果有对

话框弹出来,鼠标的指针会直接出现在默认的按钮位置,例如在没有保存就关闭 Word 的时候,会弹出对话框询问要不要保存对文件的更改,其默认的按钮为"是"。勾选此功能后,鼠标的指针就会自动在"是"按钮上出现。

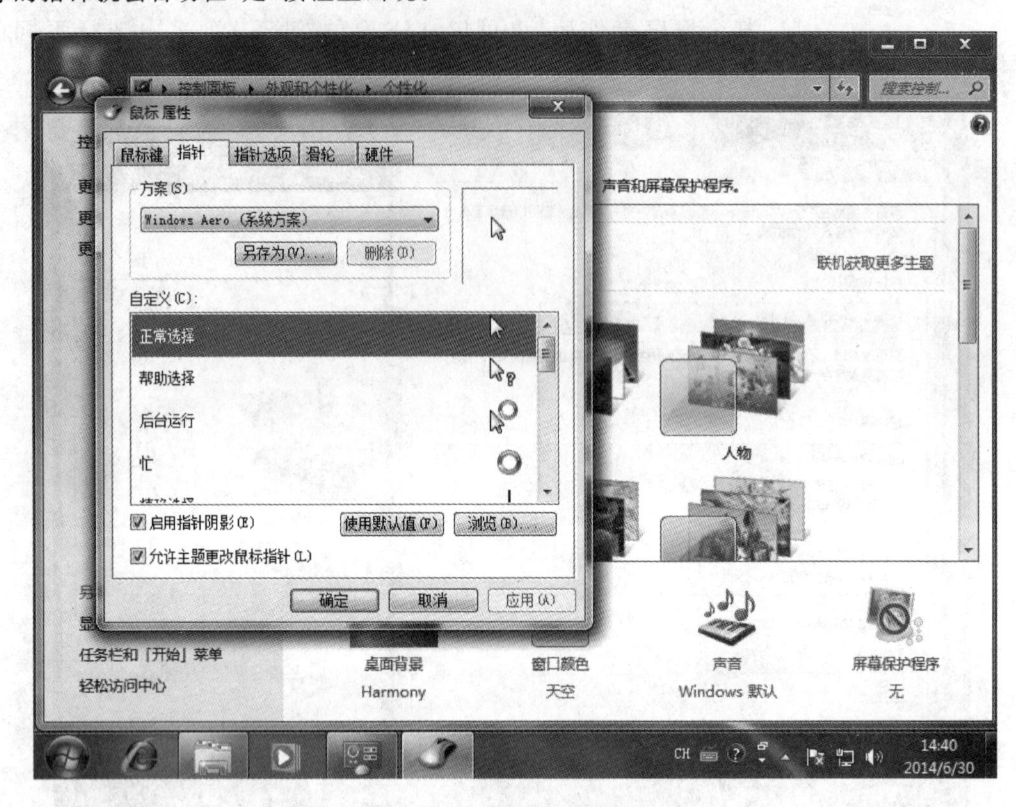

图 3.59 "指针选项"选项卡

区域 3:"可见性"选项组中分为三个复选框。勾选"显示指针轨迹"复选框可以看到指针移动的轨迹,同时还可以拖动下面的滚轮来设置其轨迹的长短。

区域 4:勾选"在打字时隐藏指针"复选框后,打字时指针会消失。

区域 5:勾选"当按 Ctrl 键时显示指针的位置"复选框后,当在任何操作下都找不到鼠标指针的时候,按下 Ctrl 键就会出现一个醒目的、以指针所在位置为中心的圆形,然后逐渐缩小,最后消失在圆心处。这样就很容易找到指针了。

3.4.6 设置 Windows 7 的小工具

1. 添加小工具

Windows 7 系统自带了很多小工具,添加小工具的操作步骤如下。

(1) 在桌面右击,在弹出的快捷菜单中选择"小工具"命令。之后,便会出现"小工具"窗口,如图 3.60 所示。

(2) 选择自己喜欢的小工具,并双击其图标,此工具会出现在桌面的右上角。也可以从"小工具"窗口中,把工具直接拖曳出来,

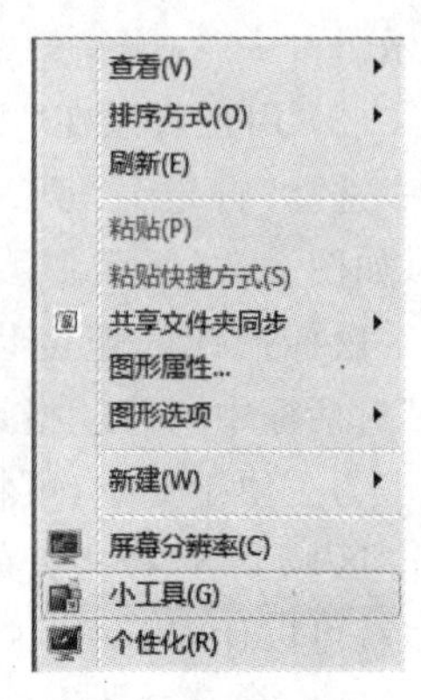

图 3.60 "小工具"窗口

并放置到桌面的任意位置上。一般仍习惯将它们放在桌面的右边，添加后的界面如图 3.61 所示。

图 3.61　添加小工具的界面

(3) 除此之外，还可以单击“小工具”窗口右下角的“联机获取更多小工具”选项，通过 Internet 下载其他的小工具。

2. 设置小工具

小工具添加完以后，还可以对其进行相关的设置。不同的小工具会有不同的设置，但进行设置的方法基本都是一样的。下面以时钟的设置为例进行说明。

(1) 把“时钟”小工具放到桌面上，接着在“时钟”上面右击，会弹出一个快捷菜单，如图 3.62 所示。

(2) 在这个菜单中可以设置关于“时钟”小工具的各个属性。

“前端显示”：选择了这项设置后，无论使用任何软件或开启任何文件，此工具都会显示在桌面的最上层，即桌面一直会显示这个工具。

“不透明度”：可以对小工具的视觉透明效果进行相应的设置。不透明度一共有 5 个选项，即 20%、40%、60%、80%和 100%。不透明度越高，小工具显示的效果越清楚，反之越透明。当把鼠标放在“时钟”上面时，“不透明度”就会自动变成 100%，便于用户清楚地查看时间。移开鼠标以后，“不透明度”又会恢复原来的设置。

.“选项”：可以设置“时钟”的外观、时区等。选择“选项”命令，或单击“时钟”右上角的按钮，会出现一个“设置”对话框。在这里可以对时钟做如下设置。①转动滚轮，浏览 8 个不

同的“时钟”款式，并选择其中一个。②为“时钟”取一个喜欢的名字。③选择时区。选择好时区后，系统就会立刻自动为用户显示出当前时区的时间，这样既方便设置自己的时钟，又方便查看其他时区的时间。④显示秒针。“时钟”的默认设置是没有秒针的。如果使用者希望看到秒针，可勾选“显示秒针”复选框。

图 3.62 快捷菜单

3.5 后续项目

Windows 7 系统的屏幕、界面、窗口和状态设置完成后，用户就已经设置了符合自己审美效果和应用要求的小工具功能，那么接下来可以设置用户和权限管理功能。

子项目4 用户和权限管理

4.1 项目任务

在本子项目中要完成以下任务：

(1) 创建、切换和修改用户账户；

(2) 设置用户权限；

(3) 更改用户账户密码；

(4) 更改用户图标；

(5) 创建密码重置盘；

(6) 删除、激活或禁用用户账户；

(7) 创建、添加和删除本地组；

(8) 家长控制的设置和操作。

具体任务指标如下：

(1) 创建用户账户、用户密码、用户图标，设置用户权限；

(2) 删除、激活和禁用用户账户，以及创建、添加和删除本地组；

(3) 创建密码重置盘；

(4) 设置家长控制，对系统中用户进行操作控制。

4.2 项目的提出

使用计算机时，用户和组的管理与维护是一项重要任务，在用户和组的管理与维护方面，Windows 7 提供了强大的功能。Windows 7 的用户和组的管理与维护提供给用户一组用户和组的管理与维护实用程序，它们位于"计算机管理"控制台 MMC 中。用户可以使用这些方便、强劲的用户和组的管理与维护工具对本地用户和组进行各种操作。

4.3 实施项目的预备知识

预备知识的重点内容

(1) 重点掌握系统中用户账户的创建、切换、修改，密码、图标和权限的设置方法；

(2) 重点掌握系统中本地组的创建、添加和删除方法；

(3) 重点掌握密码重置盘的创建和使用方法；

(4) 重点掌握系统中家长控制的使用过程和方法。

关键术语

(1) 家长控制：家长控制不仅可以帮助您限制孩子使用计算机的时间，还可以限制他们使用的程序和游戏。通过 Windows Media Center 中的家长控制功能，还可以防止孩子观看少儿不宜的电视节目和电影。

(2) 本地组：组是账户的集合，本地组可以方便管理（例如赋权限）。当一个用户加入到一个组以后，该用户会继承该组所拥有的权限。

(3) 密码重置盘：当 Windows 系统登录时，倘若您忘记了密码便可以插入含密码重置盘的 U 盘来解锁登录。

预备知识概括

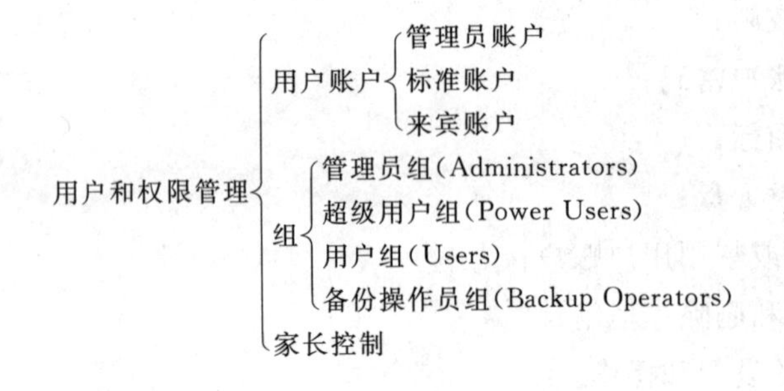

预备知识

4.3.1 用户账户和组

用户账户定义了用户可以在 Windows 中执行的操作。在独立计算机或作为工作组成员的计算机上，用户账户建立了分配给每个用户的特权。在作为网络域一部分的计算机上，用户必须至少是一个组的成员。授予组的权限和权力也会指派给其成员。

在作为网络域成员的计算机上，用户必须以管理员或 Administrators 组的成员身份进行登录，才能使用“控制面板”中的“用户账户”。

“用户账户”允许将用户添加到计算机和组中。在 Windows 中，通常将权限和用户权利授予组。通过将用户添加到组，可以将指派给该组的所有权限和用户权利授予这个用户。例如，“用户”组中的成员可以执行完成其工作所必需的大部分任务，如登录到计算机、创建文件和文件夹、运行程序及保存文件的更改。但是，只有 Administrators 组的成员可以将用户添加到组、更改用户密码或者修改大多数系统设置。

“用户账户”允许创建或更改本地用户账户的密码，在创建新用户账户或用户忘记密码的情况下这会非常有用。本地用户账户是指此计算机创建的账户。若用户的计算机是网络的一部分，则可以将网络用户账户添加到计算机上的组中，并且这些用户可以使用他们的网络密码登录，不能更改网络用户的密码。在“用户账户”中，只能将用户放在一个组中。通常用户都能找到拥有任何用户所需权限组合的组。

若需要将用户添加到多个组，则使用“本地用户和组”。要注意密码的安全性，密码至少应当包含大写字母、小写字母和数字元素中的两个。字符序列的随机性越大，其安全性就越高。若想设置其他密码要求，如最小长度、到期时间或唯一性等，则打开组策略，然后转到“密码策略”。

无法使用“用户账户”创建组，但可以使用“本地用户和组”创建组。

1. 用户账户

在 Windows 7 中有三种用户账户：管理员账户、标准账户和来宾账户。安装 Windows 7 时将自动创建内置用户账户：管理员账户和来宾账户。下面分别简单介绍它们的权限和区别。

(1) 管理员账户

管理员账户就是允许进行可能影响其他用户的更改的用户账户。管理员可以更改安全设置，安装软件和硬件，访问计算机上的所有文件。管理员还可以对其他用户账户进行更改。管理员账户永远不能被删除、禁用或从本地组中删除，以确保用户永远不能通过删除或禁用所有的管理员账户而将自己锁在计算机之外。设置 Windows 时，将要求创建用户账户。此账户就是允许设置计算机以及安装想使用的所有程序的管理员账户。完成计算机设置后，建议使用标准用户账户进行日常的计算机使用。使用标准用户账户比使用管理员账户更安全。管理员账户可以进行如下操作。

① 可以创建和删除计算机上的用户账户。

② 可以为计算机上其他用户账户创建账户密码。

③ 可以更改其他人的账户名、图片、密码和账户类型。

④ 无法将自己的账户类型更改为受限制账户类型，除非至少有一个其他用户在该计算机上拥有计算机管理员账户类型。这样可以确保计算机上总是至少有一个账户拥有计算机管理员账户。

(2) 标准账户

标准用户账户允许用户使用计算机的大多数功能，但是如果要进行的更改会影响计算机的其他性能或安全，则需要管理员的许可。使用标准账户时，可以使用计算机上安装的大多数程序，但是无法安装或卸载软件和硬件，也无法删除计算机运行所必需的文件或者更改计算机上会影响其他用户的设置。如果使用的是标准账户，则某些程序可能要求提供管理员密码后才能执行某些任务。使用受限制账户的用户：

① 无法安装软件或硬件，但可以访问已经安装在计算机上的程序。

② 可以更改其账户图片，还可以创建、更改或删除其密码。

③ 无法更改其账户名或者账户类型。使用计算机管理员账户的用户必须进行这些类型的更改。

对于使用受限制账户的用户，某些程序可能无法正确工作。若发生这种情况，则将用户

的账户类型临时或者永久地更改为计算机管理员。

（3）来宾账户

来宾账户供在这台计算机上没有实际账户的人使用。账户被禁用(不是删除)的用户也可以使用来宾账户。来宾账户不需要密码。来宾账户默认是禁用的,但也可以启用。可以像任何用户账户一样设置来宾账户的权利和权限。默认情况下,来宾账户是内置来宾组的成员,它允许人们使用计算机,但没有访问个人文件的权限。使用来宾账户的人无法安装软件或硬件,更改设置或者创建密码。必须打开来宾账户然后才可以使用它。登录到来宾账户的用户：

① 无法安装软件或硬件,但可以访问已经安装在计算机上的程序。

② 无法更改来宾账户类型。

③ 无法更改来宾账户图片。

在安装期间将创建名为 Administrator 的账户。该账户拥有计算机管理员特权,并使用在安装期间输入的管理员密码。

2. 组

“组”显示所有内置组和所创建的组。安装 Windows 7 时,将自动创建内置组。若一个用户属于某个组,用户就具有在计算机上执行各种任务的权利和能力。表 4.1 列出了几种常用的内置组和能够行使的相应权利,Windows 7 中还包含更多的用户组,限于篇幅,在此不做详细介绍。

表 4.1　内置组和能够行使的相应权利

内置组	能够行使的相应权利
管理员 Administrators	此组的成员具有对计算机的完全控制权限,并且他们可以根据需要向用户分配用户权限和访问控制权限。Administrators 账户是此组的默认成员。当计算机加入域中时,Domain Admins 组会自动添加到此组中。因为此组可以完全控制计算机,所以向其中添加用户时要特别谨慎
备份操作员 Backup Operators	此组的成员可以备份和还原计算机上的文件,而不管保护这些文件的权限如何。这是因为执行备份任务的权利要高于所有文件权限。此组的成员无法更改安全设置
超级用户 Power Users	默认情况下,该组的成员拥有不高于标准用户账户的用户权限。在早期版本的 Windows 中,Power Users 组专门为用户提供特定的管理员权利和权限执行常见的系统任务。在此版本 Windows 中,标准用户账户具有执行最常见配置任务的能力,如更改时区。对于需要与早期版本的 Windows 相同的 Power User 权利和权限的旧应用程序,管理员可以应用一个安全模板,此模板可以启用 Power Users 组,以假设具有与早期版本的 Windows 相同的权利和权限
用户 Users	该组的成员可以执行一些常见任务,如运行应用程序、使用本地和网络打印机以及锁定计算机。该组的成员无法共享目录或创建本地打印机。默认情况下,Domain Users、Authenticated Users 及 Interactive 是该组的成员。因此,在域中创建的任何用户账户都将成为该组的成员
来宾 Guests	该组的成员拥有一个在登录时创建的临时配置文件,在注销时,此配置文件将被删除。来宾账户(默认情况下已禁用)也是该组的默认成员
复制器 Replicator	该组支持复制功能。Replicator 组的唯一成员应该是域用户账户,用于登录域控制器的复制器服务。不能将实际用户的用户账户添加到该组中

4.3.2 用户和组管理

Windows 7 支持多个用户使用同一台计算机，并能为不同的用户保存个人设置。使得您和您的家人拥有受密码保护互不相同的 Windows 7 成为可能。也就是说，每个用户都可以有自己的图标、墙纸、屏幕保护、邮件设置、用户文件夹和不同的使用权限等。

在 Windows 7 下，用户之间的切换变得非常方便和快捷。用户不用重新启动计算机，也不必退出正在进行的工作。一台计算机可供多人使用。

"本地用户和组"用于管理计算机的用户和用户组。可以创建新用户和组、将用户添加到组、从组中删除用户、禁用用户和组的账户以及重新设置密码。

在修改任何安全设置之前，非常重要的一点就是考虑默认设置。有三种可授予用户的基本安全级别。这些安全级别通过 Users、Power Users 或 Administrators 组中的成员关系分配给最终用户。

1. 管理员组

将用户添加到 Users 组是最安全的做法，因为分配给该组的默认权限不允许成员修改操作系统的设置或用户资料。然而，用户级别权限通常不允许用户成功地运行旧版的应用程序，仅保证 Users 组的成员可运行已由 Windows 认证的程序。所以，只有受信任的人员才可成为管理员组的成员。

管理员组用于以下应用。

(1) 从网络访问此计算机。

(2) 调整进程的内存配额。

(3) 允许本地登录。

(4) 允许通过远程桌面服务登录。

(5) 备份文件和目录。

(6) 跳过遍历检查。

(7) 更改系统时间。

(8) 更改时区。

(9) 创建页面文件。

(10) 创建全局对象。

(11) 创建符号链接。

(12) 调试程序。

(13) 从远程系统强制关机。

(14) 身份验证后模拟客户端。

(15) 提高日程安排的优先级。

(16) 装载和卸载设备驱动程序。

(17) 作为批处理作业登录。

(18) 管理审核和安全日志。

(19) 修改固件环境变量。

（20）执行卷维护任务。

（21）配置单一进程。

（22）配置系统性能。

（23）从扩展底座中取出便携式笔记本电脑。

（24）还原文件和目录。

（25）关闭系统。

（26）获得文件或其他对象的所有权。

在实际应用中，通常必须使用 Administrator 账户来安装和运行为 Windows 2000 以前版本编写的应用程序。

很久以来，Windows 的用户一直都在使用管理权限运行。因此，软件通常都开发为使用管理账户运行，并且依赖于管理权限。为了让更多软件能够使用标准用户权限运行，并且帮助开发人员编写能够使用标准用户权限正常运行的应用程序，从 Windows Vista 开始引入了用户账户控制（UAC）。UAC 集成了一系列技术，其中包括文件系统和注册表虚拟化、受保护的系统管理员（PA）账户、UAC 提升权限提示，以及支持这些目标的 Windows 完整性级别。

Windows 7 沿用了 UAC 的目标，基础技术相对未做改变。但是，它引入了 UAC 的 PA 账户可以运行的两种新模式，以及某些内置 Windows 组件的自动提升机制。当在 Windows Vista 中执行常见的系统管理操作时，Windows Vista 本身会频繁地请求管理权限。提升权限提示只是一味强制用户在请求管理权限对话框中再次单击。Windows 7 从默认 Windows 体验中最大限度地减少这些提示，并使以管理员身份运行的用户能够控制其提示体验。

2. 超级用户组

Power Users 组主要为运行未经认证的应用程序而提供向后兼容性。分配给该组的默认权限允许该组的成员修改计算机的大部分设置。若必须支持未经验证的应用程序，则最终用户需要成为 Power Users 组的成员。

Power Users 组的成员拥有的权限比 Users 组的成员多，但比 Administrators 组的成员少。超级用户可以执行除了为管理员组保留的任务外的其他任何操作系统任务。默认的 Windows 2000 和 Windows XP Professional 对于 Power Users 的安全设置非常类似于 Windows NT 4.0 中对 Users 的安全设置。由 Windows NT 4.0 中的 Users 运行的任何程序，都可由 Windows 2000 或 Windows XP Professional 中的 Power Users 运行。

Power Users 的特点如下。

（1）除了 Windows 2000 或 Windows XP Professional 认证的应用程序外，还可以运行一些旧版应用程序。

（2）安装不修改操作系统文件并且不需要安装系统服务的应用程序。

（3）自定义系统资源，包括打印机、日期/时间、电源选项和其他控制面板资源。

（4）创建和管理本地用户账户和组。

（5）启动或停止默认情况下不启动的服务。

Power Users 没有默认的用户权限，也不具有将自己添加到 Administrators 组的权限。

Power Users 不能访问 NTFS 卷上的其他用户资料，除非他们获得了这些用户的授权。

在 Windows 2000 或 Windows XP Professional 上运行旧版程序通常要求修改对某些系统设置的访问。默认情况下，允许超级用户运行安全性不太严格的程序，可能让超级用户获得其他系统权限，甚至完全的管理权限。因此，部署 Windows 2000 或 Windows XP Professional 认证的程序，以便在不影响程序功能的同时，得到最大的安全性。经认证的程序在由 Users 组提供的安全配置下正常运行。

由于超级用户可以安装或修改程序，因而以超级用户身份连接到 Internet 时可能会引起特洛伊木马程序的攻击或其他安全隐患。

3. 用户组

Users 组是最安全的组，因为分配给该组的默认权限不允许成员修改操作系统的设置或其他用户资料。

Users 组提供了一个最安全的程序运行环境。在全新安装（非升级安装）的系统的 NTFS 格式的卷上，默认的安全设置被设计为禁止该组的成员危及操作系统的完整性及安装程序。用户不能修改系统注册表设置、操作系统文件或程序文件。用户可以关闭工作站，但不能关闭服务器。用户可以创建本地组，但只能修改自己创建的本地组。他们可以运行经认证的 Windows 2000 或 Windows XP Professional 程序，这些程序由管理员安装或部署。用户对自己的数据文件（%userprofile%）和注册表中有关自己的部分（HKEY_CURRENT_USER）具有完全控制权。

然而，用户级别权限通常不允许用户成功地运行旧版应用程序，仅保证 Users 组的成员可运行经认证的 Windows 应用程序。

用户将无法运行为 Windows 2000 以前版本所编写的大多数 Windows 程序，因为这些应用程序中的大多数要么不支持文件系统和注册表安全（Windows 95 和 Windows 98），要么就是默认安全设置不严格（Windows NT）。若在新安装的 NTFS 系统上运行以前的应用程序有问题，可采取下列措施之一。

（1）安装经 Windows 2000 或 Windows XP Professional 所认证的新版应用程序。

（2）将用户从 Users 组移到 Power Users 组。

（3）降低 Users 组的默认安全权限，这可以用兼容的安全模板完成。

4. 备份操作员组

Backup Operators 组的成员可以备份和还原计算机上的文件，而不管保护这些文件的权限如何。他们还可以登录到计算机和关闭计算机，但不能更改安全性设置。

备份和还原数据文件和系统文件都需要对这些文件的读、写权限。在默认情况下，赋予备份操作员的备份和还原文件权限也可能被用于其他目的，如读取其他用户的文件或者安装特洛伊木马程序。组策略设置可用于创建仅由 Backup Operators 运行备份程序的环境。

4.3.3　家长控制的设置和操作

Windows 7 中提供的家长控制功能，可以说是家长监视子女使用计算机情况的利器。这项功能不仅可以控制孩子可以进行哪种操作、操作多长时间，还可以监视其操作的内容。

当家长控制阻止了对某个网页或游戏的访问时，将显示一个通知声明已阻止该网页或程序。孩子可以单击通知中的链接，以请求该网页或程序的访问权限，可以通过输入账户信息来允许其访问。

在开始前，应确保要为其设置家长控制的每个孩子均有一个标准用户账户，这是因为家长控制只能应用于标准用户账户。若要为孩子设置家长控制，就需要一个管理员用户账户。并且，家长控制不能应用于管理员用户账户。

通过这些设置，家长可以方便有效地管理计算机，控制计算机上其他账户的权限，并且实时地查看该账户的使用历史记录。总之，家长正确有度地使用“Windows Live 家庭安全设置”，不但可以了解孩子的兴趣爱好，还可以控制孩子使用计算机的时间，阻止少儿不宜的影像，使家庭更和睦，孩子更健康地成长。

4.4 项目实施

4.4.1 创建、切换和修改用户账户

1. 创建新用户名称

在 Windows 7 中创建新用户账户的方法很简单，操作步骤如下。

(1) 选择“开始”→“控制面板”→“系统和安全”→“管理工具”命令，然后在打开的窗口中双击“计算机管理”选项，打开“计算机管理”窗口，如图 4.1 所示。

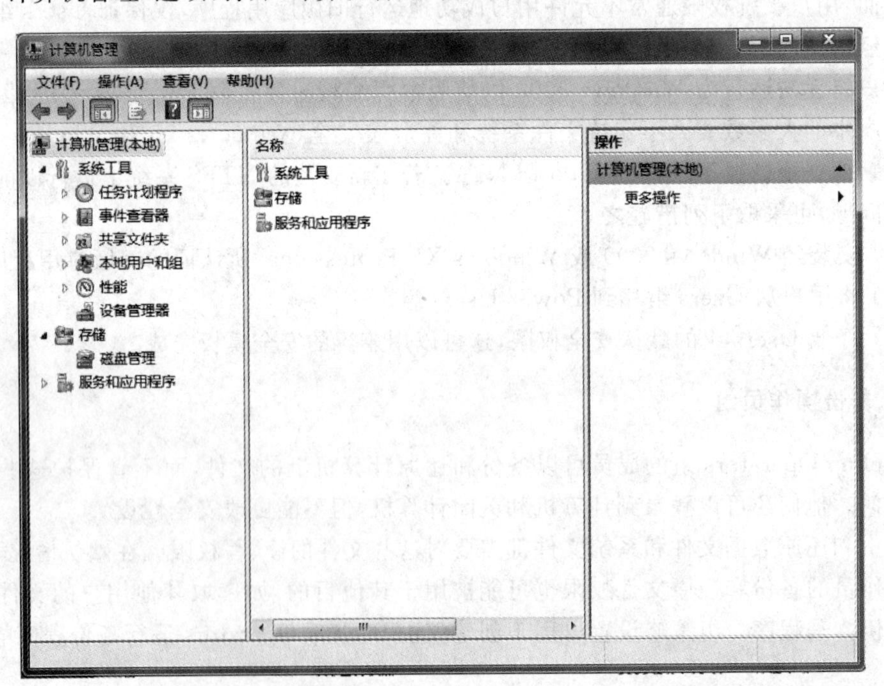

图 4.1 “计算机管理”窗口

(2) 在控制台树中，选择“计算机管理”→“系统工具”→“本地用户和组”→“用户”选项，如图 4.2 所示。

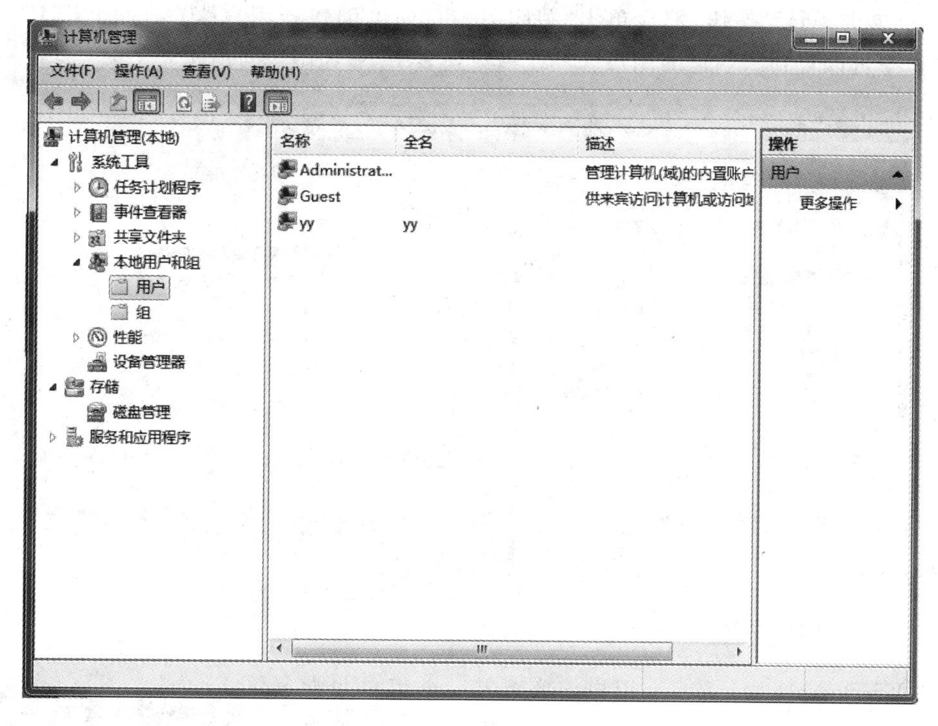

图 4.2　展开“用户”列表

(3) 在“操作”菜单上选择“新用户”命令，弹出“新用户”对话框。在该对话框中输入适当的信息，给新建用户命名，并为新用户设置登录密码，如图 4.3 所示。在“新用户”对话框中可以选中或清除以下几个复选框。

① 用户下次登录时须更改密码。

② 用户不能更改密码。

③ 密码永不过期。

④ 账户已禁用。

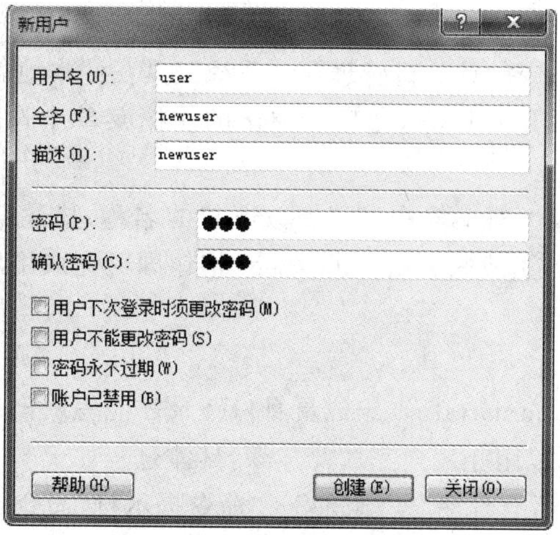

图 4.3　“新用户”对话框

(4) 单击“创建”按钮，然后单击“关闭”按钮，即可创建新用户账户，返回到“计算机管理”窗口中可以看到新创建的用户已经在用户列表中了，如图 4.4 所示。

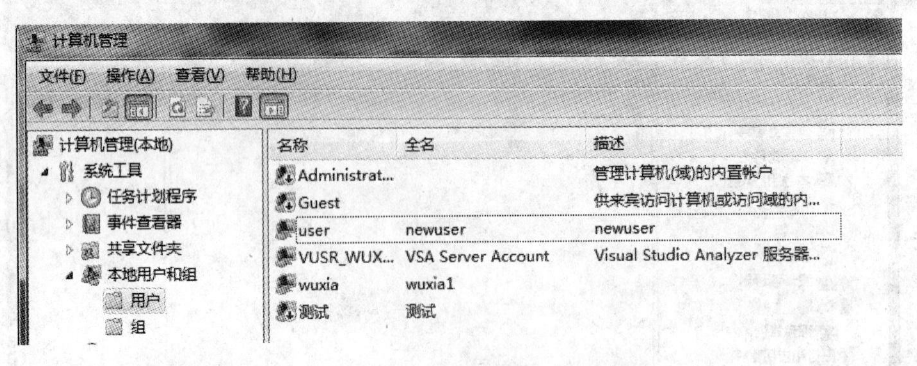

图 4.4　创建的新用户账户

一台计算机至少需要一个管理员类型的用户，也就是说，计算机中还没有管理员类型的用户时，Windows 7 只允许创建管理员类型的用户。

2. 用户之间的切换

在 Windows 7 中，从一个用户切换至另一个用户非常简单，方法如下：单击“开始”按钮，打开“开始”菜单，单击“关机”按钮右侧的箭头按钮，在弹出的菜单中选择“切换用户”命令，如图 4.5 所示，随后回到 Windows 7 的欢迎界面。单击要切换到的用户的图标即可（如果用户受密码保护，还需输入密码）。

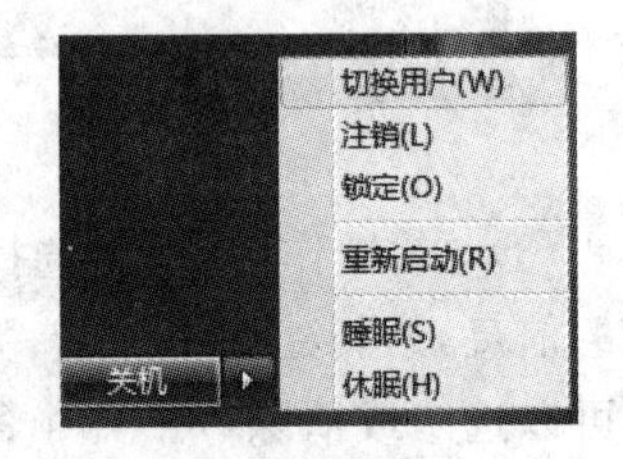

图 4.5　选择“切换用户”命令

3. 修改用户账户

修改用户账户的操作步骤如下。

(1) 选择“开始”→“控制面板”→“系统和安全”→“管理工具”命令，然后双击“计算机管理”选项，打开“计算机管理”窗口。

(2) 在控制台树中，选择“计算机管理”→“系统工具”→“本地用户和组”→“用户”选项。

(3) 右击想要修改的用户账户，然后在弹出的快捷菜单中选择“属性”命令，如图 4.6 所示。

(4) 在弹出的账户属性对话框中可以更改账户的名称、描述信息、隶属于哪个组、用户配置文件，如图 4.7 所示，更改完毕后单击“确定”按钮即可完成用户账户的修改。

4. 识别本地组的成员

必须以管理员或 Administrators 组成员身份登录才能完成该过程。若计算机与网络连接，则网络策略设置也可以阻止用户完成此步骤，具体过程如下。

(1) 选择“开始”→“所有程序”→“附件”→“命令提示符”命令，打开“命令提示符”窗口，如图 4.8 所示。

(2) 执行以下一项或多项操作。

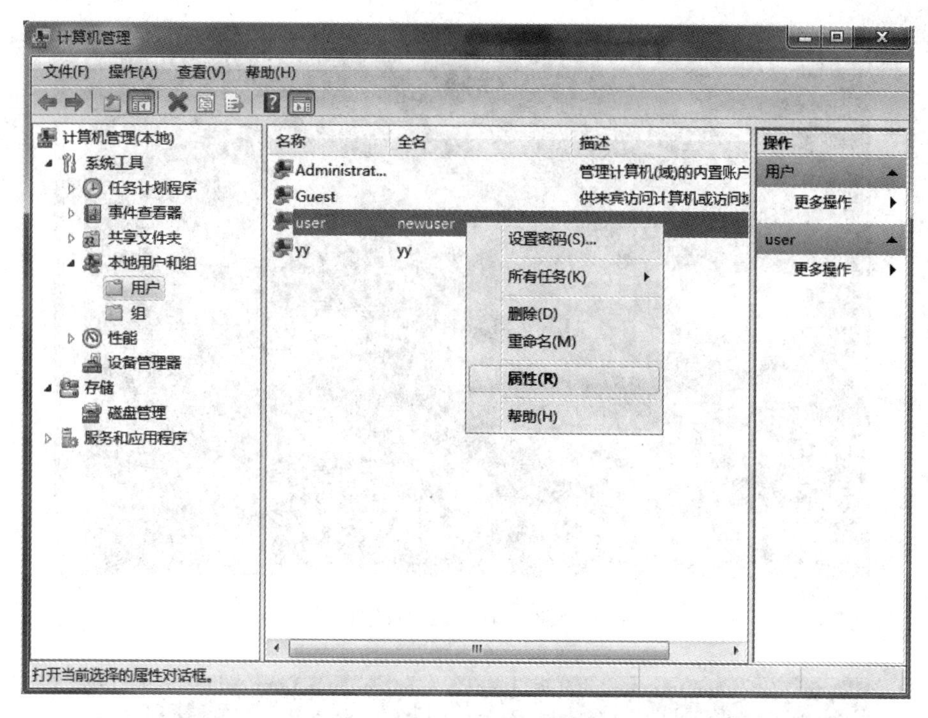

图 4.6　选择“属性”命令

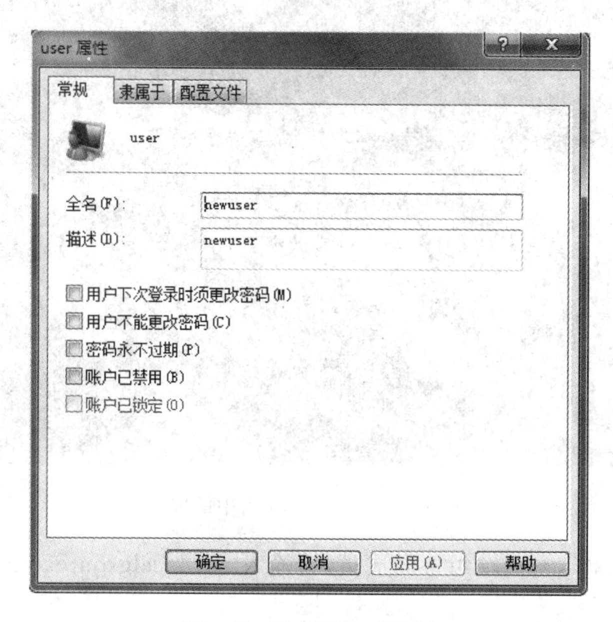

图 4.7　账户属性对话框

① 要列出 Users 组中的成员，请输入 net localgroup users，按 Enter 键确认，如图 4.9 所示。

② 要列出 Power Users 组中的成员，请输入 net localgroup “power users”，按 Enter 键确认，引号必须要包含在内，如图 4.10 所示。

```
管理员: 命令提示符
Microsoft Windows [版本 6.1.7600]
版权所有 (c) 2009 Microsoft Corporation。保留所有权利。

C:\Users\Administrator>
```

图 4.8　“命令提示符”窗口

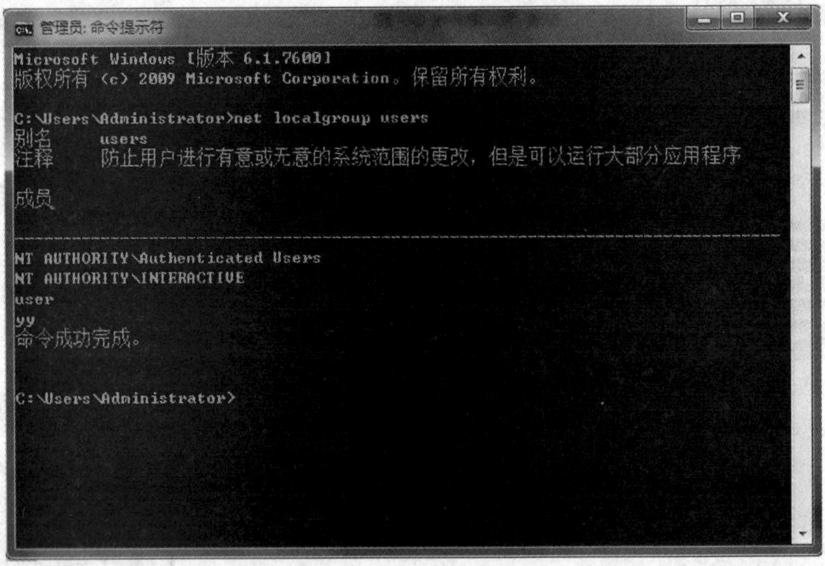

```
管理员: 命令提示符
Microsoft Windows [版本 6.1.7600]
版权所有 (c) 2009 Microsoft Corporation。保留所有权利。

C:\Users\Administrator>net localgroup users
别名     users
注释     防止用户进行有意或无意的系统范围的更改，但是可以运行大部分应用程序

成员

-------------------------------------------------------------------------------
NT AUTHORITY\Authenticated Users
NT AUTHORITY\INTERACTIVE
user
yy
命令成功完成。


C:\Users\Administrator>
```

图 4.9　列出 Users 组中的成员

③ 要列出 Administrators 组中的成员，请输入 net localgroup administrators，按 Enter 键确认，如图 4.11 所示。

5. 重命名用户账户

有时需要对用户账户的名称进行修改，操作步骤如下。

(1) 选择“开始”→“控制面板”→“系统和安全”→“管理工具”命令，然后双击“计算机管理”，打开“计算机管理”窗口。

(2) 在控制台树中，选择“计算机管理”→“系统工具”→“本地用户和组”→“用户”选项。

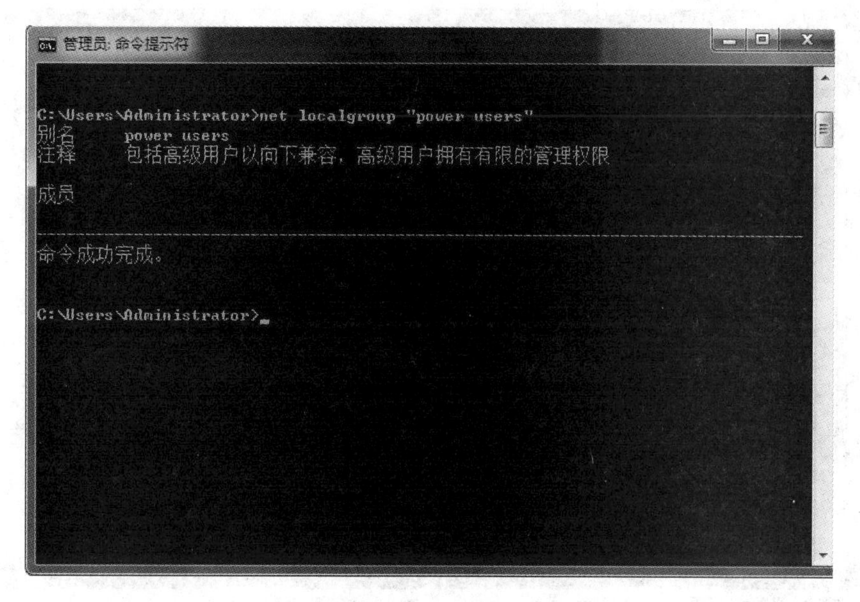

图 4.10　列出 Power Users 组中的成员

图 4.11　列出 Administrators 组中的成员

(3) 右击想要重命名的用户账户，然后在弹出的快捷菜单中选择“重命名”命令，如图 4.12 所示。

(4) 在弹出的“重命名”窗口中输入新的用户名，如图 4.13 所示，然后按 Enter 键。

4.4.2　设置用户权限

在 Windows 7 中有三种用户账户：计算机管理员账户、受限制账户和来宾账户。在创建用户时，可以设置用户权限为计算机管理员账户或受限制账户(标准账户)。

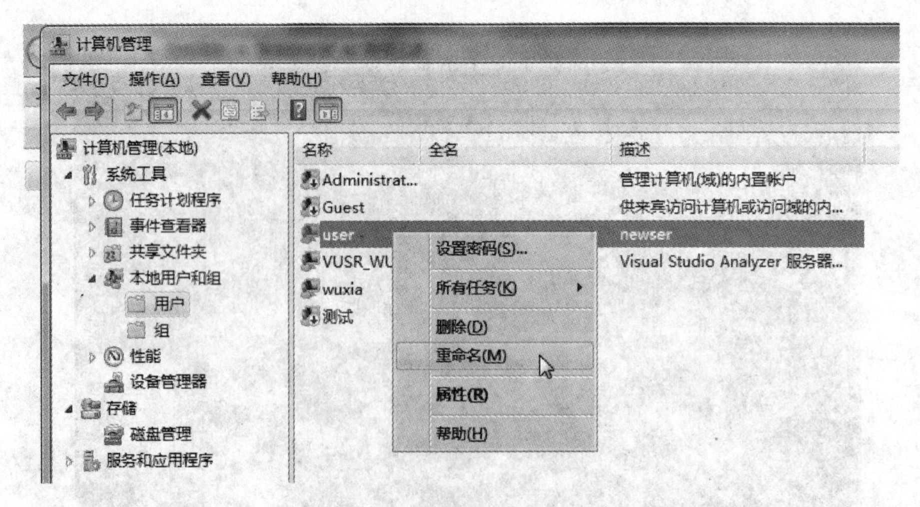

图 4.12　选择“重命名”命令

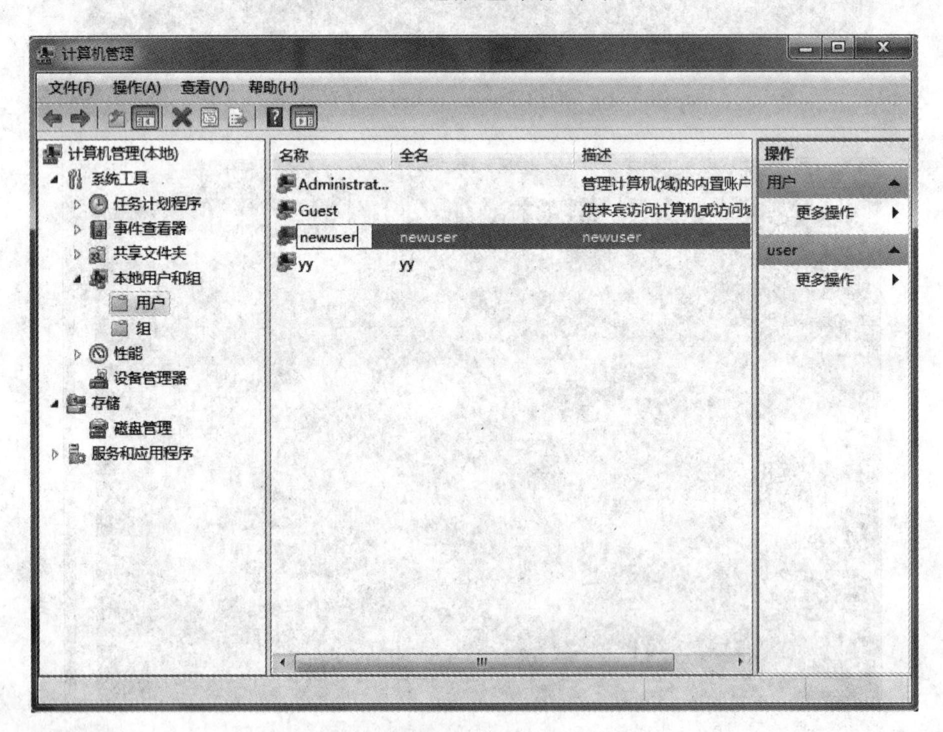

图 4.13　输入新的用户名

修改已经创建好的用户权限的具体步骤如下。

(1) 选择“开始”→“控制面板”→“用户账户和家庭安全”→“用户账户”命令，在弹出的“用户账户”窗口中单击“管理其他账户”，在弹出的管理账户界面中单击要修改的用户图标，如图 4.14 所示。

(2) 此时将弹出如图 4.15 所示的“用户账户”窗口，在此窗口中选择“更改账户类型”选项。

(3) 在如图 4.16 所示的对话框中，单击相应的用户账户类型，再单击“更改账户类型”按钮即可。

只有计算机管理员才能修改自己及别人的用户权限。

图 4.14　“管理账户”界面

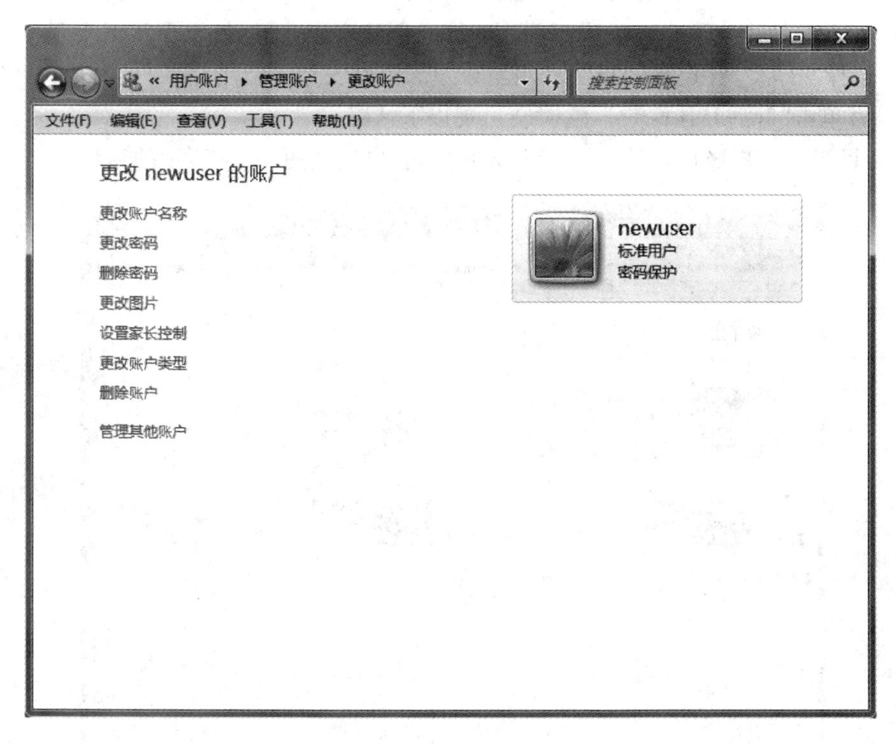

图 4.15　要更改的“用户账户”窗口

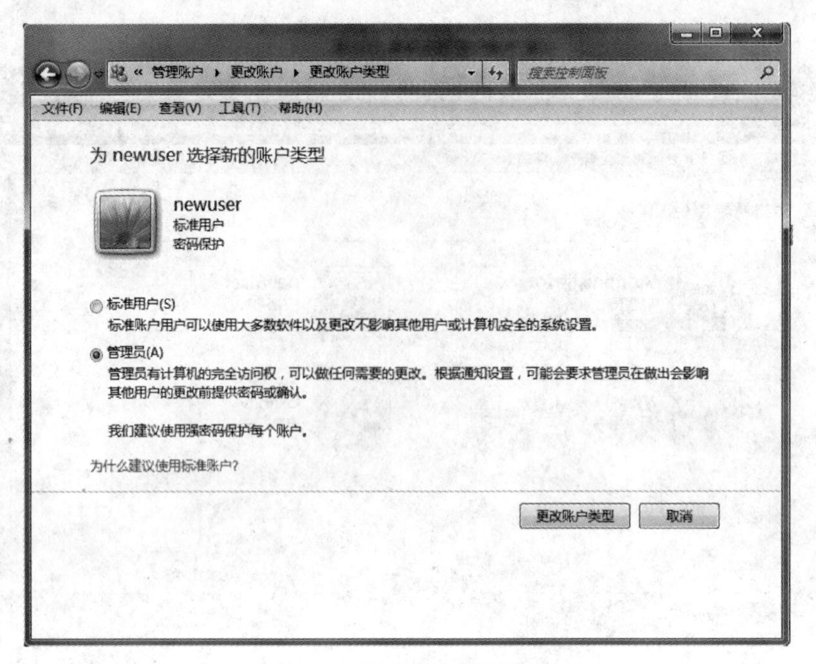

图 4.16　更改用户账户类型

4.4.3　更改用户账户密码

新创建的用户账户是没有密码的，也就是说任何人在 Windows 7 欢迎界面中都可以进入没有密码保护的用户账户。如果想为用户账户创建密码，可以按以下步骤实现。

(1) 选择“开始”→“控制面板”→“用户账户和家庭安全”→“用户账户”命令，打开“用户账户”窗口，单击“管理其他账户”，这时会出现以下情况。

① 如果当前用户账户是计算机管理员账户，会出现如图 4.17 所示的窗口。

图 4.17　计算机管理员下的更改账户窗口

② 如果当前用户账户是受限制账户，会要求输入管理员密码，输入正确后才能出现窗口(不同之处在于计算机管理员账户可以改变自己的账户名称和账户类型)。

(2) 单击要修改的账户图标，会出现如图 4.18 所示的窗口，如果账户还没有创建密码，在图 4.18 所示的界面中单击“创建密码”命令，会弹出创建密码窗口。按要求输入两次密码，如果有必要可以在第三个文本框中输入密码提示。单击“创建密码”按钮，密码就创建完成了。

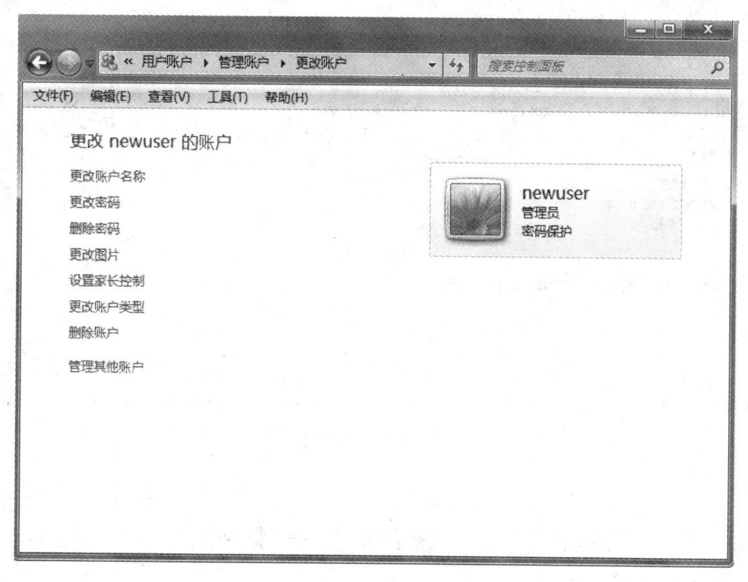

图 4.18　更改账户窗口

(3) 如果账户已经创建过密码，只是想要修改一下密码，在如图 4.19 所示的窗口中单击“更改密码”按钮，则弹出如图 4.20 所示的更改密码窗口。按要求输入两次密码，如果有必要可以在第三个文本框中输入密码提示。单击“更改密码”按钮，密码就更改好了。

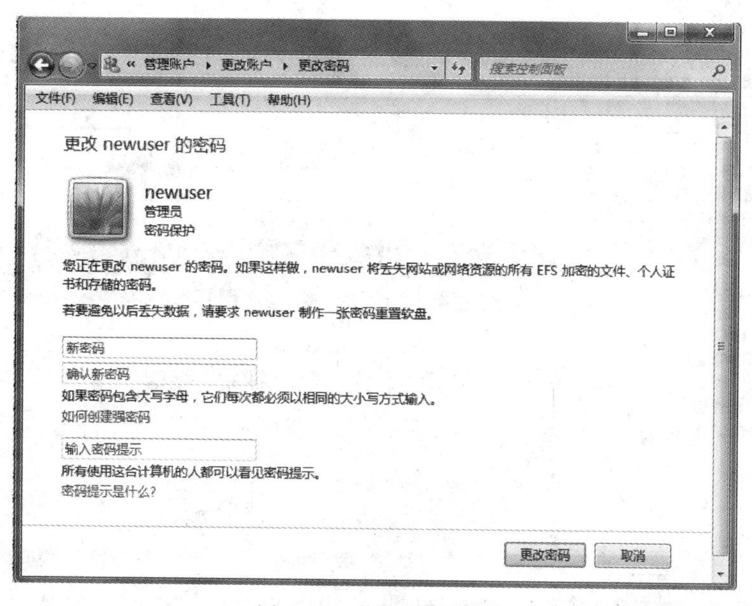

图 4.19　修改密码窗口

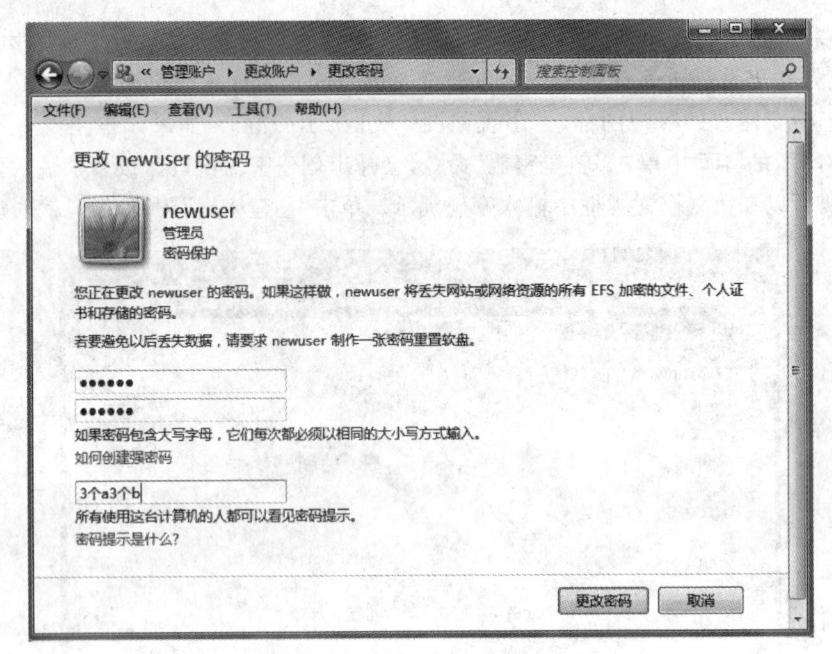

图 4.20　更改密码窗口

也可以通过“计算机管理”工具来设置用户账户的密码，操作步骤如下。

(1) 选择“开始”→“控制面板”→“系统和安全”→“管理工具”命令，然后双击“计算机管理”选项，打开“计算机管理”窗口。

(2) 在控制台树中，选择“计算机管理”→“系统工具”→“本地用户和组”→“用户”选项。

(3) 右击想要更改的用户账户，然后在弹出的快捷菜单中选择“设置密码”命令，如图 4.21 所示。随后会弹出警告窗口，警告用户账户信息可能会随着设置密码而丢失，单击“继续”按钮，随后会弹出设置密码窗口，输入两次密码就设置成功了。

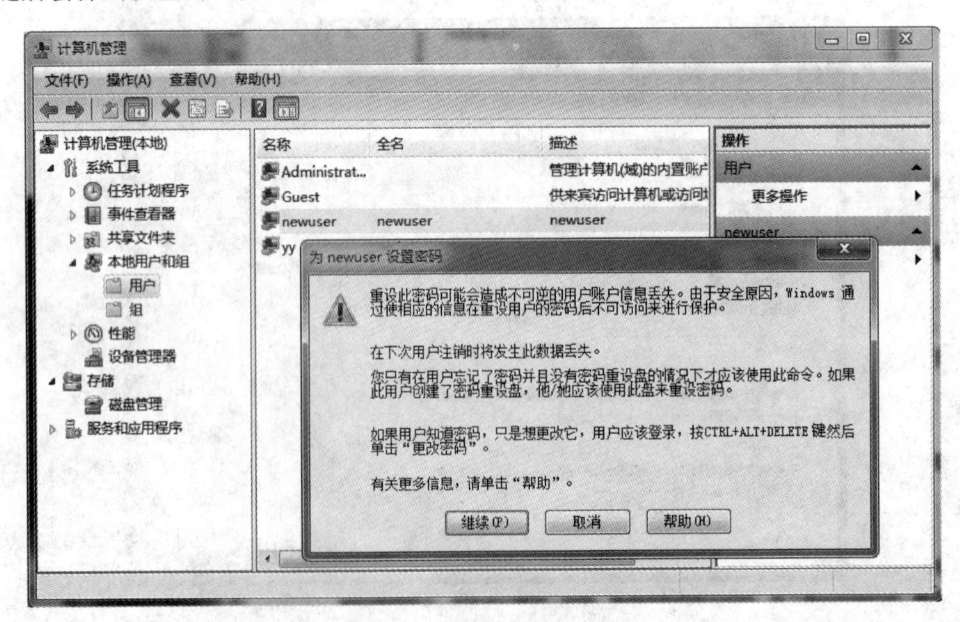

图 4.21　选择“设置密码”命令

使用这种方法设置密码可能会造成用户账户信息的丢失，所以在设置密码时要慎重。

4.4.4　更换用户图标

在 Windows 7 系统中，每个用户都可以用一个图标来代表自己。在创建用户账户时，Windows 7 已经自动安排了一个图标。更换用户图标的操作步骤如下。

(1) 单击“开始”按钮，再单击弹出的“开始”菜单顶部的用户图标，如图 4.22 所示。

图 4.22　单击“开始”菜单顶部的用户图标

(2) 此时将弹出如图 4.23 所示的“用户账户”窗口，在此单击“更改图片”选项，弹出如图 4.24 所示的“更改图片”窗口，在此可以从图片列表中选出一张喜欢的图片作为自己的用户图标，单击选择这个图片，再单击“更改图片”按钮，用户图标就更改完成了。

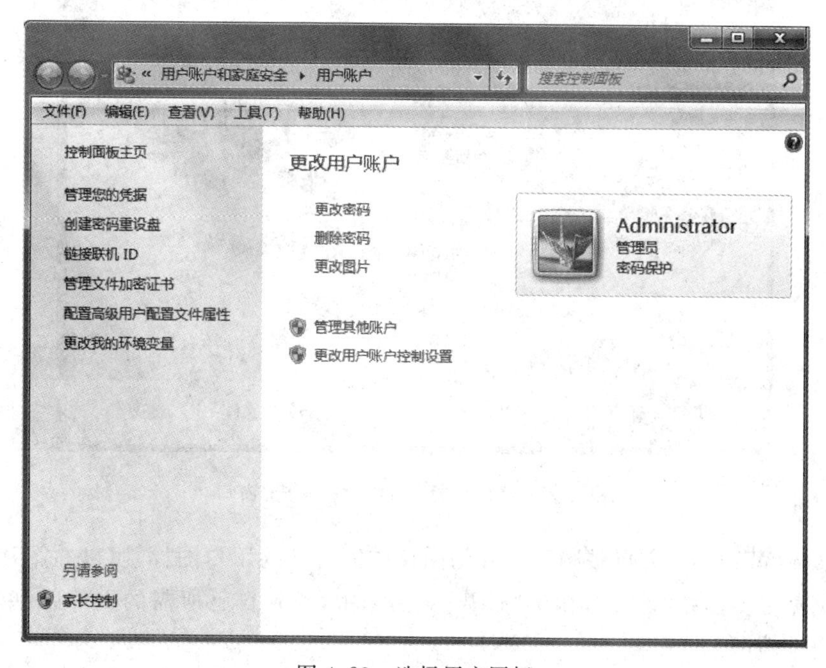

图 4.23　选择用户图标

图 4.24 "更改图片"窗口

(3) 修改后的效果图如图 4.25 所示。

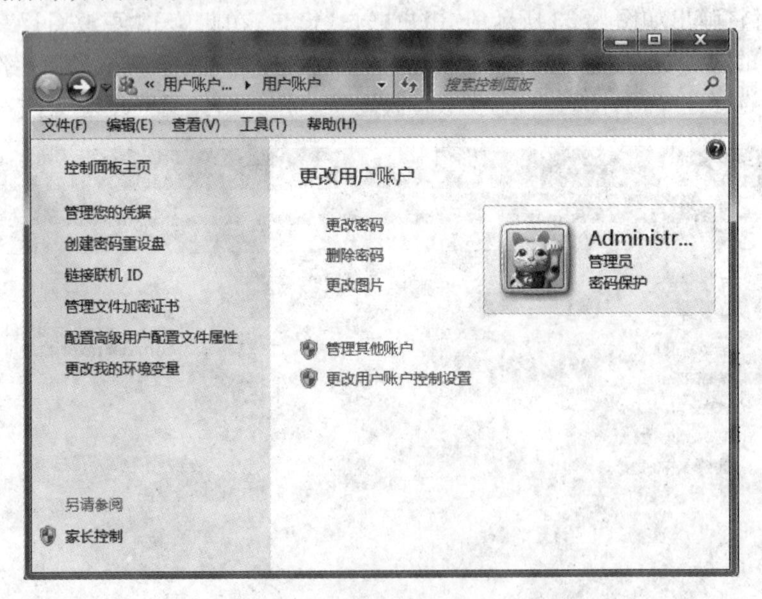

图 4.25 修改图标后的"用户账户"窗口

如果想用 Windows 7 自带图片以外的图片作为自己的用户图标,可以在图片更改窗口中,单击"浏览更多图片"。在弹出的"打开"对话框中,找到自己所需的文件后,单击"打开"按钮添加进来即可。

4.4.5　创建密码重置盘

事先创建一个密码重置盘，可以在忘记登录密码时设置新的密码，操作步骤如下。

(1) 在“用户账户”窗口中，单击“创建密码重置盘”选项，如图 4.26 所示。

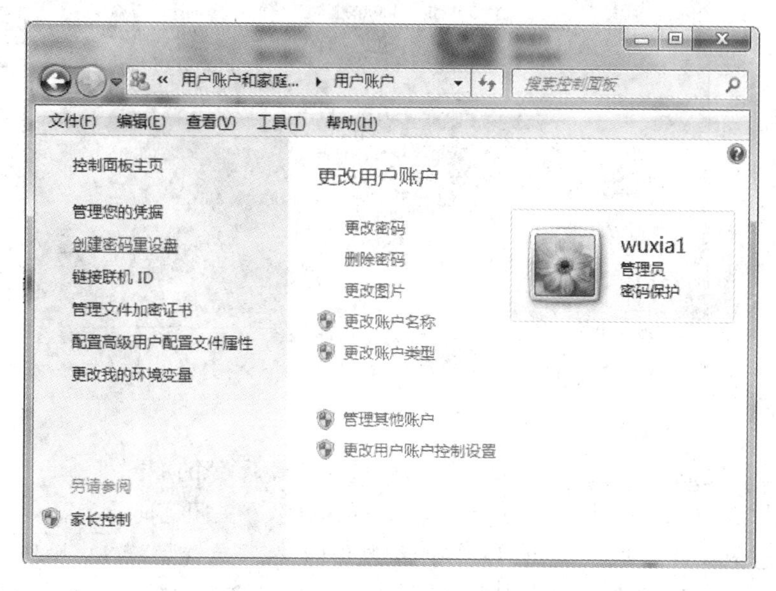

图 4.26　“创建密码重置盘”选项

(2) 在打开的对话框中，选择保存密钥的硬盘(必须是移动硬盘或 U 盘)后，单击“下一步”按钮，如图 4.27 所示。

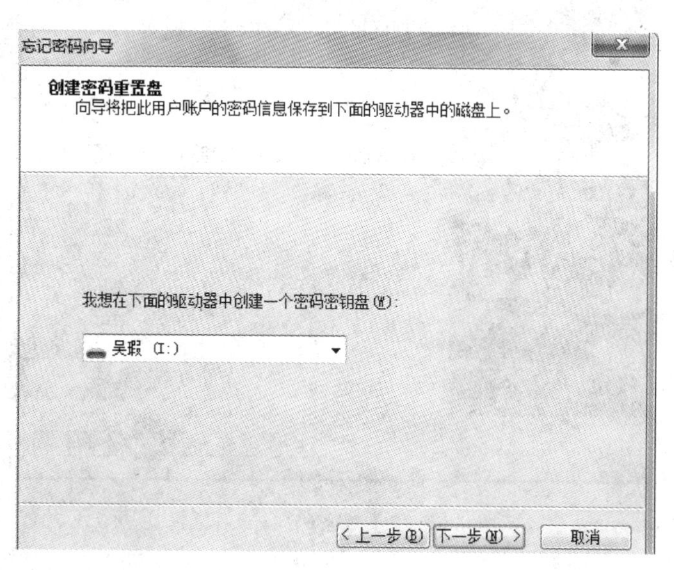

图 4.27　创建一个密码重置盘

(3) 输入当前用户的密码，然后单击“下一步”按钮，如图 4.28 所示。

(4) 系统将进行密码设置的操作，并显示重置的进度。

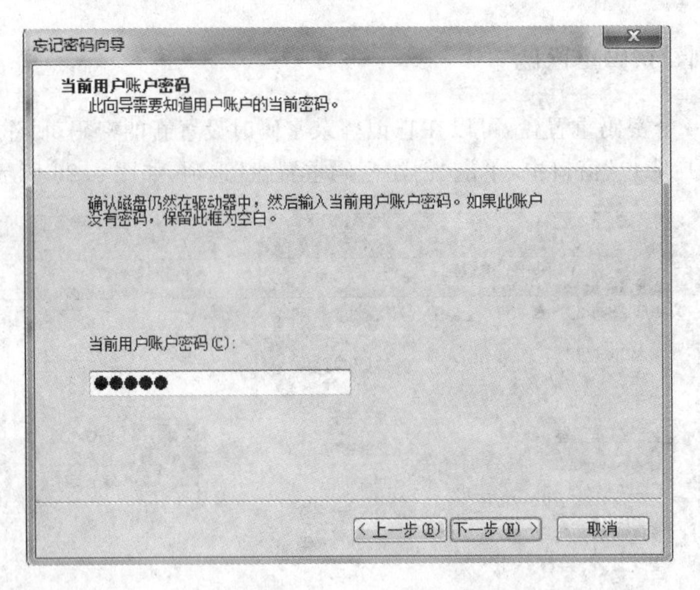

图 4.28　输入用户账户密码

（5）当重置完成后，单击"下一步"按钮，就进入了最后一个向导。

（6）单击"完成"按钮，即可完成密码重置盘的创建，并关闭此向导。

当用户忘记登录密码时，就可以利用刚刚制作的"密码重置盘"解决，操作步骤如下。

（1）登录系统时如果输入了错误的密码，会出现"重置密码"选项，单击该选项，如图 4.29 所示。

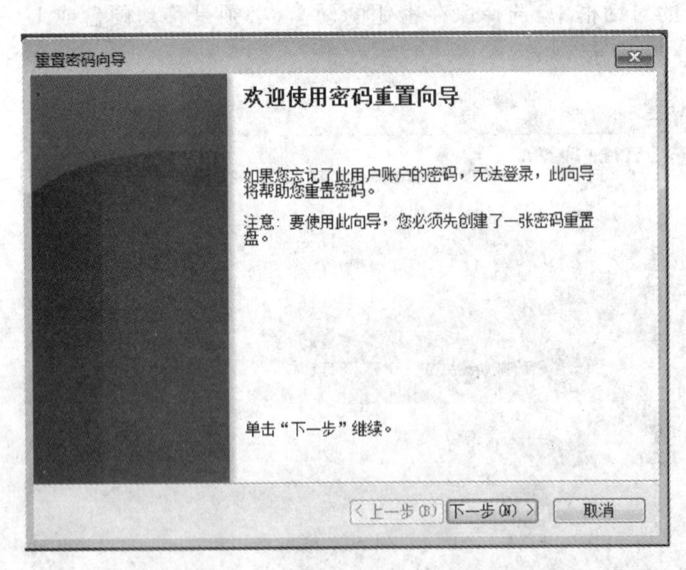

图 4.29　"重置密码向导"对话框

（2）这时候需要用户插入保存有此用户密码信息的移动硬盘。接着，出现重置密码向导。

（3）单击"下一步"按钮，即可弹出选择密码重置盘所在的驱动器。

（4）按照提示在新的窗口中重新设置密码即可。

(5) 再次登录时,输入新没置的密码即可登录账户。

4.4.6　删除、激活或禁用用户账户

在 Windows 7 中,只有计算机管理员才能删除其他人的用户账户。但如果当前用户是计算机管理员则不能删除自己的用户账户,而需要由其他计算机管理员来删除,从而保证至少有一个人拥有计算机管理员账户。

删除用户账户的操作步骤如下。

(1) 选择"开始"→"控制面板"→"系统和安全"→"管理工具"命令,然后双击"计算机管理"选项,打开"计算机管理"窗口。

(2) 在控制台树中,选择"计算机管理"→"系统工具"→"本地用户和组"→"用户"选项。

(3) 右击想要删除的用户账户,然后在弹出的快捷菜单中选择"删除"命令,如图 4.30 所示。

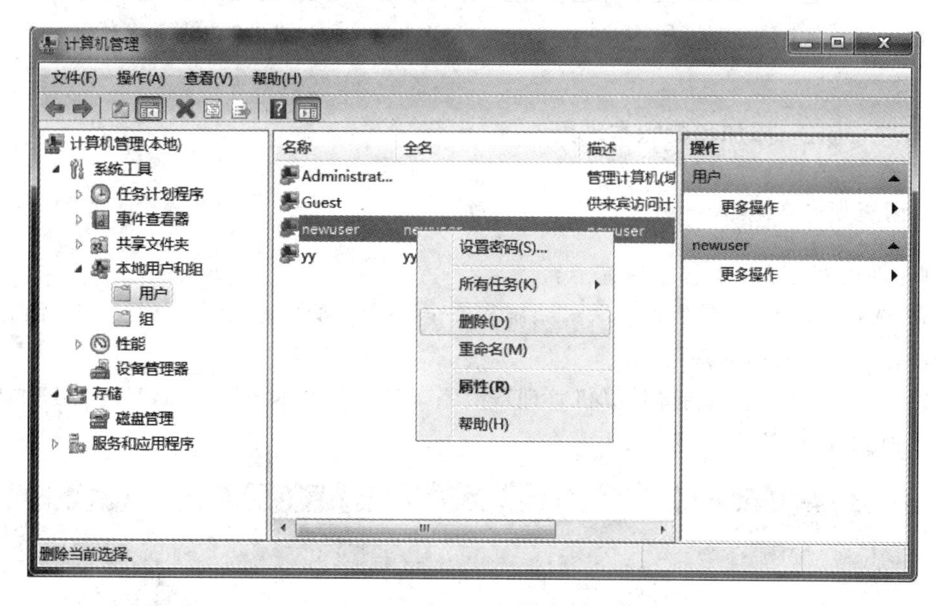

图 4.30　选择"删除"命令

删除的用户账户不能恢复。不能删除内置的 Administrator 和 Guest 账户。

激活或禁用用户账户的操作步骤如下。

(1) 选择"开始"→"控制面板"→"系统和安全"→"管理工具"命令,然后双击"计算机管理"选项,打开"计算机管理"窗口。

(2) 在控制台树中,选择"计算机管理"→"系统工具"→"本地用户和组"→"用户"选项。

(3) 右击想要更改的用户账户,然后在弹出的快捷菜单中选择"属性"命令。

(4) 执行下列操作之一。

① 要禁用所选的用户账户,则选中"账户已禁用"复选框,如图 4.31 所示。

② 要激活所选的用户账户,则取消选中"账户已禁用"复选框,如图 4.32 所示。

不能停用内置的 Administrator 账户。

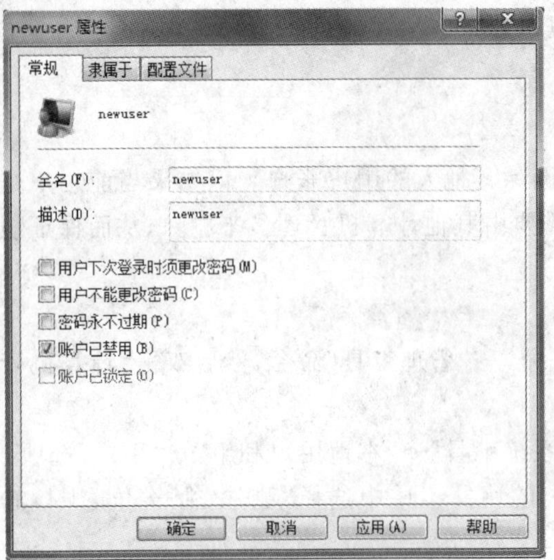

图 4.31　选中"账户已禁用"复选框

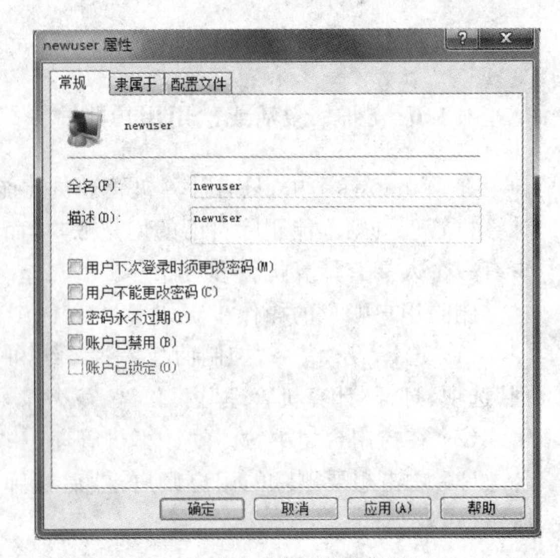

图 4.32　取消选中"账户已禁用"复选框

4.4.7　创建、添加和删除本地组

1. 创建新的本地组

创建新的本地组的具体步骤如下。

(1) 选择"开始"→"控制面板"→"系统和安全"→"管理工具"命令,然后双击"计算机管理"选项,打开"计算机管理"窗口。

(2) 在控制台树中,选择"计算机管理"→"系统工具"→"本地用户和组"→"组"选项,如图 4.33 所示。

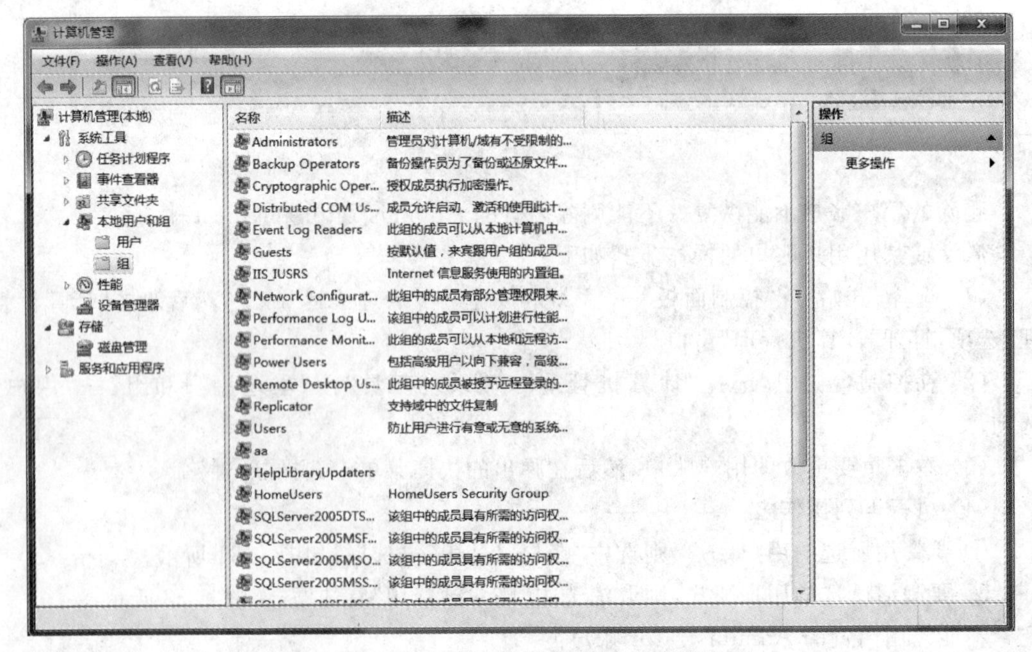

图 4.33　选择"本地用户和组"中的"组"

(3) 单击菜单中的“操作”命令，然后在打开的下拉菜单中选择“新建组”命令，弹出如图 4.34 所示的“新建组”对话框。

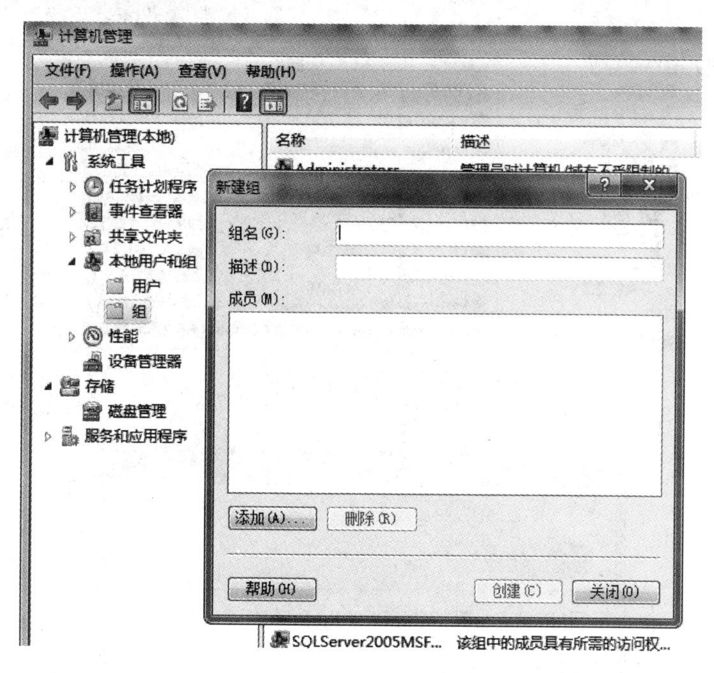

图 4.34　“新建组”对话框

(4) 在“组名”文本框中输入新组的名称，在“描述”文本框中输入新组的说明。

(5) 单击“新建”按钮，然后单击“关闭”按钮。

(6) 要将多个用户添加到新组中，则在第(5)步单击“创建”按钮后重复单击“添加”按钮。

本地组名不能与被管理的计算机上的其他组名或用户名相同。用户名最多可以包含除下列字符以外的 256 个大写或小写字符：”、/、\、[、]、:、;、|、=、,、+、*、?、<、>。组名不能只由句点(.)或空格组成。

2. 将成员添加到组

将成员添加到组的具体操作步骤如下。

(1) 选择“开始”→“控制面板”→“系统和安全”→“管理工具”命令，然后双击“计算机管理”选项，打开“计算机管理”窗口。

(2) 在控制台树中，选择“计算机管理”→“系统工具”→“本地用户和组”→“组”选项。

(3) 右击要添加成员的组，在弹出的快捷菜单中选择“所有任务”→“添加到组”命令，如图 4.35 所示。

(4) 在弹出的对话框中单击“添加”按钮，如图 4.36 所示。

(5) 弹出如图 4.37 所示的“选择用户”对话框，在此单击“位置”按钮，弹出如图 4.38 所示的“位置”对话框，在“位置”对话框中显示可以从其中将用户和组添加到该组的域的列表。

(6) 在“位置”对话框中，单击要添加的用户和计算机的位置，然后单击“确定”按钮返回“选择用户”对话框。在“输入对象名称来选择”文本框中输入要添加到该组的用户或组的名称，如图 4.39 所示，然后单击“确定”按钮。

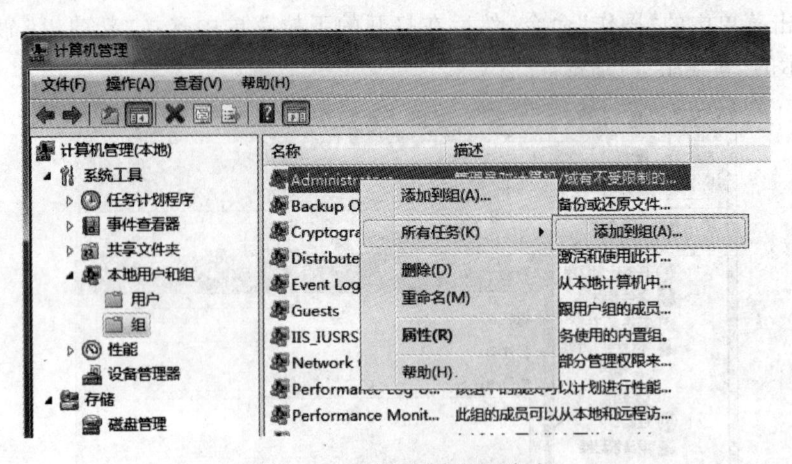

图 4.35　选择“添加到组”命令

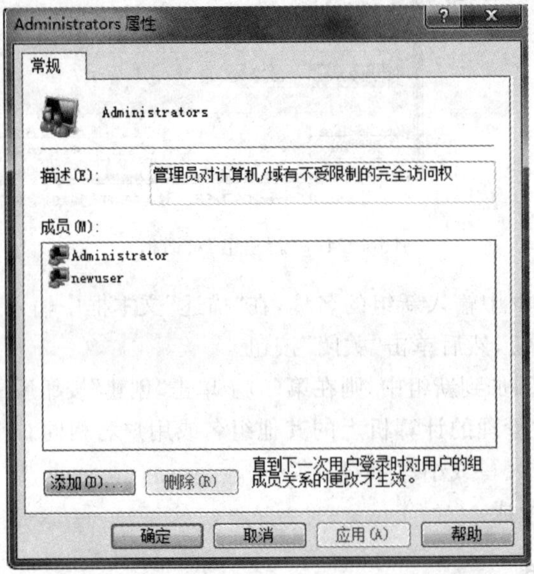

图 4.36　单击“添加”按钮

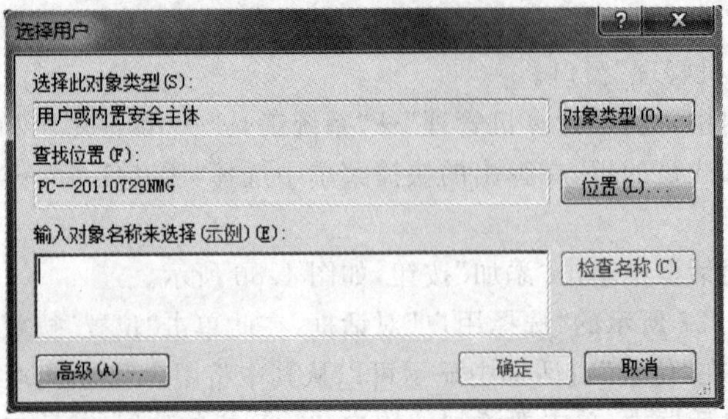

图 4.37　“选择用户”对话框

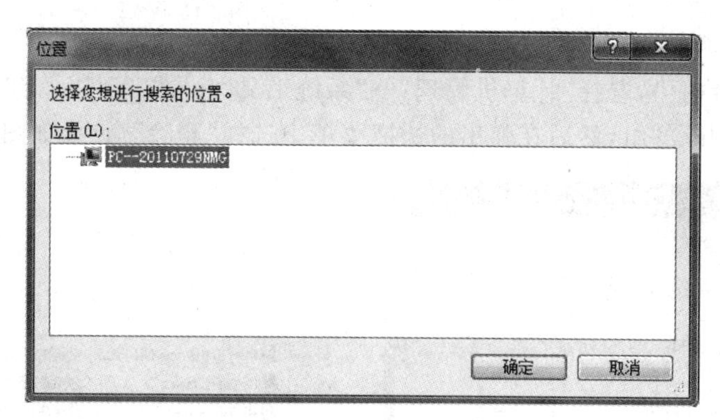

图 4.38　“位置”对话框

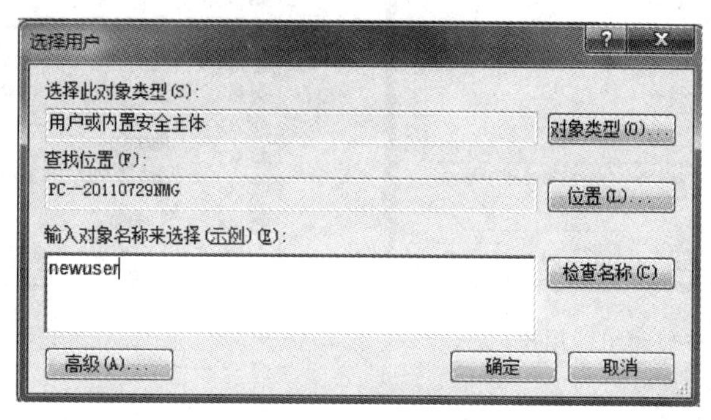

图 4.39　输入要添加到该组的用户名称

(7) 若要验证添加的用户名(或组名)是否有效,可以单击“检查名称”按钮,检查完毕,如果有效将显示验证后的用户名称,如图 4.40 所示。单击“确定”按钮,将用户添加到该组中,如图 4.41 所示。

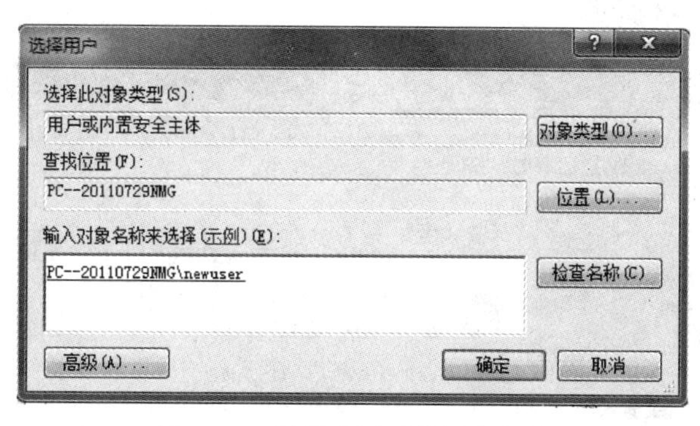

图 4.40　显示验证后的用户名称

(8) 属于组的用户具有授予该组的所有权限。若用户是多个组的成员,则该用户拥有授予他(她)所属的每个组的所有权限。除非新用户只执行管理任务,否则不应该添加到管理员组中。

3. 删除本地组

删除本地组的操作步骤如下。

(1) 选择“开始”→“控制面板”→“系统和安全”→“管理工具”命令,然后双击“计算机管

理”选项，打开“计算机管理”窗口。

(2) 在控制台树中，选择“计算机管理”→“系统工具”→“本地用户和组”→“组”选项。

(3) 右击要删除的组，然后在弹出的快捷菜单中选择“删除”命令，如图 4.42 所示。

图 4.41　添加到组的用户

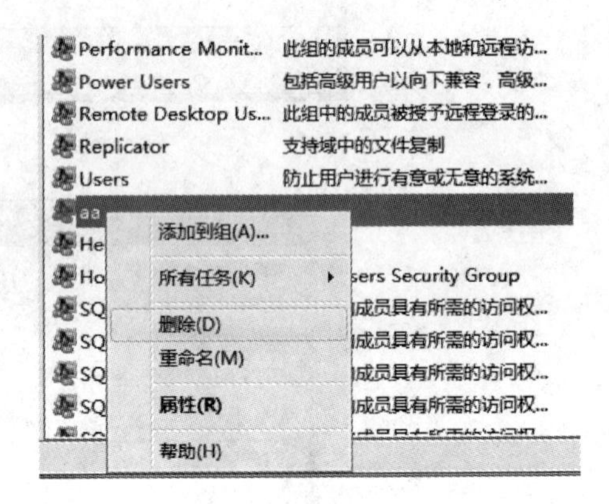

图 4.42　选择“删除”命令

4.4.8　家长控制的设置和操作

家长控制的设置步骤如下。

(1) 首先打开“控制面板”，然后单击“用户账户和家庭安全”选项。进入“用户账户和家庭安全”窗口，如图 4.43 所示。

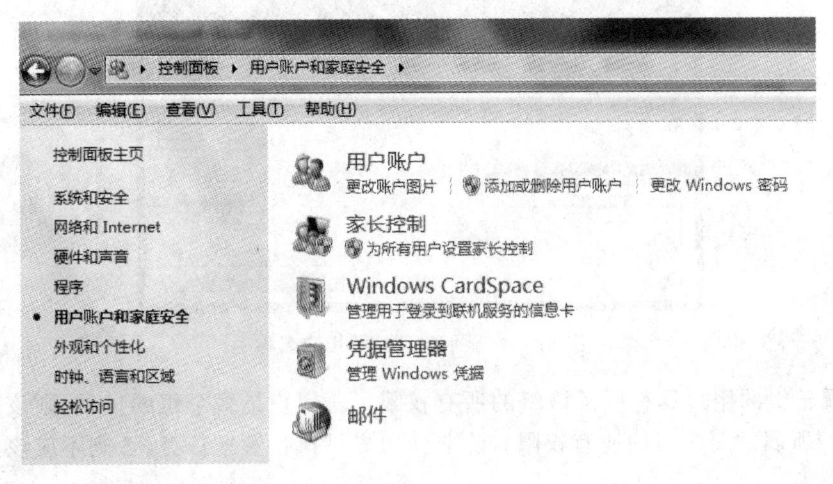

图 4.43　“用户账户和家庭安全”窗口

(2) 单击“家长控制”选项，就会打开“家长控制”窗口。在该窗口中，单击需要控制的标准用户账户，会出现“用户控制”窗口，如图 4.44 所示。在弹出的设置标准用户使用计算机的方式界面下，选中左侧“家长控制”区域的“启用，应用当前设置”单选按钮。

图 4.44　“用户控制”窗口

(3) 为孩子的标准用户账户启用家长控制后，就可以调整要控制的个人设置。家长可以控制以下内容。

① 时间限制：单击“时间限制”命令，打开如图 4.45 所示的设置时间限制窗口，家长可以设置时间限制，对允许儿童登录到计算机的时间进行控制。时间限制可以禁止儿童在特定时段登录(如果处于登录状态，则将自动注销)。可以为一周内的每一天设置不同的登录时段。

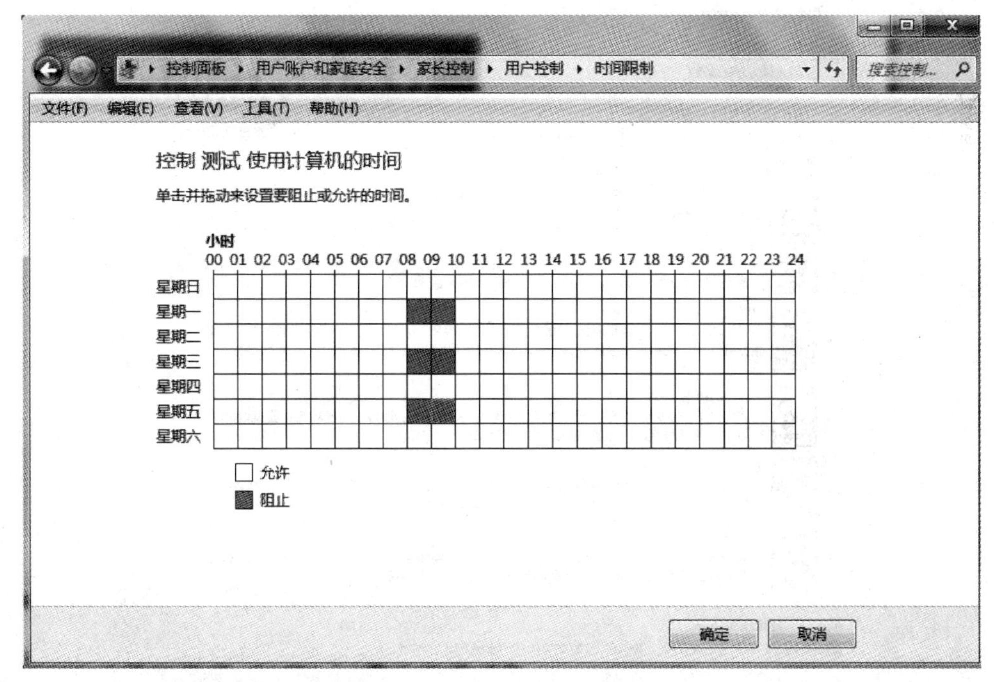

图 4.45　设置时间限制窗口

② 游戏限制：单击“游戏”命令，打开如图 4.46 所示的设置窗口，家长可以控制孩子的账户对游戏的访问。单击“设置游戏分级”命令，打开如图 4.47 所示的游戏分级设置窗口，在此可以选择年龄分级级别、要阻止的内容类型、确定是允许还是阻止未分级游戏或特定游戏。

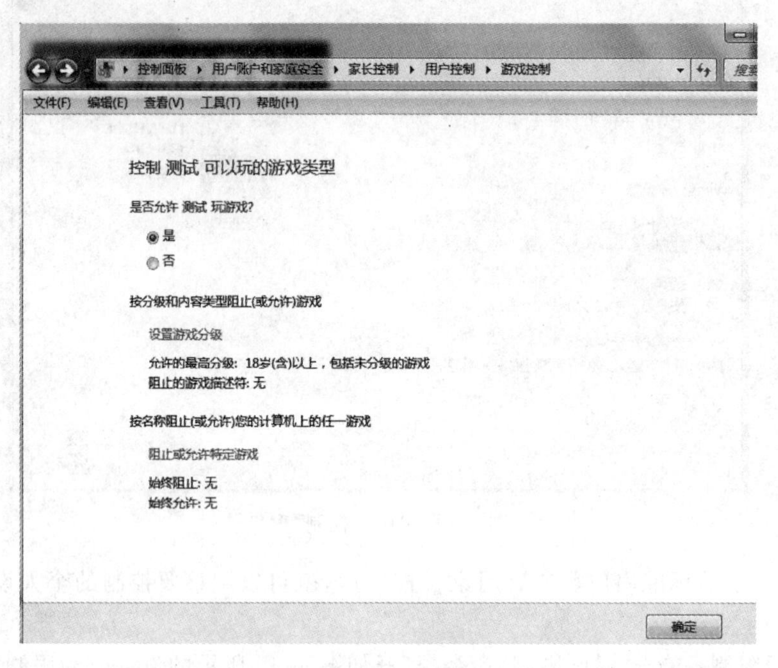

图 4.46 设置游戏限制

图 4.47 游戏分级设置窗口

③ 允许或阻止特定程序：单击“允许或阻止特定程序”命令，打开如图4.48所示的允许或阻止特定程序设置窗口，选中“新用户只能使用允许的程序”单选按钮，计算机会搜索并列出应用程序，家长可以禁止儿童运行不希望其运行的程序。

图4.48　允许或阻止特定程序设置窗口

家长控制功能只能应用于“标准用户”，不能用于“来宾账户”或者“计算机管理员账户”。另外，家长控制对于安装在FAT分区上的游戏不起作用，如果想进行控制，则将所有FAT分区转换成为NTFS格式分区。

4.5　后续项目

系统中的用户账户和本地组，创建了密码重置盘和家长控制以后，接下来用户可以对文件和文件夹进行管理和维护。

子项目5 文件和文件夹管理

5.1 项目任务

在本子项目中要完成以下任务：

(1) 利用“计算机”或“Windows 资源管理器”打开文件；

(2) 更改文件的显示方式；

(3) 更改文件的排列方式；

(4) 新建文件夹；

(5) 重命名文件与文件夹；

(6) 复制文件与文件夹；

(7) 移动文件与文件夹；

(8) 删除或还原文件与文件夹；

(9) 查找文件与文件夹；

(10) 隐藏文件与文件夹；

(11) 压缩文件与文件夹；

(12) 文件和文件夹的权限设置。

具体任务指标如下：

(1) 文件和文件夹的打开、显示方式、排列方式、新建、重命名、复制、移动、删除、还原、查找、隐藏和压缩的操作方法；

(2) 文件和文件夹的权限设置方法。

5.2 项目的提出

在 Windows 7 中，用户可以使用多种方法浏览和使用文件资源。学会管理文档，对家庭用户来说是必不可少的。

本项目掌握文档管理中浏览文件、管理文件、查找文件和文件夹的操作方法和技巧。

5.3　实施项目的预备知识

预备知识的重点内容

(1) 重点掌握文件和文件夹的相关操作方法；

(2) 掌握文件和文件夹的权限设置方法。

关键术语

资源管理器：是一项系统服务，负责管理数据库、持续消息队列或事务性文件系统中的持久性或持续性数据。资源管理器存储数据并执行故障恢复。

预备知识概括

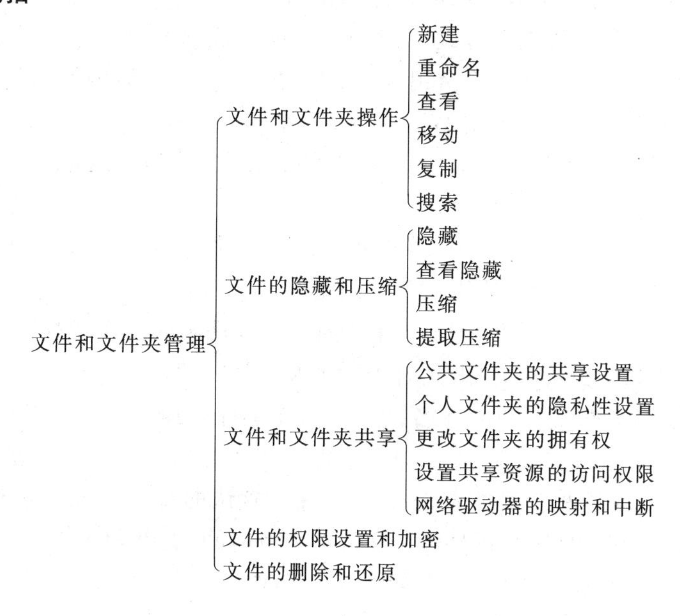

预备知识

5.3.1　文件和文件夹的基础操作

计算机的存储设备有内置硬盘、活动硬盘、U 盘、光盘等。用户的文档、数据文件一般都存储在硬盘中，也可利用活动硬盘、U 盘和光盘进行数据备份或数据移动操作。无论使用哪种存储设备，都是以文件的方式存储数据信息。文件是最小的数据组织单位，而文件夹是分类存放相关文件的文件集合。文件夹是一个帮助用户整理文件的容器。计算机上的每个文件都存储在文件夹中，文件夹也可以容纳其他文件夹。

浏览计算机中的文件是指在存储设备中查看文件夹、文件等存储信息。Windows 7 提供的“计算机”、“Windows 资源管理器”是两个常用的浏览文件、管理文件的工具，可以帮助用户快速浏览，并查找有关信息。

对文件和文件夹的基本操作包括新建、查看、重命名、移动、复制搜索等。

1. 新建文件和文件夹

建立新的文件或者文件夹，有很多种方法。

2. 重命名文件和文件夹

建立好文件后，为了日后查找文件方便，就要确定文件名。刚刚建立好的文件或文件夹会处于重命名状态，用户可以直接更改其用户名。如果用户要重命名已有文件名的文件，可通过三种方法实现。

3. 查看文件和文件夹

打开文件夹查看文件时，可以使用不同的查看方式来方便查找过程。在 Windows 7 中文件和文件夹常用的查看方式有超大图标、大图标、中等图标、小图标、列表、详细信息、平铺、内容等。每种查看方式都有自己的特点和作用。

文件和文件夹有很多种查看方式，并与 Windows XP 系统的查看方式进行对比。

(1)“超大、大图标”：一般用于图片文件的查看，在窗口中以缩略图的形式展现出来并显示文件名。这种查看方式类似于 Windows XP 中的“缩略图”查看方式。它便于用户查找文件，缺点是由于图标占的面积很大，一次查看的文件数量有限，通常要通过滚动条操作的配合使用。

(2)“中等图标”：这种查看方式同样可以看到文件名，中等图标类似于 Windows XP 的“图标”查看方式，但是它仍能查看图片的缩略图。

(3)“小图标”：小图标同样平铺于文件夹窗口中，只显示文件名称以及文件类型，由于这种查看方式的图标体积较小，因此适合查看大量文件时使用。

(4)“列表”：将文件图标和文件名纵列显示在文件夹窗口中，与 Windows XP 的列表类似。

(5)“详细信息”：这种查看方式是 Windows 7 默认的查看方式。它和列表相似，但详细信息不仅显示了文件的名称，还显示了文件的修改时间、类型和大小。

(6)“平铺”：这种查看方式可以显示文件的名称、类型还有大小。用 Windows 7 中的这种方式可以查看到图片的缩略图。

(7)“内容”：这种查看方式可以纵列显示文件、文件名和修改时间。

4. 移动文件和文件夹

文件或文件夹的移动，是将原文件或文件夹移动到目的地，换而言之，原文件或文件夹所在的位置就不会保留该文件或文件夹。

5. 复制文件和文件夹

文件或文件夹的复制，是保留原始的文件或文件夹，并在目的位置复制一份，因此执行后两边都会保存一份数据。

6. 搜索文件或文件夹

Windows 7 的搜索功能非常强大，只要输入关键词，就可以查找系统中的文件、程序或执行命令。在一般的计算机窗口中，也能直接输入关键词查找，而不必非要打开特殊的程序才能进行搜索。

5.3.2　文件的隐藏和压缩

在进行文件操作时，除了简单的新建、删除以及更名外，还可以设置隐藏、压缩等。下面详细地介绍这些操作的用途和方法。

1. 隐藏文件或文件夹

在计算机中，一般会保存一些隐私或者机密的文件资料。对于这些隐蔽性比较高的文件，为了防止他人查看，可以将其隐藏。

2. 查看隐藏的文件或文件夹

当要打开已经被隐藏的文件或文件夹的时候，应该如何查看隐藏的文件。

3. 压缩文件或文件夹

硬盘的空间大小可以影响计算机运行的速度，如果硬盘空间大则可以存储更多的内容。文件或文件夹的压缩可以节省更多的硬盘空间。

4. 提取压缩的文件和文件夹

当需要的时候就要从压缩文件夹中提取出文件，可以提取全部文件，也可以提取其中某个文件。

5.3.3　文件和文件夹的共享

当所使用的计算机是公司网络或家庭网络的一部分时，若要和其他计算机传输数据、交换文件，就必须将计算机中的部分资源进行共享。

1. 公共文件夹的共享设置

操作系统在安装完成后，会自动为每一个用户分派一个专属的个人文件夹和一个公共文件夹。在分享个人资料前，必须先在“网络和 Internet”中进行资源共享的相关设置。

2. 个人文件夹的隐私性设置

若建立若干账户，系统便会建立若干用户的个人文件夹，并自动加上相应的权限设置，只有指定用户和管理员账户才能浏览这些文件夹的内容。

3. 更改文件夹的拥有权

文件一旦让他人取得拥有权后便可随意修改删除，这是一个相当严重的问题。有两种方法可以解决：一是将用户“变更使用权”和“取得使用权”进行锁定；二是可针对文件拥有权的列表，只允许管理员账户加入，如此其他人就无法取得拥有权。

4. 设置共享资源的访问权限

共享的文件，所有人都可以在局域网中浏览，这就可能造成黑客的入侵，因此如果能将共享的资源加以隐藏,只允许特定用户浏览使用,就可以提升网络共享资源的安全性。

5. 网络驱动器的映射和中断

无论是在家庭网络还是在办公室的局域网中,如果某一台计算机的文件夹经常用到,即可考虑建立一个映射网络驱动器。这样,就不需要每次都在网络窗口中逐层查找该文件夹了。

5.3.4 文件的权限设置和加密

1. 文件的权限设置

对于不同的文件,会有不同的权限要求。不希望别人修改的文件,可以设置成“只读”文件;机密文件不允许读写,就必须取消共享的设置。针对一个一般文件来说,只要更改当前所在的文件夹,就会被询问是否将其中的文件都改成相同的设置,所以,如果需要更改的文件较多,则可以通过直接更改文件夹属性来改变其中所有文件的设置,那么文件夹的常用权限有哪些呢,应怎样来改变其权限呢?

2. 文件的加密

对于一些保密性较高的文件,为了防止其他用户查看,可以将其加密。

5.3.5 文件的删除和还原

1. 回收站的清空

回收站是存放垃圾文件的地方。所谓垃圾就是用户不需要或者操作失败的文件。当将这些文件删除的时候,它们就被默认放进了回收站中暂存。

如果在回收站暂存的文件过多,不但占用硬盘空间,还会降低计算机的运行速度。如果确定回收站中的文件不再需要使用,可以直接清空回收站。

2. 直接彻底删除文件

如果可以确保删除的文件以后不会再用到,那么为了省去清空回收站的操作,可以改变回收站的设置,将删除的文件不经过回收站,直接永久删除。

这样当删除文件时,文件就不会经过回收站,而是直接永久删除。另外,在没有设置不经过回收站直接删除这个选项的时候,也可以选中文件,通过按 Shift + Delete 键来直接彻底删除文件。

3. 还原回收站的文件

在回收站中的文件并不是被永久删除了,而是暂存到回收站中。如果日后需要用到当初删除的文件,在回收站中是不能使用的,只能打开这个文件的“属性”对话框。要将回收站里的文件还原到原来的文件夹中,才能继续使用这个文件。

4. 还原不在回收站中的文件

为了处理文件复原的问题，可以使用系统还原点的设置为系统建立一个还原点，相当于做一次备份。当建立还原点后，就可以将系统、单一的文件或文件夹恢复到创建还原点时的状态，建立还原点后，系统就会保留一份 abc. txt 在时间 A 修改后的备份，之后任何时间使用“还原旧版本”，就会还原到时间 A 所修改的文件。需要注意的是，这样的方式并不是万能的，只能还原到时间 A 的数据，若在时间 B 或时间 C 修改的重要数据，由于在那之后没有建立新的还原点，是无法复原的。

5.4 项目实施

5.4.1 利用“计算机”或“Windows 资源管理器”打开文件

1. 打开“计算机”窗口

选择“开始”→“计算机”命令，就可以打开“计算机”窗口，如图 5.1 所示。“计算机”是 Windows 7 中的一个常用的文件管理工具。在 Windows 7 之前的版本中，“计算机”经常以快捷图标的形式放在桌面上，双击它即可打开“计算机”窗口。在 Windows 7 中，也可以将“计算机”以快捷图标的形式放在桌面上，方法如下：单击“开始”按钮，右击“计算机”命令，在弹出的快捷菜单中选择“在桌面上显示”命令即可。

图 5.1 “计算机”窗口

在“计算机”窗口中，双击任何一个驱动器图标都可以打开该驱动器的窗口。此外，在“计算机”窗口中，还可以选择是否显示预览和筛选器。选择工具栏上的“组织”→“文件夹和搜索选择”命令，弹出如图 5.2 所示的“文件夹选项”对话框。或者选择工具栏上的“组织”→

“布局”，如图 5.3 所示，在其中选择“菜单栏”命令显示出菜单栏后，选择“工具”→“文件夹选项”命令，也可以弹出如图 5.2 所示的“文件夹选项”对话框。在“常规”选项卡的“任务”选项组中，有两项内容供用户选择：选中“显示预览和筛选器”单选按钮，则采用显示预览和筛选器的任务显示方式；选中“使用 Windows 传统的文件夹”单选按钮，则采用 Windows 传统的文件夹的任务显示方式。

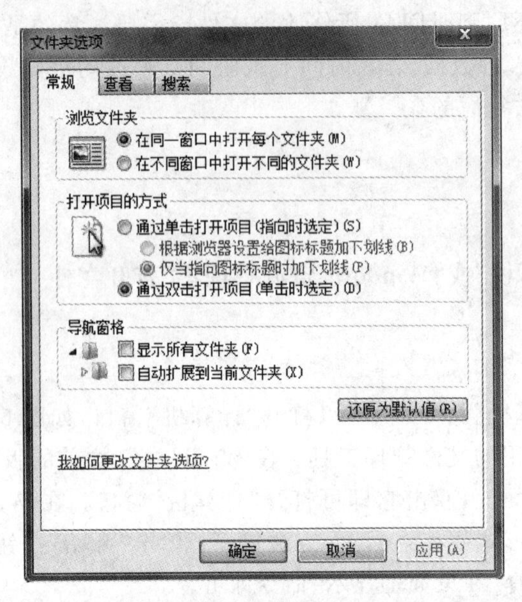

图 5.2 “文件夹选项”对话框

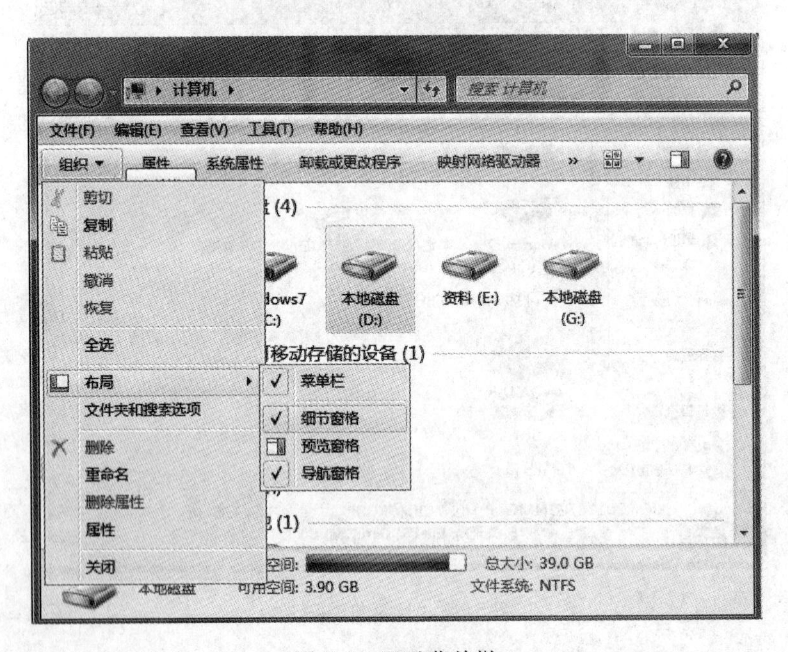

图 5.3 显示菜单栏

另外，如果选择了“组织”→“布局”打开菜单，在其中选择“预览窗格”命令。会在“计算机”窗口打开预览窗格，如图 5.4 所示。

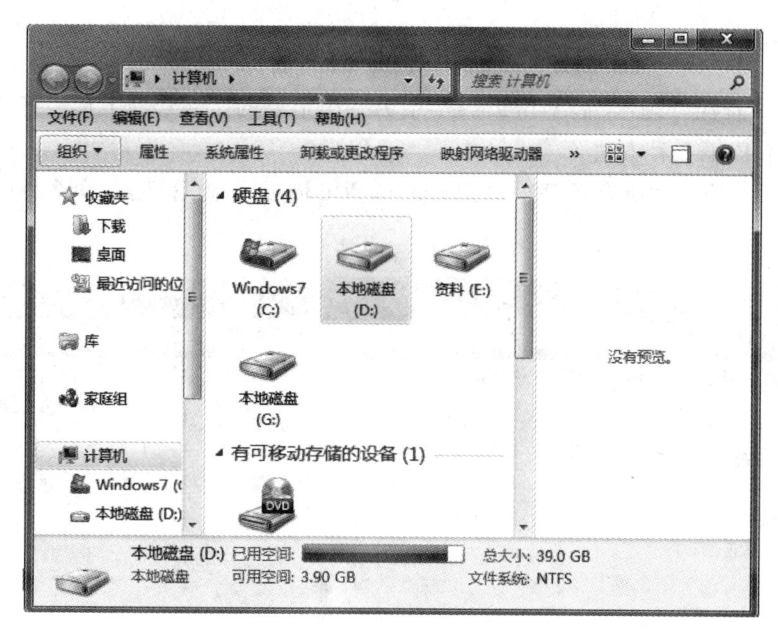

图 5.4　显示预览窗格

如果用户找不到传统 Windows 中的“Windows 资源管理器”中的目录树，只需要单击导航窗格中的“文件夹”左侧的三角按钮，就可以展开目录树，如图 5.5 所示。

图 5.5　展开 Windows 资源管理器导航窗格中的文件夹

2. 打开“Windows 资源管理器”

“Windows 资源管理器”是 Windows 7 中另一个重要的文件管理工具。打开“Windows 资源管理器”有以下几种方法。

(1) 选择“开始”→“所有程序”→“附件”→“Windows 资源管理器”命令，弹出如图 5.6 所示的窗口。

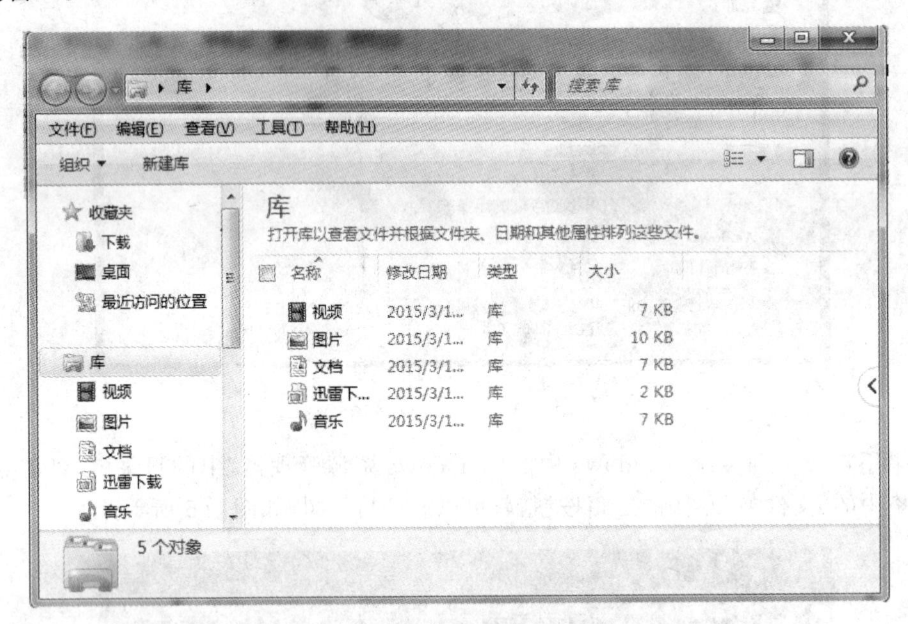

图 5.6 Windows 资源管理器窗口

(2) 右击“开始”按钮，在弹出的快捷菜单中选择“资源管理器”命令。

(3) 在“计算机”窗口中，右击任一驱动器或文件夹对象，在弹出的快捷菜单中选择“资源管理器”命令。

(4) 在“计算机”窗口中，右击选择“有可移动存储的设备”或者“其他”列表中的任一链接，在弹出的快捷菜单中选择“资源管理器”命令。

以上几种方法都可以打开“Windows 资源管理器”窗口。

“Windows 资源管理器”窗口由 10 个部分组成，如图 5.6 所示。左侧是导航窗格，其中的文件夹窗格显示的是计算机中所有的文件夹，包括“收藏夹”、“库”、“桌面”、“家庭组”、“计算机”、“网络”等文件夹。右侧显示左侧文件夹的详细列表。导航窗格内的文件夹以树型排列，有主文件夹、子文件夹之分。

“Windows 资源管理器”窗口左侧只显示文件夹，右侧显示子文件夹和应用程序文件等。详细信息窗格对应显示选中的相关文件夹或文件的信息。

5.4.2 更改文件的显示方式

Windows 7 为用户提供了多种文件显示方式，更易于浏览文件。用户可以根据不同的操作情况、不同的文件类型，选择不同的文件显示方式。

“Windows资源管理器”的菜单栏里有一个“查看”命令，选择“查看”命令，会弹出“查看”菜单，如图5.7所示。“查看”菜单里的文件显示方式有8种，分别是“超大图标”、“大图标”、“中等图标”、“小图标”、“列表”、“详细信息”、“平铺”和“内容”显示方式。通过在其中选择不同的命令，可以修改文件的显示方式。

通过使用“更改用户的视图”菜单，也可以更改文件和文件夹图标的大小和外观。单击工具栏上的“视图”图标的下三角按钮，会弹出“更改用户的视图”菜单，如图5.8所示。

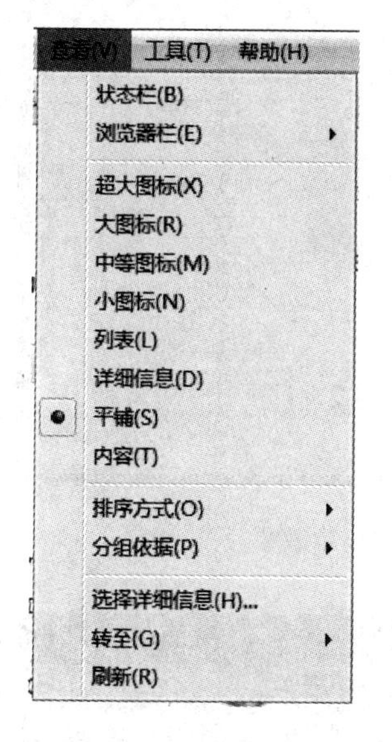

图5.7　“查看”菜单

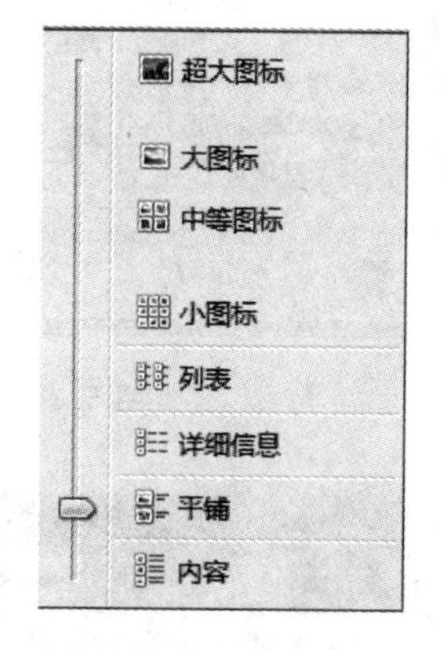

图5.8　“更改用户的视图”菜单

打开要更改视图的文件夹，单击“Windows资源管理器”工具栏上的“更改用户的视图”旁边的箭头。上下移动滑块，可更改图标的外观。该滑块有8个停顿位置，包括“超大图标”、“大图标”、“中等图标”、“小图标”、“列表”、“详细信息”、“平铺”和“内容”。可以将滑块移动到上述任意位置，或将滑块移动到上述位置之间的任意点，以微调图标的大小。

若要快速切换视图，则单击工具栏上的“视图”按钮。每次单击时，文件夹都会切换到以下5个视图中的一个：“内容”、“列表”、“详细信息”、“平铺”和“大图标”。

用户可以根据需要在“更改用户的视图”菜单里对文件选择不同的显示命令。选择不同的文件显示命令会出现不同的显示效果。下面介绍几种主要的文件显示方式的显示效果。

1. 内容

“内容”视图方式显示文件的详细信息和内容缩略图，效果如图5.9所示。

2. 列表

“列表”视图方式通过隐藏文件信息，从而提供了更多的页面空间来显示文件，效果如图5.10所示。

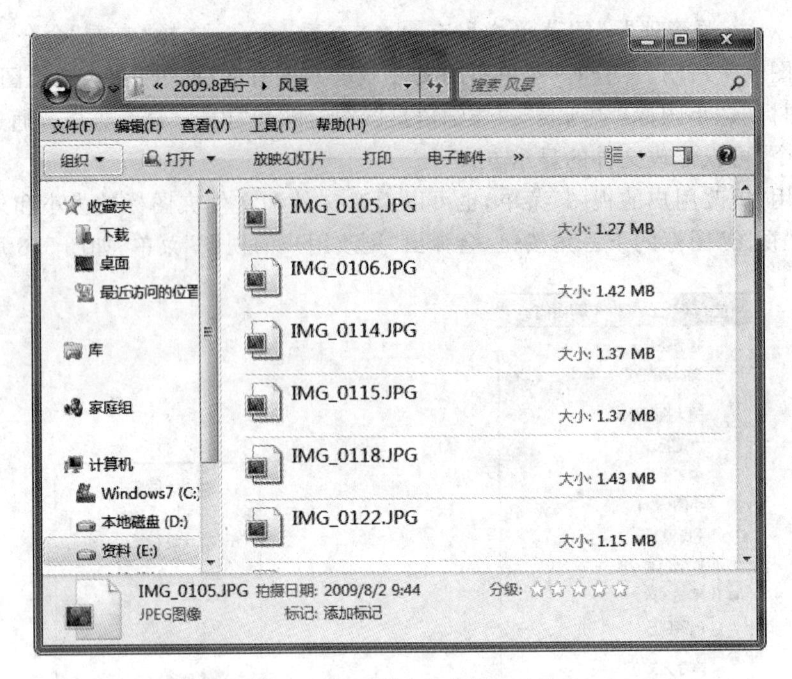

图 5.9　应用“内容”方式的显示效果

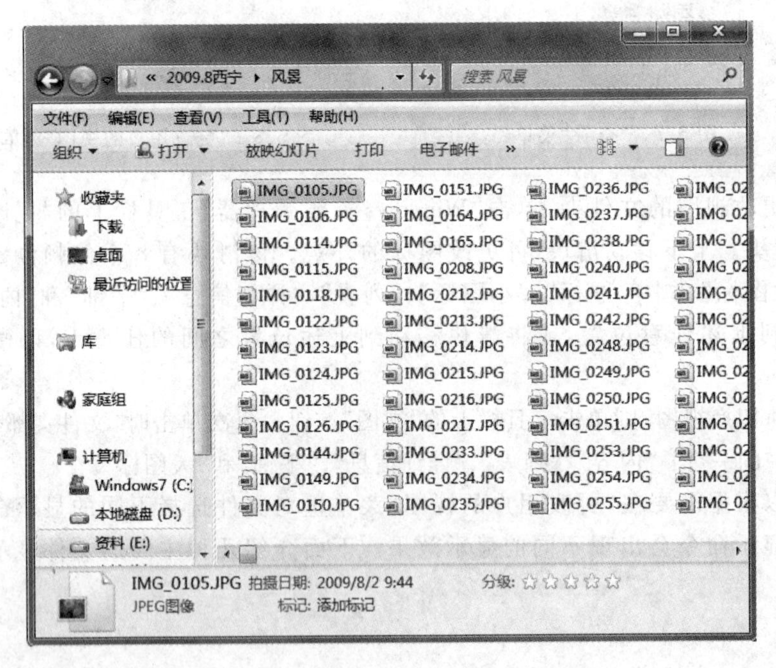

图 5.10　应用“列表”方式的显示效果

3. 详细信息

“详细信息”视图方式充分显示了文件的信息，如图 5.11 所示。如在“文件列表”区任意信息栏中右击，弹出的快捷菜单如图 5.12 所示。在此可以修改信息栏的外观大小，加减信息栏的信息内容，这样可以了解详细的文件信息。

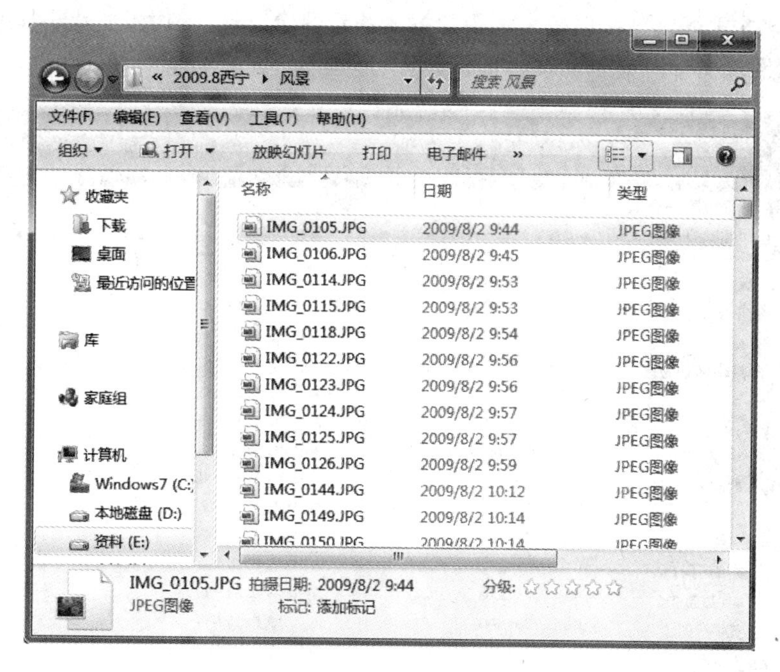

图 5.11　应用“详细信息”方式的显示效果

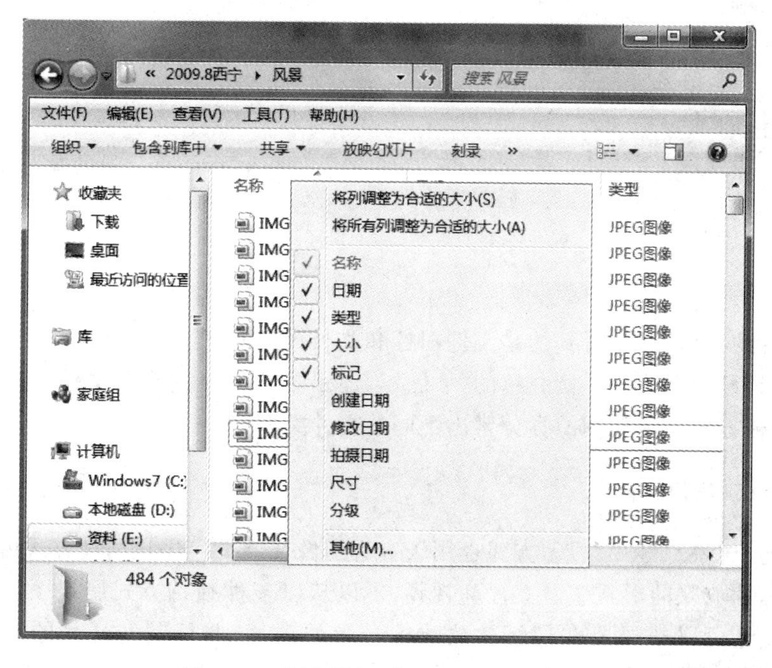

图 5.12　调整“详细信息”的外观及内容

4. 大图标

“大图标”是“图标”显示方式的一种，是用来表示文件、文件夹、程序或其他对象或功能的小图片。可以用“大图标”查看图像文件。打开文件夹查看文件时，可能首选较大（或较小）图标或者允许查看关于每个文件的不同种类信息的排列方式。应用“图标”类显示方式中“超大图标”方式可以直接以较大的图片方式查看图像文件，就像看照片小样似的。但“小图标”在显示图像文件时显示为文件图标，而不是图像文件的缩略图，如图 5.13 所示。

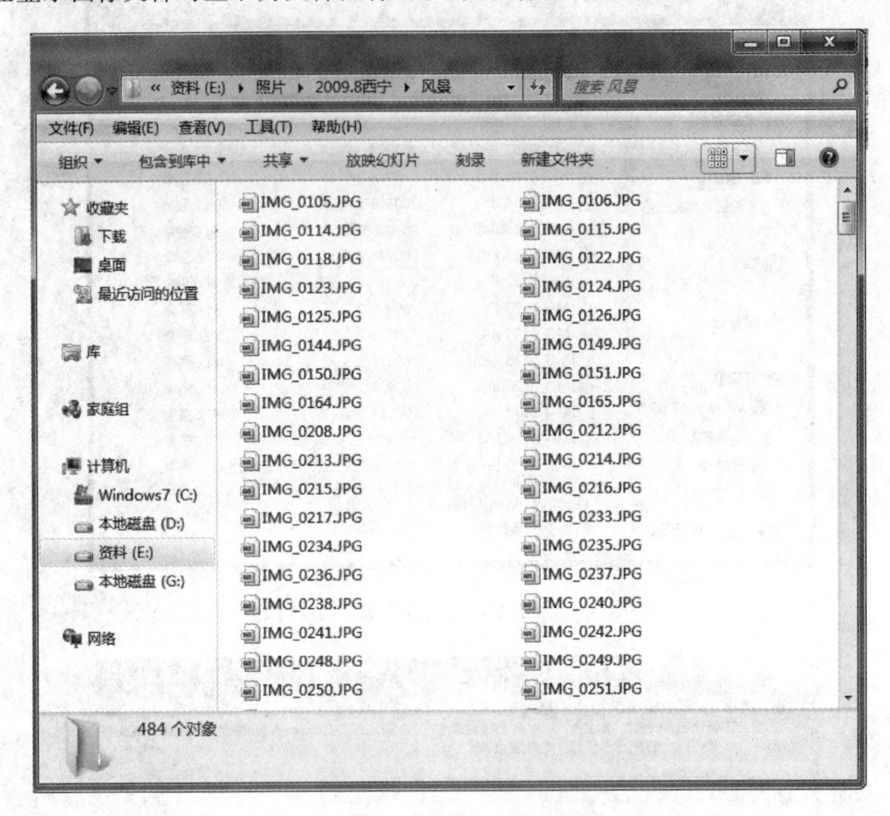

图 5.13　应用“不显示缩略图”方式的显示效果

5. 平铺

应用“平铺”显示方式，看到的是文件图标和文件的简单信息，例如文件的名称、大小和类型，而“平铺”显示方式与前面介绍的“大图标”显示方式的区别在于文件以不同的排列方式显示，这两种方式易于利用图标分辨出不同的文件类型。

6. 预览与放映幻灯片

“预览”与“放映幻灯片”显示方式也用于查看图像文件。应用这两种方式可以以大屏幕或全屏幕幻灯片放映的形式查看图片和视频，可以从以多种独特方式展现图片的大量主题中进行选择。还可以选择要在幻灯片放映中显示的图片，并控制幻灯片的放映速度。如图 5.14 所示是应用“预览”方式的显示效果。如图 5.15 所示是应用“放映幻灯片”方式的显示效果，图中的菜单是鼠标右键快捷菜单。

用户使用快捷键可以快速更改文件的显示方式，按下 Alt＋V＋D 组合键可以快速显示当前文件夹内的详细文件信息。

图 5.14　应用“预览”方式的显示效果

图 5.15　应用“放映幻灯片”方式的显示效果

5.4.3　更改文件的排列方式

排列方式与显示方式不同，它主要是用于将窗口中的文件或文件夹按特定方式进行排列，以便更容易地找到所需文件。更改文件的排列方式也是用户使用计算机中常用的操作。“Windows 资源管理器”中不同的文件夹有不同的文件排列方式。

更改文件排列方式的操作方法如下。

(1) 选择"查看"→"排序方式"菜单命令，弹出"排序方式"子菜单，在该子菜单中可根据需要选择排序命令，如选择"文档"文件夹。

(2) 选择"名称"命令，将按"名称"顺序排列显示文件夹内容，如图 5.16 所示。

图 5.16 选择按"名称"顺序排列显示

(3) 为了使效果明显，接下来，选择一个文件类型比较丰富的文件夹，然后选择"排序方式"子菜单中的"类型"命令，将按"类型"排列显示文件夹内容，如图 5.17 所示。

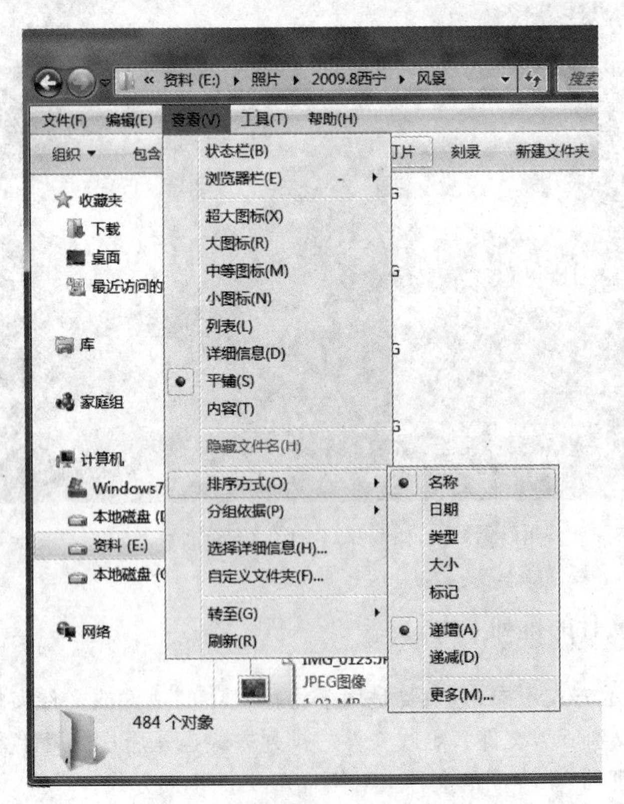

图 5.17 选择按"类型"排列显示

图5.16和图5.17分别显示了不同的文件排列方式，用户可以根据菜单内容选择不同的文件排列方式。如果以“名称”顺序排列文件夹内容，默认情况下将以升序排列，选择“查看”→“排序方式”→“递增”或“递减”命令，将在升序和降序排列间切换显示。

用户可选择“查看”→“排序方式”→“更多”命令，在弹出的“选择详细信息”对话框中选择文件或文件夹的详细信息，来自定义文件或文件夹的显示方式。

5.4.4　新建文件夹

以在Windows 7用户的文件里建立新的文件夹为例进行介绍，具体操作步骤如下。

（1）选择“开始”→“文档”命令，打开“文档”窗口。可单击“文档”的地址栏中的最后一个向后按钮，使向后按钮改变为向下按钮，弹出下拉菜单，在这里选择“我的文档”或者“公用文档”。

（2）然后，通过以下几种方法创建一个新文件夹，如图5.18所示。

① 选择“文件”→“新建”→“文件夹”菜单命令，创建新文件夹。

② 单击工具栏上的“新建文件夹”按钮，创建一个新文件夹。

③ 在窗口的空白区域右击，在弹出的快捷菜单中选择“新建”→“文件夹”命令，也可以创建新的文件夹。

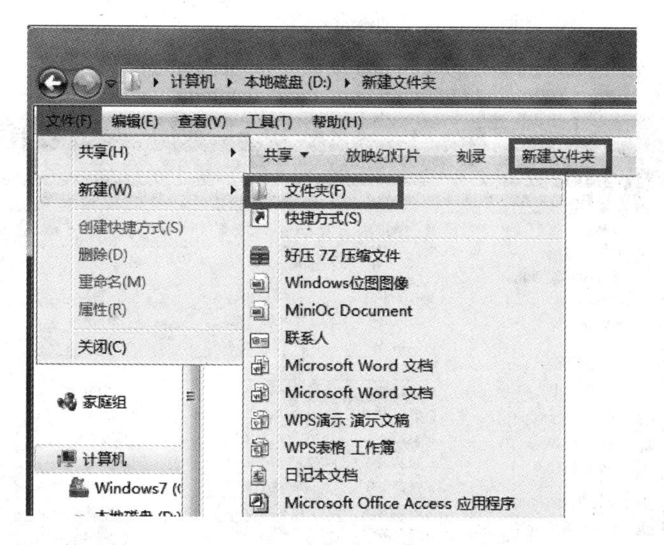

图5.18　新建文件夹

新建文件夹可以在所有文件夹窗口内操作，也可以在桌面上新建文件夹。一般情况下右击，在弹出的快捷菜单中选择“新建”→“文件夹”命令，即可在当前文件夹目录内创建新的文件夹。

5.4.5　重命名文件与文件夹

要对已建好的文件夹重命名，可以打开“计算机”或“Windows资源管理器”窗口，找到要执行重命名的文件夹并用鼠标选定。以下几种方法都可以实现文件或文件夹的重命名。

（1）在文件夹上右击，在弹出的快捷菜单中选择“重命名”命令，如图5.19所示。

（2）选择“文件”→“重命名”命令，重命名文件夹，如图5.20所示。

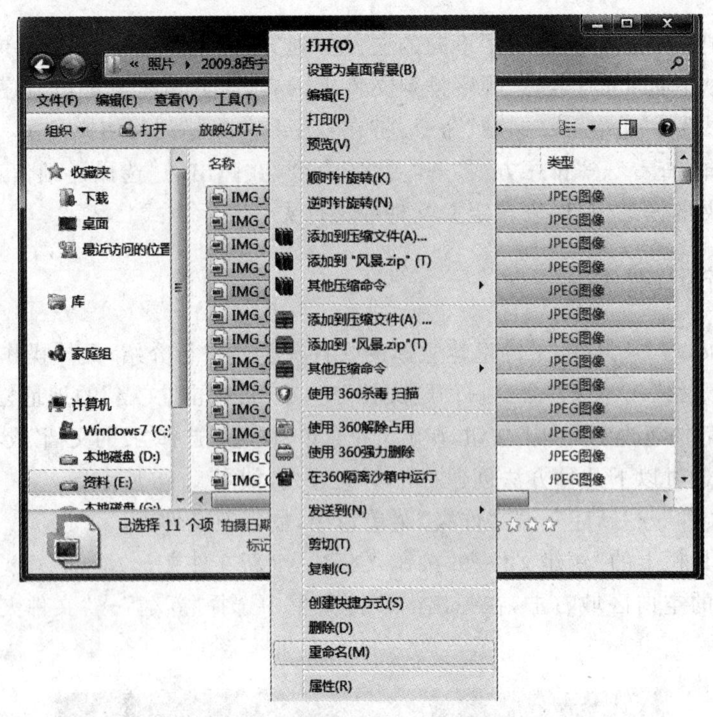

图 5.19　执行快捷菜单中的“重命名”命令

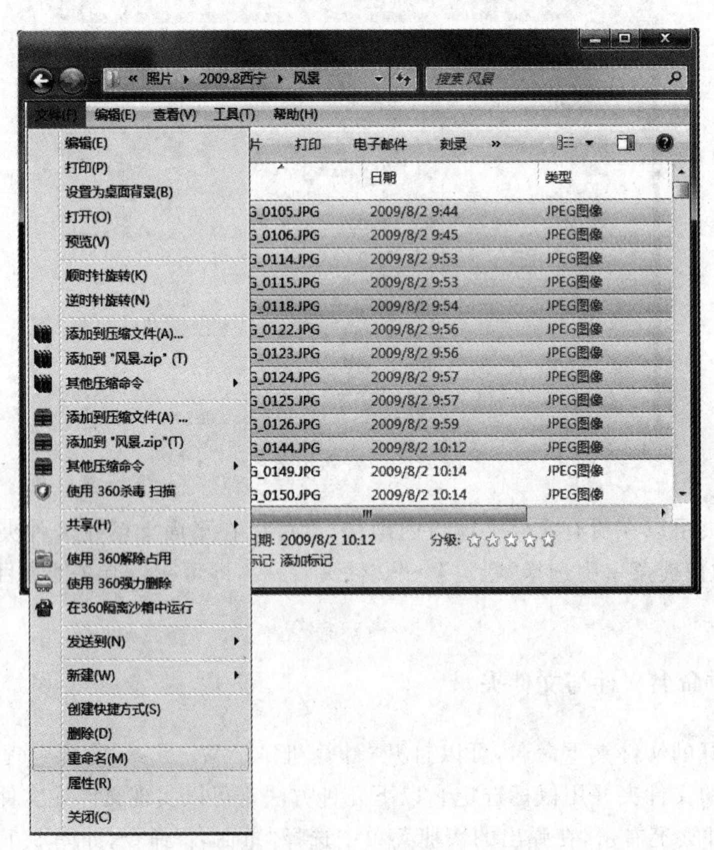

图 5.20　在菜单中执行“重命名”命令

(3) 选择工具栏中的“组织”→“重命名”命令，如图 5.21 所示。

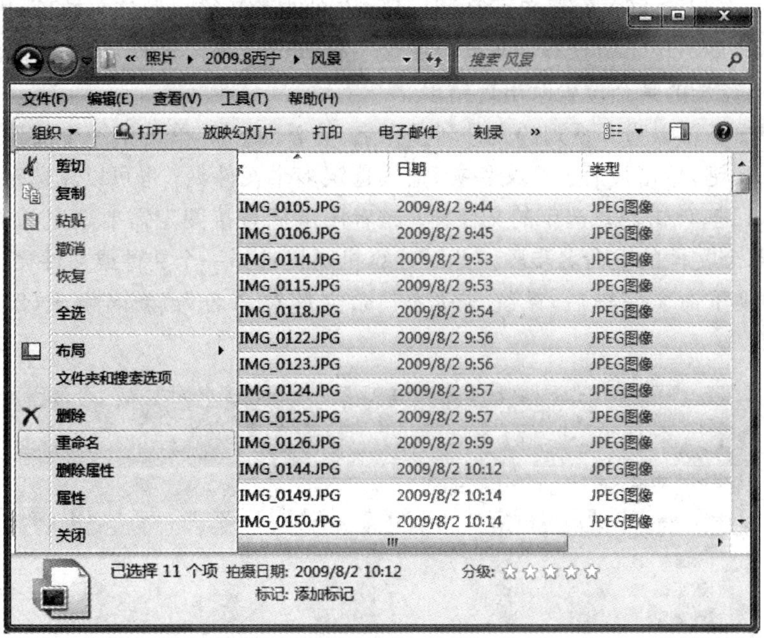

图 5.21　在工具栏执行“重命名”命令

完成上述任意一种操作后，光标会在当前的文件夹名字框内闪动，此时用户即可输入中、英文名字为文件夹重命名。如果想要撤销重命名的操作，只需要在菜单中选择“编辑”→“撤销重命名”命令即可如图 5.22 所示。

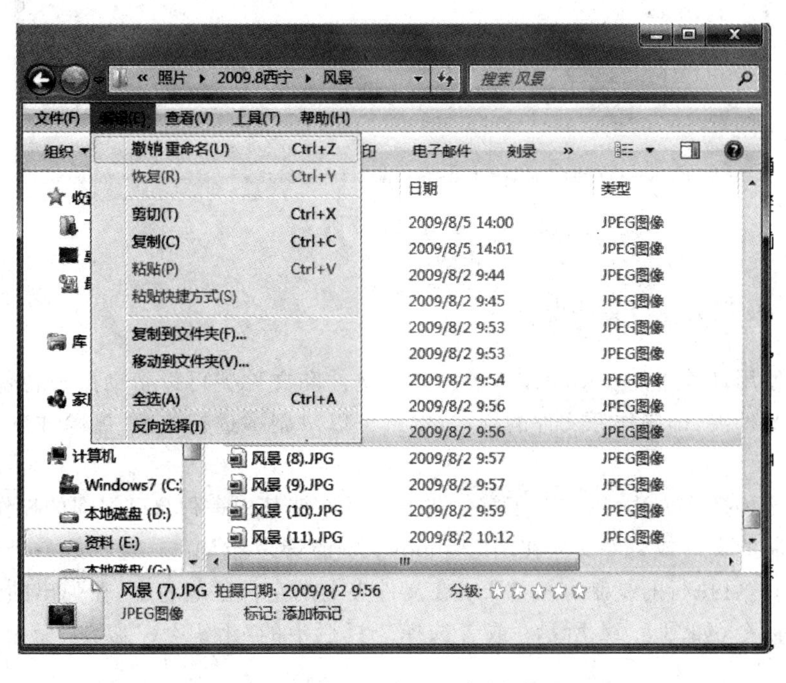

图 5.22　撤销重命名

文件名中不可使用下列任何一种字符：\、/、?、:、*、"、＞、＜、|。另外，Windows 通常限定文件名最多包含 260 个英文字符，但实际的文件名必须少于这一数值，因为完整路径(如\Program Files\filename. txt)都包含在此字符数值中内。这样可避免在将文件复制到比当前位置路径长的某个位置时出现错误。

此外，用户还可以为一系列的文件名重命名，方法如下。单击第一个要选择的文件夹，然后按住 Shift 键，单击最后一个文件夹，连续选定多个文件夹；也可以先选定一个文件夹，然后按住 Ctrl 键，单击需要选定的文件夹；或者用鼠标直接圈定需要选定的文件夹。重复前面所讲的单个文件的重命名步骤。此时计算机随机选择一个文件或文件夹为待重命名文件夹，该文件夹重命名完毕后，系统自动为其余文件夹命名为“新名字＋(2、3、4 等)”，如图 5.23 所示。

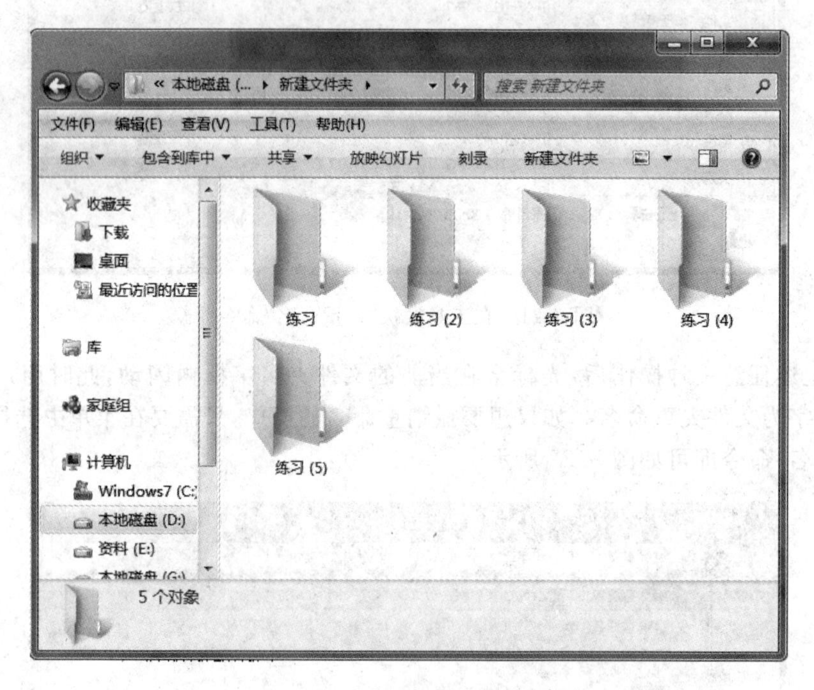

图 5.23　重命名一系列文件夹名

5.4.6　复制文件与文件夹

复制是使用计算机的常用操作方法。复制文件和文件夹可以帮助用户备份重要文档。复制文件或文件夹，即制作原文件的副本，然后可以对副本进行修改、删除或独立于原文件进行存储。

复制有多种操作方法，用户在了解这些方法后掌握其中一种自己习惯的操作方式即可。当打开要复制的文件或文件夹所在的“Windows 资源管理器”窗口，选择好一个要复制的文件或文件夹时，可执行的复制方法如下：在文件夹上的空白区域右击，在弹出的快捷菜单中选择“复制”命令，如图 5.24 所示；或者选择工具栏中的“组织”→“复制”命令，如图 5.25 所示。

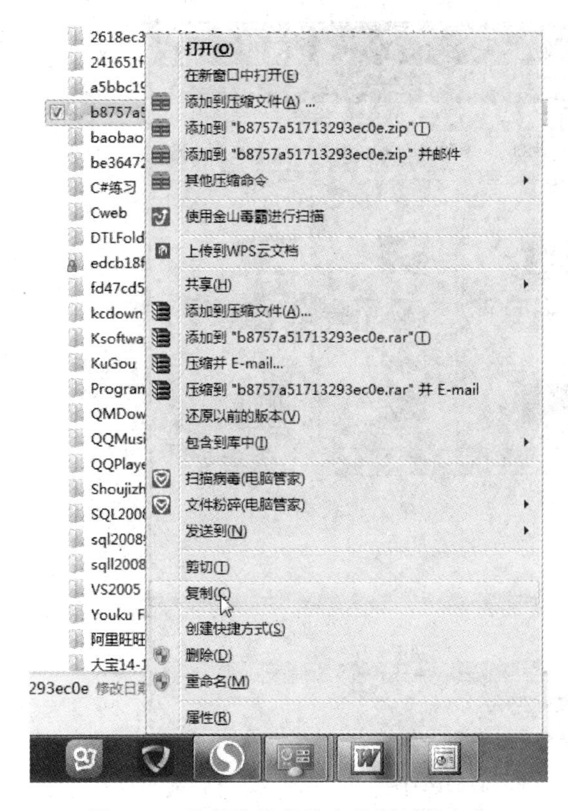

图 5.24　执行快捷菜单中的“复制”命令

图 5.25　在工具栏中执行“复制”命令

常规复制是计算机中最基本的操作，具体步骤如下。

(1) 打开包含要复制的文件或文件夹的“Windows 资源管理器”窗口。

(2) 单击选择要执行复制的文件或文件夹，执行“复制”命令。

(3) 打开用来存储副本的位置。

(4) 在该位置中右击，然后在弹出的快捷菜单中选择“粘贴”命令，原文件或文件夹的副本将出现在新位置。

也可以通过鼠标右击文件或文件夹，并将其拖动到新位置来复制文件或文件夹。释放鼠标按钮后，在弹出的快捷菜单中选择“复制到当前位置”命令。

现以复制“图片”→“公用图片”→“示例图片”中的文件到新建文件夹中为例加以说明。

(1) 选择“计算机”→“图片”命令，打开“图片”窗口，双击“公用图片”组中的“示例图片”文件夹，打开“示例图片”文件夹，选中所有图片文件(可使用 Ctrl＋A 组合键进行快速选择)，如图 5.26 所示。

(2) 选择工具栏上的“组织”→“复制”命令，或右击，在弹出的快捷菜单中选择“复制”命令，也可以使用 Ctrl＋C 组合键进行复制操作。此时计算机会把复制后的文件放到 Windows 剪贴板中。

(3) 打开文件要复制到的目标文件夹窗口，例如打开“计算机”的 E 盘中的子文件夹“新建文件夹”的文件夹窗口，如图 5.27 所示。

图 5.26　选择要复制的文件

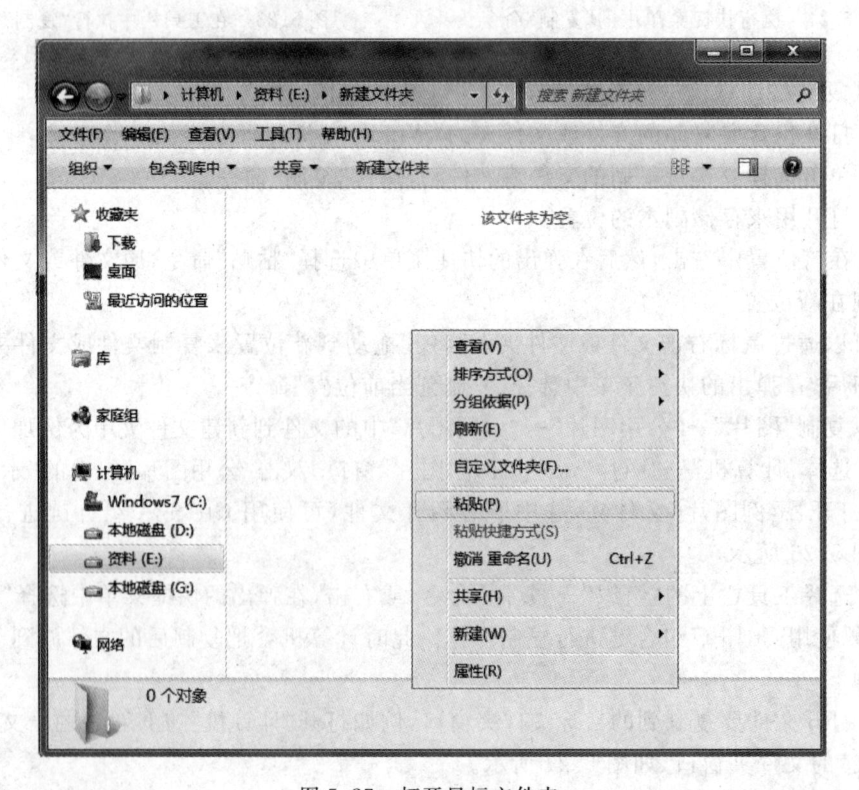

图 5.27　打开目标文件夹

(4) 选择“编辑”→“粘贴”命令，或者在工具栏中选择“组织”→“粘贴”命令，也可以使用Ctrl+V组合键进行粘贴操作。当所选文件或文件夹全部被粘贴到目标文件夹后，就建立了源文件或文件夹的备份。

在复制和粘贴文件时，如果目标文件夹中存在文件与被复制文件的名称相同情况，系统会弹出“复制文件”对话框，如图5.28所示。在“复制文件”对话框中提示“此位置已经包含同名文件”，并提示“复制和替换”、“不要复制”、“复制，但保留这两个文件”三种选择执行复制的解决方案。

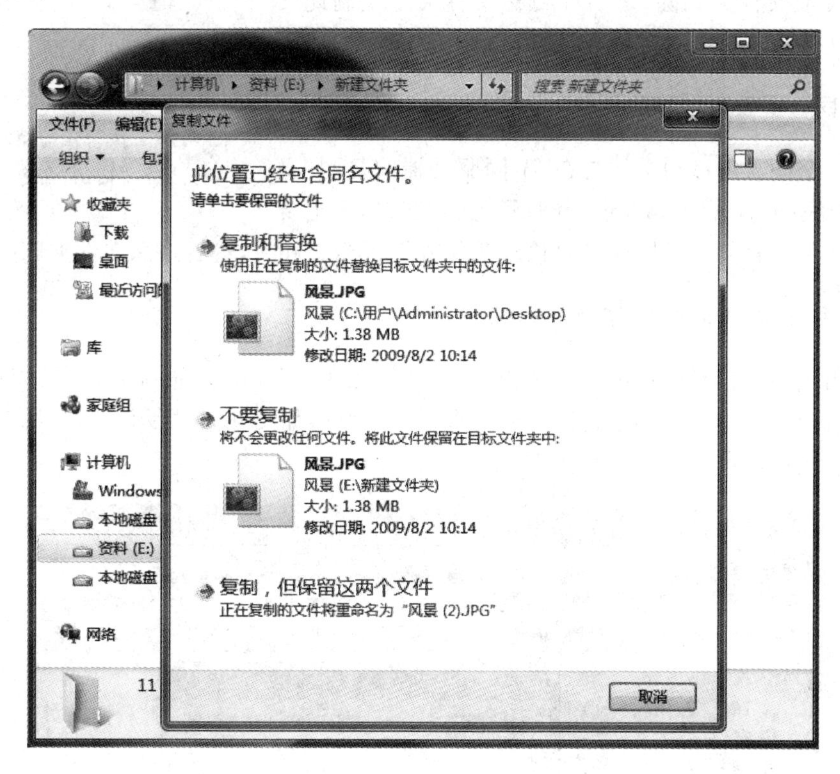

图5.28　“复制文件”对话框

在这三种解决方案中“复制和替换”、“不要复制”两种都提供“操作结果”、“文件缩略图”、“文件名”、“文件别称及所在文件夹”、“大小”及“修改日期”的详细信息。在第三种“复制，但保留这两个文件”解决方案下只有选择执行的“操作结果”。可根据实际情况与需要进行选择。为了方便用户，Windows在“复制文件”对话框的左下方还提供了一个“为之后7个冲突执行此操作”复选框，选中后可简化并加快复制过程。在“复制文件”对话框的右下方有“跳过”与“取消”两个按钮。若单击“跳过”按钮，则复制过程既不对源文件或文件夹做处理，也不对副本文件或文件夹做处理。如单击“取消”按钮，则结束复制过程，已复制到目标文件夹中的副本文件或文件夹不丢失。

在进行复制和粘贴操作时，可以使用窗口的菜单命令、工具栏命令、右击快捷菜单命令或者单击快捷键来完成。全部选择对应的组合键是Ctrl+A，复制对应的组合键是Ctrl+C，粘贴对应的组合键是Ctrl+V。也可以使用快捷菜单来完成，选定要复制的文件，右击，在弹出的快捷菜单中选择“复制”命令。在要复制到的目标文件夹窗口中的空白区域内右

击，在弹出的快捷菜单中选择“粘贴”命令，如图 5.29 所示。

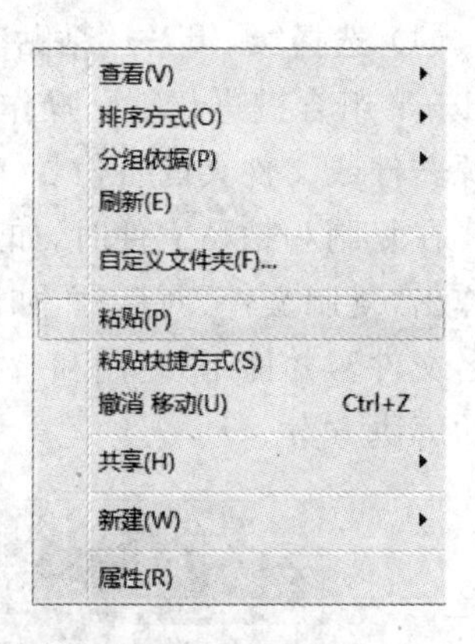

图 5.29 执行快捷菜单中的“粘贴”命令

5.4.7 移动文件与文件夹

复制操作是将要复制的文件或文件夹在复制目标处做备份处理。而移动操作是将要移动的文件或文件夹完全移至目标处，不做备份处理，可以解释为在原文件夹里将要移动的源文件或文件夹删除，之后在目标文件夹里复制此文件。移动文件或文件夹有多种方法，具体介绍如下。

1. 在同一个硬盘内移动文件

在同一个硬盘内移动文件与在“不同驱动器间复制”操作类似，方法是：打开“Windows 资源管理器”窗口，选定要移动的源文件。直接用鼠标拖曳要移动的文件至目标文件夹，然后将源文件夹删除即可。

2. 利用“移动到文件夹”进行移动

与利用“复制到文件夹”进行复制操作一样，只是在“Windows 资源管理器”窗口中选择“编辑”→“移动到文件夹”命令，打开“移动项目”对话框，如图 5.30 所示，选择目标文件夹后单击“移动”按钮即可完成移动操作。

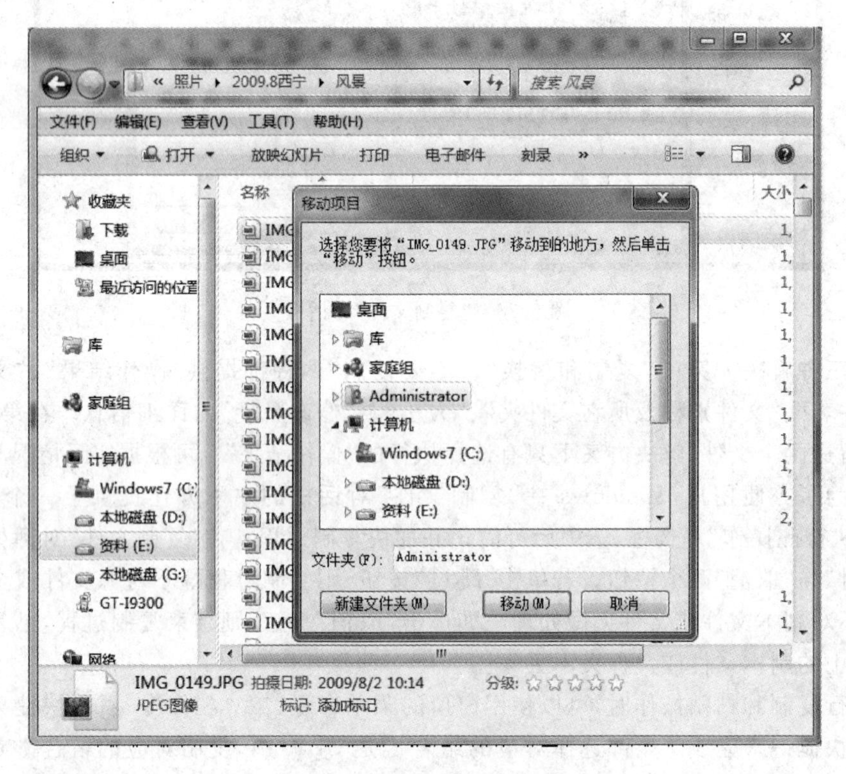

图 5.30 “移动项目”对话框

3. 其他移动文件的方法

用户也可以直接选定源文件或文件夹之后，在选定区域按住鼠标右键并拖动鼠标至移动目标处释放鼠标，此时显示如图 5.31 所示的快捷菜单，选择“移动到当前位置”命令即可。

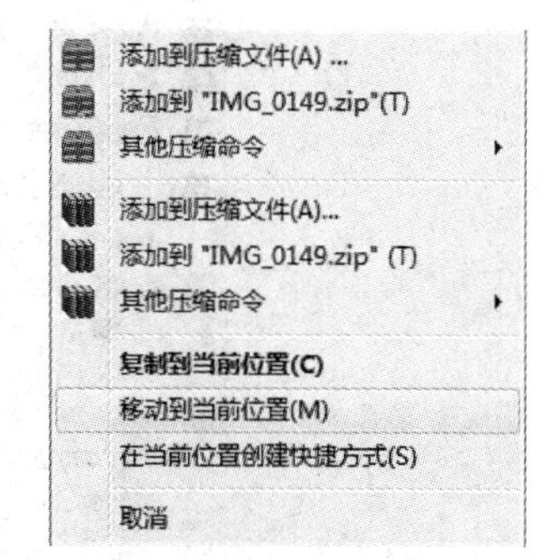

图 5.31 选择“移动到当前位置”命令

如果用户习惯用组合键操作，可以在选定文件或文件夹后，先按 Ctrl＋X 组合键剪切所选源文件或文件夹到“剪贴板”中，然后选定目标文件夹，最后按 Ctrl＋V 组合键粘贴“剪贴板”中的全部内容。

使用“剪切”命令也可完成移动操作，同使用“复制”命令完成复制操作的方法基本相同，只是对要移动的文件选择“Windows 资源管理器”中的“编辑”→“剪切”命令，然后在目标文件夹处再选择“Windows 资源管理器”中的“编辑”→“粘贴”命令即可。

5.4.8 删除或还原文件与文件夹

用户可以对不经常使用或不需要的文件与文件夹执行删除操作，也可以对由于误操作造成错误删除的文件或文件夹进行还原。删除不必要的文件或文件夹还可以节省硬盘空间。

1. 删除文件与文件夹

删除文件或文件夹有两种方法，一种是将文件或文件夹放到回收站，另一种是将文件或文件夹彻底从硬盘中删除。

删除到回收站的文件或文件夹不会立即从计算机中删除，而是从原来的位置移动到回收站。在清空回收站之前，删除的文件或文件夹一直存储在回收站中。换言之删除到回收站是可以恢复的，彻底删除的文件或文件夹一般用户是不可恢复的。

下面以将文件或文件夹删除到“回收站”为例进行介绍，具体操作步骤如下。

(1) 打开“Windows 资源管理器”窗口，选定要删除的文件或文件夹。

(2) 执行下列删除命令之一。

① 选择“文件”→“删除”命令，如图 5.32 所示。

② 在选定的源文件或文件夹上右击，在弹出的快捷菜单中选择“删除”命令，如图 5.33 所示。

③ 选择工具栏上的“组织”→“删除”命令，如图 5.34 所示。

④ 直接按键盘上的 Del 键。

(3) 弹出“删除多个项目”对话框，如图 5.35 所示，单击“是”按钮，确认将文件或文件夹删除到“回收站”，但是对于较大的文件或文件夹，系统会直接将其彻底删除。

2. 永久删除回收站中的文件

删除文件后，它会临时存储在回收站中。如果发现回收站中有本不应删除的文件，则会给用户机会将文件还原到原始位置。若要将文件从计算机上永久删除并重新声明它们占用

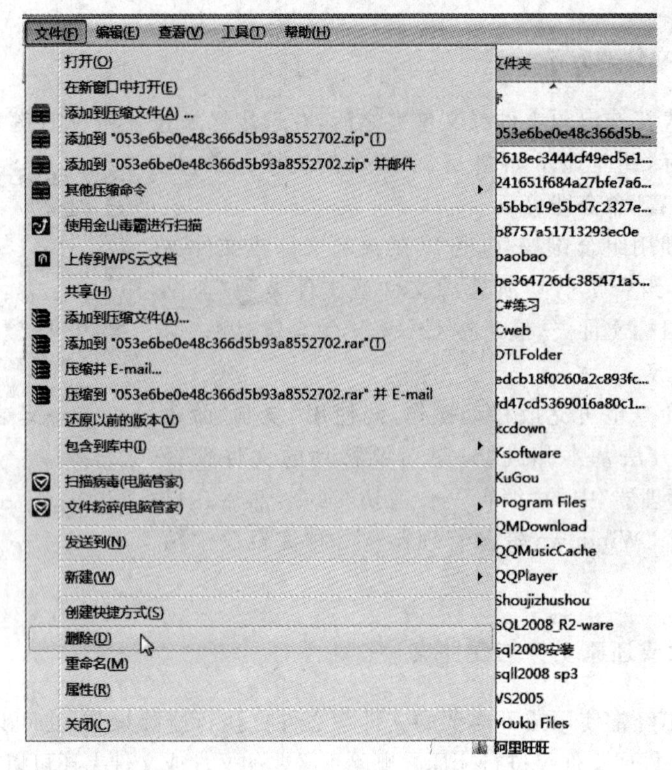

图 5.32　在菜单中执行“删除”命令

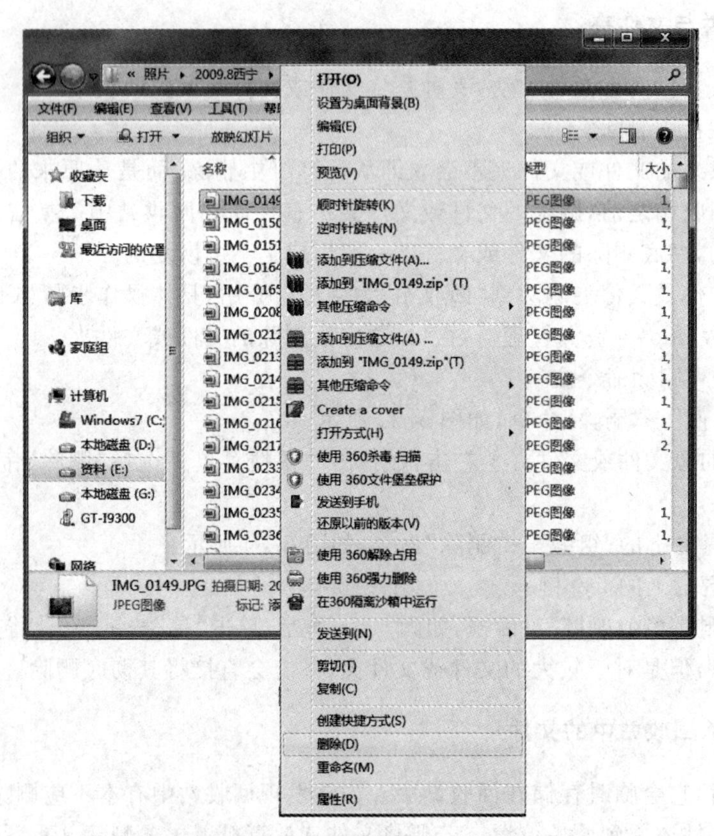

图 5.33　在右键快捷菜单中执行“删除”命令

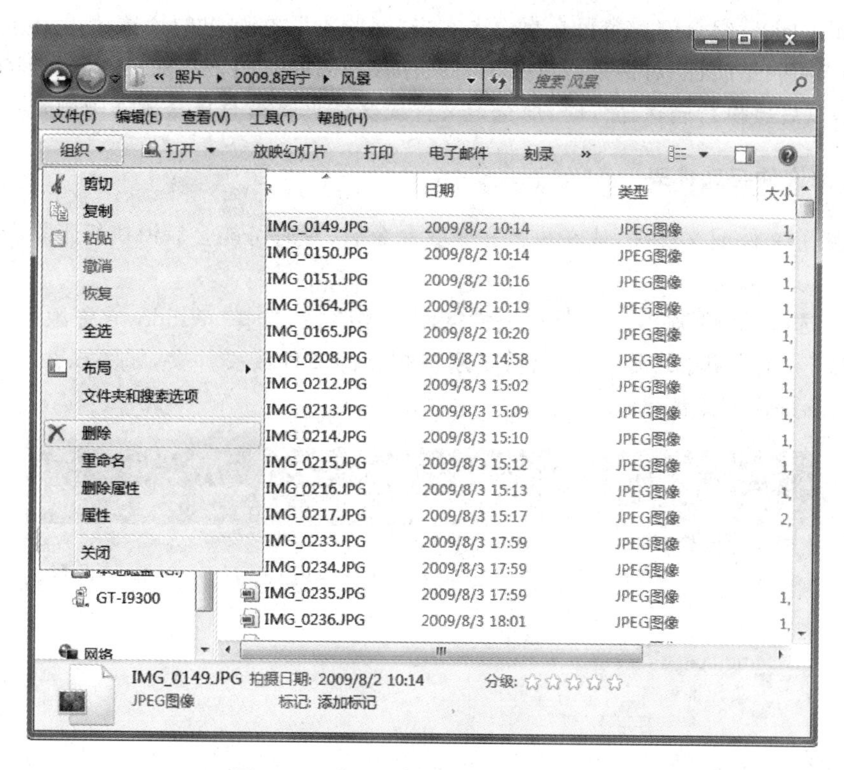

图 5.34　在工具栏中执行“删除”命令

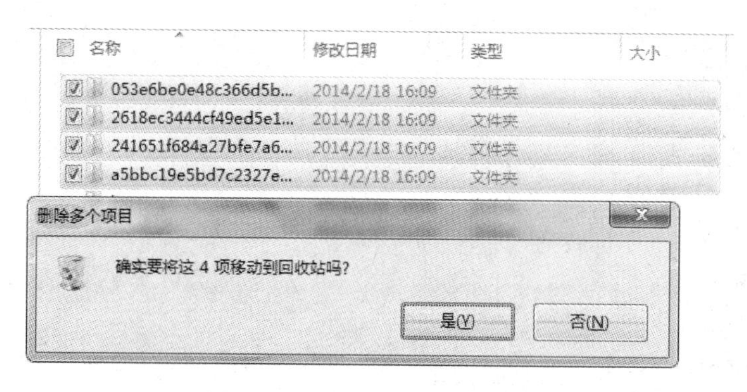

图 5.35　“删除多个项目”对话框

的硬盘空间，则需要从回收站中永久删除文件。用户可以选择打开回收站删除其中的单个文件或清空回收站，具体操作步骤如下。

(1) 在桌面双击打开回收站。

(2) 执行下列操作之一。

① 若要删除一个文件，则单击该文件，然后按下 Del 键。

② 若要删除所有文件，则在工具栏中单击“清空回收站”按钮。

③ 在桌面上找到“回收站”，右击，在弹出的快捷菜单中选择“清空回收站”命令，一次性清空回收站。

④ 若要在不将文件发送到“回收站”的情况下，永久删除计算机上的文件，可选中该文

件后按 Shift＋Del 组合键。也可在桌面上右击“回收站”，在弹出的快捷菜单中选择“属性”命令，弹出“回收站属性”对话框，选中“不将文件移到回收站中。移除文件后立即将其删除”单选按钮，以后再执行删除命令时，所选定文件或文件夹将被直接从机器中删除。

3. 还原文件与文件夹

当误删除文件或文件夹，或在执行完删除命令后，有时可能会后悔执行删除命令。解决方法如下。

(1) 可选择“撤销”命令。文件或文件夹刚被删除后，选择“Windows 资源管理器”窗口中的“编辑”→“撤销删除”命令，可以恢复刚被删除的文件或文件夹，如图 5.36 所示；或按 Ctrl＋Z 组合键快速撤销。

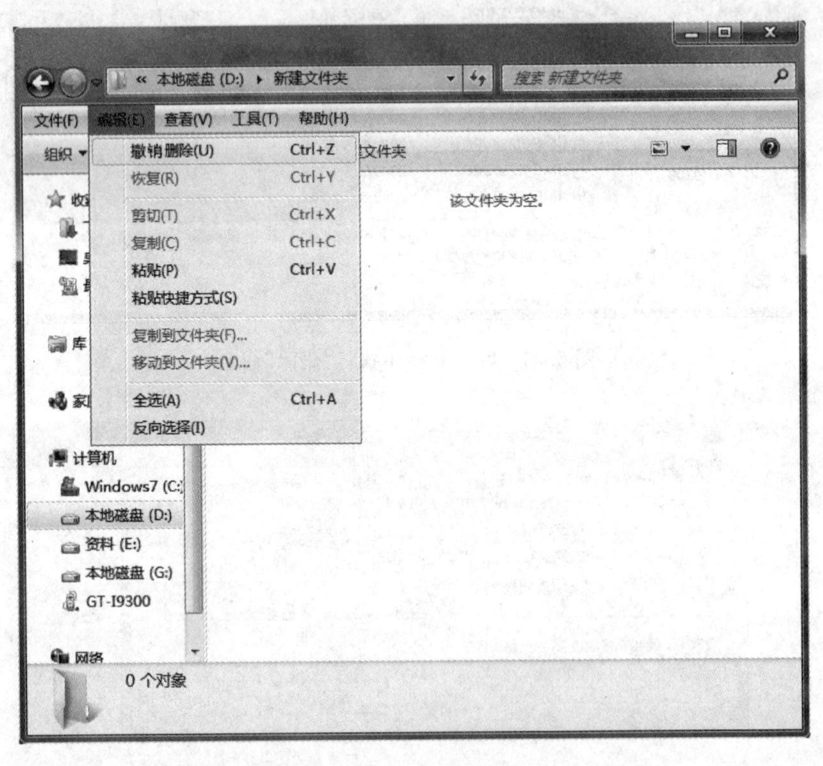

图 5.36　执行“撤销删除”命令

(2) 可在“回收站”内还原。在“回收站”内可以还原某一个或几个文件或文件夹，也可以将“回收站”内的全部文件或文件夹还原。在 Windows 7 的桌面上，双击“回收站”图标，打开“回收站”窗口，选定要还原的文件或文件夹后，单击工具栏上的“还原选定的选项”按钮，如图 5.37 所示；或者在该文件或文件夹上单击鼠标右键，在弹出的快捷菜单中选择“还原”命令，如图 5.38 所示，可以将该文件或文件夹还原至其初始状态。如果要还原回收站内的全部内容，不要选定文件或文件夹，直接单击回收站工具栏上的“还原所有项目”按钮即可。

“撤销”命令还可在执行完其他“文件夹”命令后执行，以此来恢复上一步命令，如“撤销复制”、“撤销移动”命令等。

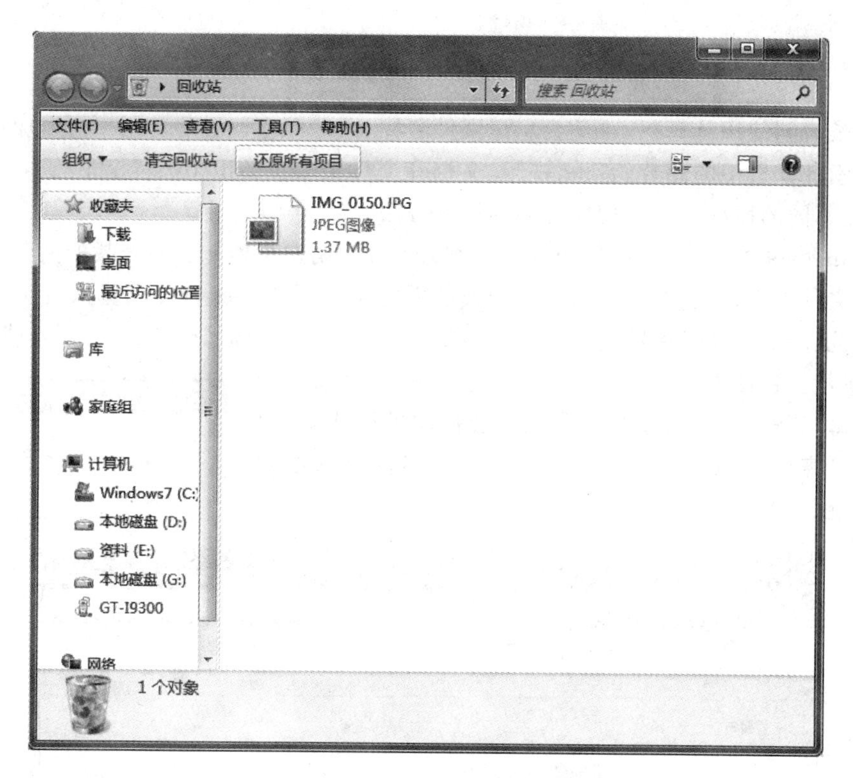

图 5.37　打开“回收站”窗口

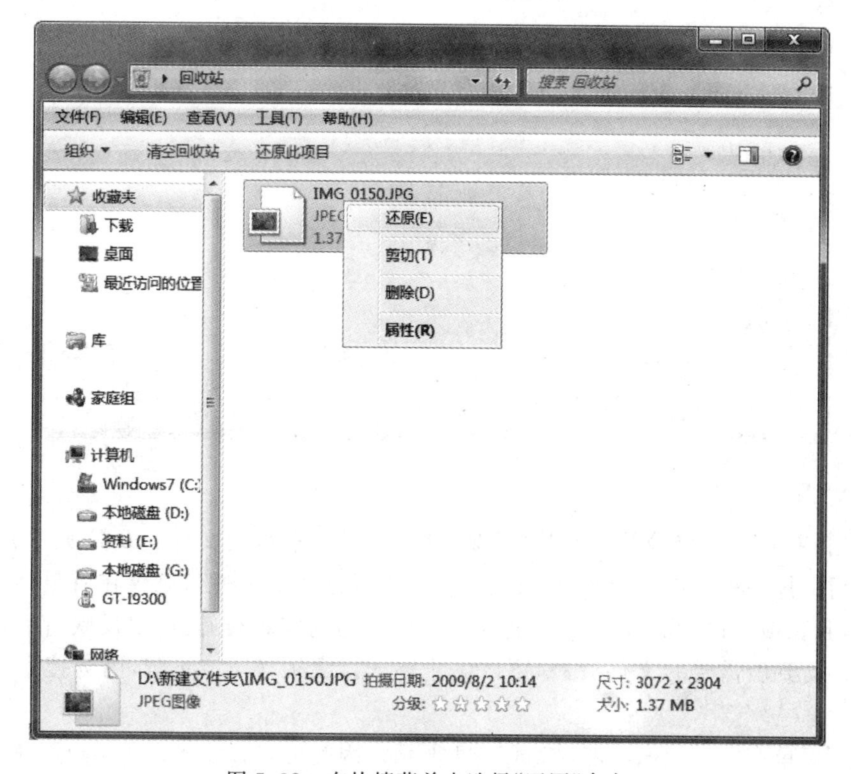

图 5.38　在快捷菜单中选择“还原”命令

5.4.9 查找文件与文件夹

用户长时间使用计算机，难免会忘记文件名称、文件保存位置等。用户可以应用“搜索”窗口来搜索计算机中的图片、音乐、视频、文档和文件夹等。Windows 7 提供了多种文件搜索功能，在不同的情况下可以使用不同的搜索方法。

在 Windows 7 中搜索文件和文件夹的操作如下：用户可能知道要查找的文件存储在某个特定的文件夹中，但遗憾的是实际上查找所需的文件可能意味着要浏览数百个文件和子文件夹。为了节约时间和精力，可使用“Windows 资源管理器”窗口右上方的搜索框，如图 5.39 所示。在搜索框内输入要搜索内容中的一个或几个单字或字母，如输入“ * . jpg”，计算机就会自动进行搜索，并在“计算机”窗口或“Windows 资源管理器”窗口内显示搜索的结果，如图 5.40 所示。

图 5.39　搜索框

图 5.40　搜索结果

在使用“Windows 资源管理器”中的搜索框时，仅搜索当前文件夹及其所有子文件夹。如果已经对文件夹视图进行筛选（如仅显示特定作者创建的文件），则仅在所限定的视图中进行搜索，且在搜索框中输入字词后，将对文件夹中的内容进行筛选，以反映所输入的每个连续字符。看到所需要的文件后，即可以停止输入。无须按 Enter 键，因为搜索是自动进行的。

“开始”菜单有即时搜索功能，如图 5.41 所示。因此可以方便地查找用户正在搜寻的程序或文件夹，可以搜索“开始”菜单来查找已安装的程序、Internet 收藏夹中的项目和历史记录、文件、联系人、电子邮件和约会。若要搜索“开始”菜单,可在搜索框中输入单词或名称的几个开始字母。开始搜索输入的搜索值后,“开始”菜单会变为如图 5.42 所示的样子,以显示最佳的可能结果,并优先显示最频繁打开的程序。当输入更多的搜索字母后,结果会变少,直到列表中仅留有一些项目。

图 5.41　“开始”菜单中的搜索框

图 5.42　输入搜索值

在“开始”菜单中搜索,不必知道所要查找的程序或其他项目的确切名称,还可以搜索程序的类型。例如,如果不知道电子邮件程序的名称,可以尝试输入电子邮件以获得正确的结果。

从“开始”菜单搜索时,搜索结果中仅显示已建立索引的文件。计算机上的大多数文件会自动建立索引,如包含在库中的所有内容都会自动建立索引。

当忘记要查找的文件或文件夹的大概位置,可能不知道从哪里开始查找时,可使用Windows+F 组合键,打开“搜索结果”窗口,如图 5.43 所示。根据要查找内容的类型,可以添加搜索筛选器。

在“搜索筛选器”中可以更改以下任意内容,进行特定查找。

(1) 种类:指定文件或文件夹的搜索种类,如图 5.44 所示。

(2) 修改日期:将查找范围缩小到指定日期之前或之后的任意时间,如图 5.45 所示。

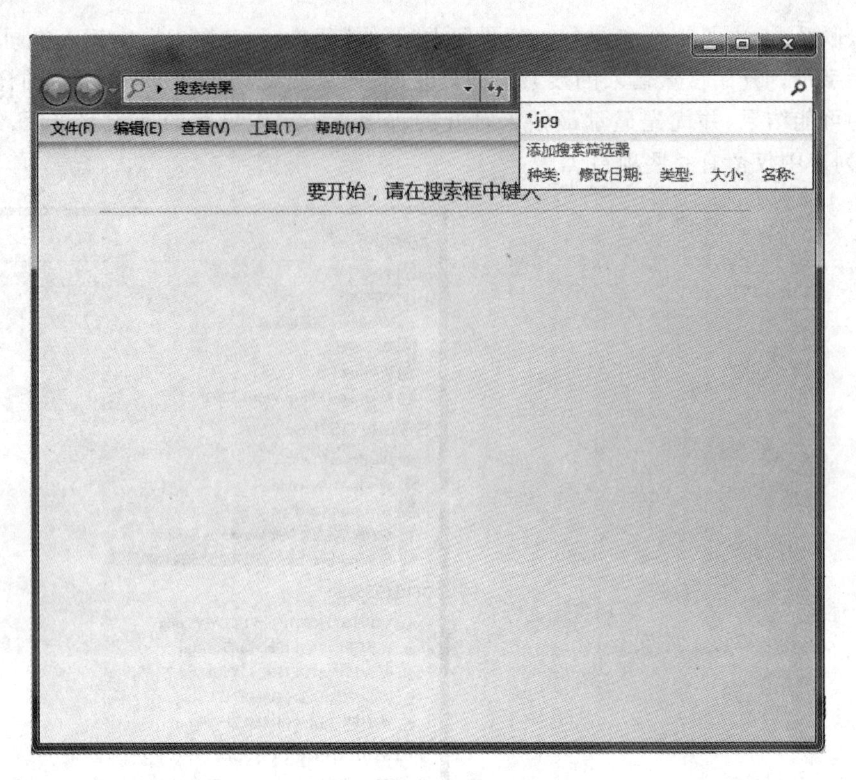

图 5.43 “搜索结果”窗口

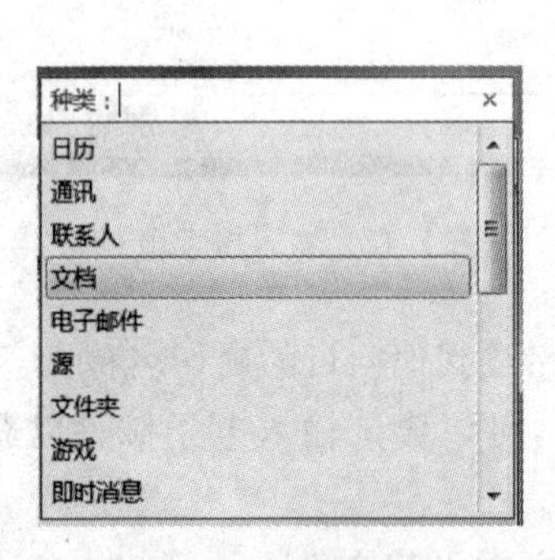

图 5.44 指定搜索种类

图 5.45 指定修改日期

(3) 类型：指定搜索文件的类型，如图 5.46 所示。

(4) 大小：指定搜索文件的大小，如图 5.47 所示。

(5) 名称：指定搜索文件的名称或部分名称。

当在“搜索筛选器”中指定查找内容后，查找内容会自动显示在“搜索结果”窗口的文件列表中，如图 5.48 所示。

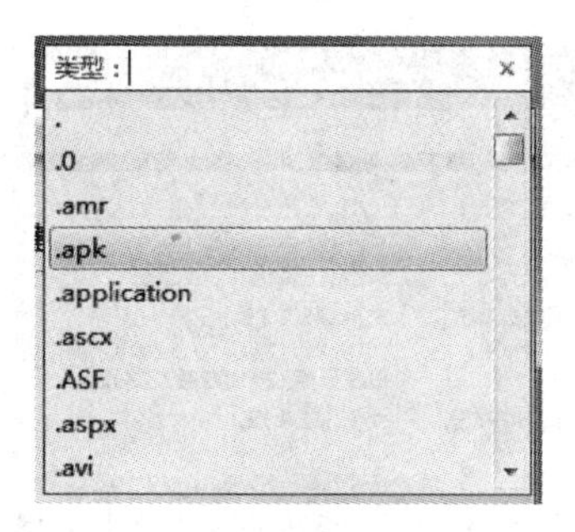

图 5.46　设定搜索文件类型

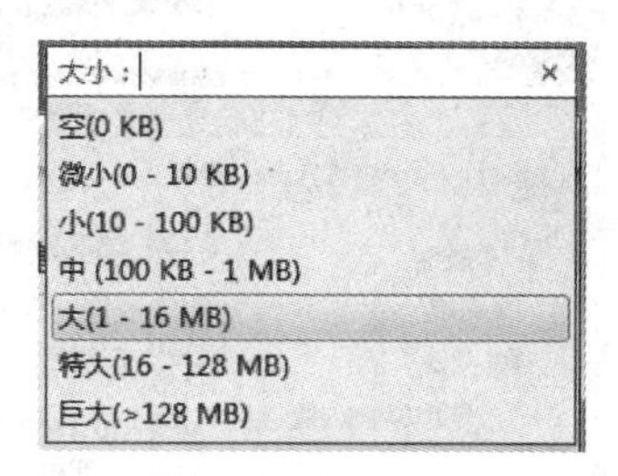

图 5.47　设定搜索文件大小

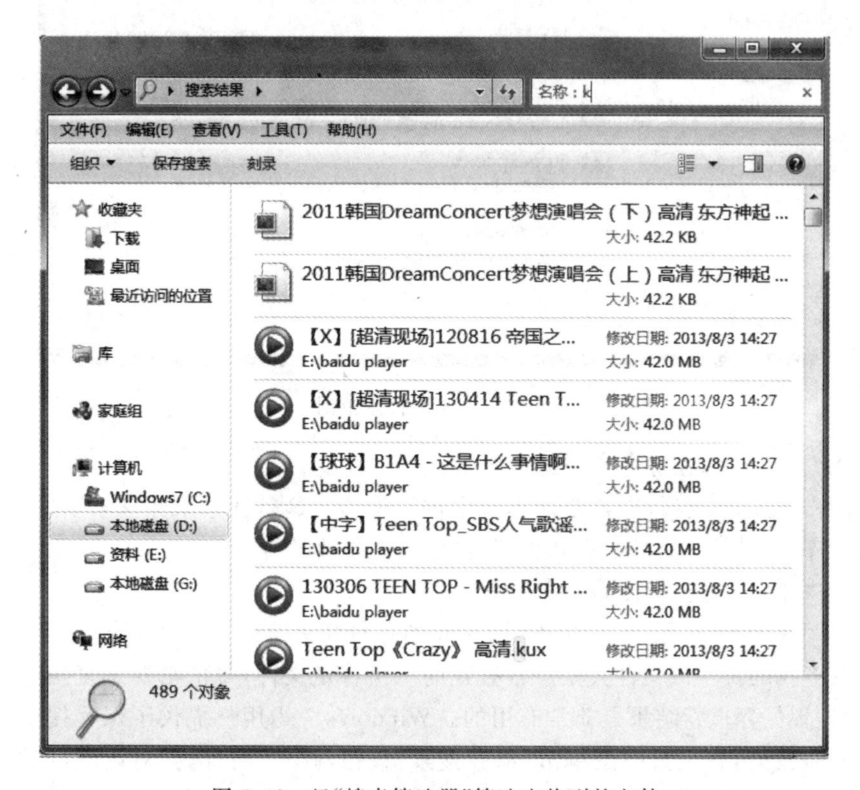

图 5.48　经“搜索筛选器”筛选查找到的文件

可以使用通配符 * 和 ? 来帮助进行搜索操作。 * 表示代替文件名中任意长的一个字符串，不论是几个字符，也不管它是什么字符。例如使用了通配符 * 的 A * A，它可匹配 AOA、A123A 和 AA 等文件，而不能匹配 BAOA、AOAB 等文件。? 表示代替单个字符，不论是什么字符。例如使用了通配符 ? 的 A ? A，它可匹配 AOA 文件，而不能匹配 A123A 和 AA 等文件。

如果在特定库或文件夹中无法找到要查找的内容，还可以扩展搜索，以便搜索范围包括其他位置，具体操作步骤如下。

(1) 在“搜索”文本框中输入某个单词，或者根据“搜索筛选器”设定搜索条件。

(2) 滚动到搜索结果列表的底部，如图 5.49 所示。在“在以下内容中再次搜索”下，执行下列操作之一。

图 5.49　扩展搜索范围

① 选择“库”选项，在每个库中进行搜索。

② 选择“计算机”选项，在整个计算机中进行搜索。这是搜索未建立索引的文件（如系统文件或程序文件）的方式。但是请注意，搜索会变得比较慢。

③ 选择“自定义”选项，搜索特定位置。

④ 选择 Internet 选项，就会使用默认浏览器进行联机搜索。

如果要查找的文件或文件夹是经常查找的一组特定文件，每次都要重复执行同样的搜索，用户会发现保存搜索结果是非常有用的。Windows 7 为用户提供了保存搜索结果的功能。执行完查找后，在工具栏上单击“保存搜索”按钮，弹出“另存为”对话框，如图 5.50 所示。在“文件名”下拉列表框中输入搜索索引的名称，然后单击“保存”按钮。该搜索将保存在“收藏夹”文件夹中，通过在“Windows 资源管理器”的导航窗格中的“收藏夹”文件夹中，单击保存的搜索索引名称就可打开已保存的搜索文件夹，如图 5.51 所示。在保存自定义搜索结果后，必须再每次手动重新建立文件的同一视图；只需打开该自定义搜索，Windows 7 就会执行快速搜索，并只显示与所执行的原始搜索相匹配的最新文件。

5.4.10　隐藏文件与文件夹

1. 隐藏文件或文件夹

在计算机中，一般会保存一些隐私或者机密的文件资料。对于这些隐蔽性比较高的文件，为了防止他人查看，可以将其隐藏，操作步骤如下。

图 5.50　“另存为”对话框

图 5.51　导航窗格中保存的搜索链接

(1) 首先选好需要隐藏的文件，本例中选择一张图片。

(2) 右击要隐藏的文件，在弹出的快捷菜单中选择“属性”命令。

(3) 接着会出现当前文件的“属性”对话框。在“常规”选项卡中勾选“隐藏”复选框，然后单击“确定”按钮即可保存设置，如图 5.52 所示。

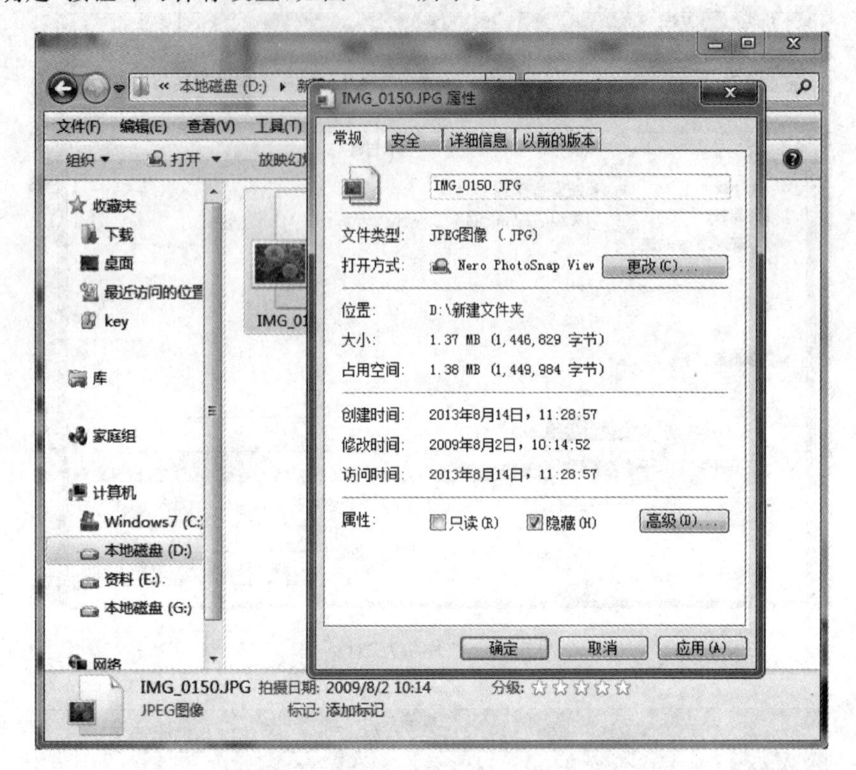

图 5.52 “隐藏”文件

(4) 之后会出现一个“确认属性更改”对话框，用来询问只更改当前文件夹的属性还是更改文件夹中所有的选项。

(5) 如果仅更改当前文件夹，则选中“仅将更改应用于此文件夹”单选按钮：如果要改变整个文件夹中的子文件夹和文件，则选中“将更改应用于此文件夹、子文件和文件”单选按钮。选择好之后，单击“确定”按钮，即可保留设置并隐藏文件。此时，原来图片库中的“示例图片”文件夹就被隐藏了起来，在图片库窗口中就不会显示出此文件夹了。

由此可见，将需要隐藏的文件整理到一个文件夹中，即可同时将其隐藏。

2. 查看隐藏的文件或文件夹

当要打开已经被隐藏的文件夹或文件的时候，该如何操作呢？以 5.4.10 节被隐藏的示例文件为例介绍如何查看隐藏的文件，操作步骤如下。

(1) 首先打开被隐藏的文件夹所在的位置，然后选择“组织”→“文件夹和搜索选项”命令，如图 5.53 所示。

(2) 之后会出现“文件夹选项”对话框，默认显示的是“常规”选项卡，切换到“查看”选项卡。

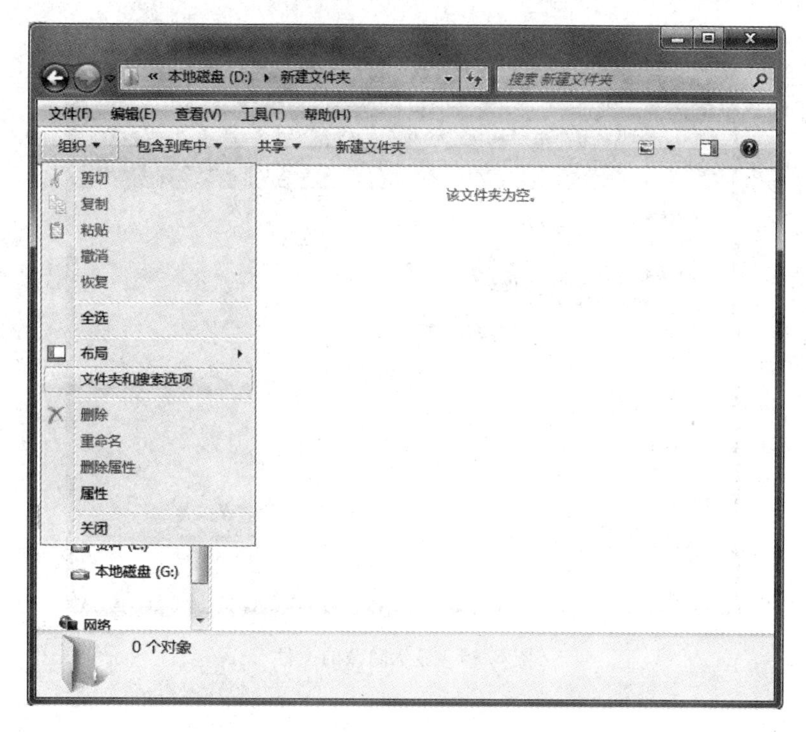

图 5.53　选择"文件夹和搜索选项"

(3) 在下面的列表框中，选中"显示隐藏的文件、文件夹和驱动器"单选按钮，然后单击"确定"按钮保存设置，同时关闭此对话框，如图 5.54 所示。

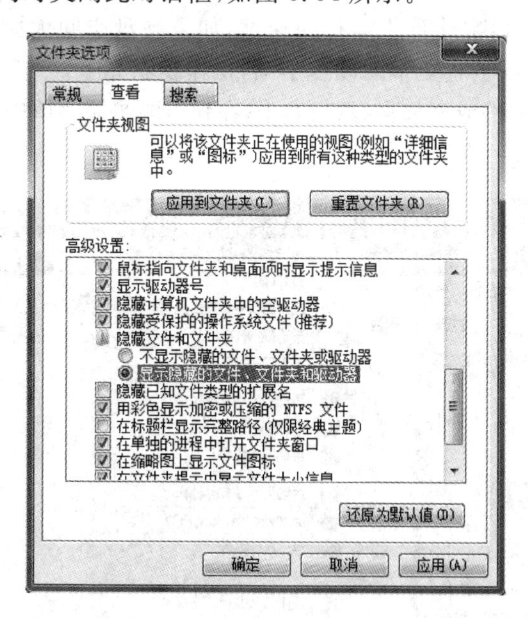

图 5.54　"查看"选项卡

(4) 返回到文件夹窗口，此时可发现被隐藏的示例图片文件又重新出现在窗口中。虽然此文件显示出来，但是它仍然是隐藏文件，为了与没有被隐藏的文件进行区别，这个文件呈乳白色，如图 5.55 所示。

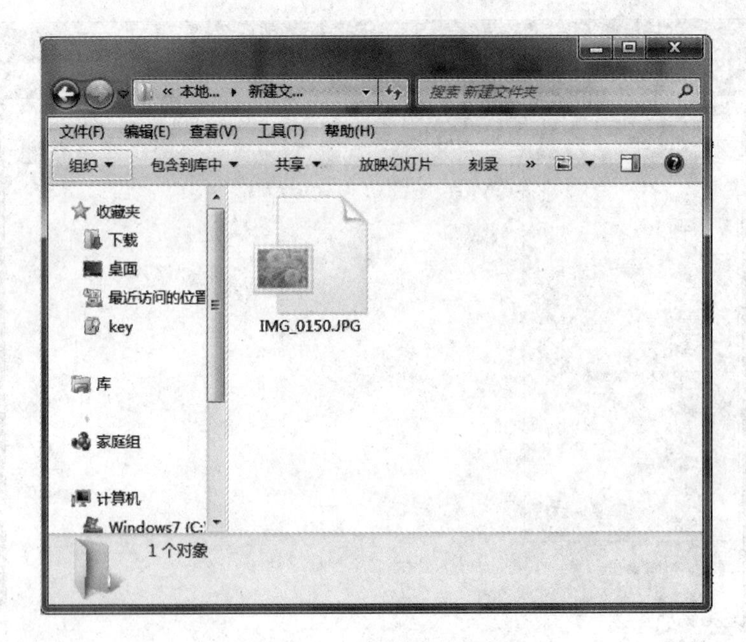

图 5.55　显示隐藏的文件

5.4.11　压缩文件与文件夹

1. 压缩文件或文件夹

硬盘的空间大小会影响计算机运行的速度，如果硬盘空间大则可以存储更多的内容。文件或文件夹的压缩可以节省更多的硬盘空间，操作步骤如下。

(1) 选中要压缩的文件或文件夹，然后右击，在弹出的快捷菜单中选择“添加到"book.zip"(T)”→“压缩文件夹”命令，如图 5.56 所示。

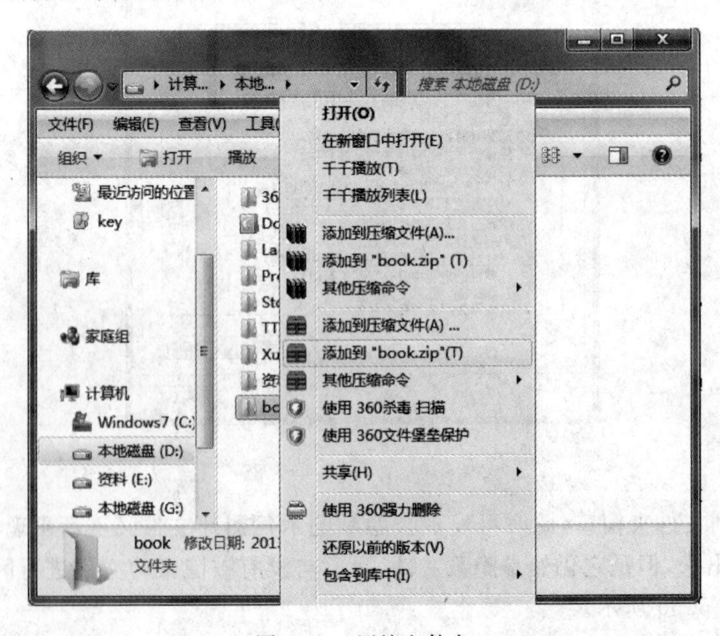

图 5.56　压缩文件夹

(2) 之后会出现显示压缩进度的窗口,如图 5.57 所示。

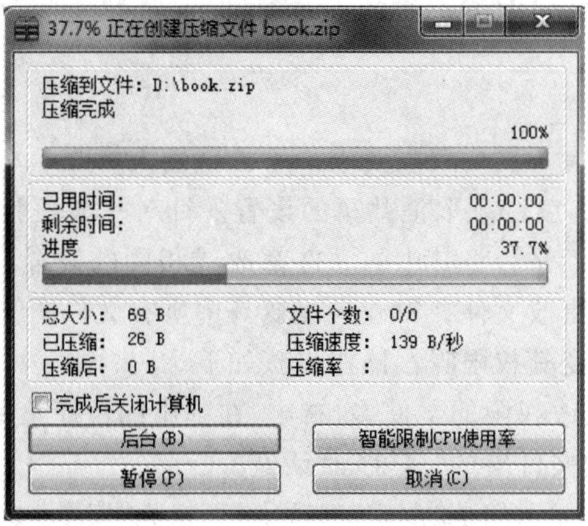

图 5.57　压缩进度窗口

(3) 压缩完之后,就会自动关闭压缩进度窗口。接着再查看原来的文件夹,就会发现其中新增了一个 book 文件夹的压缩文件夹。

2. 提取压缩的文件和文件夹

当需要的时候就要从压缩文件夹中提取出文件,可以提取全部文件,也可以提取其中某个文件。下面分别介绍这两种方式。

(1) 全部提取

全部提取类似于解压缩操作,操作步骤如下。

① 选择好压缩文件夹,右击该文件夹,在弹出的快捷菜单中选择“全部提取”命令。

② 之后会出现提取压缩文件的向导,即询问提取出来的文件放置的位置。一般默认保存在当前文件夹中。用户也可以根据自己的需要,将其提取到其他任何文件夹中,做法是单击“浏览”按钮,在出现的对话框中,选择要保存的文件夹,单击“确定”按钮即可。

③ 选择好文件夹后,返回提取压缩文件的向导,单击右下角的“提取”按钮,接着就会进行提取的操作,同时会出现一个显示文件提取进度的对话框。

④ 当完全提取出文件后,此对话框自动关闭。这时候就会发现在原来的文件夹中,多了一个和压缩文件同名的一般文件夹。

(2) 提取某个文件

当只需要某个文件,而不必完全提取所有文件的时候,可以单独提取压缩文件中的某个文件,操作步骤如下。

① 首先双击压缩文件将其打开,然后右击需要的文件,在弹出的快捷菜单中选择“复制”命令。

② 复制后,切换到需要提取的硬盘位置,在任意空白处右击,在弹出的快捷菜单中选择“粘贴”命令。

③ 这样,刚刚复制的文件就被提取到这个新的文件夹中了。

5.4.12 文件和文件夹的权限设置

1. 文件的权限设置

对于不同的文件，会有不同的权限要求。不希望别人修改的文件，可以设置成“只读”文件；机密文件不允许读写，就必须取消共享的设置。针对一个一般文件来说，只要更改当前所在的文件夹，就会被询问是否将其中的文件都改成相同的设置，所以，如果需要更改的文件较多，则可以通过直接更改文件夹属性来改变其中所有文件的设置，那么文件夹的常用权限有哪些呢，应怎样来改变其权限呢？操作步骤如下。

(1) 选择一个希望更改权限的文件夹，右击，在弹出的快捷菜单中选择“属性”命令。

(2) 此时会出现当前文件夹的“属性”对话框。

(3) 这个对话框默认显示的是“常规”选项卡，切换到“安全”选项卡，如图 5.58 所示。

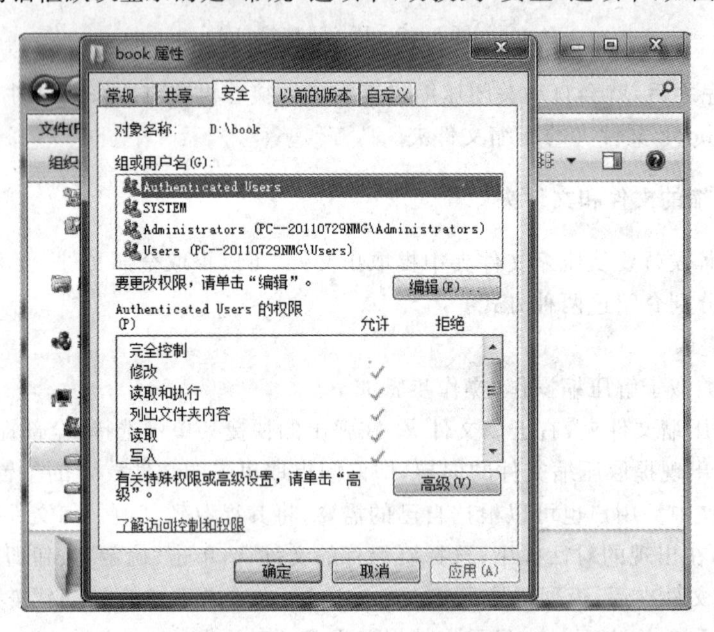

图 5.58 “安全”选项卡

(4) 在这里，可以看到用户和组以及分别针对此文件夹的权限。如果想更改某个用户对此文件的权限，可以单击“编辑”按钮，会出现当前文件的权限对话框。上方的是“组或用户名”列表框，可以选择要更改的用户。单击某个用户之后，就会在下面的列表框中显示出此用户针对当前文件夹拥有的权限。

(5) 在“权限”列表框中，若要取消其用户默认拥有的权限，只要勾选此权限后面的“拒绝”复选框即可；若要重新恢复其权限，取消勾选“拒绝”复选框即可。对于没有默认拥有的权限，只要勾选“允许”就可以拥有所选中的权限，勾选“拒绝”即取消权限。

2. 文件的加密

对于一些保密性较高的文件，为了防止其他用户查看，可以将其加密，操作步骤如下。

(1) 选择要加密的文件夹并右击，在弹出的快捷菜单中选择“属性”命令。

(2) 在“属性”对话框中，单击“高级”按钮，弹出“高级属性”对话框。在这里勾选“加密内容以便保护数据”复选框，如图 5.59 所示。

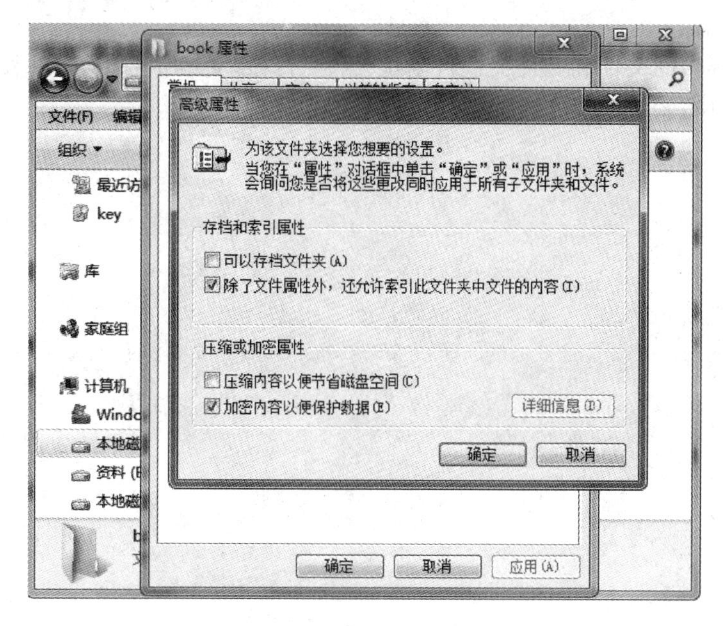

图 5.59　“高级属性”对话框

(3) 单击“确认”按钮后，“高级属性”对话框会自动关闭，并返回文件夹的“属性”对话框。在文件夹“属性”对话框中，单击“确定”按钮，保存设置。这时，会出现“确认属性更改”对话框来询问将设置应用于哪些文件中。

(4) 单击“确定”按钮之后，就会出现更改文件属性进度的对话框。

当全部文件被设置完后，此窗口将会关闭，且被加密的文件夹的文件名变成了绿色，表示加密成功，如图 5.60 所示。

图 5.60　加密后的文件夹

5.5 后续项目

用户对系统中的文件和文件夹进行创建、删除、修改、更改位置、移动和权限设置等操作后。接下来可以对系统中要安装的软件进行使用和管理。

子项目6 软件的管理和使用

6.1 项目任务

在本子项目中要完成以下任务：

(1) 应用软件的安装和卸载；

(2) 设置软件的兼容性。

具体任务指标如下：

(1) 针对 Adobe Reader 软件，要完成软件的下载、安装和卸载操作；

(2) 在日常应用中，设置软件的兼容性问题。

6.2 项目的提出

软件是用户和硬件之间的连接界面。用户想要有效地使用计算机系统，那么就一定要安装一些合理的软件进行使用。因此用户需要对一些软件工具进行安装和升级，对于一些不再使用的软件工具，可以进行合理的卸载操作，这样不会影响系统的运行。

6.3 实施项目的预备知识

预备知识的重点内容

(1) 了解软件在系统中的重要性；

(2) 理解软件的兼容性的作用；

(3) 掌握软件的安装、卸载和升级。

关键术语

(1) 兼容性：是指几个硬件之间、几个软件之间或是几个软硬件之间的相互配合的程度。兼容的概念比较广，相对于硬件来说，几种不同的计算机部件，如 CPU、主板、显示卡等，如果在工作时能够相互配合、稳定地工作，就说它们之间的兼容性比较好，反之就是兼容性不好。

（2）软件：是一系列按照特定顺序组织的计算机数据和指令的集合。一般来讲软件被划分为系统软件、应用软件和介于这两者之间的中间件。软件并不只包括可以在计算机（这里的计算机是指广义的计算机）上运行的程序，与这些程序相关的文档一般也被认为是软件的一部分。简单地说软件就是程序加文档的集合体。另也泛指社会结构中的管理系统、思想意识形态、思想政治觉悟、法律法规等。

预备知识概括

软件管理和使用：
- 安装
- 卸载
- 升级
- 兼容性

预备知识

6.3.1 软件的安装、卸载和升级

用户主要是通过软件和计算机进行交互。软件是计算机系统设计的重要依据。为了方便用户，在设计计算机系统时，必须全面考虑软件和硬件的结合，以及用户对软件的要求。

6.3.2 默认软件和兼容性

要判断一个操作系统的好与坏，其对软件的兼容性是一个重要的评判标准。Windows 7汲取 Windows Vista 在软件兼容性上表现不佳的前车之鉴，在软件兼容性上有了很大的提高。

6.4 项目实施

6.4.1 应用软件的安装和卸载

1. 安装软件

在安装软件前，需要先将软件下载到计算机硬盘内，或者插入安装光盘，然后运行安装程序。下面以在 Windows 7 中安装 Adobe Reader 为例进行说明。Adobe Reader 是 Adobe 公司开发的一款免费观看 PDF 文档的浏览器。目前越来越流行的电子书、公司的业绩报告等都采用 PDF 格式，这也使得 Adobe Reader 这款 PDF 文档浏览器成为家喻户晓的软件。

（1）下载

下载软件的操作步骤如下。

① 首先需要下载 Adobe Reader，用户可在 Adobe 的官方网站上下载，如图 6.1 所示。下载地址为 http://get-adobe-com/cn/reader/，单击“下载”按钮，即可下载。

② 进入页面后，稍等片刻会在浏览器的最上端弹出一条黄色的“是否安装加载项”的提示条，选择“为此计算机上的所有用户安装此加载项”选项。若等待许久也没有弹出加载项提示条，可以在页面上单击“请单击此处下载”的蓝色超链接字体进行下载。

③ 弹出“文件下载”对话框，如图 6.2 所示。单击“保存”按钮，指定存放位置，单击“确定”按钮，弹出软件下载进度条，开始下载。

图 6.1　Adobe 的官方网站

图 6.2　“文件下载”对话框

(2) 安装

安装软件的步骤如下。

① 双击下载到硬盘上的 Adobe Reader 11.0.03 的安装程序，弹出如图 6.3 所示的安装准备对话框。

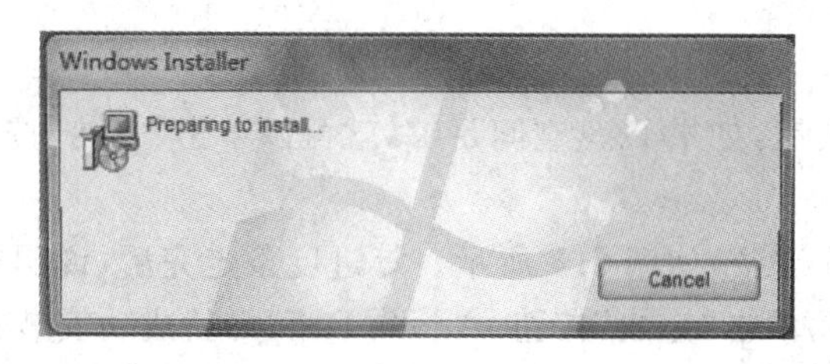

图 6.3　安装准备对话框

② 待“安装准备”的进度条走完后，会显示如图 6.4 所示的安装软件界面。

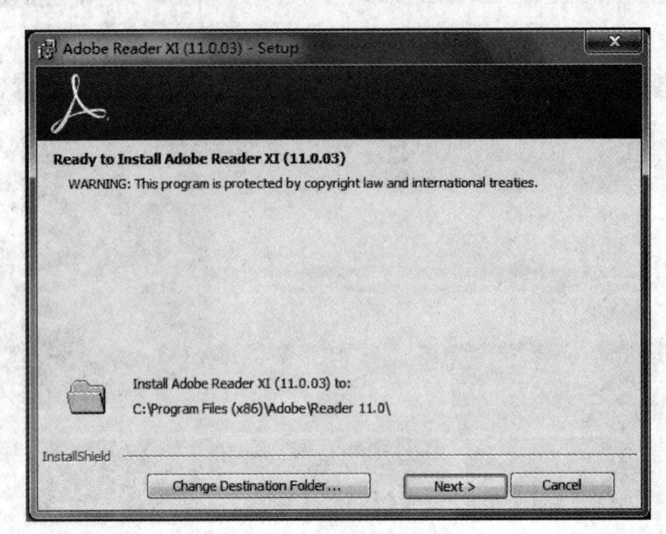

图 6.4　安装软件界面

③ Adobe Reader 默认安装在 C 盘，但一般建议把软件程序放在 D 盘或其他磁盘上，这样不会造成 C 盘空间不足，或者因为程序太多影响系统运行速度。单击“更改目标文件夹”按钮，将“C:\Program Files\Adobe\Reader 9.0\”改为“D:\Program Files\Adobe\Reader 9.0\”，如图 6.5 所示。单击“下一步”按钮，这样就实现了将软件安装到 D 盘的目的。

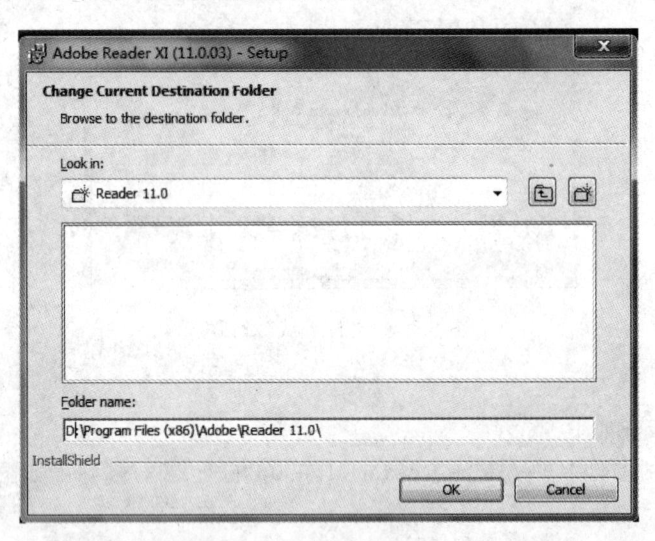

图 6.5　更改目标文件夹界面

④ 单击“下一步”按钮，如果 D 盘空间足够，就可以单击“安装”按钮开始软件的安装，如图 6.6 所示。

⑤ 弹出正在安装进度条，如图 6.7 所示。等进度条走完后，说明安装完毕，软件自动切换到安装已完成对话框，单击“完成”按钮，Adobe Reader 就成功安装在计算机上了。

⑥ 双击桌面上的 Adobe Reader 图标，就可以进入 Adobe Reader 界面。

⑦ 选择“文件”→“打开”命令，找到能够使用的 PDF 文件，单击“打开”按钮，打开加载

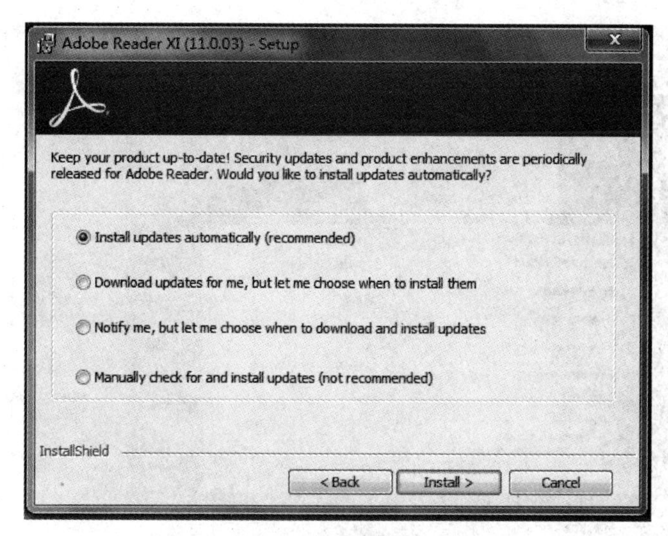

图 6.6　开始安装界面

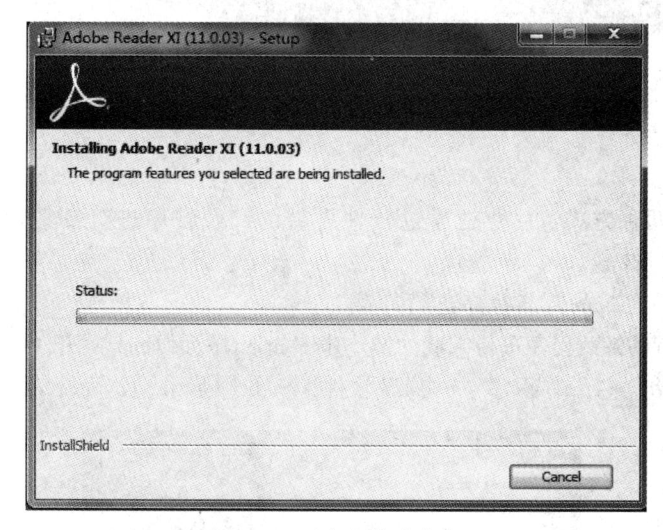

图 6.7　正在安装进度条

了 PDF 文件的 Adobe Reader。通过鼠标和键盘就可以浏览 PDF 文档了，且还可以对文档随意进行放大缩小、添加书签等操作。

2. 升级软件

升级软件的操作步骤如下。

(1) 打开 Adobe Reader，如果有更新，Adobo Reader 会自动下载更新，可以观察桌面右下角是否出现一个小图标。如果想手动更新，可选择“帮助”→“检查更新”命令，如图 6.8 所示。

(2) 弹出“正在检查更新”进度条。若没有可用更新，会弹出对话框，提示“无可用更新”。

(3) 单击“下载并安装更新”按钮，Adobe Updater 将自动下载并安装更新。在该对话框中，还可以设置“只在 Internet 连接空闲时下载”，以免影响正常上网。

(4) 在安装更新完毕后，单击“关闭”按钮。重新开启 Adobe Reader，就可以运行更新后的软件程序了。

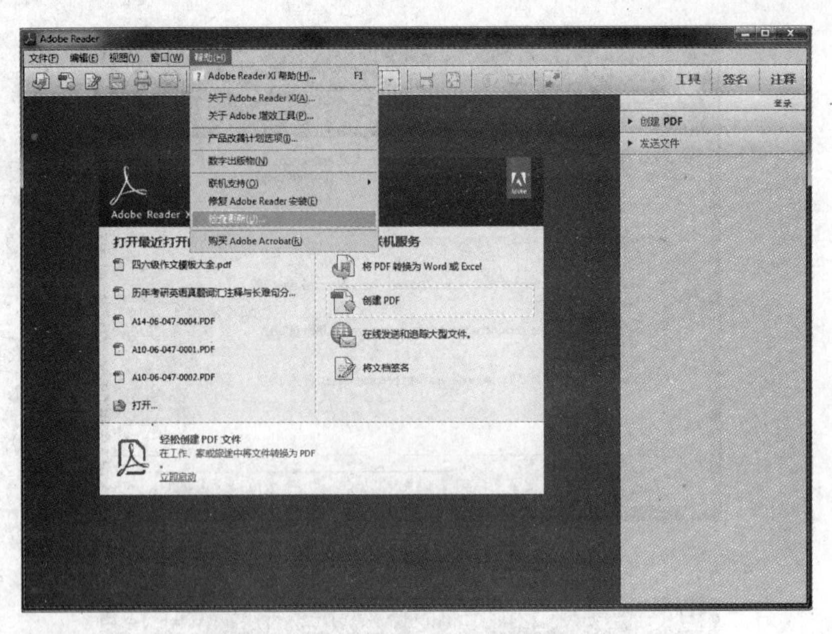

图 6.8 “检查更新”命令

3. 卸载软件

卸载软件有两种方式：一种是通过软件自带的卸载程序进行卸载，另一种是通过“添加/删除”程序进行卸载。

（1）通过软件自带的卸载程序进行卸载

通过软件自带的卸载程序进行卸载的操作步骤如下(下面以卸载腾讯 QQ 为例进行介绍)：

① 选择“开始”→“所有程序”→“腾讯软件”→“卸载腾讯 QQ 命令，如图 6.9 所示。

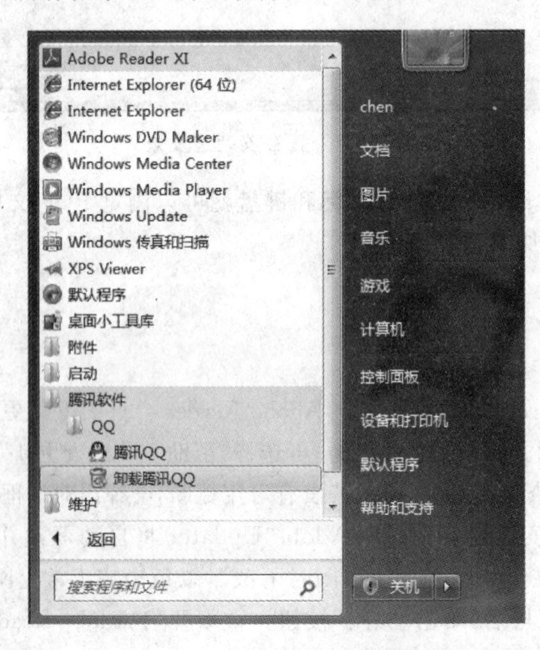

图 6.9 “卸载腾讯 QQ”命令

② 弹出“您确定要卸载此产品吗?”的询问对话框,如图 6.10 所示,单击“是”按钮。

③ 弹出卸载进度条,待进度条走完后,将弹出卸载成功的提示框,如图 6.11 所示。单击“确定”按钮完成对 QQ 的卸载。

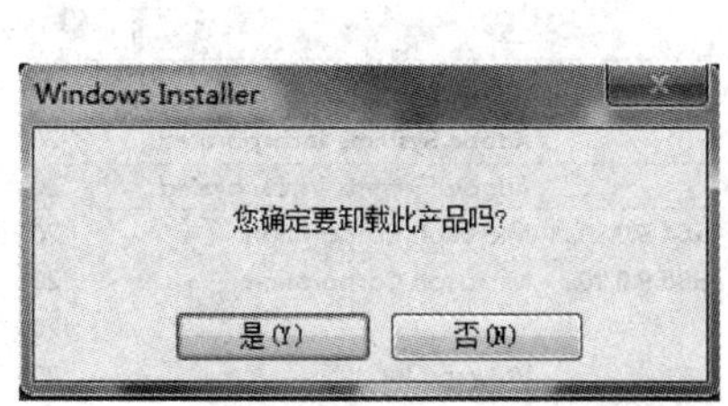

图 6.10　询问对话框

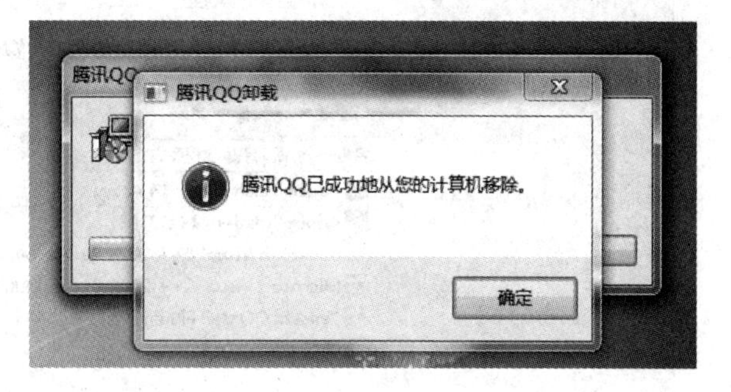

图 6.11　卸载成功对话框

(2) 通过“添加/删除”程序进行卸载

通过“添加/删除”程序进行卸载的操作步骤如下(以卸载 Adobe Reader 为例进行讲解)。

① 选择“开始”→“控制面板”→“程序”→“程序和功能”命令,弹出“卸载或更改程序”窗口,这里相当于对计算机上安装的程序进行集中的管理,如图 6.12 所示。

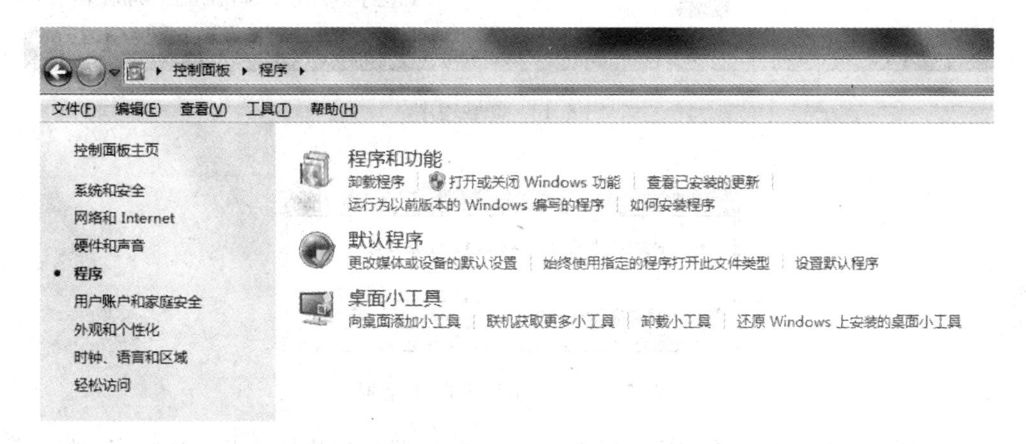

图 6.12　程序和功能

② 右击 Adobe Reader 软件,在弹出的快捷菜单中选择“卸载”命令,如图 6.13 所示。

③ 弹出“程序和功能”对话框,单击“是”按钮,如图 6.14 所示。

④ 等待进度条走完,Adobe Reader 就成功地从计算机内卸载了。

6.4.2　设置软件的兼容性

1. 使用向下兼容的软件

在日常应用中,会遇到需要使用较老软件的情况,但老软件又不支持最新版的操作系统,面对这样的情况,只需对软件的运行方式作一些小的改动,就可以实现在新操作系统上运行老版软件的愿望。操作步骤如下。

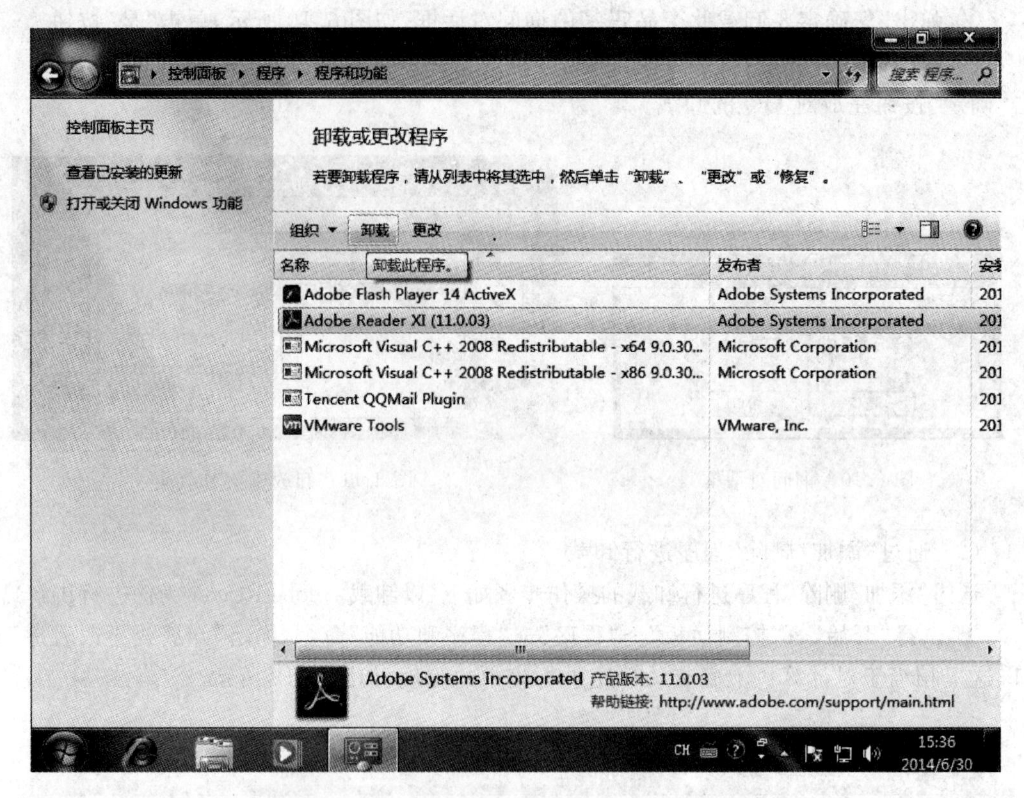

图 6.13　卸载程序

图 6.14　“程序和功能”对话框

(1) 安装好软件后，在软件的运行图标上右击，在弹出的快捷菜单中选择“属性”命令。在弹出的对话框中切换到“兼容性”选项卡，如图 6.15 所示。

(2) 在“兼容模式”选项组中勾选“以兼容模式运行这个程序”复选框，在下拉列表中选择该软件所支持的操作系统版本，如图 6.16 所示。

(3) 单击“确定”按钮，完成后双击该运行图标，这个软件就可运行在所选择的兼容模式下了。

2. 默认软件的设置

这里以修改“.avi”文件的默认打开方式为例进行介绍，设置步骤如下。

(1) 选择“开始”→“控制面板”→“程序”→“默认程序”命令，在弹出的窗口中，单击“将文件类型或协议与程序关联”选项，如图 6.17 所示。

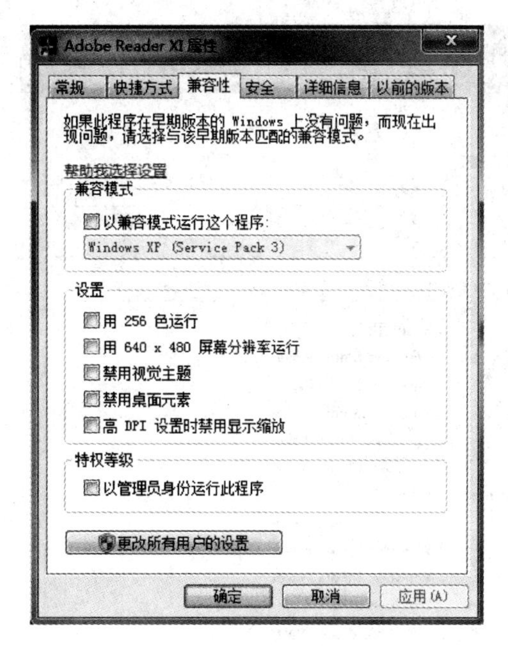

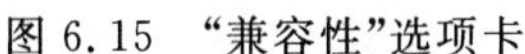
图 6.15 “兼容性”选项卡

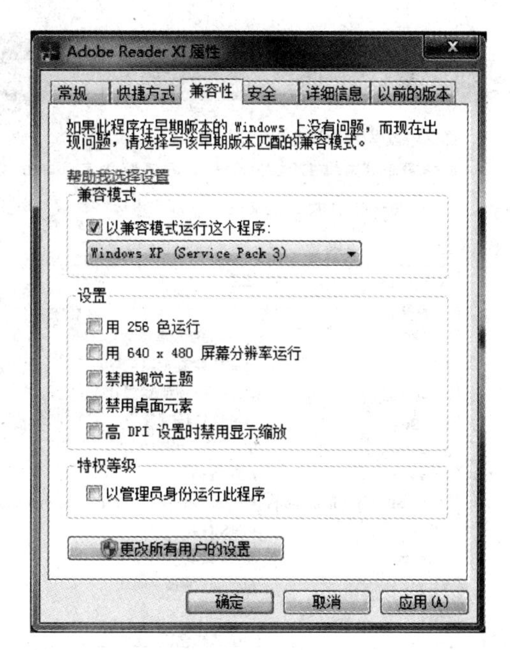

图 6.16 “兼容模式”选项组

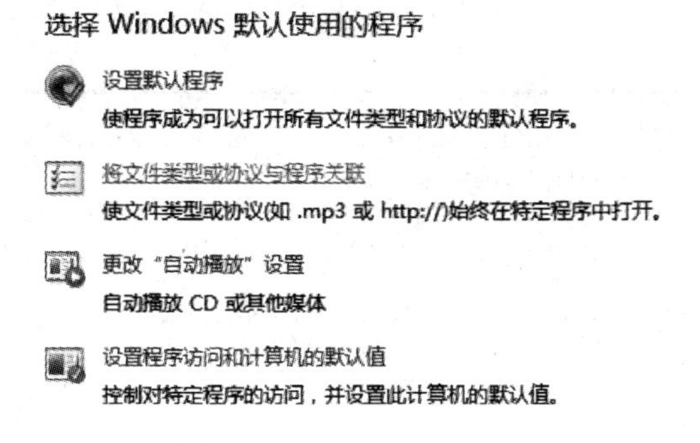

图 6.17 “将文件类型或协议与程序关联”选项

(2) 等待程序搜索后，会出现如图 6.18 所示的窗口。在“名称”栏中列出了众多 Windows 7 支持的文件扩展名，例如选择“.avi”这一常见的视频文件扩展名，“描述”栏中的“视频剪辑”说明了它的文件类型，“当前默认值”栏中显示打开“.avi”文件使用的是 Windows Media Player 这一播放软件。

(3) 如果想更换默认的播放软件，可以选中“.avi”视频格式，并单击右上角的“更改程序”按钮，弹出“打开方式”对话框，如图 6.19 所示。

(4) 若在“推荐的程序”选项组中没有找到满意的程序，可以单击“其他程序”右边的图标，选择自己想要用于打开“.avi”格式文件的程序，如图 6.20 所示。

(5) 若在“其他程序”选项组中还未找到理想的程序，可以单击右下角的“浏览”按钮，在弹出的列表中找到程序的运行文件，如图 6.21 所示。

(6) 返回“打开方式”对话框，可以在“其他程序”中找到刚才添加的程序，选中后单击

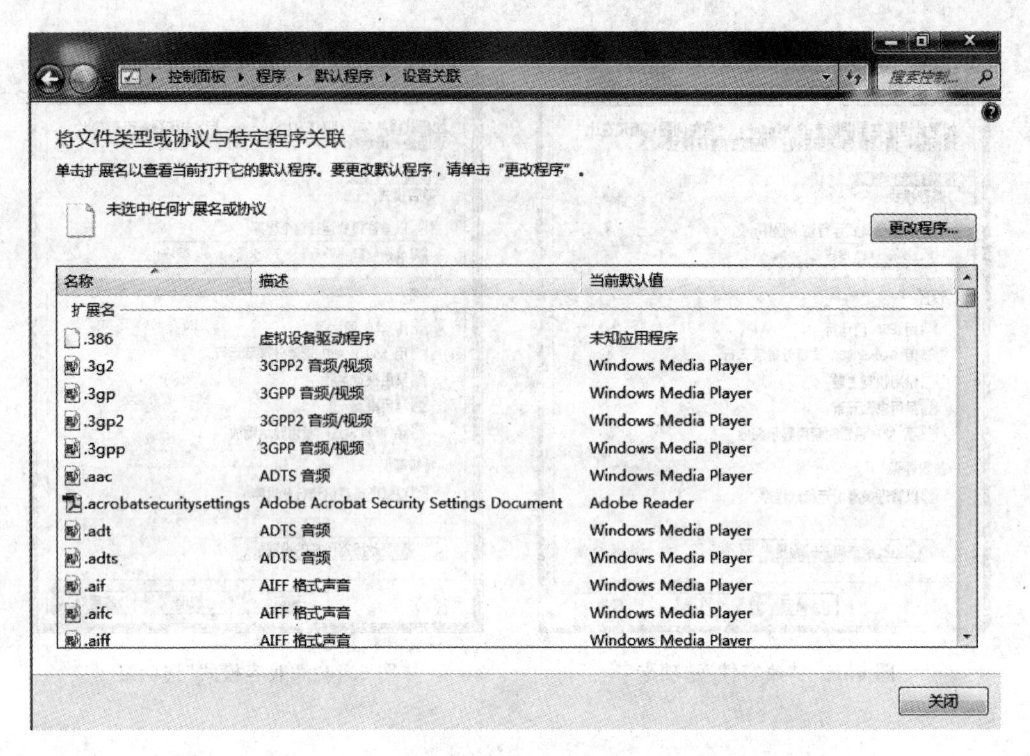

图 6.18　设置关联窗口

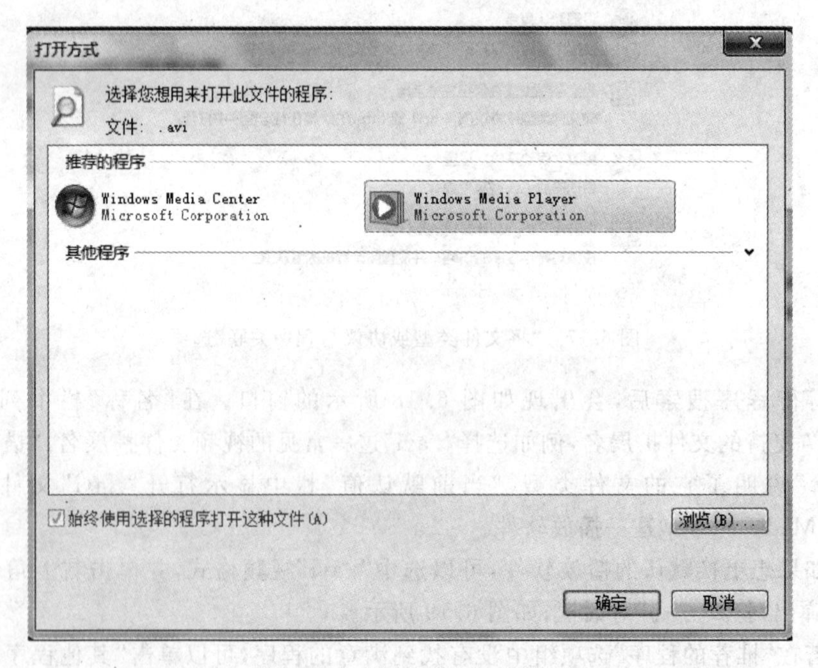

图 6.19　"打开方式"对话框

"确定"按钮，就可以成功地将".avi"文件的默认打开方式由之前的 Windows Media Player 改为现在的"影音风暴"。

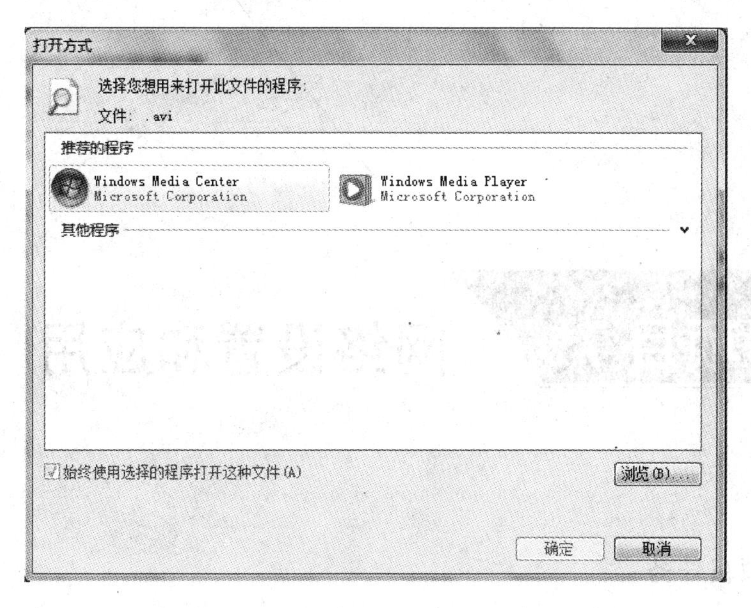

图 6.20　选择用于打开“.avi”格式文件的程序

图 6.21　找到运行文件

6.5　后续项目

系统中安装的必用的软件，对应用软件进行升级，对不用的或者过期的软件进行卸载，以及对软件设置兼容性之后，接下来就可以设置系统的网络，并对网络进行应用。

子项目 7　网络设置和应用

7.1　项目任务

在本子项目中要完成以下任务：

(1) 单一计算机上网；

(2) 多台计算机上网；

(3) 无线上网设置；

(4) 家庭组的使用；

(5) IE 浏览器的使用；

(6) Windows Mail 的安装、设置和操作；

(7) 联系人和日历的设置。

具体任务指标如下：

(1) 用户可以进行单一计算机上网的设置，并且可以配置多台计算机上网；

(2) 利用无线进行上网设置；

(3) 建立并加入家庭组，共享文件给家庭组成员；

(4) 设置 IE 浏览器的常规操作、将常用网址设置为主页、将网址添加到收藏夹、利用搜索工具条进行快速搜索、利用加速器查询、查看浏览记录、设置兼容性和安全等级；

(5) Windows Mail 的安装、设置和操作；

(6) 联系人的管理和日历的设置。

7.2　项目的提出

随着计算机网络的发展，每一台计算机都可以连接网络，用户也会选择在公共场所使用无线进行上网查询资料。在工作环境中，用户可以设置家庭组进行资源共享。用户可以设置 IE 浏览器、Windows Mail、联系人和日历，便于用户进行日常操作，提高工作效率。

7.3 实施项目的预备知识

预备知识的重点内容

(1) 掌握 Windows 7 的上网方式;

(2) 了解家庭组的设置方法;

(3) 掌握浏览器的日常操作;

(4) 了解 Windows Mail 的设置方法;

(5) 掌握联系人和日历的设置方法。

关键术语

(1) 网络映射:映射就是把路由器的一个或几个端口直接指向内网的一台机器,主要是想用自己的计算机做服务器,让任何地方的网友都能直接访问这台机器。

(2) 无线网络:就是利用无线电波作为信息传输的媒介构成的无线局域网(WLAN),与有线网络的用途十分类似,最大的不同在于传输媒介的不同,利用无线电技术取代网线,可以和有线网络互为备份。

(3) 网页浏览器:是一种显示网页服务器或档案系统内的文件,并让用户与这些文件互动的一种软件。它用来显示万维网或局域网络等内的文字、影像及其他资讯。这些文字或影像,可以是连接其他网址的超链接,用户可迅速及轻易地浏览各种资讯。网页一般是超文本标记语言(标准通用标记语言下的一个应用)的格式。有些网页是需使用特定的浏览器才能正确显示。手机浏览器是运行在手机上的浏览器,可以通过通用分组无线电业务(即GPRS)进行上网浏览互联网内容。

预备知识概括

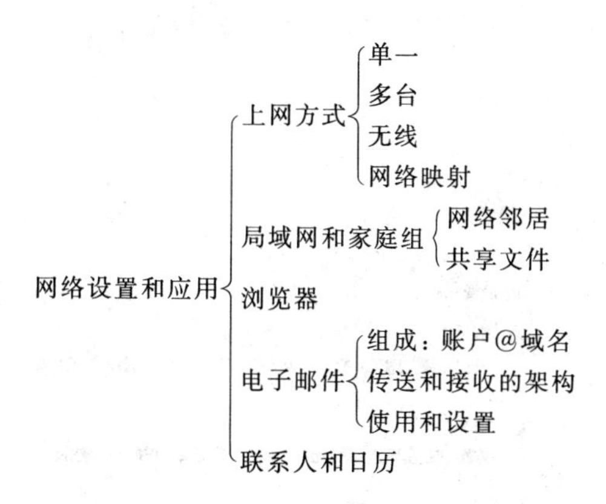

预备知识

7.3.1 Windows 7 的上网方式

1. 单一计算机上网

如果只有一台计算机,则不需添购设备,直接使用运营商引入的网线即可。

2. 多台计算机上网

在家庭或是中小型办公室中，若有多台计算机需要同时上网，则路由器是一个方便且简单的选择。

3. 无线上网设置

在一般的家庭中，有线网络需要实体的布线，若是没有预留线路管道，则要使用压板来处理外露线路美观的问题，而且一旦实体线路发生状况，有线网络处理上也较不方便。若是使用无线网络，则无须布线，只需要购买一台无线基地台和无线网络卡就可以达成上网的目的，另外若是使用笔记本，其 CPU 有内建 Centrino，可以不必再购买无线网卡。无线路由器的安装和硬件设置方式与一般的路由器设置方式完全相同，差异仅在于对无线的支持。

4. 查看网络映射

当无法连接网络时，常难以确认问题发生的位置。到底是 ADSL 线路的问题，还是路由器的问题，抑或是硬件或设置的问题，很难确定这个问题在 Windows 7 中有了很好的答案，可以通过网络映射的检查来查看局域网中的联机状态，就能获知什么连接发生了问题。操作步骤如下。

(1) 首先打开"控制面板"→"网络和 Internet"→"网络和共享中心"，如图 7.1 所示。

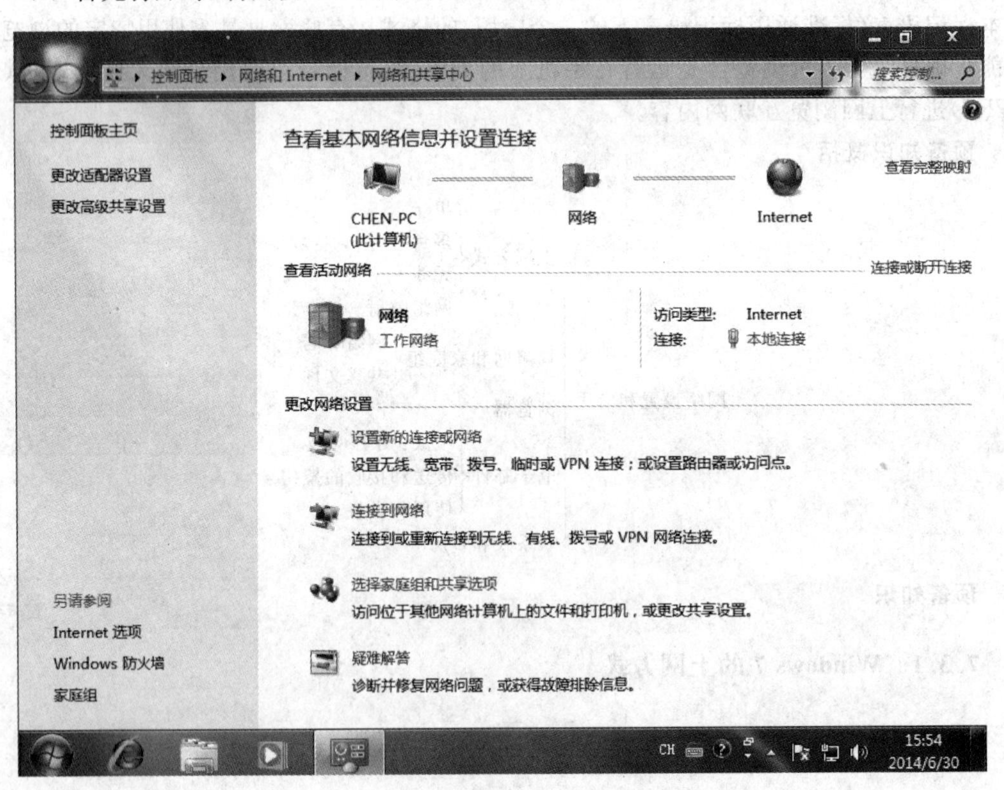

图 7.1　网络和共享中心

（2）在该配置界面的上方就会显示当前的连接状态，若是路由器到 ADSL 端发生问题，则在路由器和 Internet 的中间线路上会出现红色的小叉，显示该线路已断开，如图 7.2 所示。

图 7.2　显示当前的连接状态

（3）若是本机到路由器或是 ADSL 发生问题，则在本机和路由器中间的线路上会出现红色的小叉，显示该线路已断开，如图 7.3 所示。

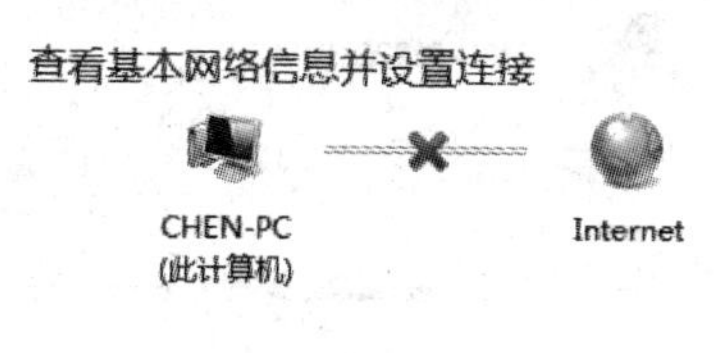

图 7.3　线路断开的状态

（4）通过这样的图示，可以让用户清楚地了解问题发生的位置。此外，还可以单击连接图示右方的“查看完整映射”按钮，则会出现目前局域网中的网络映像图标，如图 7.4 所示。

图 7.4　查看完整映射

（5）若当中某一段发生问题，就会在该线路上出现红色的小叉，如图 7.5 所示。

图 7.5　发生问题的映射

7.3.2　局域网和家庭组

1. 网上邻居的使用

在 Windows 7 中，“网上邻居”被称为“网络”，并且被合并在“计算机”中。

（1）进入“网上邻居”

① 选择“开始”→“计算机”命令，在计算机窗口左侧的文件夹下拉列表中，找到“网络”选项，如图 7.6 所示。

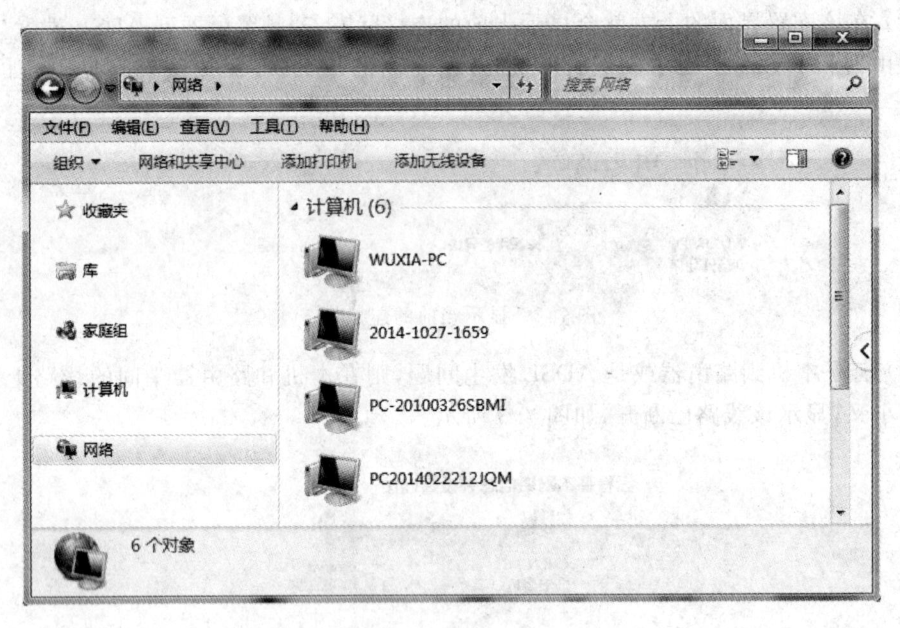

图 7.6 “网络”窗口

② 打开“网络”窗口，类似于之前 Windows 版本的“网上邻居”窗口。在该窗口中，可以看到在本计算机所在工作组中的 Internet 和本地网络上的共享文件、设备、打印机设备等。

（2）设置“网上邻居”共享文件

① 右击桌面上的“计算机”图标，在弹出的快捷菜单中选择“属性”命令，在弹出的对话框左上角选择“高级系统设置”，在“计算机名”选项卡中查看该计算机所在的工作组，首先要确保两台计算机的工作组保持一致，默认为 WORKGROUP，如图 7.7 所示。

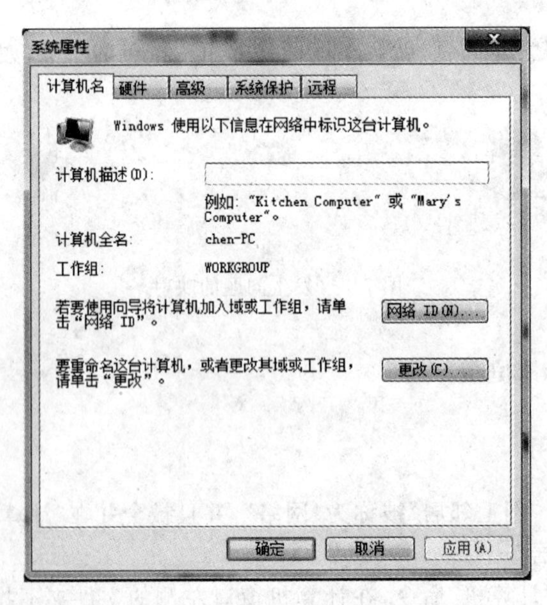

图 7.7 “系统属性”对话框

② 选择“开始”→“控制面板”→“网络和 Internet”→“网络和共享中心”命令，单击左上角的“更改高级共享设置”，并按照图 7.8 进行设置。

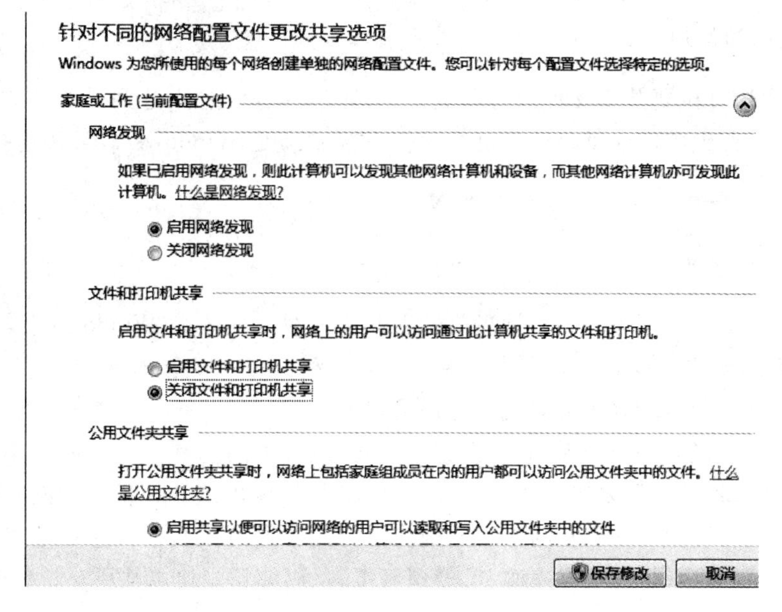

图 7.8 更改高级共享设置

③ 返回“控制面板”，选择“用户账户和家庭安全”→“用户账户”命令，单击“为您的账户创建密码”选项，弹出如图 7.9 所示的窗口。若之前已经为账户建立了访问密码，可跳过此步。

图 7.9 创建密码

④ 创建好后，在 Windows 7 的计算机中就可以看到局域网中其他计算机的共享内容了。

2. 家庭组的使用

当有多台计算机要共享文件或打印机时，可通过“家庭组”来达到目的。要使用家庭组的各种功能时，首先应保证每台计算机的操作系统必须是 Windows 7，且都连接至局域网，并处于开机状态。

7.3.3 浏览器

IE 全名为 Internet Explorer，是当前最为普及的网页浏览器，Windows 7 集成了最新版本的 IE 8 浏览器，它为网页浏览提供了更新的体验和更高的安全性。

不同于以往的旧版本，IE 8 采用了全新的界面。

IE 8 推出后，微软公司对其进行了较大改进，加大了浏览网页的空间。菜单栏预设为隐藏状态，若需要使用，只要按下 Alt 键，就可以将其显示出来。如果发现网页上的文字太小，通过状态栏可及时调整网页的显示比例。当开启的网页太多而又想快速找到某个网页时，则可通过“快速导航”选项卡来浏览、管理网页，从而使用户比以往更轻松地进行操作。

7.3.4 电子邮件概述

电子邮件是当前利用电子提供信息交换的通信方式，具有快速、成本低廉的优点，是 Internet 应用最广的服务。

1. 电子邮件的组成

电子邮件地址（E-mail Address）的格式为“账户@域名”，其中账户和域名由英文、数字和部分特殊符号（如“.”、“-”、“_”）构成。@的英文含义为 at，因此“账户@域名”的中文含义为“账户在域名之中”。

当邮件服务器发送一封“账户@域名”的 E-mail 时，首先会解读@后面的域名，并将这封 E-mail 传送到域名对应的 MX 记录上的服务器，再由该服务器判别是否为本地的邮件。如果不是，则传送到正确的邮件服务器上；如果是，则传送给本地的“账户”。

例如 ken@163.com 就是一个正确的电子邮件地址，其中 163.com 代表的域名就会通过 DNS 服务器查询到 MX 的记录 mxnew-a.163.com 而传送到该主机，当信件到达该主机时，再传送到该主机上的账户，即 ken。

如同普通的邮件包裹一般，电子邮件也包含了信封封面和内文，邮件的表头（Header）包含电子邮件地址、日期、主题、附件等；内文就是电子邮件的主体（Body），包含文本、网址连接等。

2. 传送和接收的架构

电子邮件发送和接收的架构是不同的，如果通过网页收发邮件，则一律通过网页的界面操作，而不会连接邮件服务器；如果通过邮件客户端软件收发邮件，则会直接连接到邮件服务器,这也是本节要讨论的内容。

人们常说的邮件服务器事实上分为“收信”和“发信”两类。

(1) 收信

一般收信的方式分为 POP3 和 IMAP,其中 POP3 是将服务器上所有的邮件下载到本机并将服务器上的邮件删除(默认值);IMAP 仅下载邮件标题,当单击该邮件时才会下载该邮件内容。

(2) 发信

通过邮件客户端软件的发信方式为 SMTP。通常邮件服务器主机会允许局域网内的客户端通过服务器发送邮件,但一般家庭用户都不在服务器的局域网内,因此需要设置提供身份验证的邮件服务器,并正确地设置后才能发送邮件。

7.3.5　电子邮件的使用和设置

在 Windows 98 到 Windows XP 的时代,默认的电子邮件程序是 Outlook Express;在 Windows Vista 中,使用 Windows Mail 作为默认的电子邮件管理程序;到了 Windows 7,由于微软捆绑了太多软件,在各方压力下,默认不安装电子邮件客户端软件,但可以从 Windows Live 中安装 Windows Mail。

7.3.6　联系人和日历

联系人和日历的管理是 Windows Mail 中的新功能。

7.4　项目实施

7.4.1　单一计算机上网

使用费用固定的 ADSL 的方式时,该计算机将直接连接到 ADSL 调制解调器。如果申请的是一般 PPPoE 拨号,则设置方式如下。

(1) 首先进入“控制面板”→“网络和 Internet”→“网络和共享中心”,如图 7.10 所示。

(2) 单击“设置新的连接或网络”选项,则会出现新连接的设置,如图 7.11 所示。

(3) 单击“连接到 Internet”选项,并单击“下一步”按钮继续,则会出现连接方式的选择,如图 7.12 所示。

(4) 单击“宽带(PPPoE)”选项,则会出现 ADSL 用户名和密码的窗口。这部分内容需要参考网络运营商所提供的信息,正确填入后,单击“连接”按钮,则会开始进行拨号连接,如图 7.13 所示。

(5) 接着系统会确认用户名和密码是否正确,如图 7.14 所示。

(6) 正确联机后,就会出现如图 7.15 所示的界面。

(7) 单击“关闭”按钮即可完成设置。当下次要使用 ADSL 拨号联机时,可以单击右下角的按钮,会弹出互联网存取快捷工具栏。

(8) 单击“连接”按钮,则会出现“连接宽带连接”对话框,如图 7.16 所示。

(9) 单击“连接”按钮,则会立刻拨号连接,如图 7.17 所示。

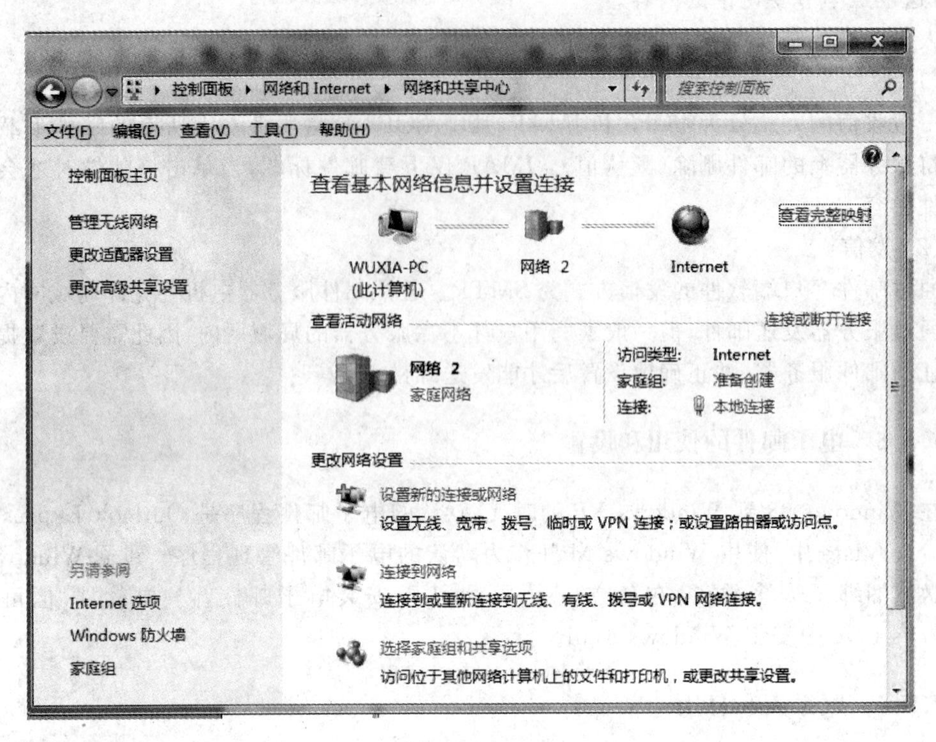

图 7.10　网络和共享中心

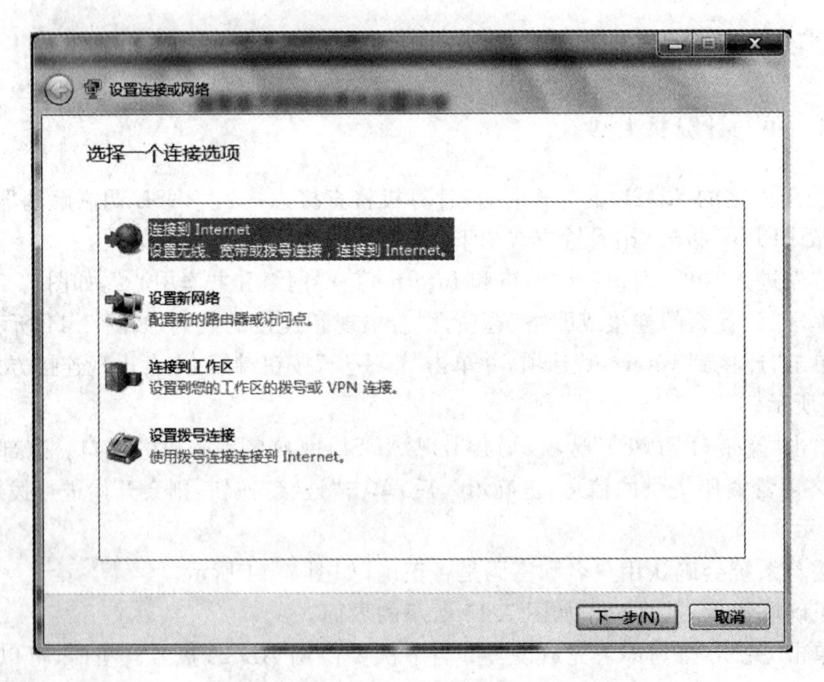

图 7.11　新连接设置

图 7.12　连接方式

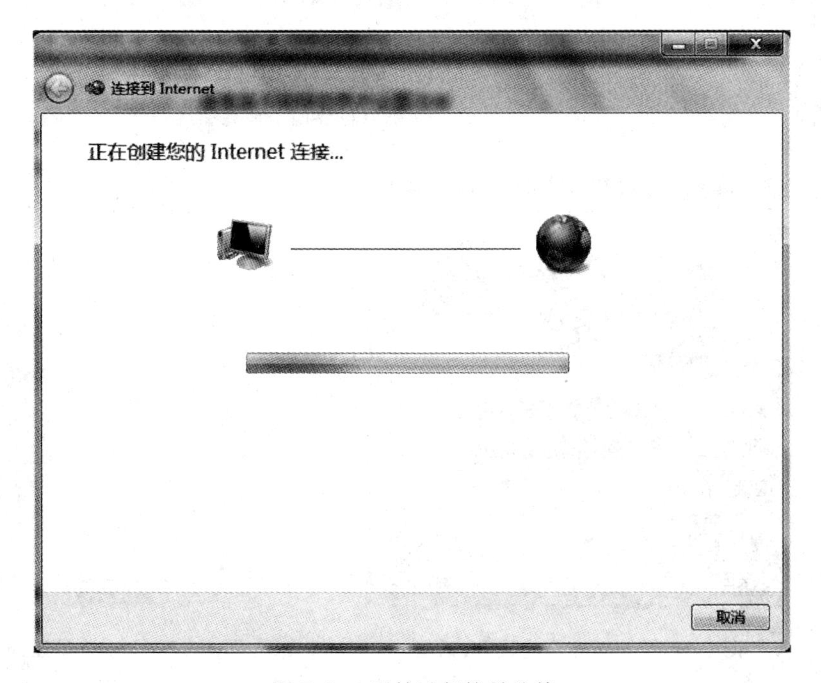

图 7.13　开始进行拨号连接

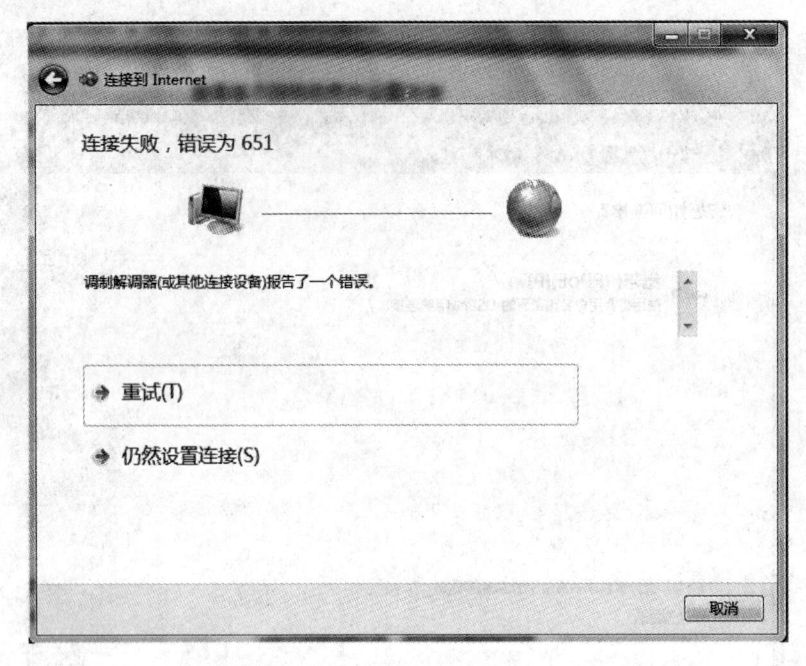

图 7.14　验证用户名和密码

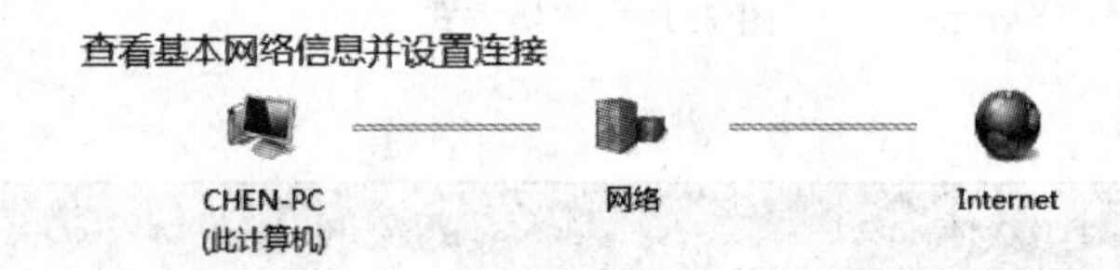

图 7.15　正确联机界面

图 7.16　“连接宽带连接”对话框

连接(C)

图 7.17　立刻拨号连接

（10）正确连接后，则会出现已连接的提示，如图 7.18 所示。

（11）如果要中断连接，可以单击如图 7.19 所示的框图中的“断开”按钮，即可断开目前连接的 ADSL 网络。

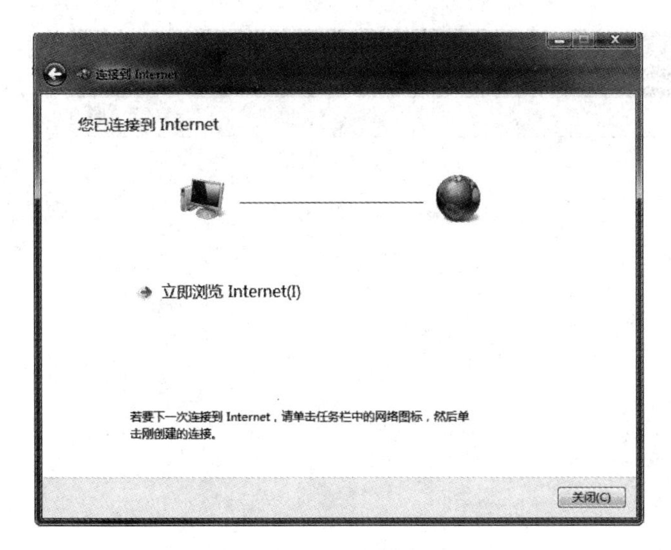

图 7.18　已连接的提示

图 7.19　中断连接

如果使用固定地址上网，可通过以下步骤设置 Windows 的网络。

（1）进入“控制面板”→“网络和 Internet”→“网络和共享中心”，如图 7.20 所示。

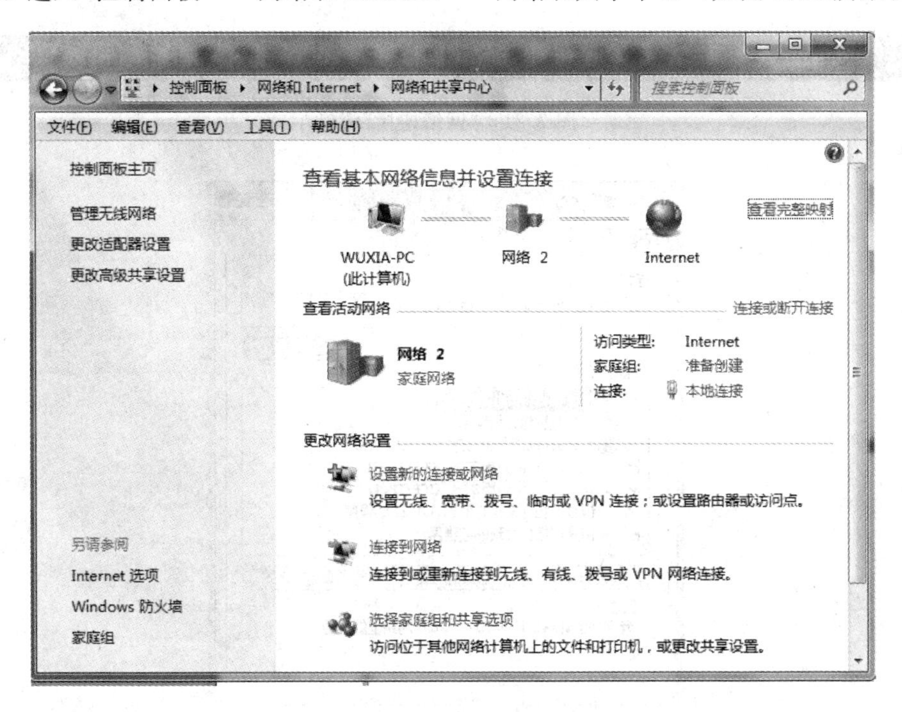

图 7.20　网络和共享中心

（2）单击“更改适配器设置”选项，则会出现“网络连接”窗口，如图 7.21 所示。

（3）右击“本地连接”选项，在弹出的快捷菜单中选择“属性”命令，则会出现如图 7.22 所示的对话框。

（4）双击“Internet 协议版本 4(TCP/IPv4)”选项，如图 7.23 所示。

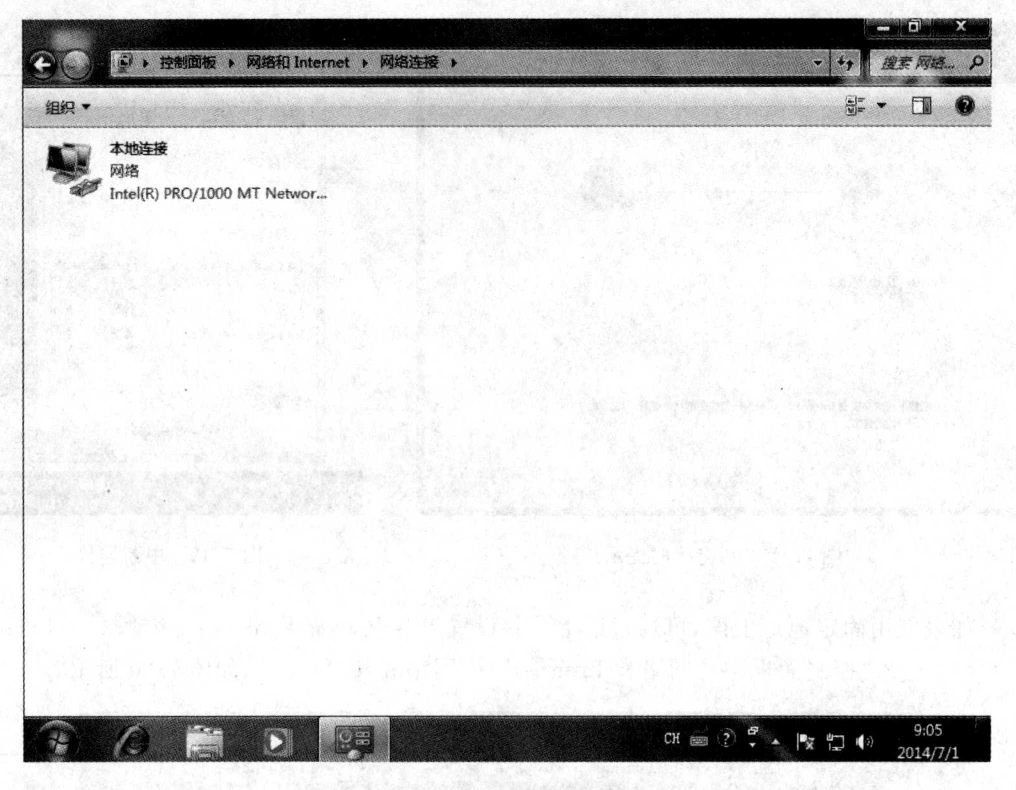

图 7.21 “网络连接”窗口

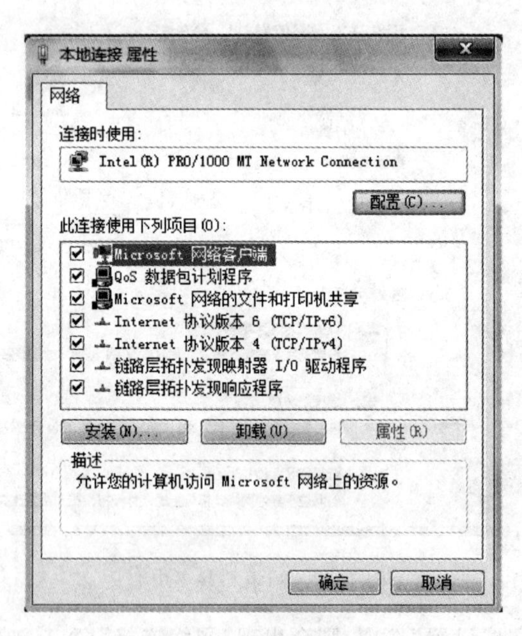

图 7.22 “本地连接属性”对话框

(5) 输入正确的 IP 地址、子网掩码、默认网关以及 DNS 服务器地址,并单击“确定”按钮即可完成设置。

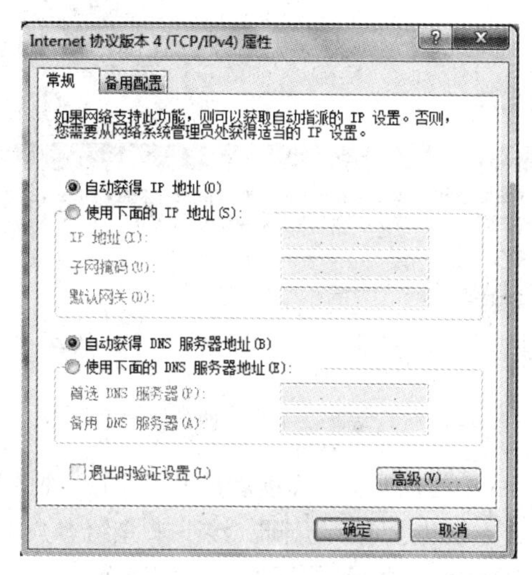

图 7.23　IP 地址设置

7.4.2　多台计算机上网

使用路由器上网的操作步骤如下。

(1) 正确做好硬件联机后，接着必须在路由器中设置外部网络的上网设置，首先打开浏览器并输入路由器的 IP 地址，弹出“登录”对话框，输入用户名“admin”、密码“admin”，单击“确定”按钮，如图 7.24 所示。

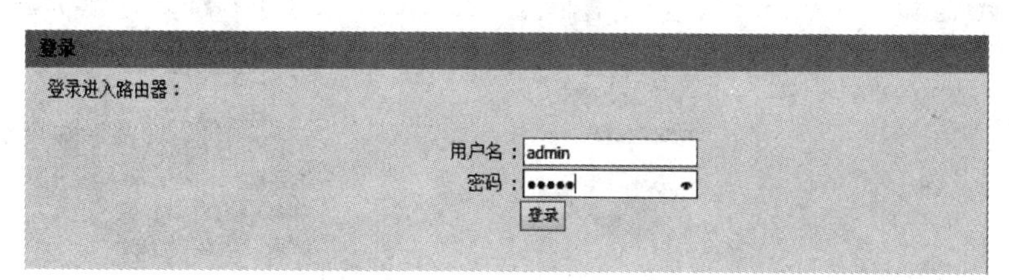

图 7.24　“登录”对话框

(2) 设置“网络参数”中的“LAN 口设置”，在这里可以设置局域网中使用的 IP 地址范围，如图 7.25 所示。

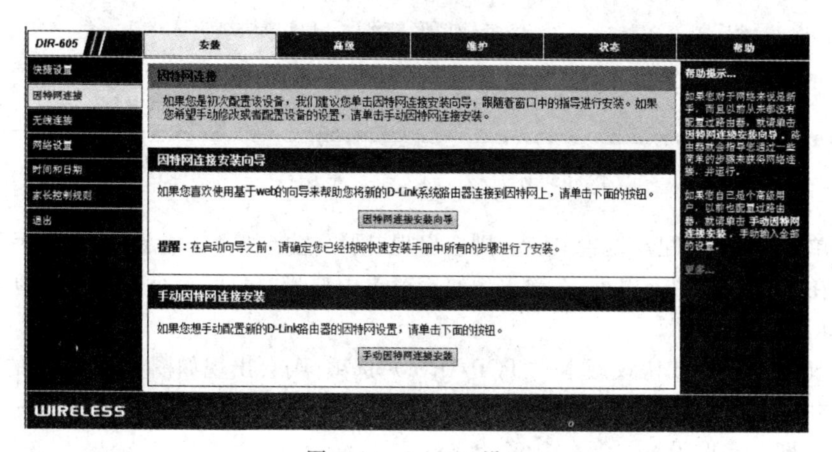

图 7.25　LAN 口设置

（3）接着需要进行“WAN 口设置”，在这里可以设置 ADSL 上网的账号和口令，如图 7.26 所示。

设置向导

您申请ADSL虚拟拨号服务时，网络服务商将提供给您上网账号及口令，请对应填入下框。如您遗忘或不太清楚，请咨询您的网络服务商。

上网账号：

上网口令：

上一步 下一步

图 7.26　设置 ADSL 上网的账号和口令

在这里介绍的是 D-LINK 的路由器，若读者使用不同品牌的路由器，可参考路由器的说明手册，不同品牌的设置方法也会有所不同。接下来介绍客户端的设置，如果客户端使用默认的 DHCP 设置，则不需要另外设置，将网线插上即可使用；若已设置固定 IP 地址，可参考以下步骤将其换成 DHCP 设置。

（1）首先打开“控制面板”→“网络和 Internet”→“网络和共享中心”，如图 7.27 所示。

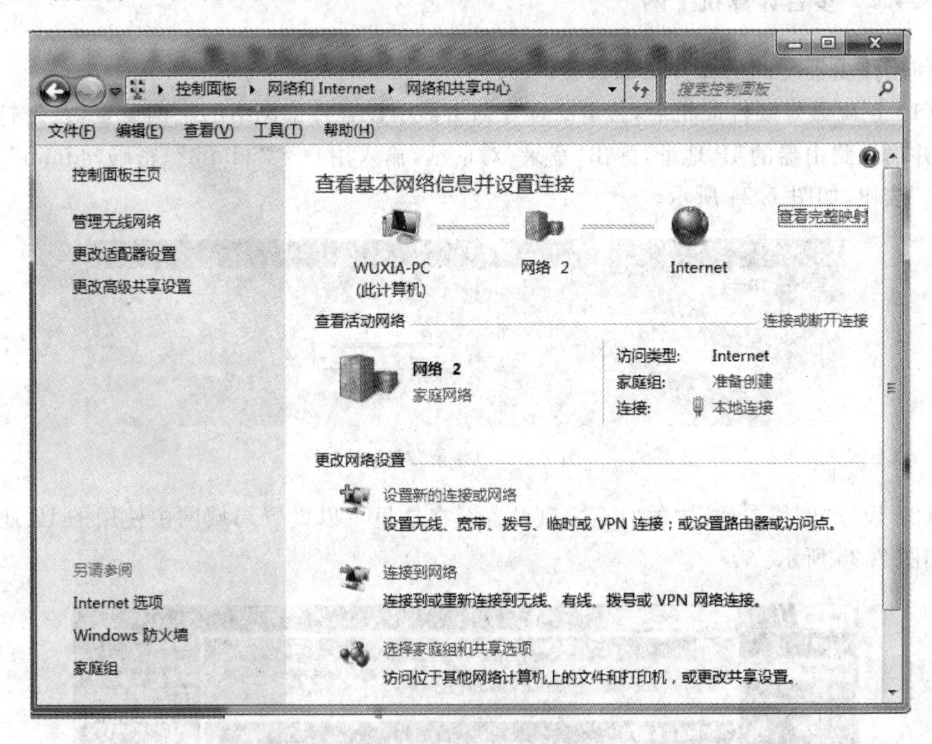

图 7.27　网络和共享中心

（2）单击“更改适配器设置”选项，则会出现“网络连接”窗口，如图 7.28 所示。

（3）在“本地连接”上右击，在弹出的快捷菜单中选择“属性”命令，出现“本地连接属性”对话框，如图 7.29 所示。

（4）双击“Internet 协议版本 4（TCP/IPv4）”选项，则会出现如图 7.30 所示的对话框。

（5）在图中勾选“自动获得 IP 地址”和“自动获得 DNS 服务器地址”单选按钮，并单击“确定”按钮即可完成设置。

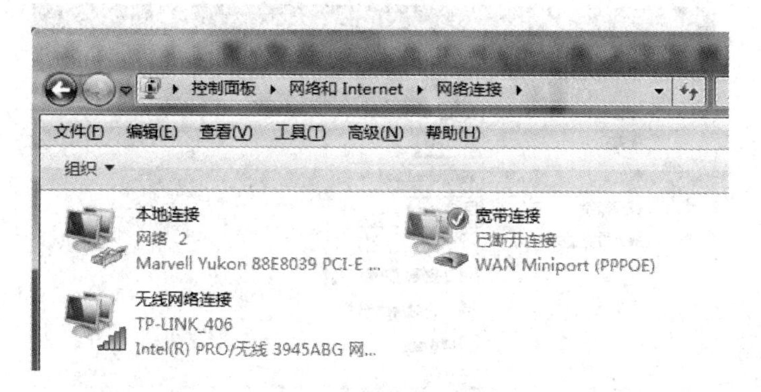

图 7.28　“网络连接”窗口

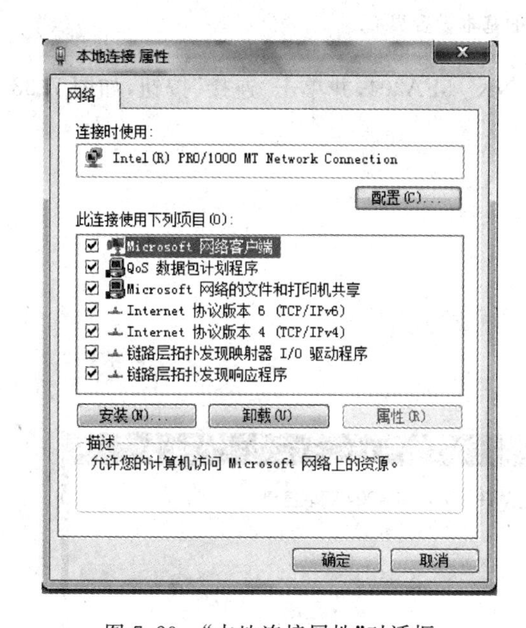

图 7.29　“本地连接属性”对话框

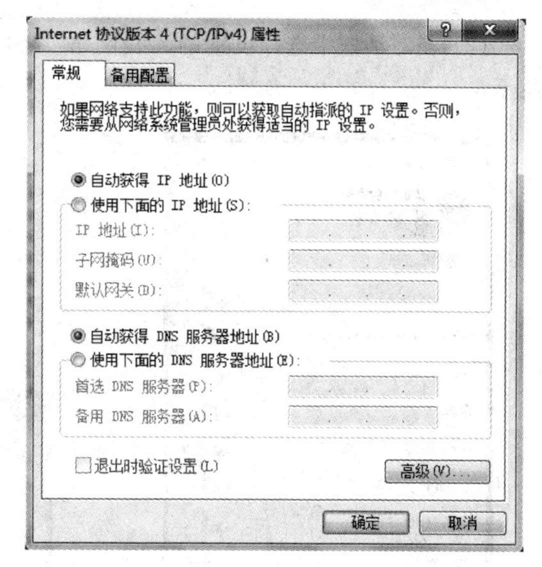

图 7.30　IP 地址设置

7.4.3　无线上网设置

1. 无线网络的设置

打开路由器的设置界面后，选择“无线网络”选项，则可看到无线网络的基本设置界面，如图 7.31 所示。

在这里需要设置 SSID，便于客户端搜索这台路由器，并且需要设置联机密码，以避免附近的邻居或陌生人使用无线网络上网。

2. 客户端的设置

客户端的设置步骤如下。

(1) 若客户端已正确开启了无线连接的设备，可以单击屏幕右下方的图标，则将出现可用的无线网络连接，如图 7.32 所示。

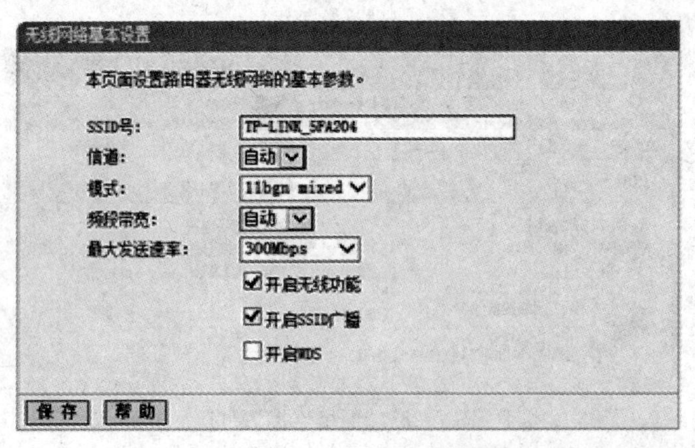

图 7.31　无线网络的基本设置界面

（2）在对话框中选择设置的无线网络 TP-LINK_ 5FA204，并单击“连接”按钮，如图 7.33 所示。

图 7.32　可用的无线网络

图 7.33　“连接到网络”提示框

（3）由于该无线网络设置了密码，因此需要在中间的方框中输入网络安全密钥，如图 7.34 所示。

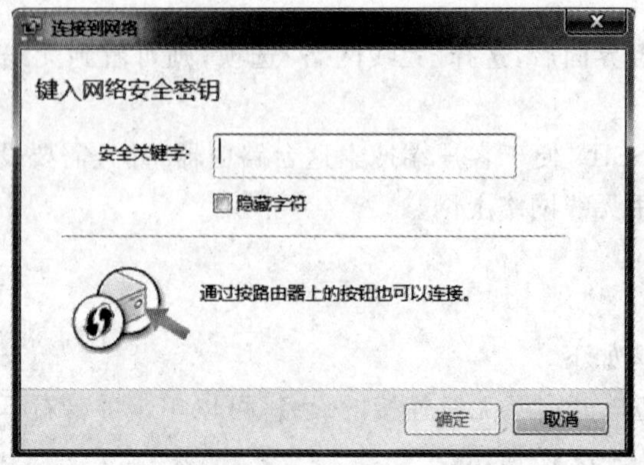

图 7.34　输入网络安全密钥

(4) 输入密码并单击“确定”按钮后,会出现提示“正在连接到 TP-LINK_5FA204”的提示框,如图 7.35 所示。

(5) 正确连接后会出现已连接提示信息,如图 7.36 所示,网络连接完毕。

图 7.35　正在连接到网络

图 7.36　已连接提示信息

3. 客户端变更无线路由器的密码

当变更无线路由器的密码时,客户端的设置必须同时变更才能正确连接,操作步骤如下。

(1) 首先打开网络连接的窗口,在连接的无线路由器上右击,弹出如图 7.37 所示的快捷菜单。

(2) 选择“属性”命令,则会出现“无线网络属性”对话框,如图 7.38 所示。

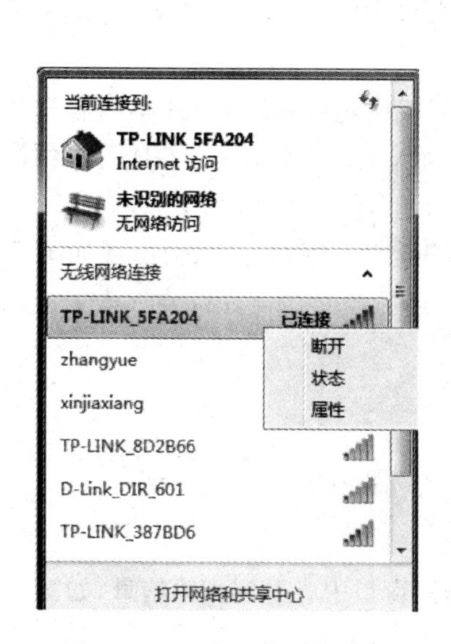

图 7.37　无线网络快捷菜单

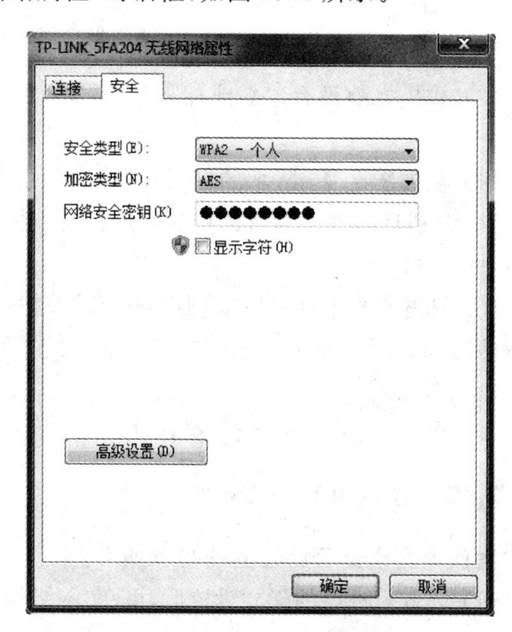

图 7.38　“无线网络属性”对话框

(3) 在“网络安全密钥”文本框中输入变更后的密码即可。

7.4.4 家庭组的使用

1. 建立家庭组

假设小牛想将计算机内的音乐、视频等资料和 Cokle 分享，那么小牛可建立一个家庭组，Cokle 的计算机只要加入到小牛建立的家庭组中就可以达到资源共享的目的，操作步骤如下。

(1) 首先，要在小牛的计算机上建立家庭组。

(2) 选择“开始”→“控制面板”→“网络和 Internet”选项，在“网络和 Internet”窗口中，单击“家庭组”选项，如图 7.39 所示。

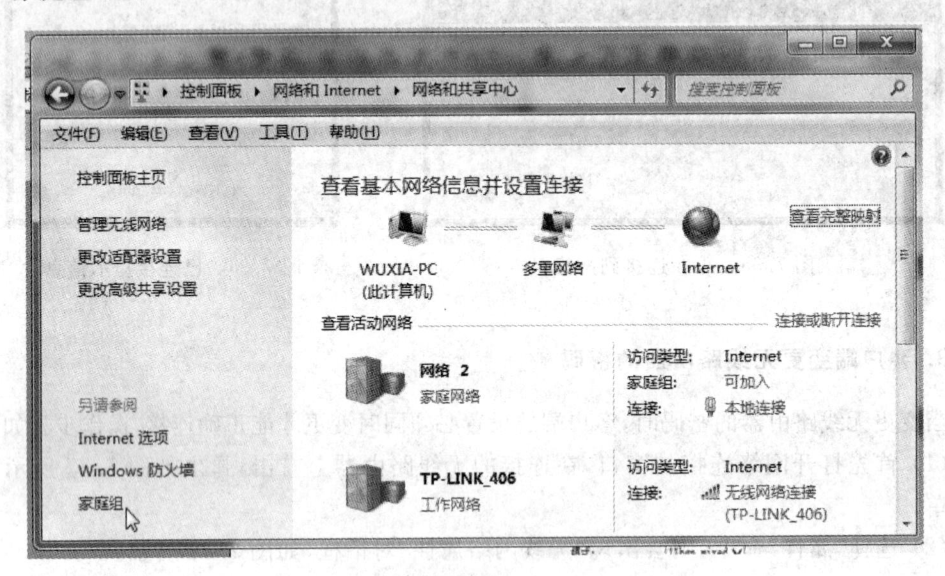

图 7.39 网络和共享中心

(3) 如果之前没有建立或加入其他“家庭组”，则在窗口中间会出现如图 7.40 所示的对话框。

(4) 在如图 7.40 所示的窗口中，单击“创建家庭组”按钮，会出现网络共享内容选择窗口，可以看到有 5 种可勾选的项目，分别是图片、音乐、视频、文档和打印机，各项可视情况勾选，如图 7.41 所示。

(5) 选好共享的项目后，单击“下一步”按钮，等待系统建立家庭组，之后会出现如图 7.42 所示的窗口。图中有加入该家庭组所需要的密码，记下密码，当其他计算机要加入家庭组时需要输入该密码。

(6) 单击“完成”按钮结束操作。

2. 确认家庭组是否已建立

确认家庭组是否已建立的步骤如下。

(1) 完成家庭组的建立设置后，可在“网络和共享中心”窗口中查看到相关信息，如图 7.43 所示。

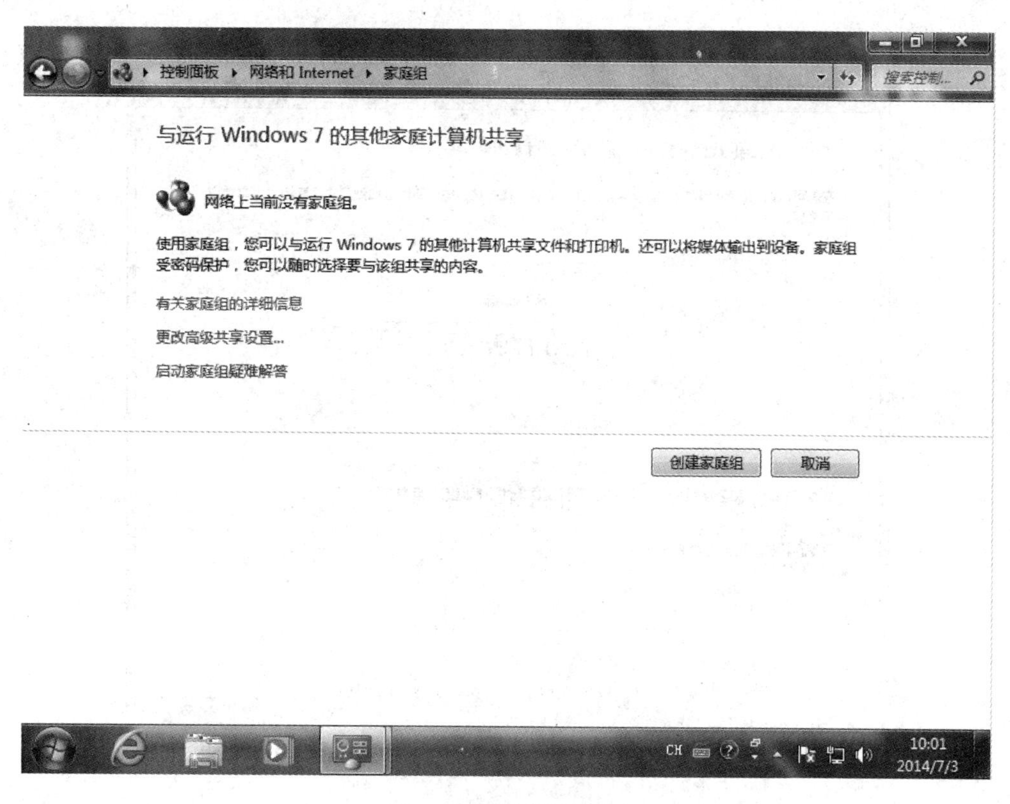

图 7.40　“家庭组”界面

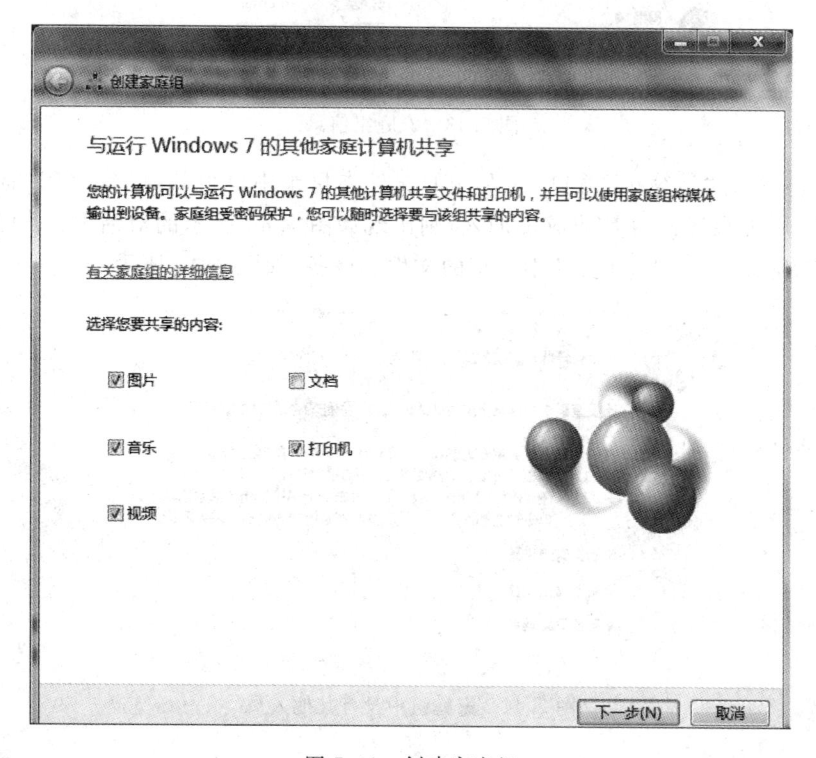

图 7.41　创建家庭组

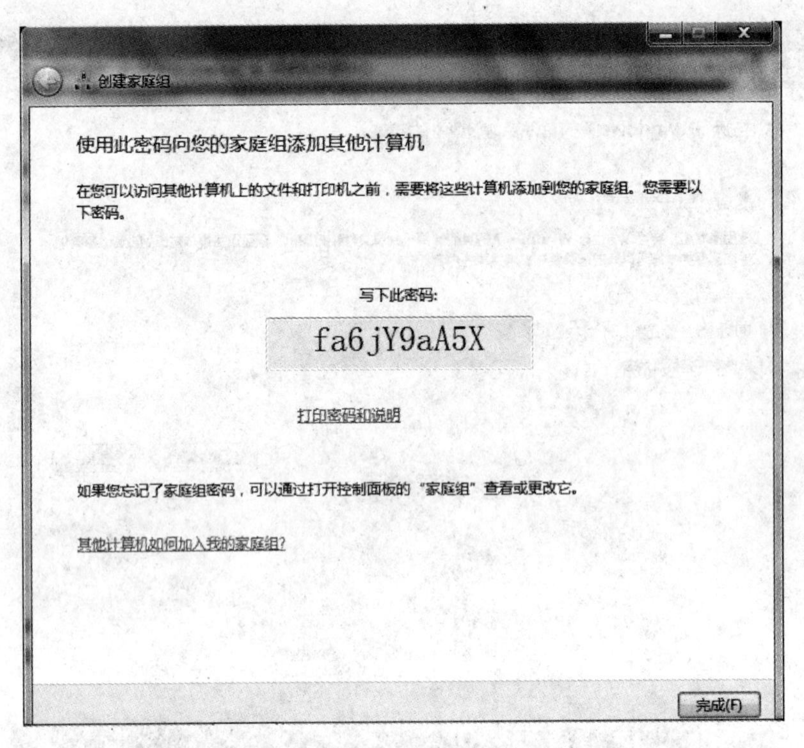

图 7.42　家庭组密码

图 7.43　家庭组信息

（2）此外，打开“计算机”窗口，在左侧的文件夹目录中也可找到“家庭组”选项。单击“家庭组”选项，如果还没有其他成员加入，则出现如图 7.44 所示的对话框；若已有成员加入“家庭组”，则会显示出“家庭组”中共享的文件和设备，如图 7.45 所示。

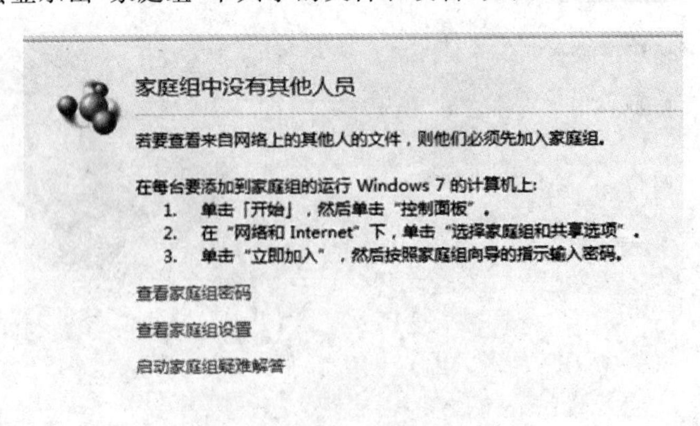

图 7.44　家庭组中没有其他人员

图 7.45　共享的文件和设备

3. 加入家庭组

当小牛建立好“家庭组”后，Cokle 只要加入小牛所建立的“家庭组”，彼此就可以共享文件和设备了。操作步骤如下。

(1) 选择“开始”→“控制面板”→“网络和 Internet”→“主组”命令。若该计算机已经将网络设置为“家庭网络”，那么进入该窗口时会出现一个“立即加入”按钮，如图 7.46 所示，只需单击该按钮就可加入现有的家庭网络，若没有“立即加入”按钮，而是出现如图 7.47 所示的界面，则单击“什么是网络位置”链接。

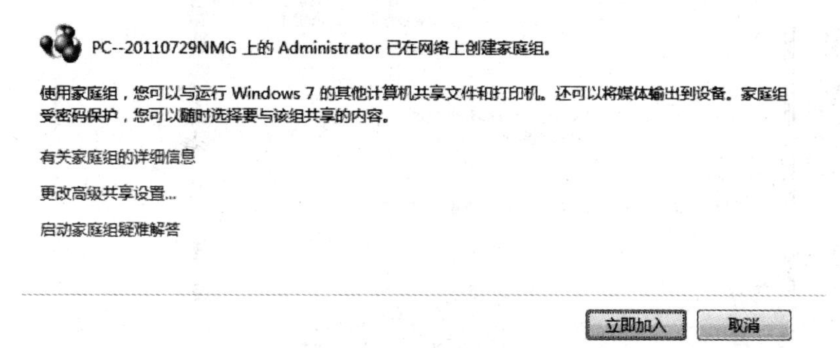

图 7.46　加入现有的家庭网络

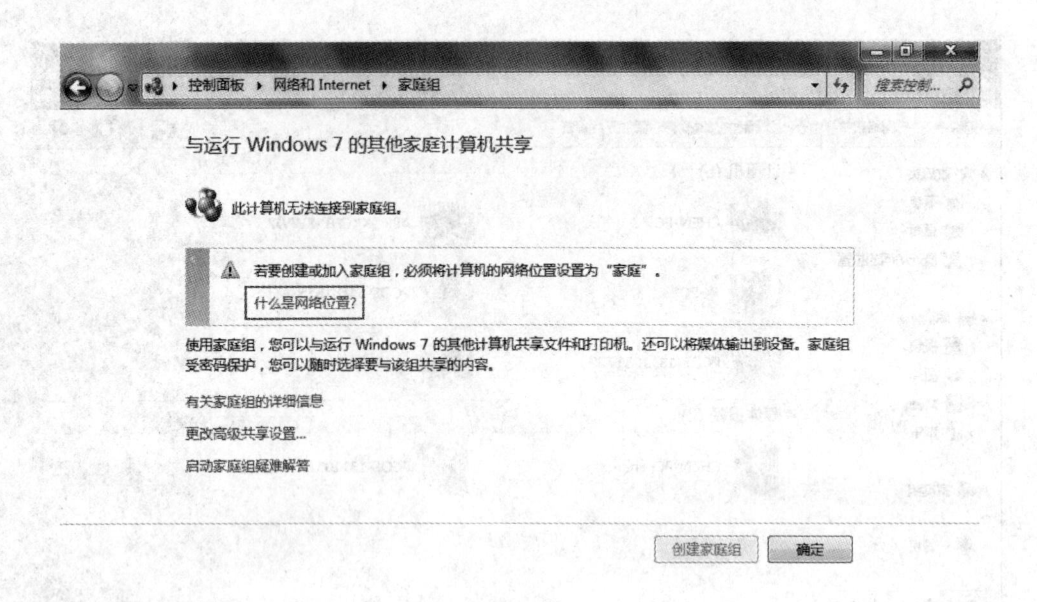

图 7.47　更改网络位置

（2）弹出如图 7.48 所示的窗口，单击“家庭网络”选项，弹出如图 7.49 所示的窗口。

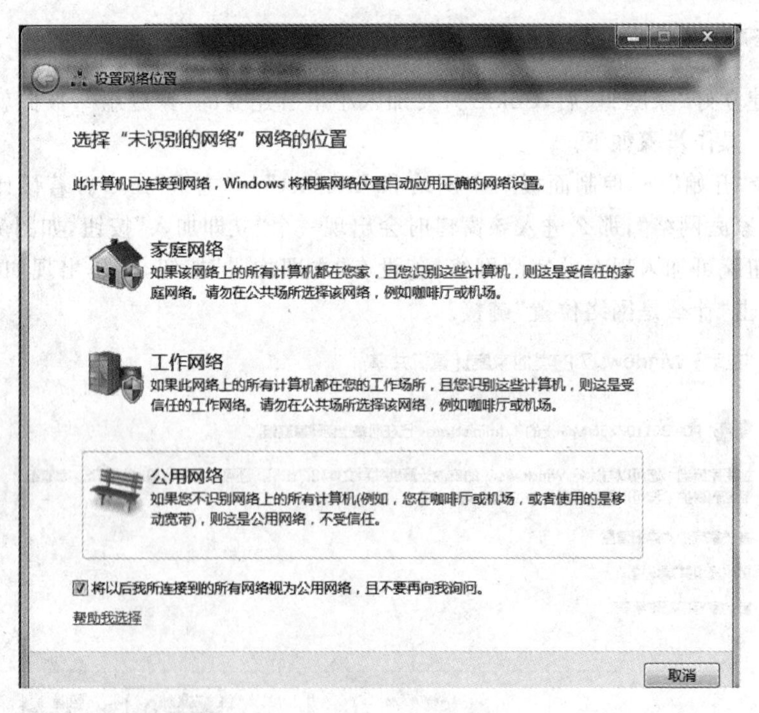

图 7.48　设置网络位置

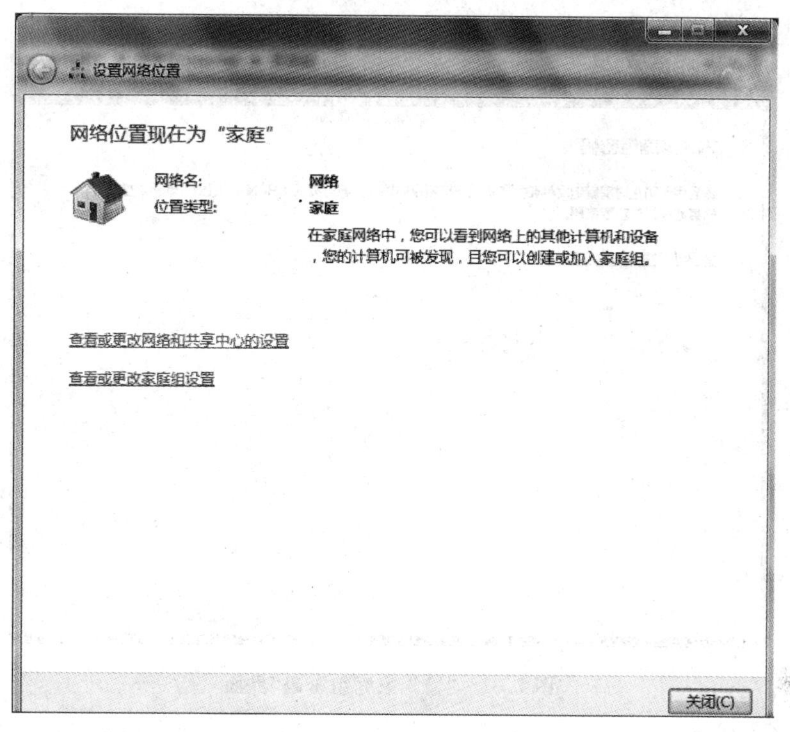

图 7.49　“家庭网络”选项

(3) 单击“立即加入”按钮，弹出“加入家庭组”对话框，如图 7.50 所示。在对话框内选择要和其他计算机共享的文件和设备，选好后，单击“下一步”按钮。

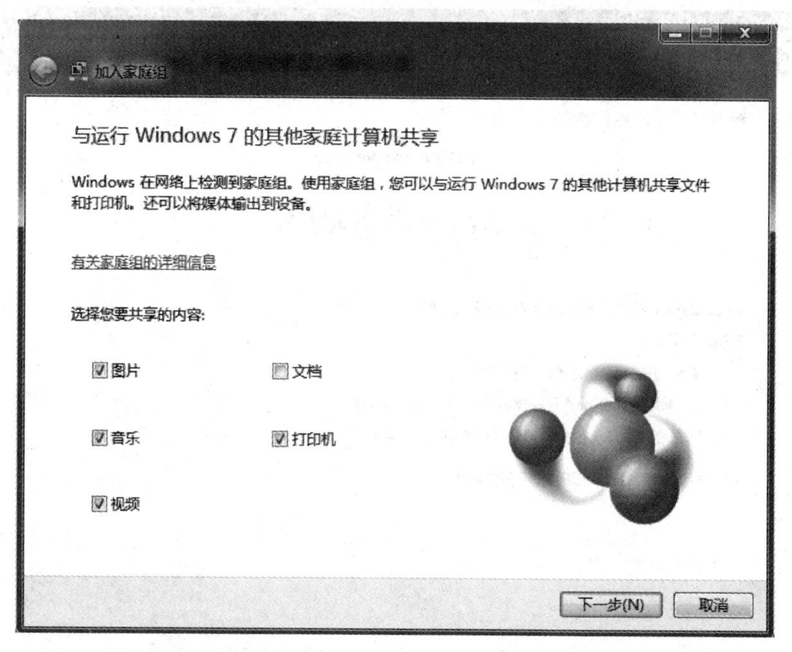

图 7.50　加入家庭组

(4) 接着会要求输入密码，密码就是之前在小牛的计算机中建立家庭组时所生成的密码，输入后单击“下一步”按钮，最后单击“完成”按钮结束，如图 7.51 所示。

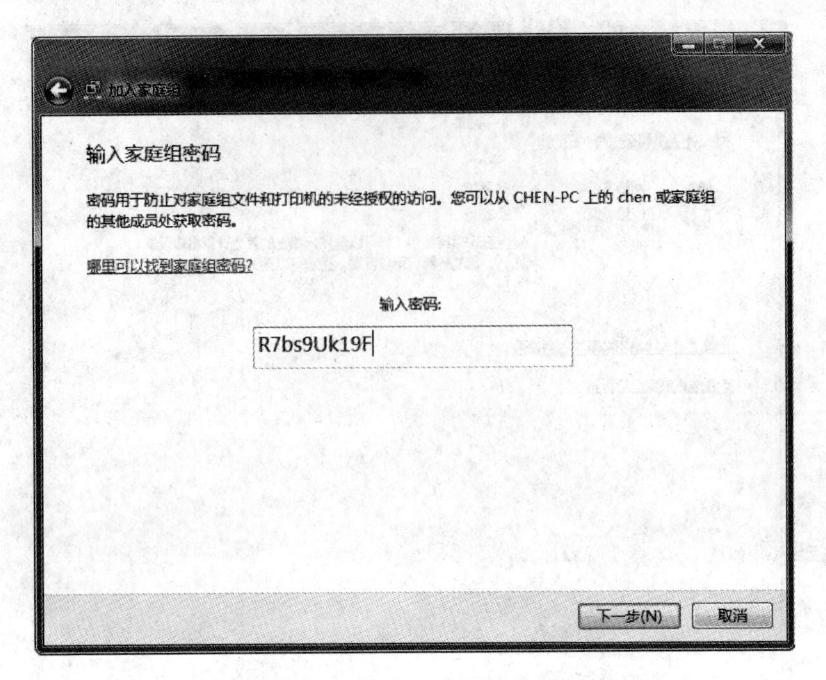

图 7.51 “输入家庭组密码”界面

（5）若小牛忘记了之前的密码，可以在建立家庭组的计算机中找回密码。选择“开始”→“控制面板”→“网络和 Internet”→“主组”命令，并单击窗口中的“查看并打印家庭组密码”选项，即可查看到密码，如图 7.52 所示。

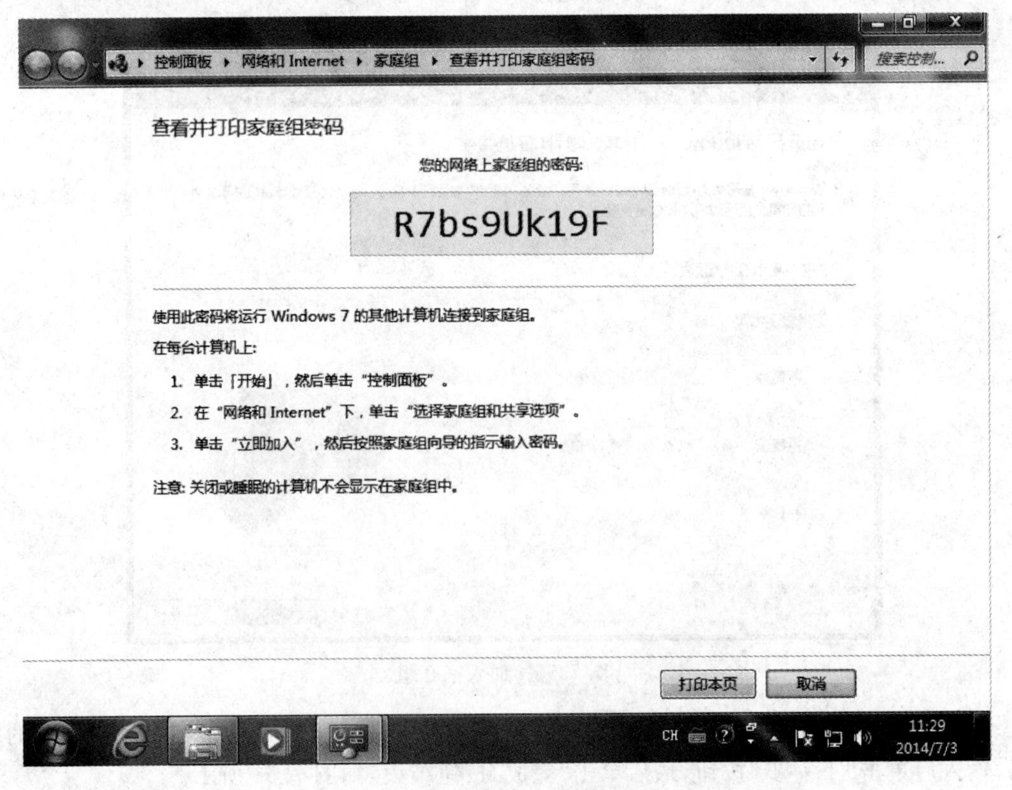

图 7.52 查看并打印家庭组密码

4. 共享文件

Cokle 的计算机加入了小牛的家庭组后，两台计算机就可以互相共享资料了，操作步骤如下。

(1) 在 Cokle 的计算机中打开“计算机”窗口，在左边的文件夹列表中，单击“家庭组”图标，进入“家庭组”窗口，会出现小牛所分享的文件、音乐、图片等内容，如图 7.53 所示。

图 7.53　进入“家庭组”窗口

(2) 在小牛的计算机内也同样可以看见 Cokle 所分享的文件，不过当在浏览其他计算机所分享的档案时，用户只有浏览文件内容的权限，而没有更改和删除的权限，如图 7.54 所示。

(3) 除了可以共享媒体库中的文件外，还可以共享硬盘中的其他资料，例如要共享小牛计算机 F 盘中的“示例”文件夹中的照片，就可直接在“示例”文件夹上右击，在弹出的快捷菜单中选择相应的对象和权限即可，如图 7.55 所示。

(4) 设置好后，在 Cokle 的计算机内就可以看到小牛所共享的“示例”文件夹了，如图 7.56 所示。

7.4.5　IE 浏览器的使用

1. 常用操作介绍

(1) 选项卡的使用

以前的 IE 每打开一个新的页面就会弹出一个新的窗口，操作系统下方的任务栏就会被

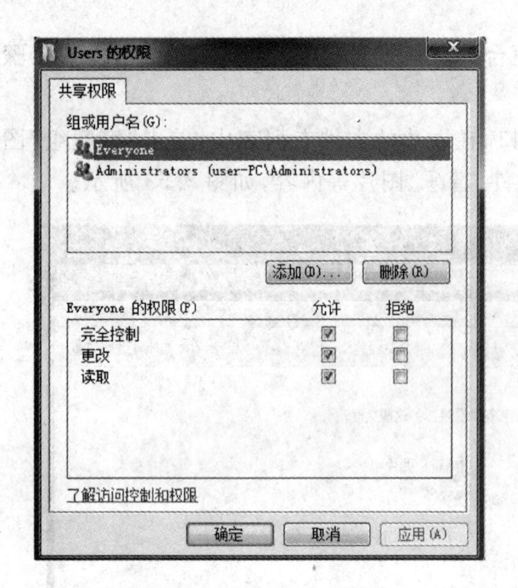

图 7.54　用户权限对话框

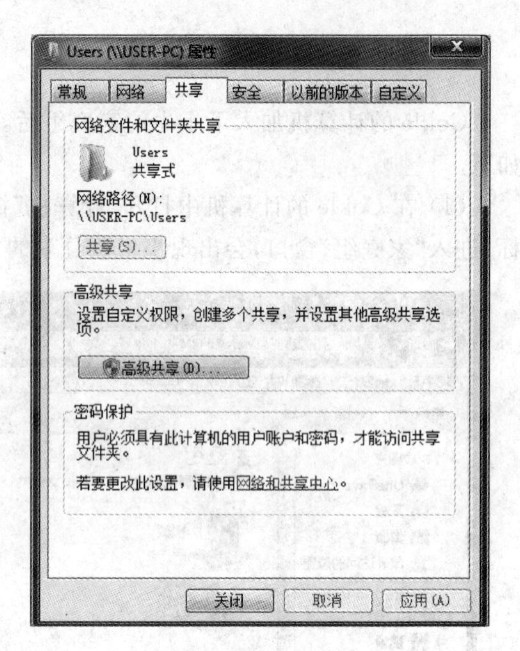

图 7.55　“共享”选项卡

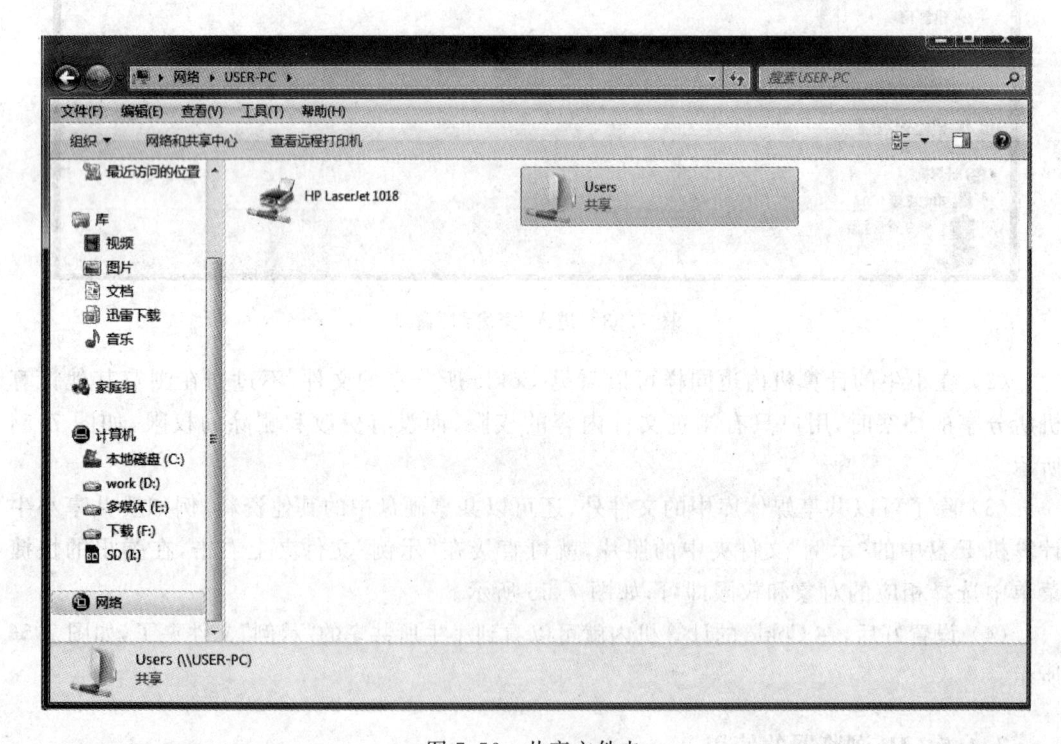

图 7.56　共享文件夹

众多的新窗口填满。在 IE 7 中引入了“选项卡”这一功能，大大提高了浏览效率，也方便了使用者进行管理。在 IE 8 中强化了选项卡，并增加了一些新特性。

① 打开 IE 8，单击工具栏上的图标，例如打开 MSN 的默认主页，如图 7.57 所示。

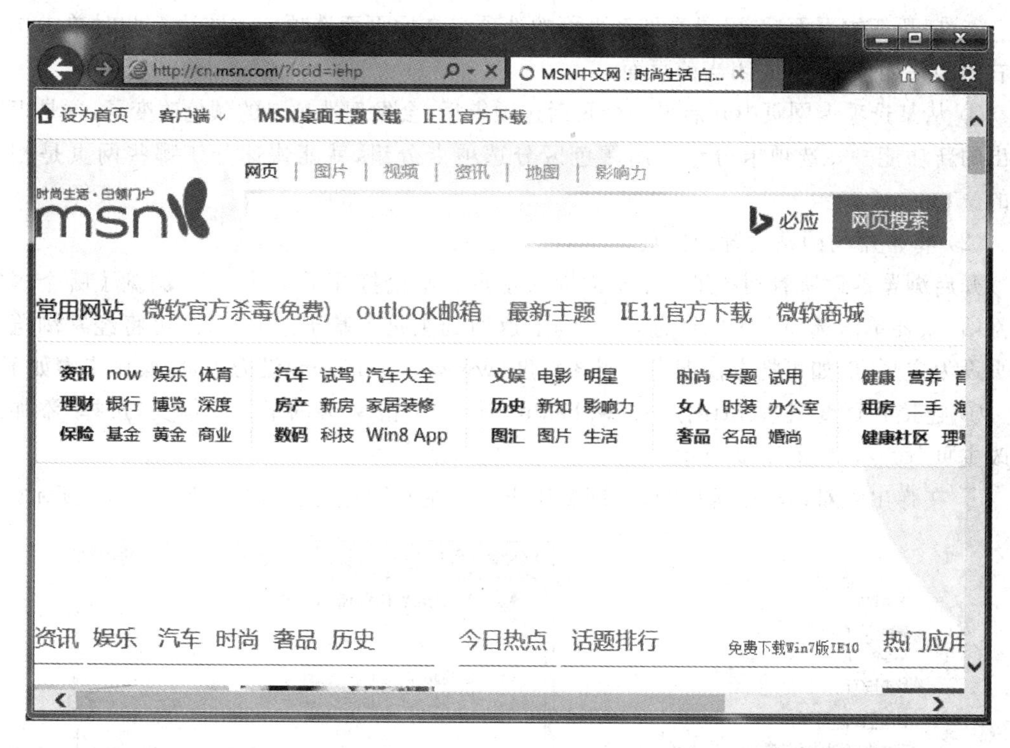

图 7.57　MSN 的默认主页

② 在网页中选择一处超链接并右击，在弹出的快捷菜单中选择“在新选项卡中打开”选项，如图 7.58 所示。

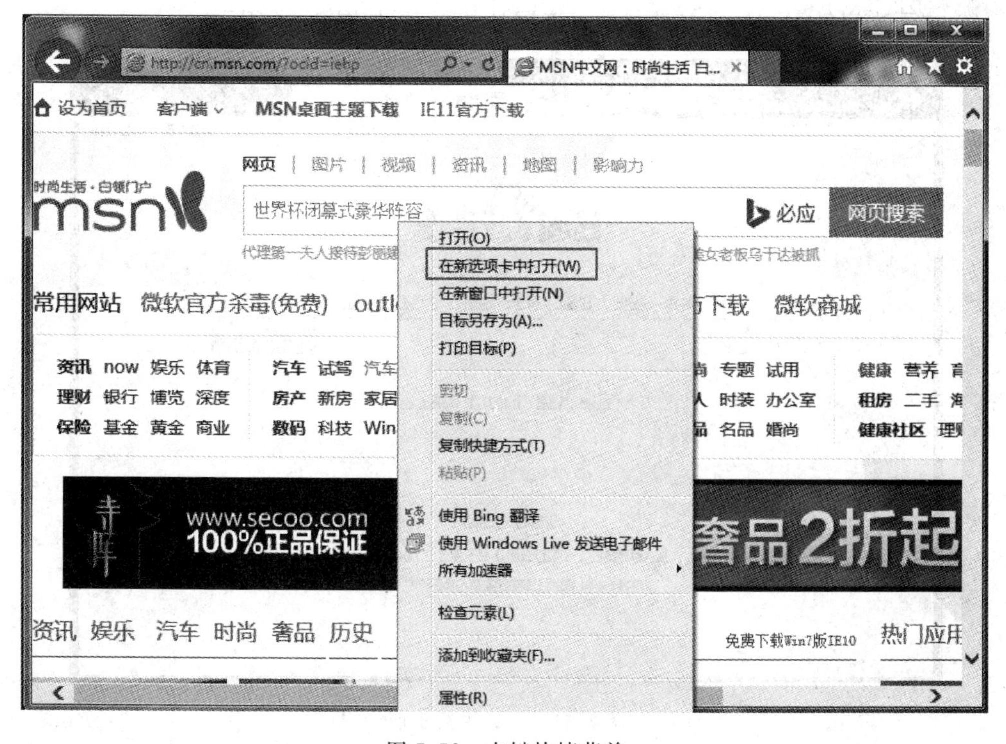

图 7.58　右键快捷菜单

③ 打开新的页面后，可以看见新页面的选项卡在原页面选项卡的右边。此时单击选项卡右侧的关闭按钮，可关闭当前页面。

④ 从某选项卡网页中开启另一个页面选项卡后，会发现选项卡的颜色改变了，这是 IE 8 推出的新功能——选项卡分组。用颜色区分选项卡分组，就能快速分辨哪些网页是相关联的。

(2) 将常用的网站设置为主页

开启浏览器后所看到的第一个页面即为主页。不论打开了何种页面，浏览了哪个国家的网站，只要单击选项卡旁的图标，就会马上返回到主页。基于这个特性，可将经常浏览的网页设为主页，例如可把方便搜索资料的百度(www.baidu.com)设为主页，操作步骤如下。

① 连接到百度网站(http://www.baidu.com)，单击 ✓ 旁的下拉小箭头，选择“添加或更改主页”命令，如图 7.59 所示。

② 在弹出的对话框中选中“将此网页用作唯一主页”单选按钮即可，如图 7.60 所示。

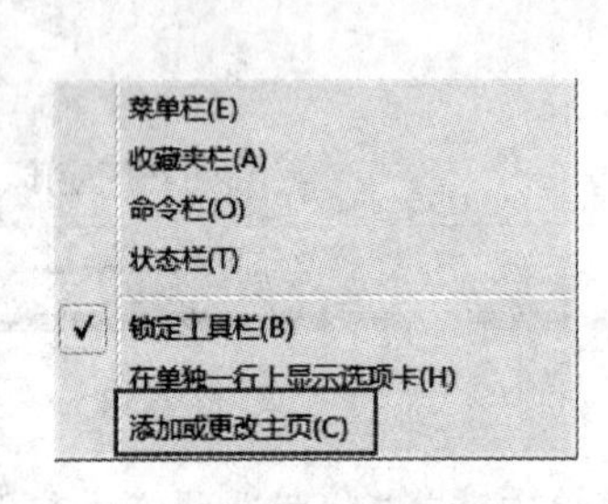

图 7.59　下拉小箭头

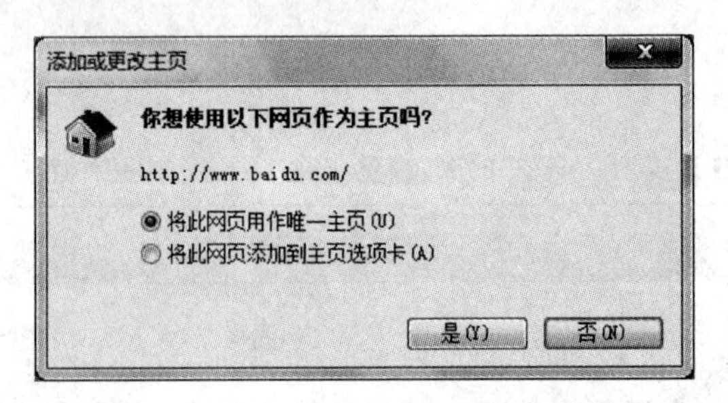

图 7.60　“添加或更改主页”对话框

③ 在下次启动 IE 时，会自动加载百度网站的页面，如图 7.61 所示。

图 7.61　自动加载页面

④ 若选择“将此网页添加到主页选项卡”单选按钮，且之前存在一个已经设为主页的网页，则当前的页面将作为第2主页，在单击“主页”按钮后，会在选项卡中同时开启两个主页。

⑤ 若在图7.62中选择“将此网页添加到主页选项卡”单选按钮，且同时开启两个以上的页面选项卡时会弹出选择窗口。

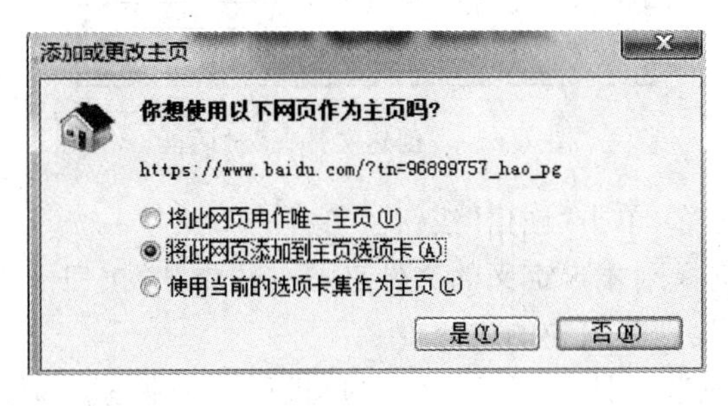

图7.62　“添加或更改主页”对话框

⑥ 选中“使用当前的选项卡集作为主页”单选按钮，则会将当前开启的所有页面都设为主页。

(3) 将喜爱的网站添加到收藏夹

将喜爱的网站添加到收藏夹的操作步骤如下。

① 单击“收藏夹”按钮，再单击“添加到收藏夹”按钮，弹出“添加收藏夹”对话框，可以修改网站名称。单击“添加”按钮，如图7.63所示。

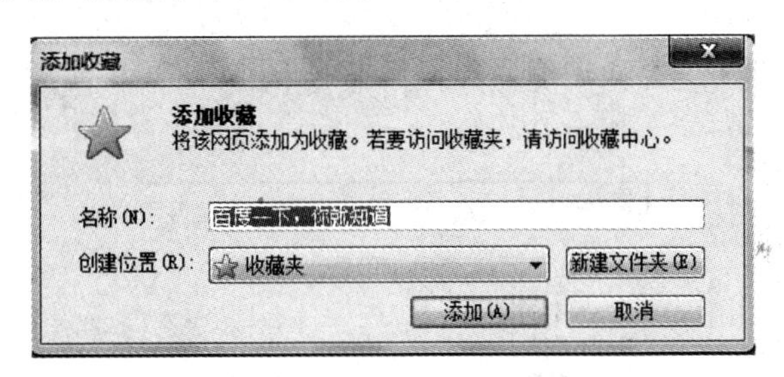

图7.63　“添加收藏”对话框

② 网站添加到“收藏夹”后若要删除此网站，只需在网站名称上右击，在弹出的快捷菜单中执行“删除”命令即可。

③ 在收藏夹中添加网站时，可将不同性质的网站分类放置。若要将网站加入自定义的文件夹，可在开启的“添加收藏”对话框中操作，如图7.64所示。

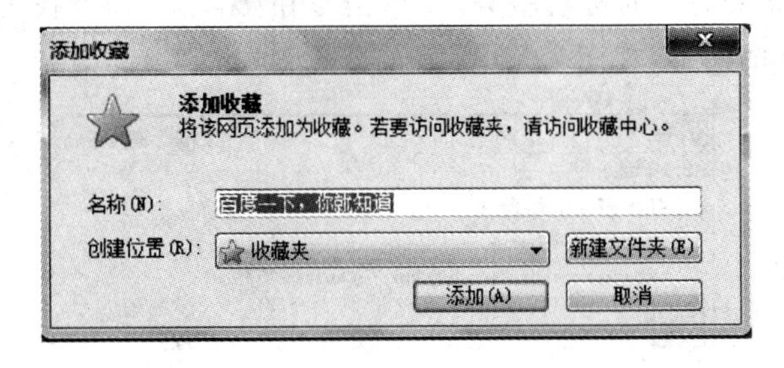

图7.64　“添加收藏”对话框

④ 在"添加收藏"对话框中,单击"新建文件夹"按钮,如图 7.65 所示。

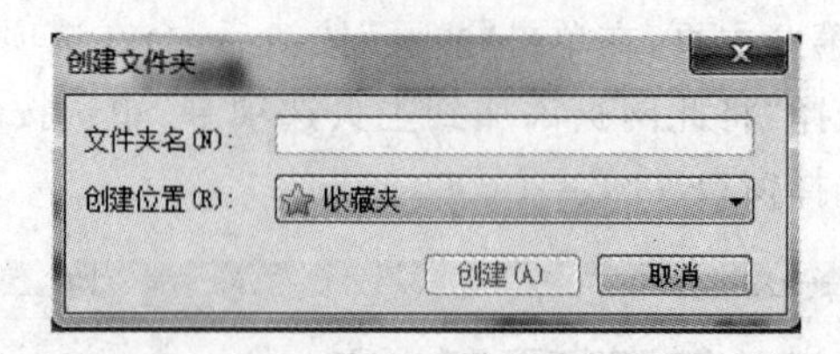

图 7.65 "创建文件夹"对话框

⑤ 输入文件夹的名称,单击"创建"按钮。

⑥ 在下拉菜单中选择刚才自定义的文件夹,单击"添加"按钮即可。

(4) 利用搜索功能找到感兴趣的内容

利用 IE 右上角的搜索工具条可以方便用户进行快速搜索,如图 7.66 所示,操作步骤如下。

图 7.66 搜索工具条

① 打开 IE 8,在搜索工具条中输入想要搜索的关键词,单击右边的按钮→,就会出现搜索结果,如图 7.67 所示。

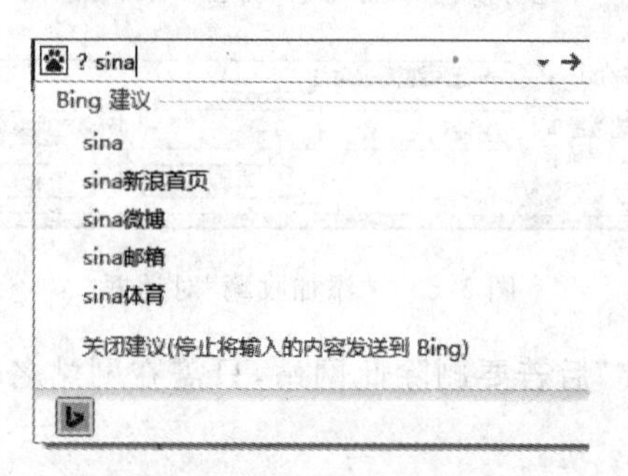

图 7.67 搜索结果

② 若不想使用默认提供的搜索服务,可单击按钮,选择"查找更多提供程序"选项,将打开选择搜索工具的网页,如图 7.68 所示。

图 7.68 "查找更多提供程序"选项

③ 在页面中选择自己喜欢的搜索提供商，然后单击下面的“添加到 Internet Explorer”按钮，弹出“管理加载项”对话框，单击“添加”按钮，如图 7.69 所示。

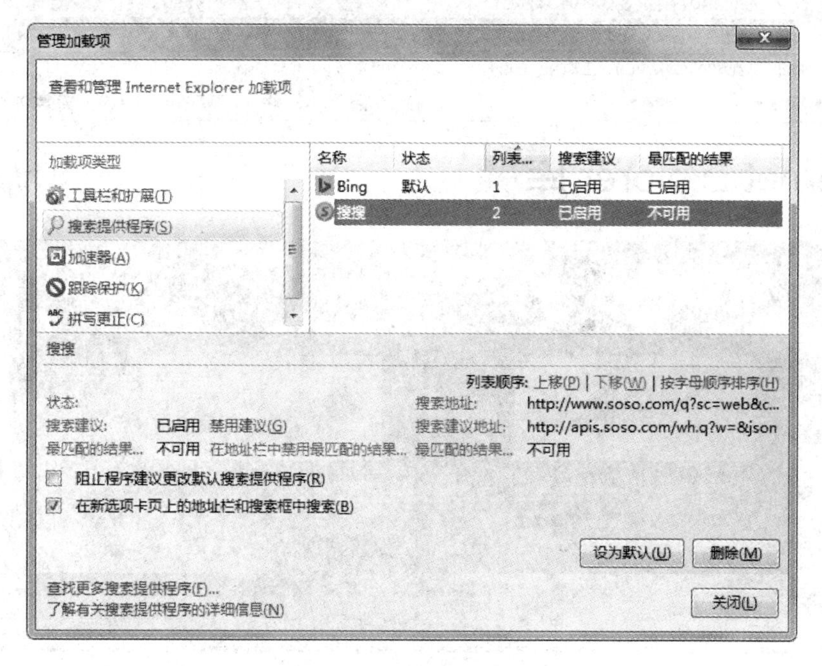

图 7.69　“管理加载项”对话框

④ 这样，在图 7.69 中出现的下拉菜单中就可以选择自己喜欢的搜索服务提供商了。

(5) 利用“加速器”快速查找所需的信息

IE 8 提供了全新的“加速器”功能，不打开网页就可以查找到地址、单词翻译等，例如利用“加速器”翻译网站中的英文单词的操作步骤如下。

① 选取想要翻译的英文单词，然后右击，如图 7.70 所示。

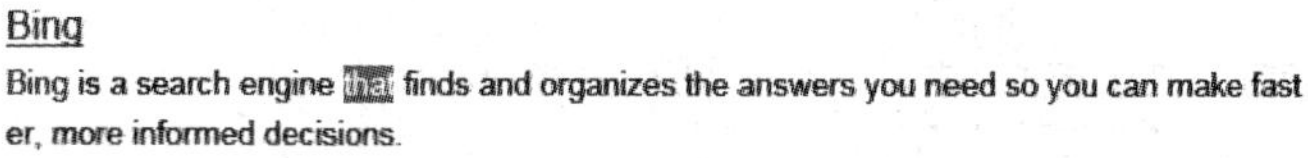

Bing

Bing is a search engine that finds and organizes the answers you need so you can make faster, more informed decisions.

图 7.70　要翻译的英文单词

② 在下拉列表中选择“用 Windows Live 作翻译”选项，即可在菜单旁边出现翻译结果的悬浮框，如图 7.71 所示。

③ “加速器”功能不只用来翻译，只要单击“页面”按钮，执行“查找更多加速器”命令，如图 7.72 所示，即可链接到加速器的下载网页，里面有各种各样的加速器，例如通过 Hotmail 传送电子邮件、Soapbox 肥皂盒影音搜索等，都可以自行选择安装，如图 7.73 所示。

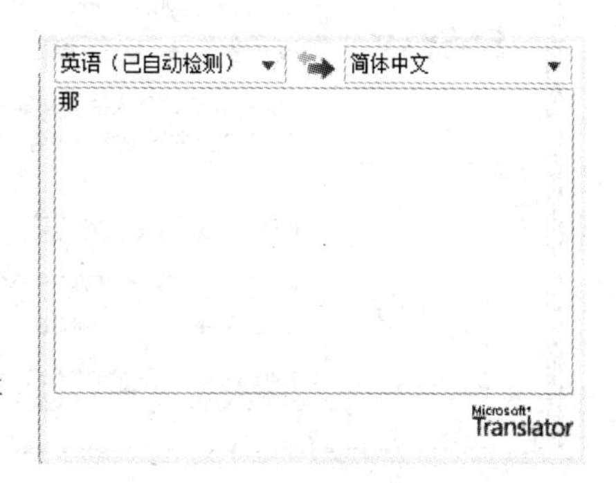

图 7.71　翻译结果的悬浮框

图 7.72 “查找更多加速器”命令

图 7.73 加速器显示列表

(6) 不保留浏览记录

浏览网页时，凡是开启过的网站，登录时使用的账号及密码等都会被浏览器记录下来。IE 8 提供了"InPrivate 浏览"这一功能。它可避免浏览历史、临时文件、填过的表格数据、账号和密码等信息被浏览器记录。

① 打开 IE 8，单击"安全"按钮，选择"InPrivate 浏览"命令，如图 7.74 所示。

图 7.74　"InPrivate 浏览"命令

② 开启"InPrivate 浏览"后，会在地址栏出现一个 InPrivate 标记，如图 7.75 所示。在此浏览器窗口中视图的任何网页及相关操作都不会被记录下来；若要关闭"InPrivate 浏览"，只要关闭此浏览器窗口即可。

2. 设置 IE 浏览器

(1) 兼容性视图设置

为了解决 IE 8 和旧版本网页之间因兼容性问题可能出现的使用错误，IE 8 提供了"兼容性视图"功能，使用步骤如下。

① 打开某些网页，在网页地址栏右边可看见按钮，如图 7.76 所示，这就是打开兼容性视图的图标。单击这个按钮，这时页面重新载入并以兼容性视图进行浏览。

图 7.75　InPrivate 标记显示结果

图 7.76　兼容性视图

② 如果不希望每次都手动设置视图，可以将不兼容的网页加入到浏览器的兼容性视图清单。选择"工具"→"兼容性视图设置"命令，如图 7.77 所示。在弹出的对话框中输入网址，然后单击"添加"按钮，单击"关闭"按钮，即可成功添加网址，如图 7.78 所示。

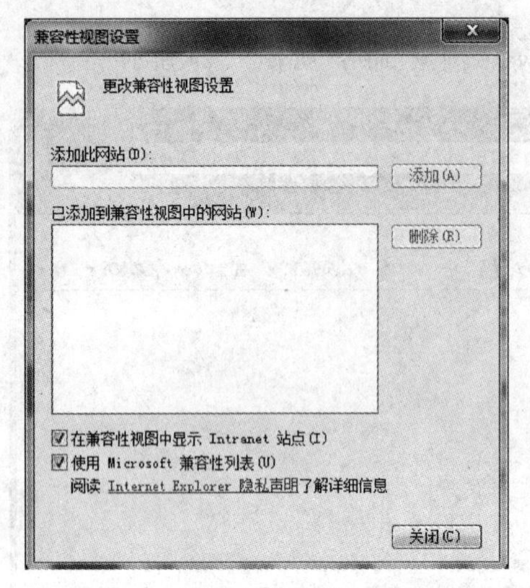

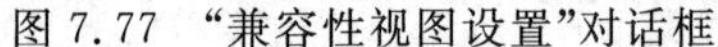

图 7.77 "兼容性视图设置"对话框

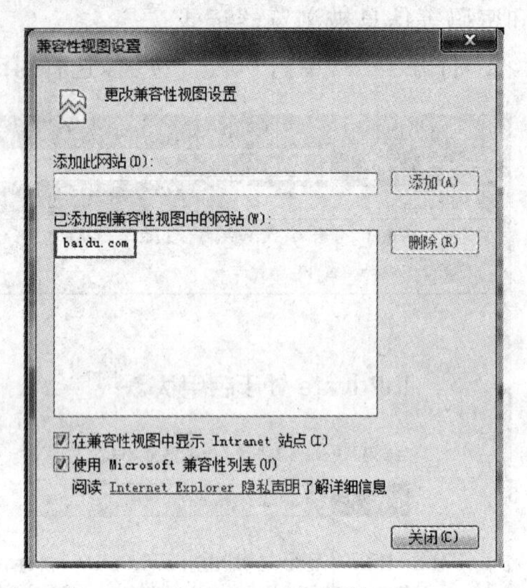

图 7.78 添加网址

(2) 设置网络安全等级

网页上的一些控制组件或程序代码可能会对计算机有危害，如果想要避免，可以考虑提高网络安全性等级，不过安全性等级太高反而可能会造成部分无辜的网页无法显示，所以大多数情况下，可以套用浏览器默认的安全等级，而在浏览陌生网站时再适当提高安全性等级，操作步骤如下。

① 打开 IE 8，选择"工具"→"Internet 选项"命令，如图 7.79 所示。

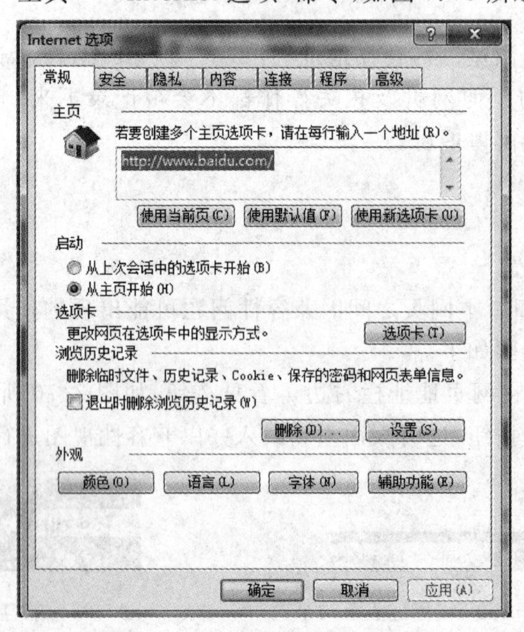

图 7.79 "Internet 选项"命令

② 切换至“安全”选项卡，设置安全级别为“高”，单击“确定”按钮即可，如图7.80所示。

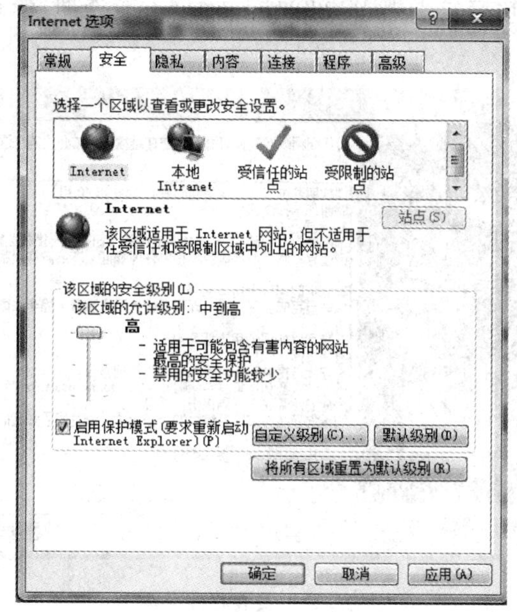

图7.80　安全设置

7.4.6　Windows Mail 的安装、设置和操作

1. Windows Mail 的安装

要安装 Windows Mail，必须要运行 Windows Live 的安装程序。该安装程序和 MSN 的安装程序是相同的，因此如果已下载了该程序，直接运行即可。

若没有该安装程序，则操作步骤如下。

(1) 首先可联机到 http://download.live.com/，选择 Mail，再选择语言，最后单击“立即下载”按钮，如图7.81所示。

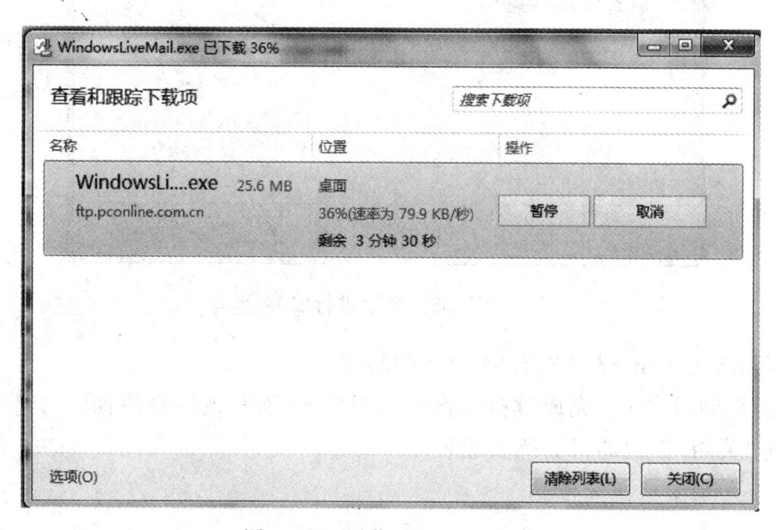

图7.81　下载 Windows Mail

（2）下载完成。

（3）单击“运行”按钮后会出现 Windows Live 的安装界面，接着会出现安装程序的菜单，如图 7.82 所示。

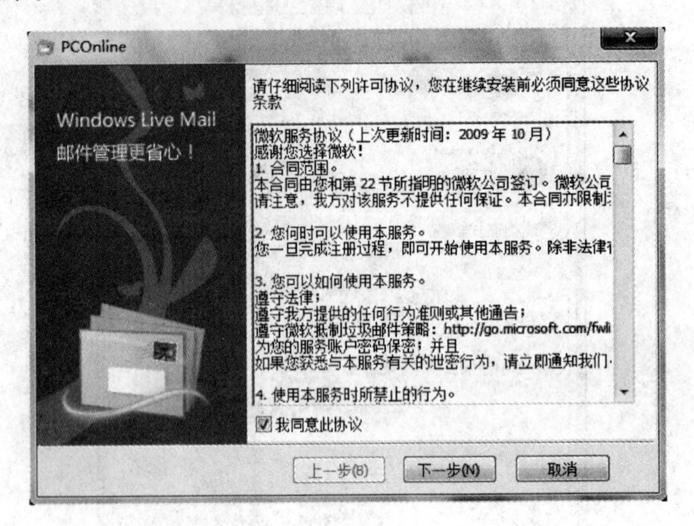

图 7.82　安装程序菜单

（4）勾选 Mail 复选框，其他的程序可依需要勾选，选择后单击“安装”按钮，则会下载并安装 Windows Mail，如果当前开启了浏览器，将会提示关闭。

（5）单击“继续”按钮，安装程序就会自动帮助用户关闭开启中的程序，然后继续进行安装步骤，如图 7.83 所示。

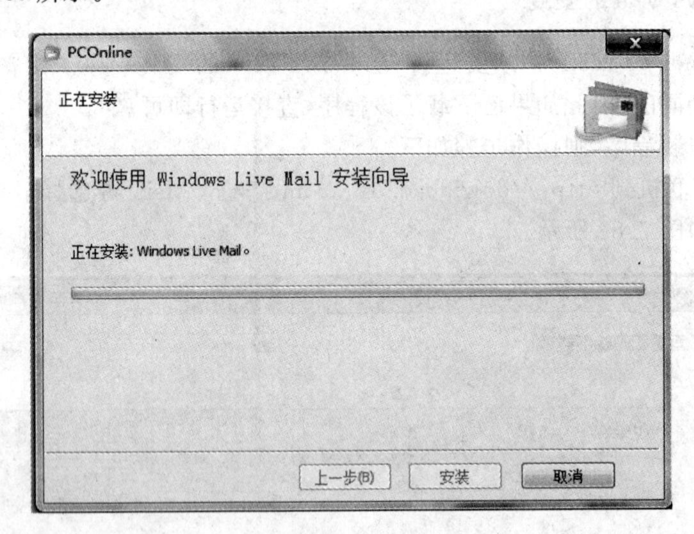

图 7.83　继续进行安装

（6）安装完毕后会出现如图 7.84 所示的界面。

（7）在图 7.84 上单击“完成”按钮，弹出如图 7.85 所示的欢迎界面。

（8）单击“关闭”按钮即可关闭安装程序。

图 7.84 安装完毕界面

图 7.85 欢迎使用界面

2. Windows Mail 的设置

设置 Windows Mail 的操作步骤如下。

(1) 执行"开始"→"所有程序"→Windows Live Mail 命令，如图 7.86 所示。

(2) 启动 Windows Live Mail 程序。第一次使用 Windows Live Mail 时，会出现账户的设置界面，如图 7.87 所示。

(3) 输入"电子邮件地址"、"密码"、"显示名"，并勾选下方的"手动配置电子邮件账户的服务器设置"复选框，并单击"下一步"按钮继续，如图 7.88 所示。

(4) 邮件服务器可使用默认的 POP3，并依序输入待收服务器、登录 ID 以及待发服务器，输入完毕后单击"下一步"按钮继续，则完成了电子邮件账户的设置，如图 7.89 所示。

图 7.86 开始菜单

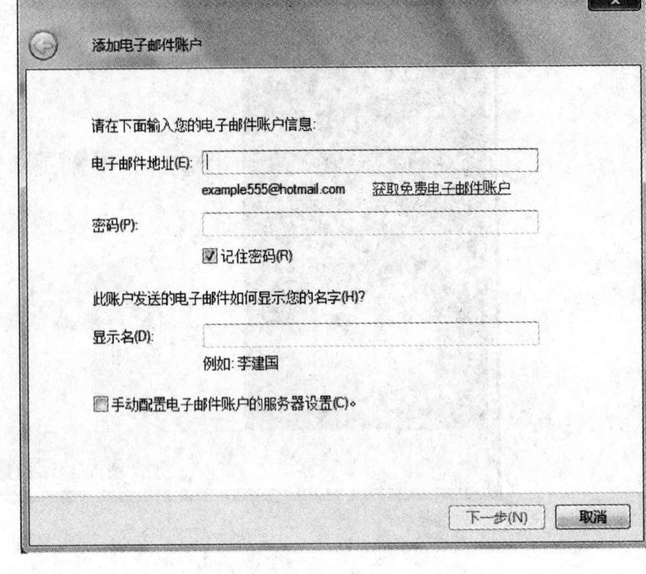

图 7.87 账户设置界面

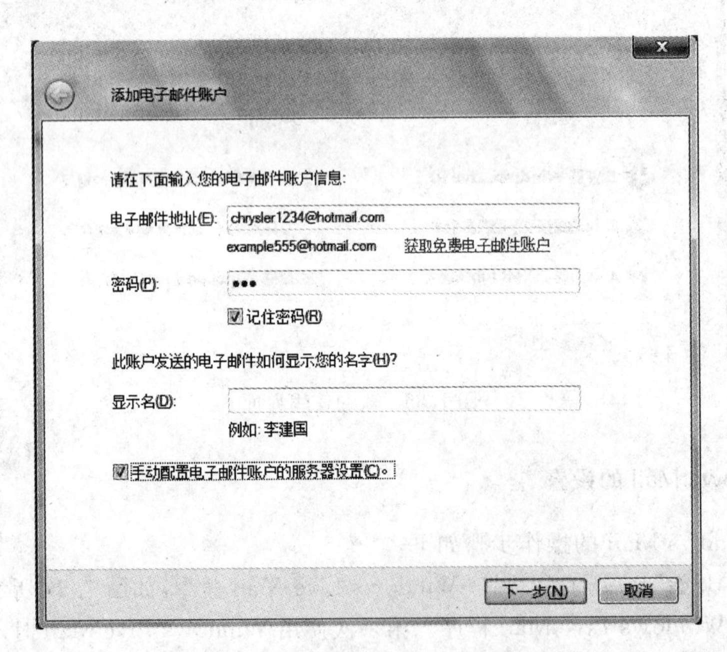

图 7.88 “添加电子邮件账户”对话框

3. Windows Mail 的操作

邮件客户端的基本操作不外乎收信和寄信，这里以实际操作为例来讲解操作过程，并更进一步介绍和服务器联机的设置。

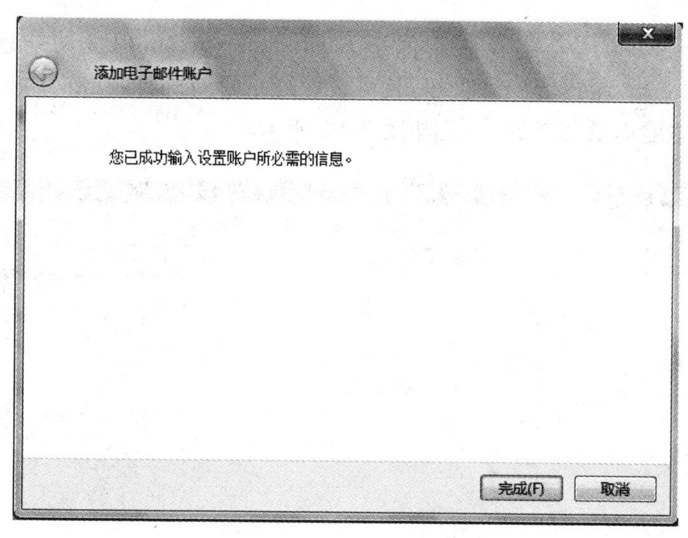

图 7.89　完成电子邮件账户设置

(1) Windows Mail 的开启和寄信

操作步骤如下。

① 当第一次打开 Windows Mail 时，就会自动下载信件，如图 7.90 所示，并且自动开启了垃圾邮件筛选器。接着会将疑似垃圾邮件的信件放入"垃圾邮件"的文件夹。

图 7.90　自动下载信件

② 单击"关闭"按钮，就可以看到 Windows Mail 的基本界面了，如图 7.91 所示。

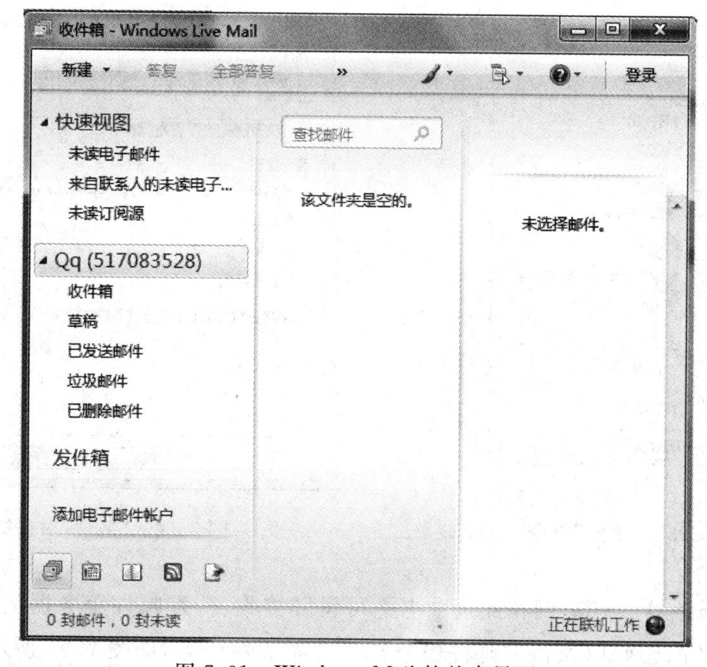

图 7.91　Windows Mail 的基本界面

③ Windows Mail 的基本设置类似于 Outlook Express，但其功能已经类似于微软 Office 中的 Outlook。单击“新建”按钮，就可以发送一封新邮件，在邮件内容中填上收件人（E-mail 地址）、主题以及邮件的内容，如图 7.92 所示。

图 7.92　发送邮件界面

④ 邮件内容可以是一般文字、带格式的文字、图片等，并可附加已完成的文件。写完后单击“发送”按钮，即可发送邮件，并将寄出的邮件保留一份至“寄件备份”中。对于一般邮件，还可以回复、转寄，以及新建文件夹分类存放。

(2) 邮件服务器连接的高级设置

改变邮件服务器的设置的步骤操作如下。

① 鼠标右键单击新建的邮件用户标题，在弹出的快捷菜单中选择“属性”命令，如图 7.93 所示。

② 单击后会出现该邮件用户的“属性”对话框，如图 7.94 所示。

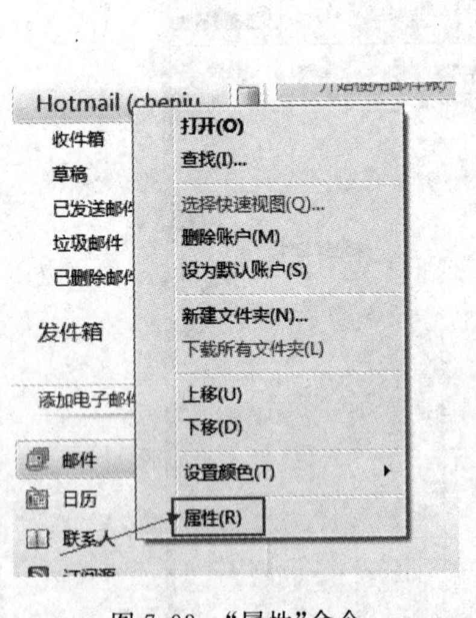

图 7.93　“属性”命令

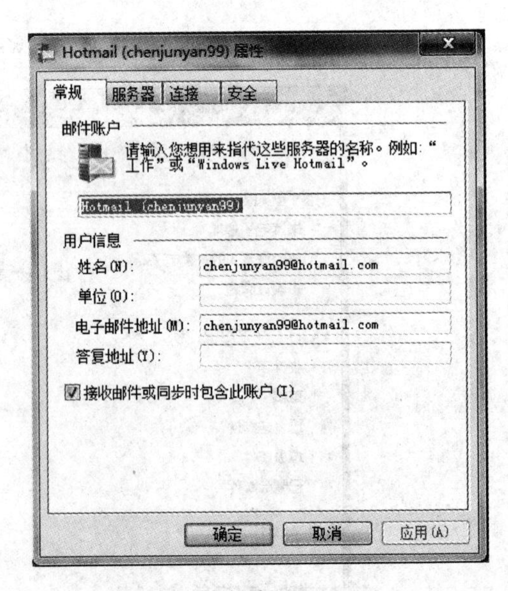

图 7.94　“属性”对话框

③ 单击“服务器”标签，则在此选项卡上可设置接收、待发邮件服务器的 IP 地址或完整域名、使用者名称、密码以及待发邮件服务器是否需要验证等，如图 7.95 所示。

④ 最后打开“高级”选项卡，可以在下方的“传送”选项组中选择信件是否在服务器中保留备份，以及保留备份的时间，如图 7.96 所示。

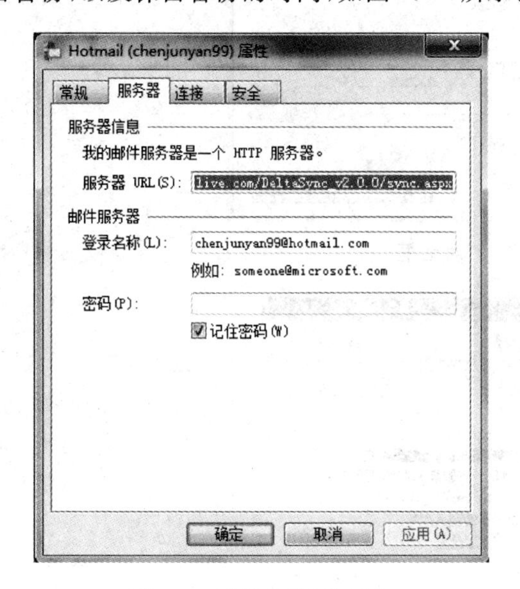

图 7.95　“服务器”选项卡

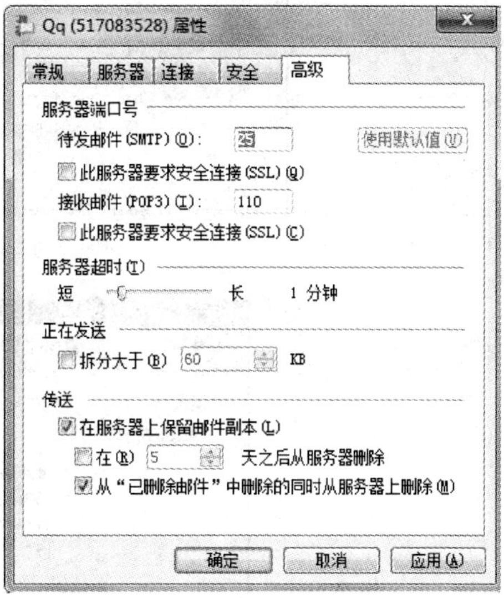

图 7.96　“高级”属性

7.4.7　联系人和日历的设置

1. 联系人管理

联系人管理的操作步骤如下。

(1) 首先打开 Windows Live Mail，然后单击联系人。

(2) 接着出现 Windows Mail 中的“联系人”的界面，如图 7.97 所示。

图 7.97　“联系人”界面

(3) 单击“登录”链接，联机并下载 MSN 上的联系人，如图 7.98 所示。

(4) 输入账户名称和登录密码，并登录账户。接着软件就会将 MSN 联系人的资料下载到 Windows Mail 中，如图 7.99 所示。

图 7.98 “登录”对话框

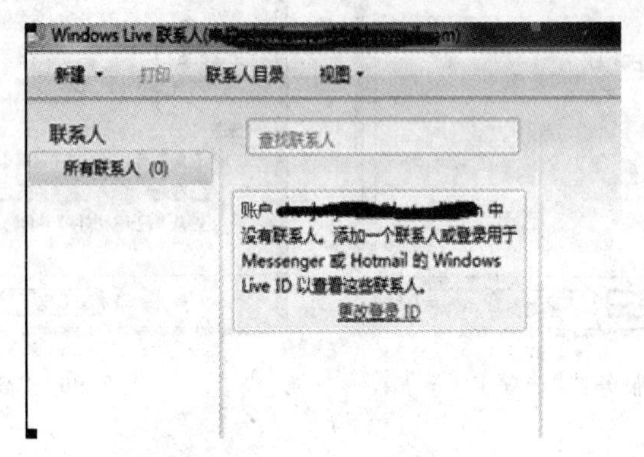

图 7.99 下载 MSN 联系人

(5) 如果用户要增加联系人，可以单击“新建”旁边的下拉按钮，并单击“联系人”选项，如图 7.100 所示。

(6) 接着要求备注此联系人的姓名、电子邮箱等信息，如图 7.101 所示。

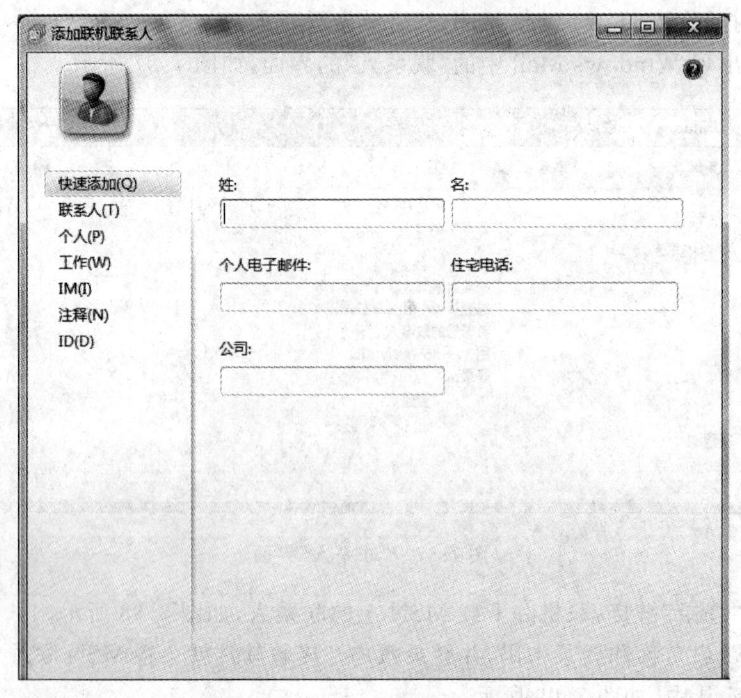

图 7.100 “添加联机联系人”窗口

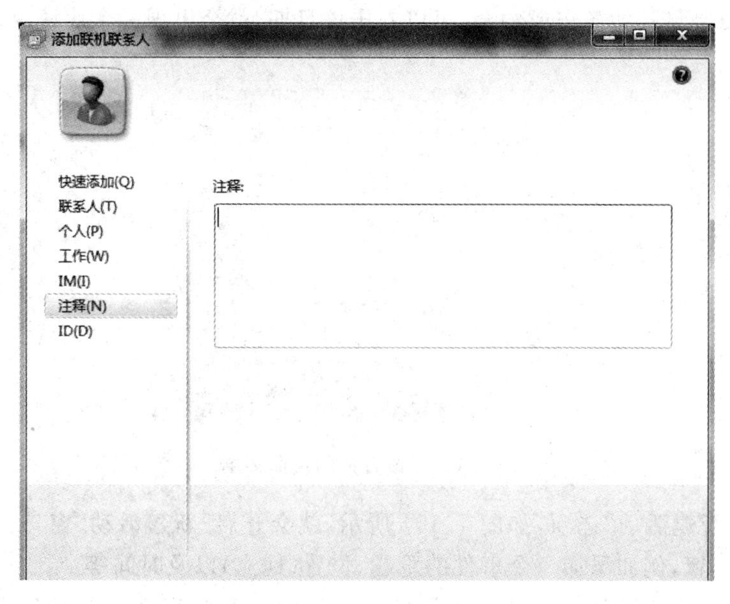

图 7.101　备注联系人

(7) 填写好信息后,单击右下角的"添加联系人"按钮,就可以保存此人的相关信息了。

2. 日历设置

日历可以记录或计划每天的行程安排,读者应该熟练掌握其用法,操作步骤如下。

(1) 首先打开 Windows Live Mail,然后单击日历。

(2) 接着就会显示目前的月历,如图 7.102 所示。

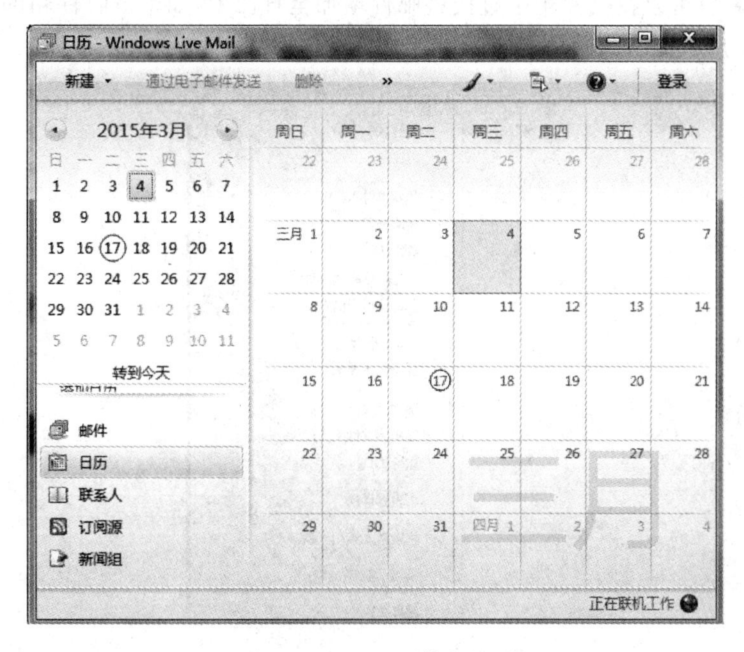

图 7.102　显示目前的月历

(3) 如果要制订新的备忘或约会，可以右击该日期，就会出现一个快捷菜单，如图 7.103 所示。

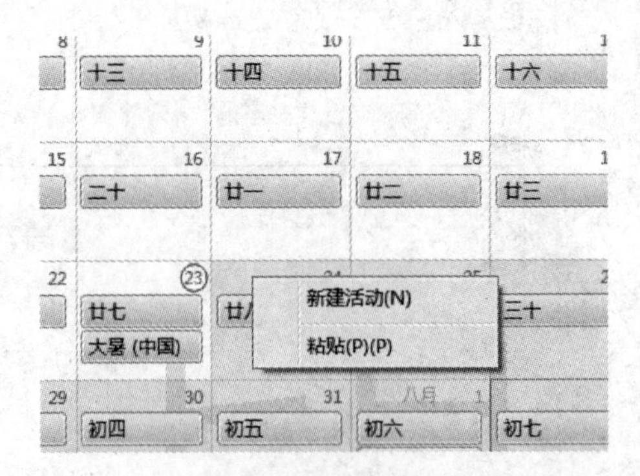

图 7.103　该日期的快捷菜单

(4) 单击“新建活动”选项，如图 7.104 所示，就会开启“新建活动”窗口，在这里可以对目前日期进行设置，例如添加一个事件的主题、位置(地点)以及时间等。

(5) 保存后会返回日历，并可看见所设置的日期以及标记好的相关信息，如图 7.105 所示。

图 7.104　新建活动

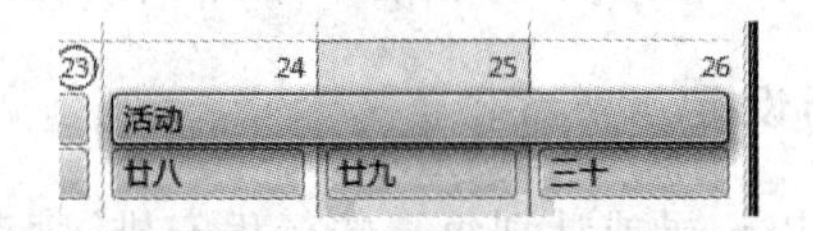

图 7.105　记号信息的月历

(6) 使用者也可以在收件箱中直接将邮件增加至日历中，如单击收件箱的信息，然后再单击“添加至日历”选项，如图 7.106 所示。

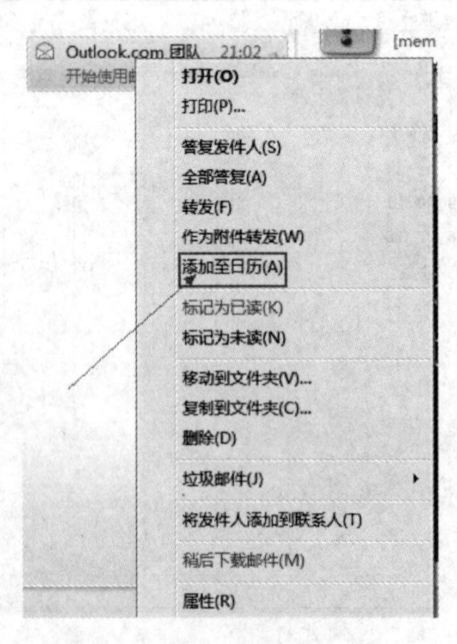

图 7.106　“添加至日历”选项

(7) 接着设置时间等信息。

(8) 最后单击左上角的“保存并关闭”按钮返回日历，就会发现设置的日期已经被标注，如图7.107所示。

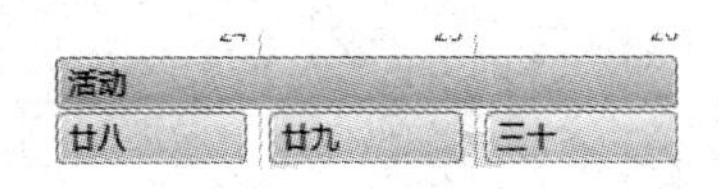

图7.107　标注的日历

7.5　后续项目

在Windows 7系统中设置了上网方式、家庭组、Windows Mail等信息之后，用户的计算机已经能够连接网络、进行网络设置和邮件设置。接下来用户应该设置系统的安全防范。

子项目8 系统的安全防范

8.1 项目任务

在本子项目中要完成以下任务：

(1) Windows Defender 的启动和设置；

(2) 操作中心的设置。

具体任务指标如下：

(1) 设置 Windows Defender，可以扫描恶意软件，查看历史记录并设置选项等操作；

(2) 设置系统中的安全选项，并维护相关信息。

8.2 项目的提出

在这个互联网时代，个人计算机在与外部主机处于联机的状态下，随时都有受到病毒感染的危险，如网页的浏览、文件的下载、外接移动硬盘等。如果浏览到有病毒的网页，病毒就会下载到计算机中，这时候防毒软件便能发挥作用，在第一时间清除或隔离病毒，因此安装防毒软件是必要的。

8.3 实施项目的预备知识

预备知识的重点内容

(1) 重点掌握 Windows Defender 的安全设置方法；

(2) 重点掌握操作中心的安全和维护选项配置。

关键术语

(1) 恶意软件：是指在计算机系统上执行恶意任务的病毒、蠕虫和特洛伊木马等程序，通过破坏软件进程来实施控制。

(2) 特洛伊：该程序看上去有用或无害，但却包含了旨在利用或损坏运行该程序的系统的隐藏代码。特洛伊木马程序通过没有正确说明此程序的用途和功能的电子邮件传递给用户，它也称为特洛伊代码。特洛伊木马通过在其运行时传递恶意负载或任务达到此目的。

(3) 蠕虫(Worm)：使用自行传播的恶意代码，它可以通过网络连接自动将其自身从一台计算机分发到另一台计算机上。

预备知识概括

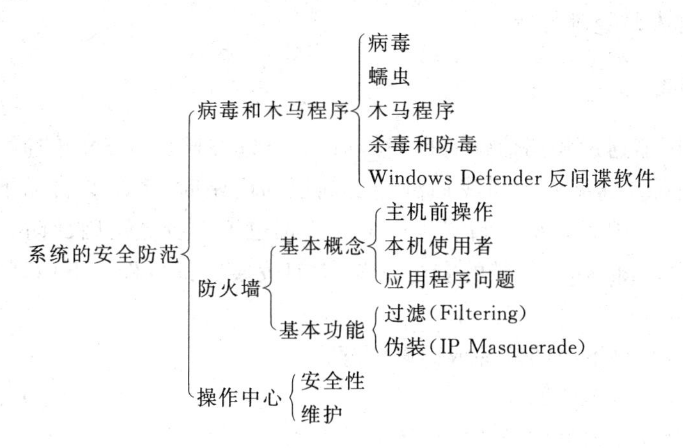

预备知识

8.3.1　病毒和木马程序

1. 认识病毒和木马程序

本节将介绍病毒和木马程序，此外还有常见的蠕虫，通常计算机用户会将蠕虫视为病毒的一种。在本节中我们将它们分开介绍，并列出这三者的差异。

(1) 病毒

病毒是一段计算机程序码，它附加到程序或文件之中，并在计算机间散播，同时感染途经的计算机。病毒可能会损坏软件、硬件和文件。病毒一般会经过电子邮件等途径传播。

(2) 蠕虫

蠕虫就像病毒一般，会在计算机之间自我复制，但不同之处在于蠕虫可以自动自我复制。首先蠕虫会掌握计算机传输文件或信息的功能，并自动蔓延，因此蠕虫最危险之处就是其大量复制的能力。

蠕虫通常不需要使用者的操作即可散播，而且它会将自己完整复制(甚至可能先修改过)再通过网络传播。蠕虫会消耗内存或网络带宽，甚至使计算机死机。

(3) 木马程序

木马是特洛伊木马的简称。特洛伊木马程序看起来像是有用的计算机程序，但是却会危害计算机安全性并造成损害。常见的特洛伊木马程序会使用电子邮件形式传播，附带有问题的文件。看似正常的附加文件，但实际上却是可使防毒软件和防火墙停用的病毒。

这三者只是分类不同，事实上都是破坏或影响计算机正常程序的恶意程序。由于目前

互联网的普及，用户随时都会上网下载或上传数据，计算机很容易暴露在风险中，因此采用适当的安全防护是必要的。

或许有人会问病毒究竟会干嘛，这个问题没有标准答案，完全取决于撰写病毒的人想要达到什么效果。如果病毒能够成功地进入系统并且运行，就可以运行在它权限之内的所有行为，目前常见的破坏功能有破坏或删除文件、改变文件的属性、改变系统的源码、建立不正常的网络联机、乱发垃圾邮件等。

2. 杀毒和防毒

计算机病毒可能通过我们信赖的程序传播，如当好友通过 MSN 传递了一个文件，而我们“接收”时，就可能中毒；或是当我们浏览有问题的网站时，系统会自动下载病毒。此外，通过局域网的传播并因为系统的漏洞所产生的病毒也不在少数。因此防毒并不能单靠“小心”，而必须使用 Windows 7 附带的安全设置，并且安装防毒软件。下面列出减少病毒入侵的常用准则。

(1) 不要安装来路不明的软件或破解程序。

(2) 不要访问有问题的网站。

(3) 通过实时通信软件传递的文件不要随便接收。

(4) 来路不明的邮件，不要打开附件或链接。

(5) 不要关闭 Windows 的安全设置。

(6) 安装防毒软件。

最后，建议读者必须要将操作系统做一次完整备份，并且之后定期备份，万一系统或文件遭受病毒的影响，也可以从备份中复原。

3. Windows Defender 反间谍软件

Windows 7 默认安装了一款反间谍软件 Windows Defender，可以防止恶意软件、间谍程序以及其他潜在的垃圾软件感染计算机系统。除了微软本身对恶意软件的收集之外，它还成立了 Spenet 社群并通过该社群所回馈的使用经验来判断间谍软件。

8.3.2 防火墙

本节将简要介绍防火墙的基本概念，从而使读者对于网络安全能有进一步的认识。

1. 防火墙的基本概念

计算机防火墙是建立在计算机本身和网络中间的一道安全闸口，因此防火墙的功能是建立在和其他计算机的联机之上。本机的操作是不受防火墙控制的，例如 U 盘上的病毒或木马程序，因此防火墙在联网的计算机上才会发挥作用。

在计算机网络的世界中，可以将网络入侵的行为视为火灾，而防火墙则是阻隔和预防灾害蔓延的阻隔物。

防火墙并非是万能的，下面列举一些防火墙无法发生作用的情况。

(1) 主机前的操作

防火墙只对网络上的操作有效，因此主机上的操作是无法被防火墙控制的，例如直接到主机上窃取数据、运行有问题的程序(U盘或随身硬盘)等,这些都是防火墙无法控制的。

(2) 本机的使用者

若是本机的使用者登录系统,例如远程登录等,这种情况下防火墙是发挥不了作用的(除非不运行该服务)。

(3) 应用程序的问题

若是运行出了问题的应用程序,那么该应用程序所接听的端口号必然是打开的,或者说,防火墙并不会过滤这个端口号,因此发挥不了效果。例如IE、MSN发现程序漏洞而被攻击,防火墙是不会起作用的。

(4) 已经发生问题的主机

若是一台主机已经发生问题,或是已被入侵,此时通过防火墙来增加安全不一定有用,因为入侵者可能留了后门程序,此时防火墙也是没效果的。

(5) 防火墙的设置错误

防火墙的设置错误也是常见的问题。建议打开Windows 7默认的防火墙程序,可以避免这类问题的发生。

这里要强调一点,防火墙对于系统的保护,就相当于门锁和房子内部的安全一般。强悍的门锁并没办法完全阻止盗贼的入侵,但可以降低盗贼入侵的意向并增加入侵的困难度,防火墙也是同样。

2. 防火墙的基本功能

(1) 过滤(Filtering)

过滤是防火墙的必备功能,一个TCP或UDP的数据包从本地(Source)到目的地(Destination),至少包含了4项信息,即Source IP Address(来源地址)、Source Port(来源端口)、Destination IP Address(目的地址)、Destination Port(目的端口),防火墙可以根据这4项信息来决定是否封锁该数据包。

此外,常用的判断条件还包括应用程序的名称、使用者等,这是最常见的防火墙功能。

(2) 伪装(IP Masquerade)

伪装的功能多半在NAT服务器(如IP分享器)上,通过防火墙将联机真实的来源地隐藏,而以NAT的信息取代。例如,一台NAT Server的对外地址为1.2.3.4,对内地址为192.168.1.1,另一台局域网络内的客户端IP地址为192.168.1.101,若通过此NAT服务器联机到Yahoo,那么对Yahoo而言,所看到的是外部的IP地址1.2.3.4对它联机,而非192.168.1.101。

8.3.3 操作中心

操作中心包含所有与Windows 7系统和网络安全相关的设置,内容包含安全性和维护两大项。

UAC(User Account Control,用户账户控制)是微软为了提高系统安全而在Windows Vista中引入的新技术,它要求用户在进行可能会影响计算机运行的操作或进行更改影响其他账户设置的操作之前,提供权限或管理员密码,如图8.1所示。

在 Windows 7 中沿用了这项账户控制设置。通过在程序启动前的验证动作，UAC 可以防止恶意软件和间谍软件在未经许可的情况下在计算机上进行安装或对计算机进行更改。当这样的情况发生时，UAC 默认会使屏幕变暗并禁止其他所有的活动，如图 8.2 所示。

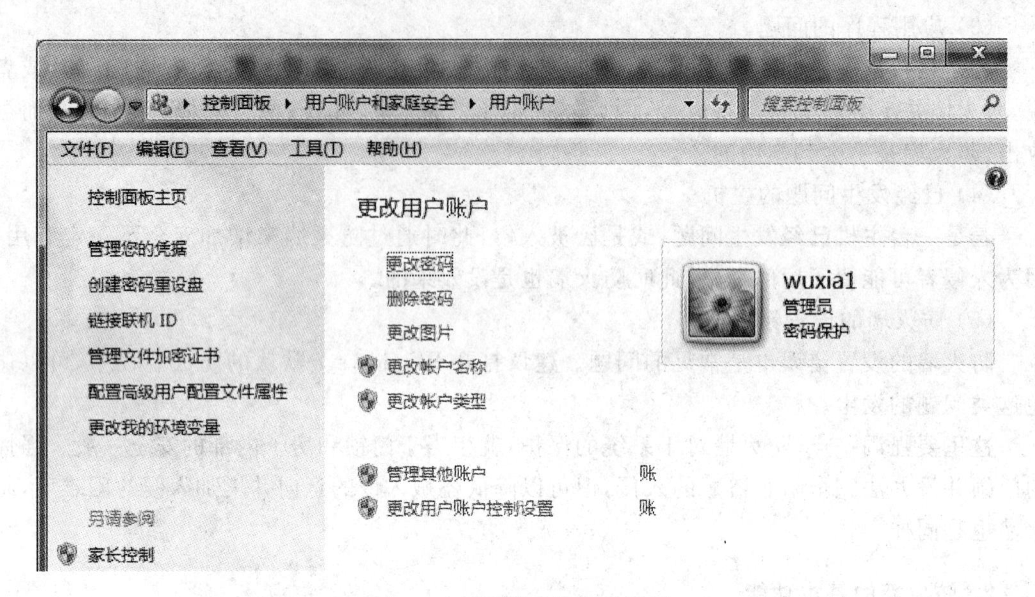

图 8.1　用户账户控制对话框

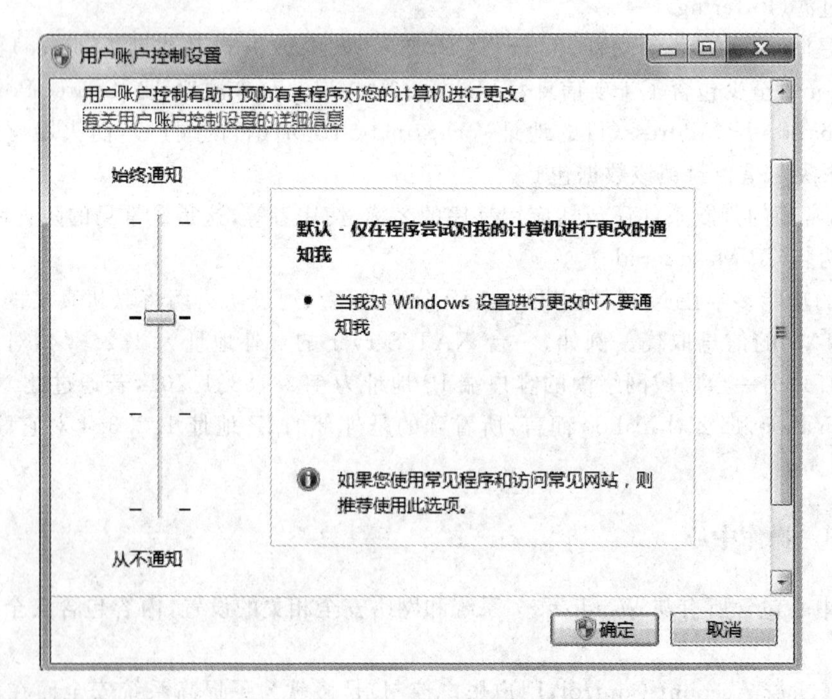

图 8.2　UAC 禁止其他所有活动界面

若要改变UAC的设置,可以选择“控制面板”→“系统和安全”命令,并打开“操作中心”窗口,如图8.3所示。

图8.3　操作中心界面

接着单击“更改用户账户控制设置”选项,就会打开“用户账户控制设置”窗口。在这里可以设置当程序安装时,是否通知使用者。

通知共设置了4种,其作用可参考表8.1。

表8.1　通知设置

作用(从“始终通知”到“从不通知”)	安全性
当程序安装软件或改变计算机时,桌面会变暗(此时无法进行其他操作),并会收到通知	这是最安全的设置,但相对地操作较麻烦,限制较多
若程序改变系统并需要管理员权限时,桌面会变暗(此时无法进行其他操作),并会收到通知	这是默认值,可让一般的程序运行,而对特殊权限进行限制和通知
若程序改变系统并需要管理员权限时,会收到通知(桌面不会变暗,可进行其他操作)	和上面相同,但不会禁止其他操作
关闭UAC的设置。如果有相关权限可以直接运行,若没有则会直接拒绝,完全不会出现通知	安全性最低,但使用上最方便

8.4　项目实施

8.4.1　Windows Defender的启动和设置

(1) 首先打开“控制面板”并切换“查看方式”为大图标,如图8.4所示。

图 8.4　控制面板

（2）单击 Windows Defender 选项，则可进入 Windows Defender 的设置界面，如图 8.5 所示。

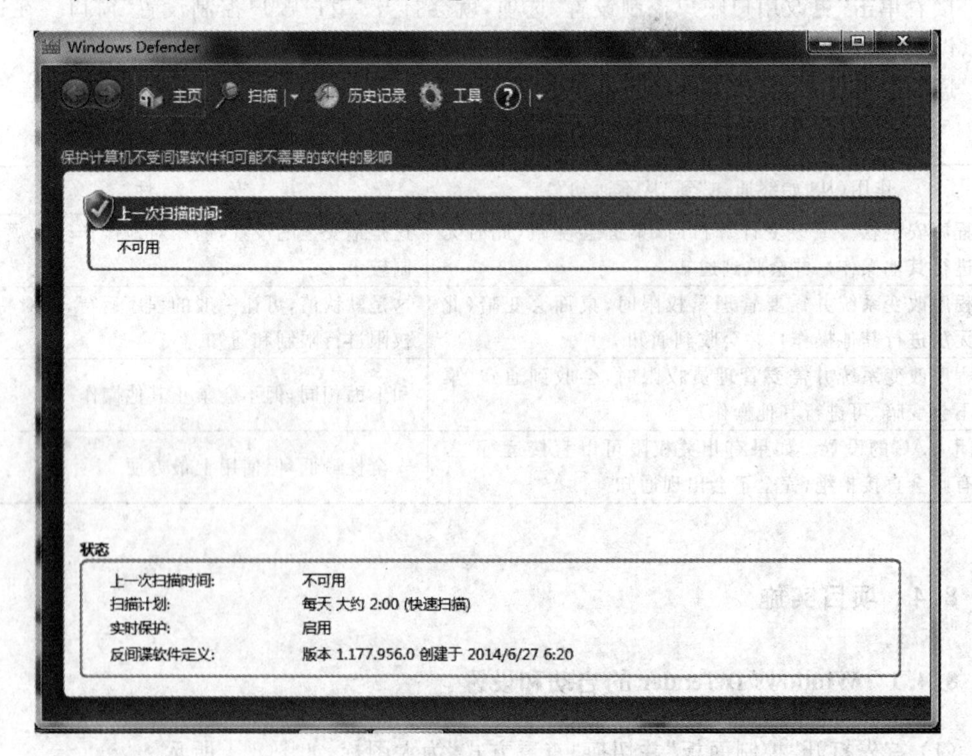

图 8.5　Windows Defender 的设置界面

(3) 第一次启动时需要更新恶意软件的在线定义文件,单击"立即检查更新"选项,则会检查并下载更新。更新完毕后会出现如图 8.6 所示的界面。

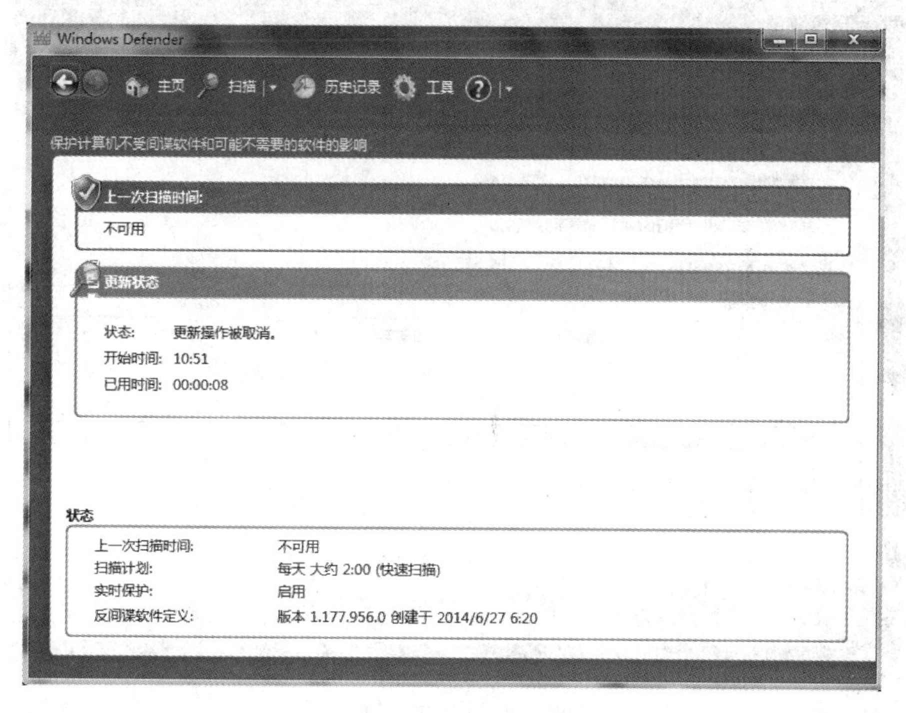

图 8.6　更新完毕界面

(4) 接着单击"扫描"按钮,即可扫描本地是否存在恶意软件,如图 8.7 所示。

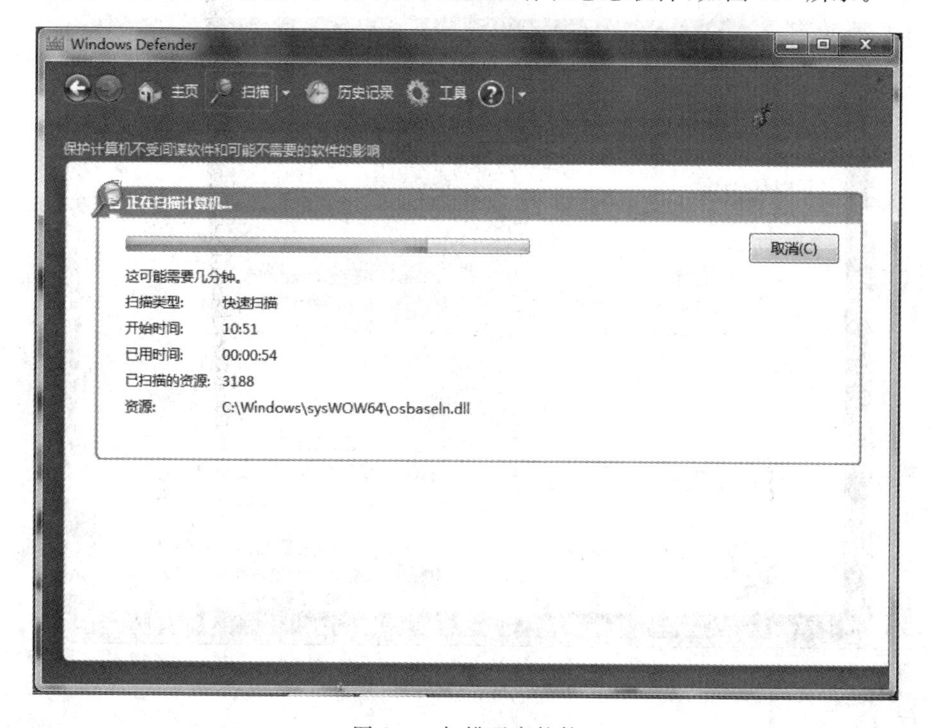

图 8.7　扫描恶意软件

(5) 接着单击“历史记录”按钮，则会显示曾经进行的操作，如图 8.8 所示。

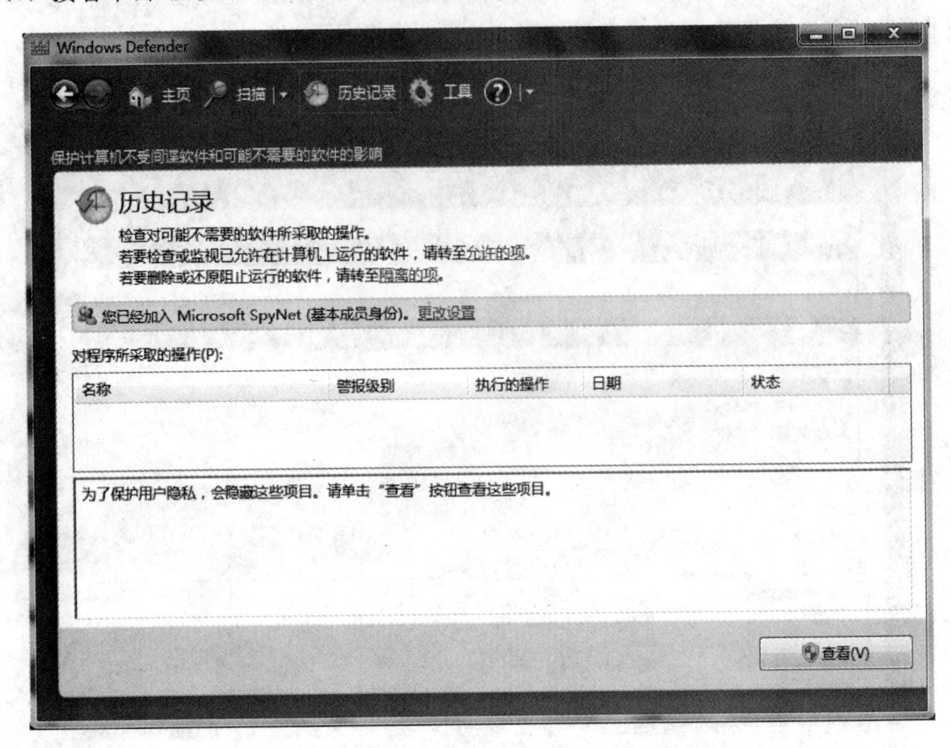

图 8.8　查看历史记录

(6) 最后单击“工具”按钮，则会出现 Windows Defender 的设置界面，如图 8.9 所示。

图 8.9　“工具和设置”界面

(7) 单击“选项”按钮，则会出现 Windows Defender 的详细设置选项。首先出现的是“自动扫描”，在这里可以选择自动扫描的周期和时间，默认值是每天凌晨 2:00 进行扫描，如图 8.10 所示。

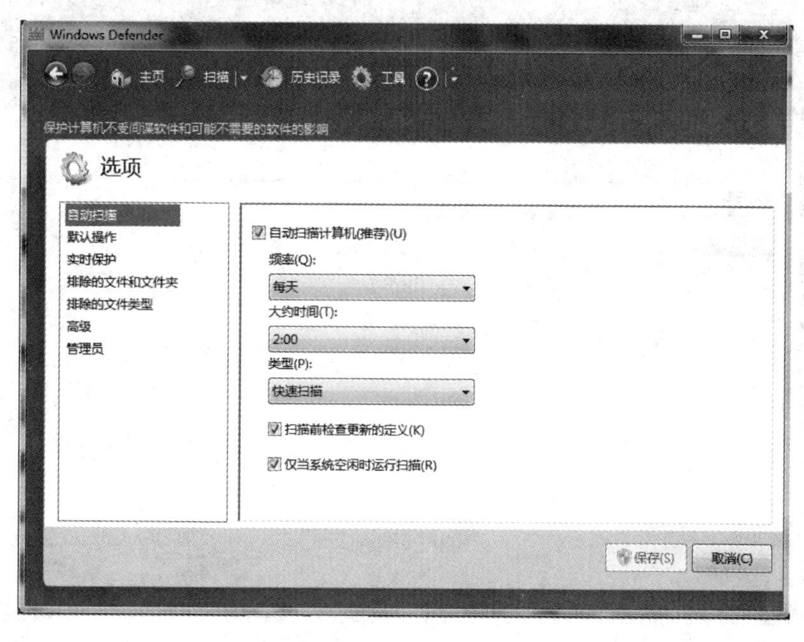

图 8.10 “自动扫描”界面

(8) 如果用户觉得设置“每天扫描”的频率过高，则可以将“频率”改为“每周”，时间可依读者的需要来选择。

(9) 接着单击“默认操作”选项，在这里可以设置不同警告级别发生时程序所进行的操作，如图 8.11 所示。

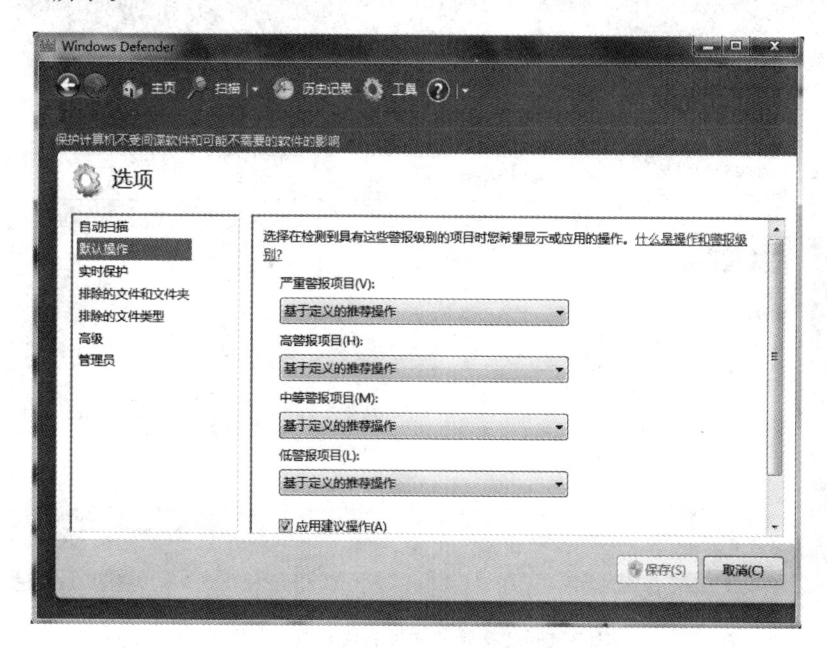

图 8.11 “默认操作”界面

(10) 单击“实时保护”选项,则会出现是否随时扫描下载的文件、附件、程序等,如图 8.12 所示。

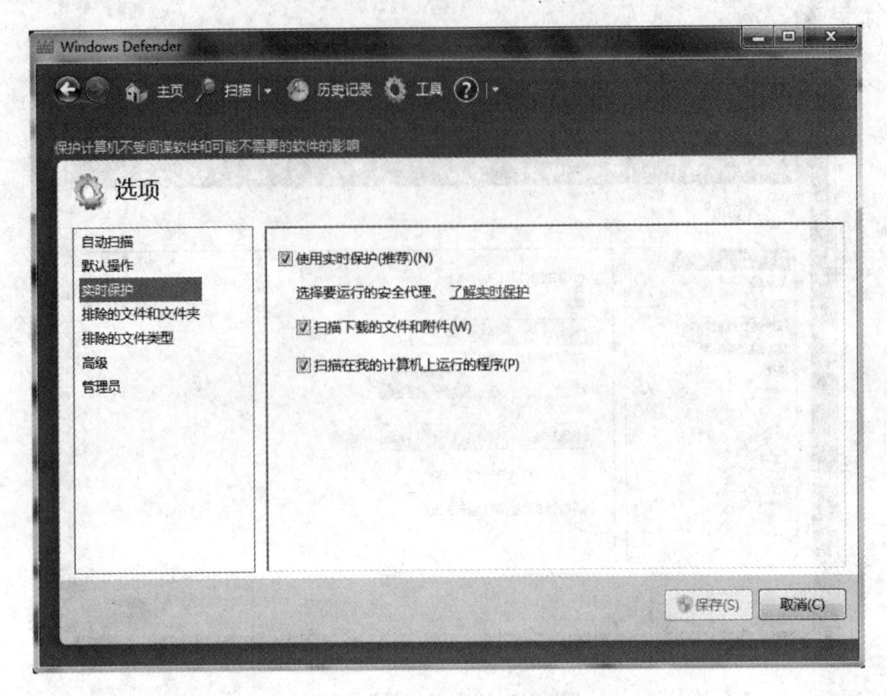

图 8.12 “实时保护”界面

(11) 单击“排除的文件和文件夹”选项,在这里可以设置不需要扫描的文件或程序路径,如图 8.13 所示。

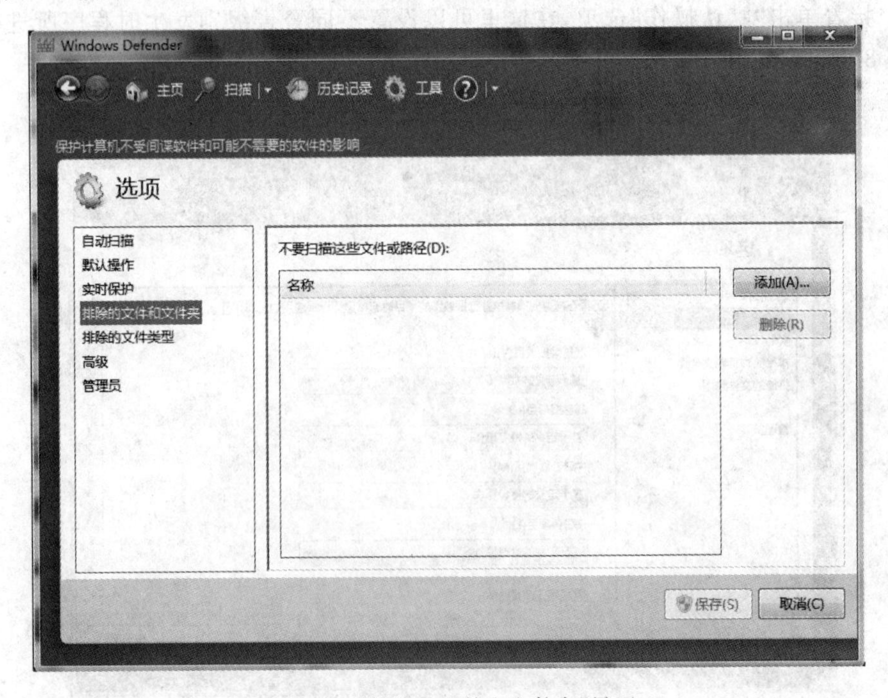

图 8.13 “排除的文件和文件夹”界面

(12) 单击“排除的文件类型”选项,在这里可以设置不要扫描的文件类型(如特定的扩展名),如图 8.14 所示。

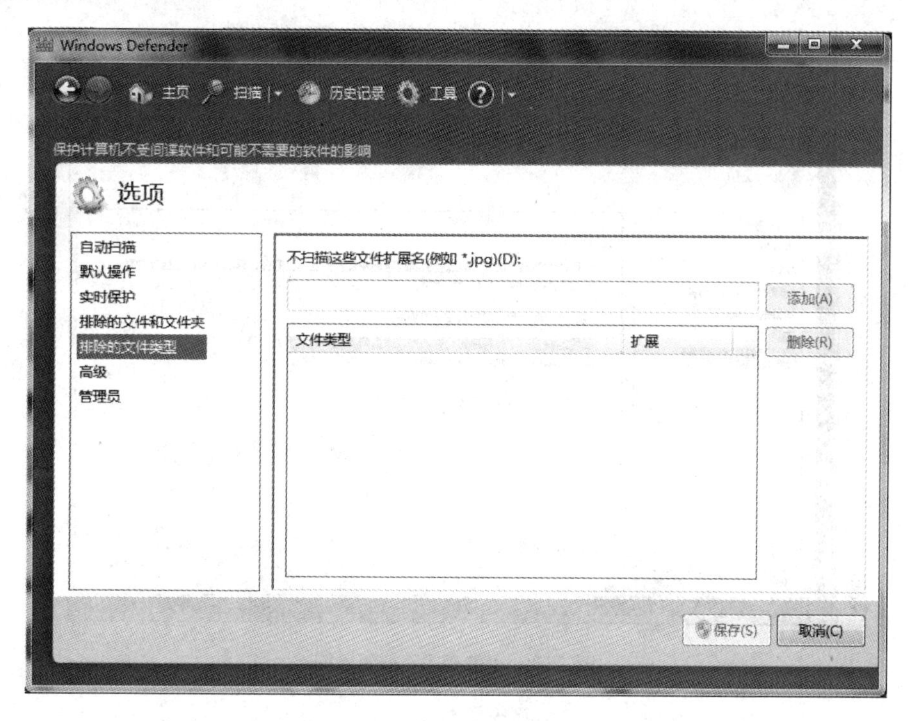

图 8.14　“排除的文件类型”界面

(13) 单击“高级”选项,可以选择更多的扫描设置,如图 8.15 所示。

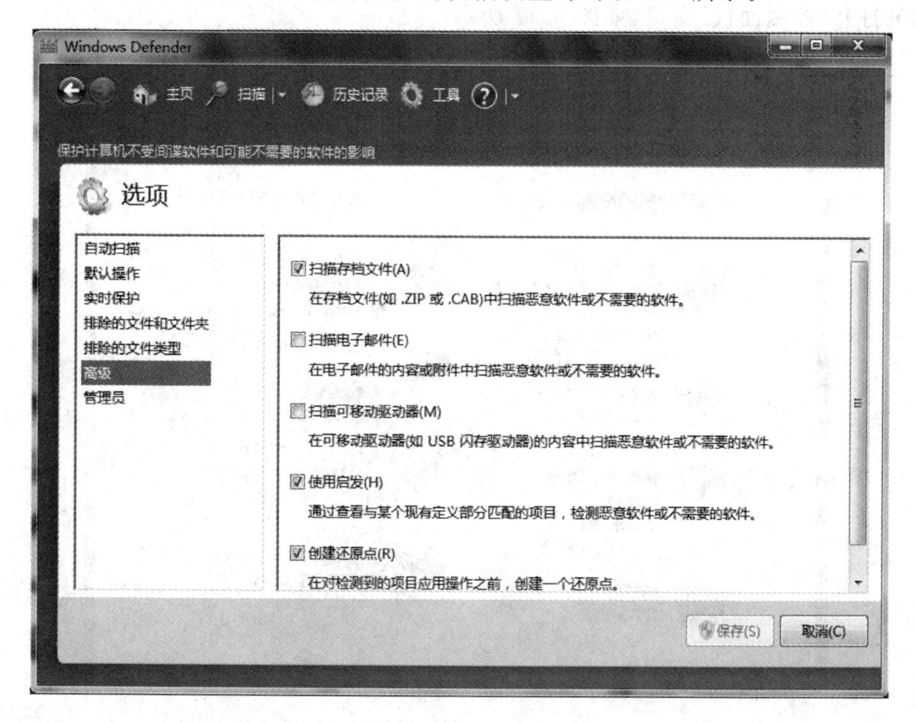

图 8.15　“高级”选项界面

(14) 最后单击“管理员”选项，在这里可以选择是否要启用该程序，以及是否显示所有使用者的项目，如图 8.16 所示。

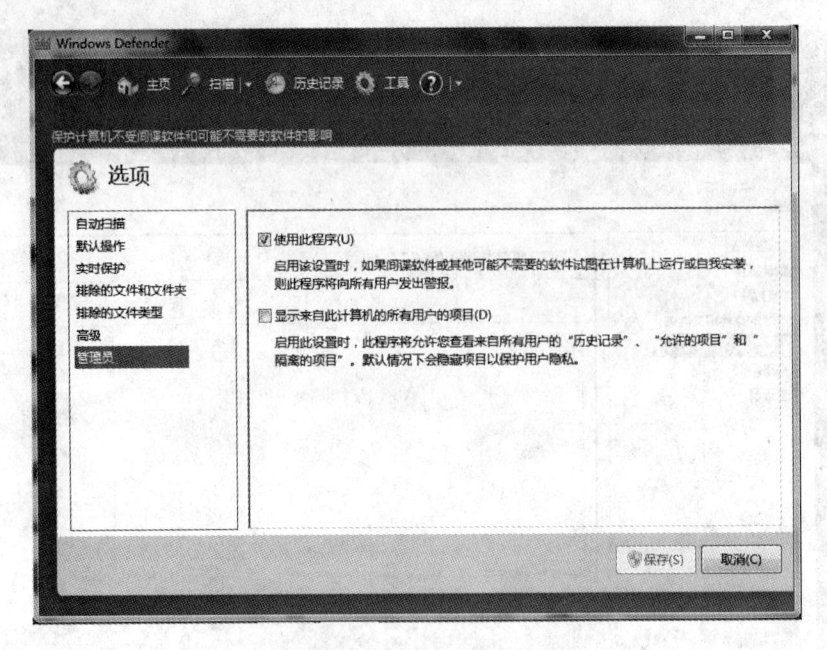

图 8.16 “管理员”选项界面

8.4.2 操作中心的设置

(1) 打开“控制面板”窗口，如图 8.17 所示。

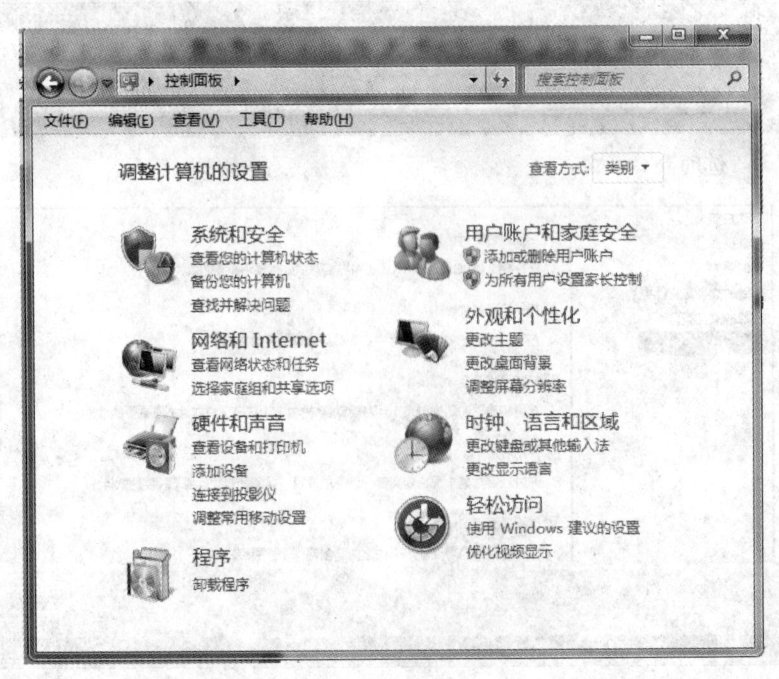

图 8.17 “控制面板”窗口

(2) 接着单击“系统和安全”选项,打开相应的窗口,如图 8.18 所示。

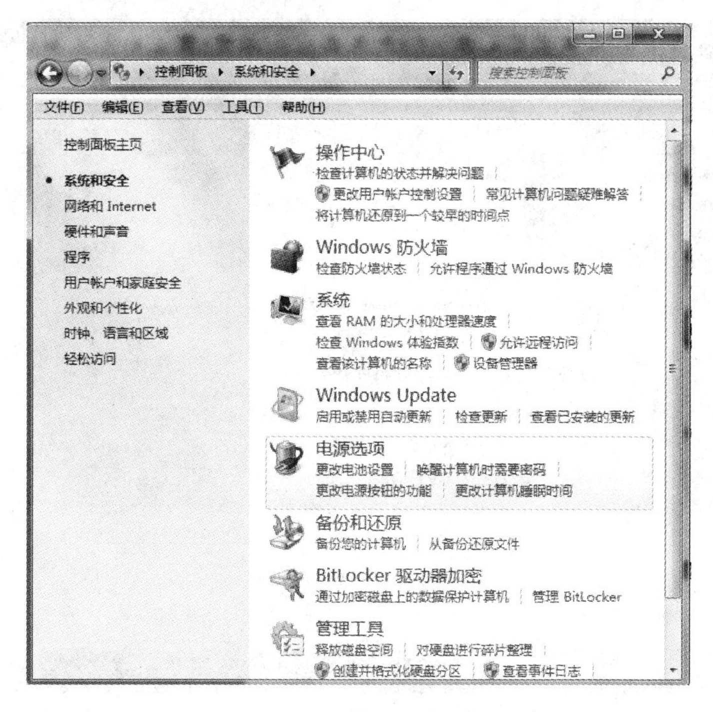

图 8.18 “系统和安全”界面

(3) 单击“操作中心”选项,打开相应窗口。在“操作中心”窗口中,可看到“安全”、“维护”等功能区,如图 8.19 所示。

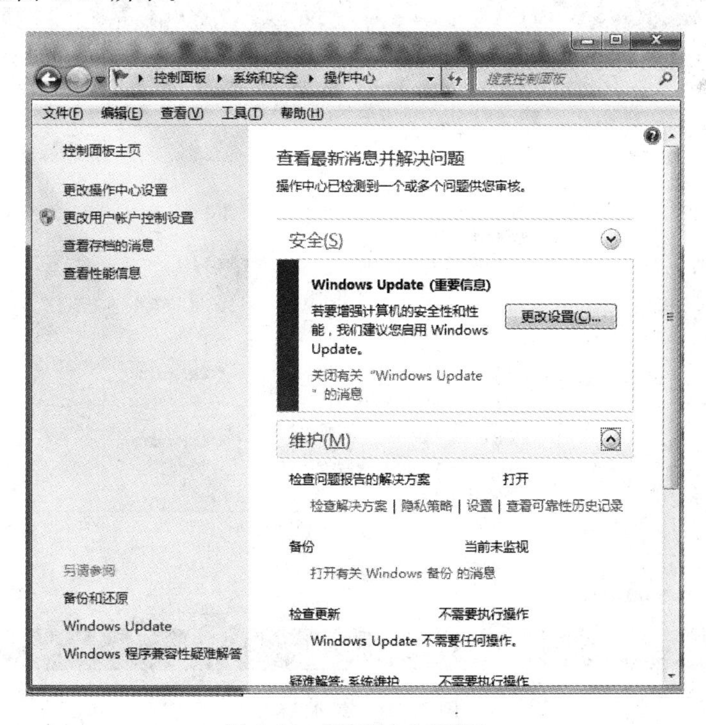

图 8.19 “操作中心”界面

（4）单击“安全”下拉按钮，就会出现相关的信息，如图 8.20 所示。

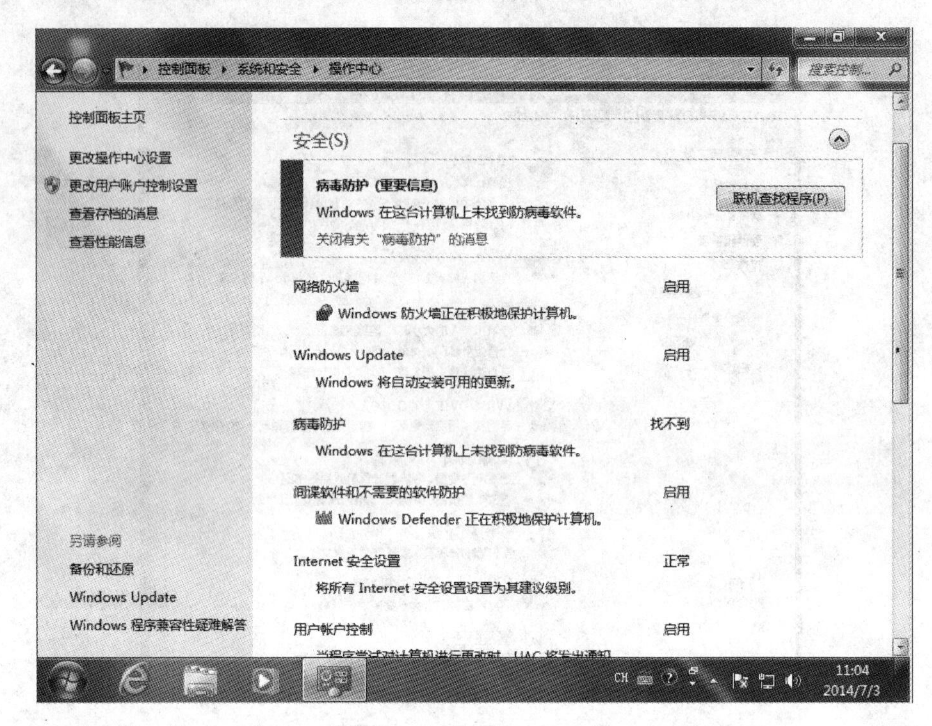

图 8.20 “安全”界面

（5）接着单击“维护”下拉按钮，就会出现相关的信息，如图 8.21 所示。

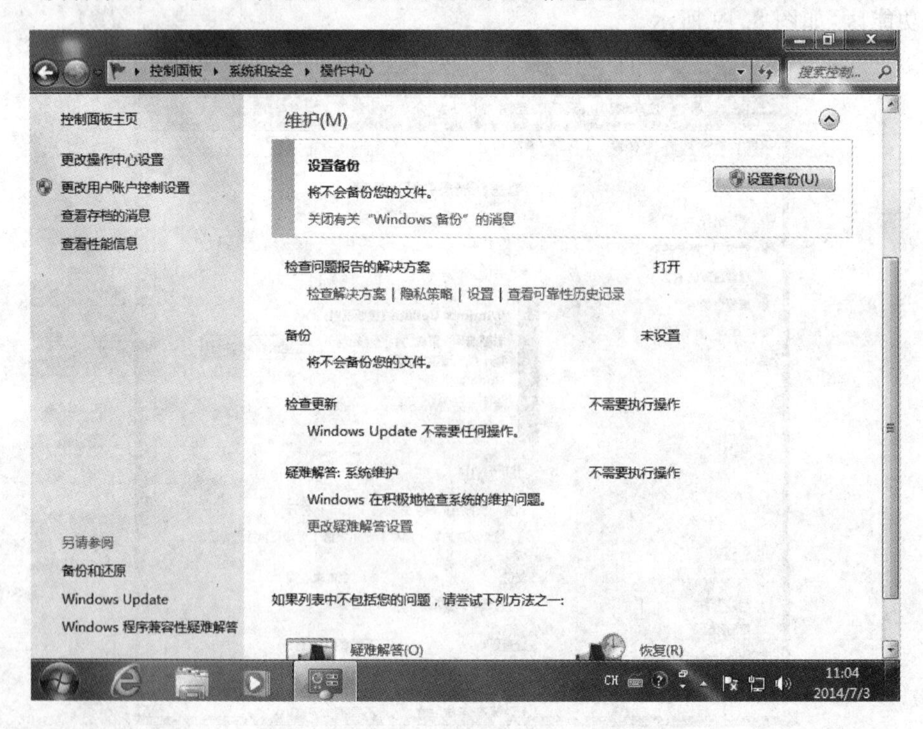

图 8.21 “维护”界面

(6) 单击窗口左边的“更改操作中心设置”选项，打开相应窗口，如图8.22所示。

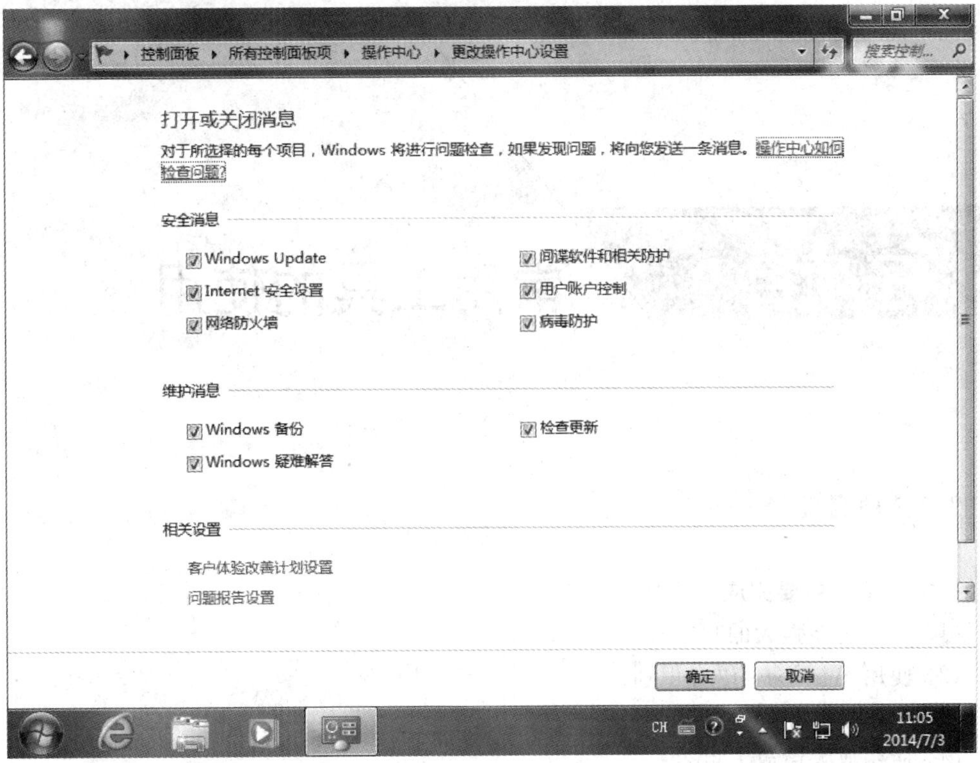

图8.22　“更改操作中心设置”界面

(7) 在这个窗口中，可以选择哪些信息发生异动时系统会主动提醒，并在桌面右下角出现提示窗口。这里可以根据需要加以勾选，若无特殊的需求使用默认值即可。设置完毕后单击窗口右下角的“确定”按钮，保存设置并关闭窗口。

8.5　后续项目

在Windows 7系统中设置了病毒防范和网络安全的相关信息后，可以保证用户在使用计算机的过程中，避免一些病毒感染的危险。接下来应该实施系统中常用工具的使用和操作。

子项目9 常用工具的使用

9.1 项目任务

在本子项目中要完成以下任务：

(1) 使用功能强大的写字板；

(2) 使用 Windows 语音识别；

(3) 使用贴心小助手——便笺；

(4) 使用放大镜放大世界；

(5) 使用屏幕键盘；

(6) 使用强大的计算器；

(7) 使用讲述人“听”故事；

(8) 使用超强媒体预览——Windows Media Player 12；

(9) 使用 Windows Media Center。

具体任务指标如下：

(1) 使用功能强大的写字板实现一个可用来创建和编辑文档、内链接或嵌入对象的文本编辑程序。

(2) 可以说出计算机响应的命令，并且可以将文本听写到计算机中的 Windows 语音识别工具。

(3) 使用方便用户日常工作和生活的“便笺”，能够在很大程度上帮助用户处理日常事务的贴心小助手——便笺。

(4) 使用放大镜放大世界，在查看难以看到的对象时特别有用，但也可以更加容易地查看整个屏幕。

(5) 使用屏幕键盘。

(6) 使用强大的计算器。

(7) 使用讲述人“听”故事。

(8) 使用超强媒体预览——Windows Media Player 12。

(9) 使用 Windows Media Center。

9.2　项目的提出

Windows 7 操作系统中附带的小工具不仅数量多，而且功能强，极大地方便了用户的日常工作和生活。

Windows 7 操作系统中附带的多种小工具，包括写字板、Windows 语音识别、便笺、放大镜、屏幕键盘、计算器、讲述人、Windows Media Player 和 Media Center 等。

9.3　实施项目的预备知识

预备知识的重点内容

(1) 了解写字板、Windows 语音识别、便笺、放大镜、讲述人和屏幕键盘的操作和使用方法；

(2) 重点掌握计算器的使用方式；

(3) 重点掌握 Windows Media Player 12 和 Windows Media Center 的使用方法和技巧。

关键术语

(1) 语音识别技术：也被称为自动语音识别(Automatic Speech Recognition，ASR)。其目标是将人类语言中的词汇内容转换为计算机可读的输入，例如按键、二进制编码或者字符序列。与说话人识别及说话人确认不同，后者尝试或确认发出语音的说话人而非其中所包含的词汇内容。

(2) 屏幕键盘：是一种实用工具，它在屏幕上显示虚拟键盘，允许那些有移动障碍的用户用指针设备或游戏杆输入数据。屏幕键盘旨在为那些有移动障碍的用户提供最低级别的功能。

(3) 讲述人：是一个将文字转换为语音的实用程序，可用于盲人或视力不佳的用户。讲述人读取显示在屏幕上的内容，包括活动窗口的内容、菜单选项或用户输入的文本。

预备知识概括

预备知识

9.3.1 写字板

写字板是一个可用来创建和编辑文档的文本编辑程序。与记事本不同，写字板文档可以包含复杂的格式和图形，并且可以在写字板内链接或嵌入对象，如图片或其他文档，功能强大得就像一个简版 Word 2007。

9.3.2 Windows 语音识别

在 Windows 7 操作系统中用户可以使用声音控制计算机。可以说出计算机响应的命令，并且可以将文本听写到计算机中。

在开始使用 Windows 语音识别之前，需要将话筒连接到计算机。一旦设置了话筒，即可通过创建计算机识别语音和讲述命令所使用的声音配置文件来训练计算机，以提高其理解能力。

设置话筒和语音配置文件之后，可使用语音识别执行下列操作。

(1) 控制计算机：语音识别听取和响应用户的讲述命令，可以使用语音识别运行程序并与 Windows 交互。

(2) 听写和编辑文本：可以使用语音识别将字词听写到字处理程序中，或填写 Web 浏览器中的联机表单。也可以使用语音识别在计算机上编辑文本。

语音识别仅适用于英语、法语、西班牙语、德语、日语、简体中文和繁体中文。

9.3.3 便笺

在 Windows 7 操作系统中，特地设置了几种方便用户日常工作和生活的“便笺”，它们能够在很大程度上帮助用户处理日常事务。系统中的便笺包括三种：书面便笺——Windows 日记本、语音便笺——听写便笺簿、粘滞便笺——便笺。

9.3.4 放大镜

放大镜可放大屏幕的各个部分。这在查看难以看到的对象时特别有用，也可以更加容易地查看整个屏幕。放大镜有以下三种模式。

1. 全屏模式

在全屏模式下，用户的整个屏幕会被放大。然后用户可以使放大镜跟随鼠标指针移动。

2. 镜头模式

在镜头模式下，鼠标指针周围的区域会被放大。移动鼠标指针时，放大的屏幕区域随之移动。

3. 停靠模式

在停靠模式下，仅放大屏幕的一部分，桌面的其余部分处于正常状态，用户可以控制放大哪个屏幕区域。

全屏模式和镜头模式只能以 Aero 体验的形式使用。如果用户的计算机不支持 Aero 或者用户使用 Aero 主题之外的主题，则放大镜将仅在停靠模式下工作。

9.3.5　屏幕键盘

可以使用屏幕键盘代替物理键盘输入文字或数据。屏幕键盘显示一个带有所有标准键的可视化键盘。可以使用鼠标或另一个指针设备选择键，也可以使用单个键或一组键在屏幕上的键之间循环切换。

9.3.6　计算器

用户可以使用计算器进行如加、减、乘、除这样简单的四则运算，或进行高级计算，计算器提供了编程计算器、科学型计算器和统计信息计算器的高级功能。

9.3.7　讲述人

Windows 带有一个称为“讲述人”的基本屏幕读取器，使用计算机时，它可以高声阅读屏幕上的文本并描述发生的某些事件，如故事或者小说，也可以是其他文本内容，如显示的错误消息。

“讲述人”的键盘快捷方式如表 9.1 所示。

表 9.1　“讲述人”键盘快捷方式

使用此键盘快捷方式	功　能
Ctrl+Shift+Enter	获取当前项目的信息
Ctrl+Shift+空格键	阅读整个选定的窗口
Ctrl+Alt+空格键	阅读在当前窗口中选择的项目
Insert+Ctrl+G	阅读有关出现在当前选定元素旁边的项目的描述
Ctrl	使讲述人停止阅读文本
Insert+Q	将光标向后移动到具有不同格式的以前任何文本的开端，例如将光标从粗体字词移动到其前面的非粗体字词的开端
Insert+W	将光标移动到其后具有不同格式的任何文本的开端，例如将光标从粗体字词移动到其后非粗体字词的开端
Insert+E	将光标向前移动到具有相同格式的任何文本的开端，例如将光标从粗体字词中间移动到该词的开端
Insert+R	将光标移动到具有相同格式的任何文本的末端，如将光标从粗体字词中间移动到该词的末端
Insert+F2	选择与光标处字符具有相同格式的所有文本
Insert+F3	阅读当前字符
Insert+F4	阅读当前字词
Insert+F5	阅读当前行
Insert+F6	阅读当前段落
Insert+F7	阅读当前页
Insert+F8	阅读当前文档

9.3.8 Windows Media Player 12

Windows 7 最吸引人的就是其外观和特效，同时在多媒体中的表现也相当出色。Media Player 12 是 Windows 操作系统附带的最新的影音播放程序，其外观和功能都比以前的版本增强不少，可以播放视频、音乐及在线节目等。

图 9.1 媒体预览

在 Windows 7 中新增加的超级任务栏中提供了任务预览功能。对于 Windows Media Player 来说，在任务预览时就可以提供播放控制功能，如图 9.1 所示，这就是超强的媒体预览功能。尤其是在开启 Aero 特效后，在任务栏上就可以预览、观赏和控制媒体的播放。

并且，Windows Media Player 12 可以播放很多格式的媒体，如 CD、DVD、MP3、WMV、WMA、MIDI 和 WAV 等多种格式的媒体文件都可以播放。在播放音频或者视频文件之前，需要先打开音箱电源，同时检查音箱是否正常连接、声卡驱动程序是否正确安装。一切就绪后，就可以用 Windows Media Player 播放多种格式的音乐了。

可以通过任务栏上 Windows Media Player 的快捷图标启动媒体播放器，也可以选择"开始"→"所有程序"→Windows Media Player 命令启动媒体播放器，如果是第一次运行 Windows Media Player，需要按照提示进行一番设置。这项工作很简单，只需要按照提示进行就可以了。设置完成后，就可以进入 Windows Media Player 的主界面，如图 9.2 所示。

图 9.2 Windows Media Player 工作界面

如果完成 Windows Media Player 的初始设置，在 Windows 的“快速启动栏”或“桌面”上添加快捷方式，为以后的使用提供方便。

在 Windows Media Player 中使用任务栏中的选项卡可以使任务执行起来变得更简单，如图 9.3 所示，通过播放器任务栏上的选项卡可以方便地关注某一特定任务。首先，切换到与要完成的任务相对应的选项卡，显示在每个选项卡下面的箭头可快速访问与此任务相关的选项和设置。在播放器中不同的选项卡和视图之间切换时，用户可以使用任务栏左侧的“返回”和“前进”按钮返回所操作的步骤。下面简单介绍各选项卡的功能及可执行的任务。

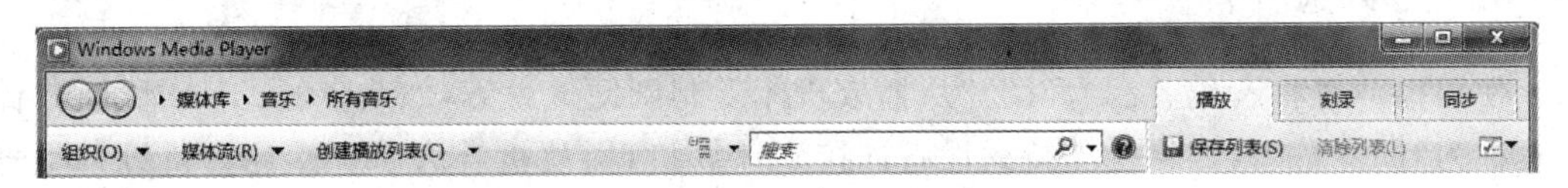

图 9.3　播放器的任务栏

Windows Media Player 默认的工作界面中没有菜单栏，为了快速打开文件或文件夹，可在任务栏上单击鼠标右键，弹出如图 9.4 所示的快捷菜单，选择“显示菜单栏”命令，在 Windows Media Player 任务栏上就会显示菜单栏，如图 9.5 所示。或者使用 Ctrl+M 组合键，可快速显示经典的菜单栏。也可以直接使用如图 9.4 所示的快捷菜单，其本身就是菜单栏的快捷命令的集合。

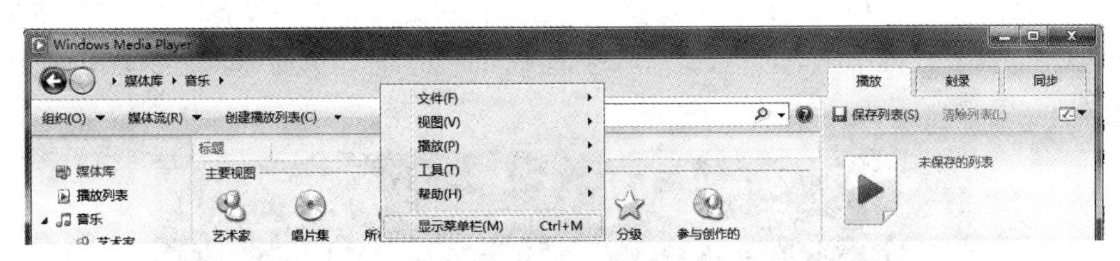

图 9.4　弹出的快捷菜单

图 9.5　任务栏及菜单栏

1. 媒体库

使用“媒体库”选项卡可以访问和组织计算机内及用户所拥有的数字媒体集。使用地址栏切换到一个类别，如音乐、图片或视频，然后在导航窗格选择这个类别的视图。例如，切换到音乐类别，然后单击导航窗格中的“流派”，以查看按流派组织的所有音乐。可以将项目从详细信息窗格拖动到列表窗格，以创建要播放、刻录或同步的播放列表。

2. “播放”选项卡

“播放”选项卡是观看数字媒体内容的主要位置。使用该选项卡可以进行的操作包括播放 CD 或 DVD，播放音乐时观看可视化效果，无序和重复播放所播放的项目，更改音量和其他音频设置，切换到全屏模式。

3. “刻录”选项卡

如果希望所收听的内容有更大的灵活性，或者要在离开计算机时收听音乐组合，则可以刻录 CD，使其包含任何用户想要的音乐组合。可以在任何标准 CD 播放机上播放刻录的音频 CD。

4. “同步”选项卡

使用播放机将音乐、视频和图片从播放机库复制到便携设备，如兼容的 MP3 播放机，此过程称为“同步”。只需将受支持的设备连接到计算机，播放机会为所连接计算机设备选择最佳的同步方法（自动或手动）。然后将媒体库中的文件和播放列表同步到设备。

9.3.9 体验高质量的 Media Center

Windows 7 默认提供的多媒体工具为 Windows Media Center，可以通过它来观看电视、播放 CD 和 DVD、浏览图片和玩游戏等。Windows Media Center 的窗口界面很简洁，而且使用时的动态效果让人感到赏心悦目。

Windows Media Center 计算机是世界上最流行的集成化娱乐设备。使用 Windows Media Center 计算机，用户可以使用遥控器轻松欣赏音乐、照片、电视、电影和最新的在线媒体，如图 9.6 所示。

图 9.6 Windows Media Center 的开始菜单

Windows Media Center 可以处理各种多媒体内容，可以观看电视或录制的电视，聆听数字音乐，查看图片和个人视频，玩游戏，刻录 CD 和 DVD，收听调频广播电台和 Internet 广播电台，或者访问联机服务内容。还可以使用 Windows Media Center 制作自己的音乐 CD。

关掉 Windows Media Center 是一件很简单的事情，这是由于所有需要的控制按钮，包括“关闭”、“注销”、“睡眠”、“重新启动”甚至“关机”都可以在“任务”区域的“关闭”菜单中找到，如图 9.7 所示。等再次开机时，Windows Media Center 已经再次准备好了。

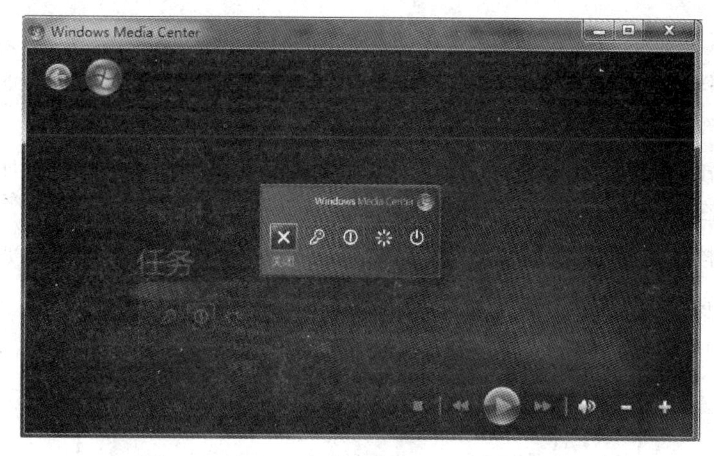

图 9.7 Windows Media Center 的关机界面

实际上，Windows 快速启动的设计允许从待机恢复时直接进入 Windows Media Center，恢复时间非常快。如果单击 Windows Media Center 的关机界面中的“睡眠”按钮，就会让计算机进入“睡眠”状态，当再次开机时就会快速进入 Windows Media Center 媒体中心。

9.4 项目实施

9.4.1 使用功能强大的写字板

1. 创建、打开和保存文档

在写字板中创建文档、打开文档和保存文档的方法十分简单、方便，与 Word 有些类似，具体操作步骤如下。

(1) 选择“开始”→“所有程序”→“附件”→“写字板”命令，打开写字板，如图 9.8 所示。

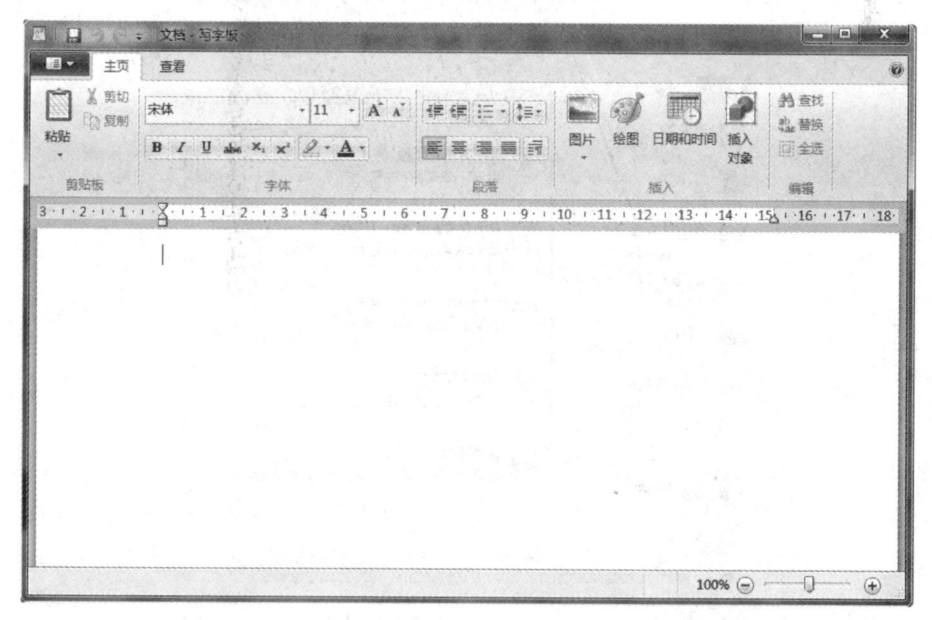

图 9.8 写字板

（2）使用以下命令创建、打开或保存文档。

① 创建文档的方法是单击“写字板”菜单中的按钮，然后在打开的如图 9.9 所示的下拉菜单中选择“新建”命令。

② 打开文档的方法是单击“写字板”菜单中的按钮，然后在打开的如图 9.9 所示的下拉菜单中选择“打开”命令。

③ 保存文档的方法是单击“写字板”菜单中的按钮，然后在打开的如图 9.9 所示的下拉菜单中选择“保存”命令。

图 9.9 “写字板”菜单

④ 用新名称或新格式保存文档的方法是单击“写字板”中的菜单按钮，然后在打开的下拉菜单中选择“另存为”命令，打开如图 9.10 所示的子菜单，在这里选择文档要保存的格式。如果想要保存为其他的文件格式，可选择“其他格式”命令，打开如图 9.11 所示的“保存为”对话框，在“保存类型”下拉列表框中选择一种文件类型进行保存就可以了。

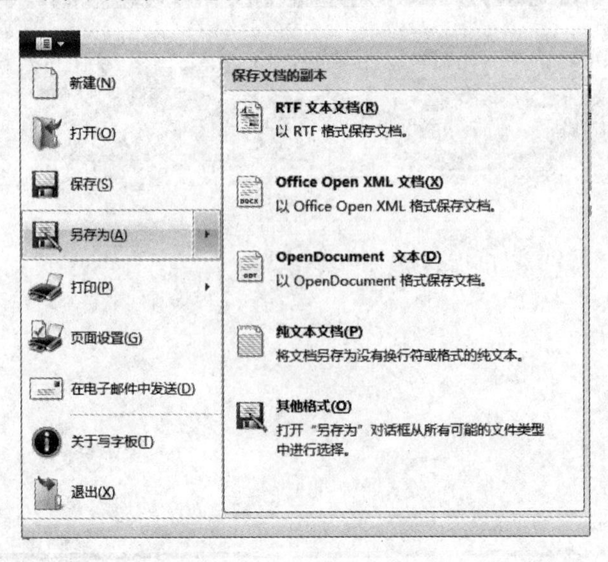

图 9.10 “另存为”命令子菜单

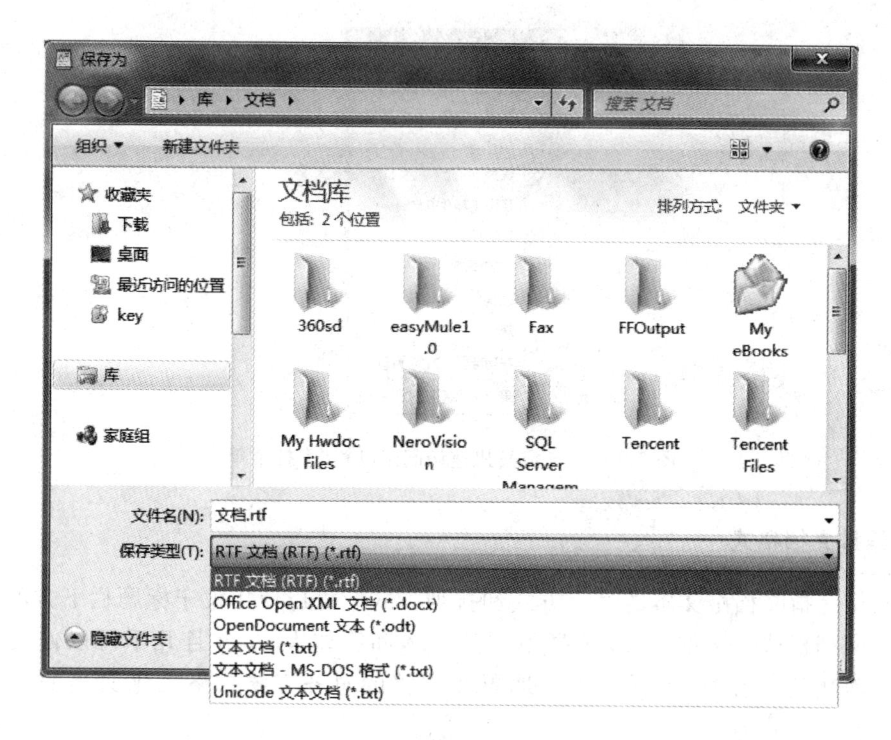

图 9.11　“保存为”对话框

写字板可以用来打开和保存文本文档(.txt)、多格式文本文件(.rft)、Word 文档(.docx)和OpenDocumentText(.odt)文档。其他格式的文档会作为纯文本文档打开,但可能无法按预期显示。

有一种方法可快速将用户最常用的“写字板”菜单命令放在“写字板”易于访问的“快速访问工具栏”上,从而提高“写字板”的工作效率。若要将“写字板”中的某个命令添加到“快速访问工具栏”中,方法很简单,在打开的“写字板”菜单中右击该命令,然后在弹出的快捷菜单中选择“添加到快速访问工具栏”命令,如图 9.12 所示,就可以将“写字板”菜单命令轻松添加到“快速访问工具栏”中。

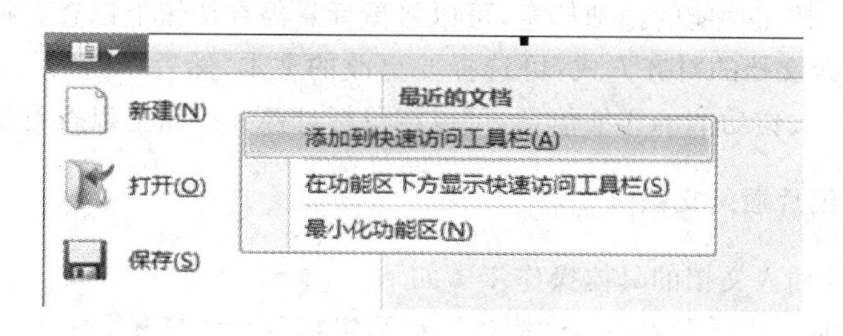

图 9.12　选择“添加到快速访问工具栏”命令

还可以在“快速访问工具栏”中单击下拉箭头按钮,打开“自定义快速访问工具栏”下拉菜单,如图 9.13 所示,在此选择常用的命令,将其添加到“快速访问工具栏”上面。

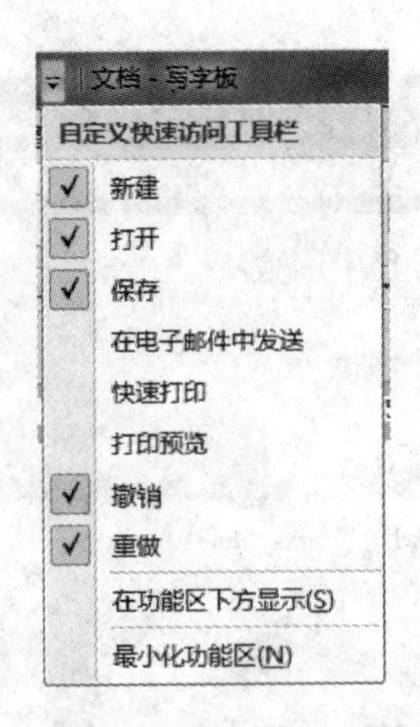

图 9.13 “自定义快速访问工具栏”下拉菜单

2. 编排文档格式

格式化是指文档中文本的显示方式和排列方式。可以使用位于标题栏下方的功能区轻松更改文档格式。例如，可以选择不同的字体和字体大小，并且几乎可以使文本变为希望的任何颜色。另外，还可以方便地更改文档的对齐方式。格式化文档的具体步骤如下。

(1) 选择“开始”→“所有程序”→“附件”→“写字板”命令，打开写字板。

(2) 切换到“主页”选项卡，如图 9.14 所示，使用以下命令更改文档格式。

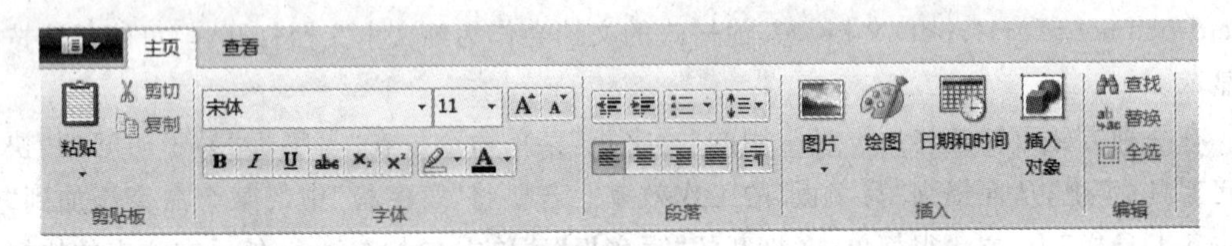

图 9.14 “主页”选项卡

① 如果要更改文档的显示方式，可选择要更改的文本，然后单击“字体”选项组中的功能按钮。有关每个按钮功能的详细信息，可以将鼠标悬停在按钮上以查看描述。

② 如果要更改文档的对齐方式，可选择要更改的文本，然后单击“段落”选择组中的功能按钮。有关每个按钮功能的详细信息，可以将鼠标悬停在按钮上以查看描述。

3. 将日期和图片插入文档

将日期和图片插入文档的具体操作步骤如下。

(1) 选择“开始”→“所有程序”→“附件”→“写字板”命令，打开写字板。

(2) 使用以下命令插入当前日期和图片。

① 如果要将当前日期插入文档中的当前编辑位置，可以在“插入”选项组中单击“日期和时间”按钮，打开如图 9.15 所示的“日期和时间”对话框，在此单击所需的格式，然后单击“确定”按钮，就可以将选择好格式的当前日期插入文档中的当前编辑位置。

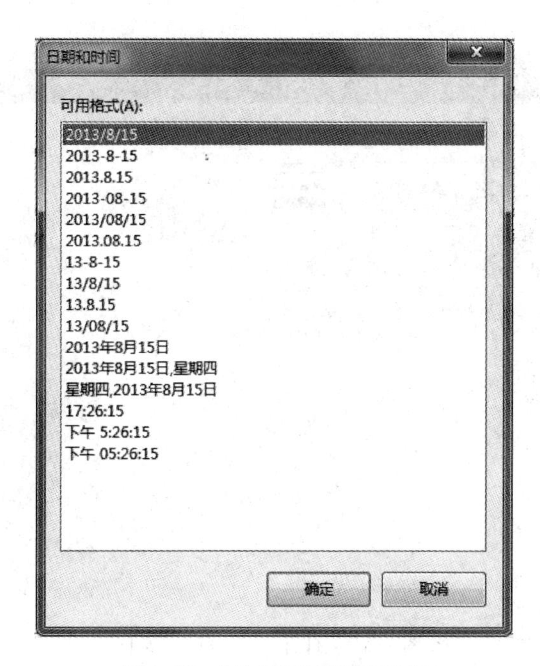

图 9.15　“日期和时间”对话框

② 如果要插入图片，可在“插入”选项组中单击“图片”按钮，将会打开“选择图片”对话框，如图 9.16 所示，在此找到要插入的图片，然后单击“打开”按钮，就可以将选择的图片插入到当前文档中。

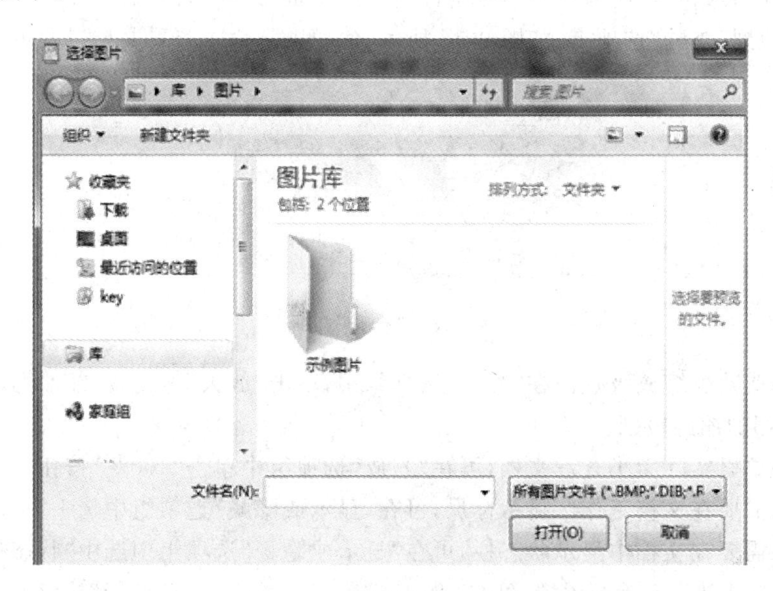

图 9.16　“选择图片”对话框

③ 如果要插入图画，可以在“插入”选项组中单击“绘图”按钮，打开一个“画图”窗口，如图 9.17 所示。在此可以创建要插入的图画，绘制完成后，单击“画图”窗口中的“关闭”按钮，就可以将图画插入到当前文档中。

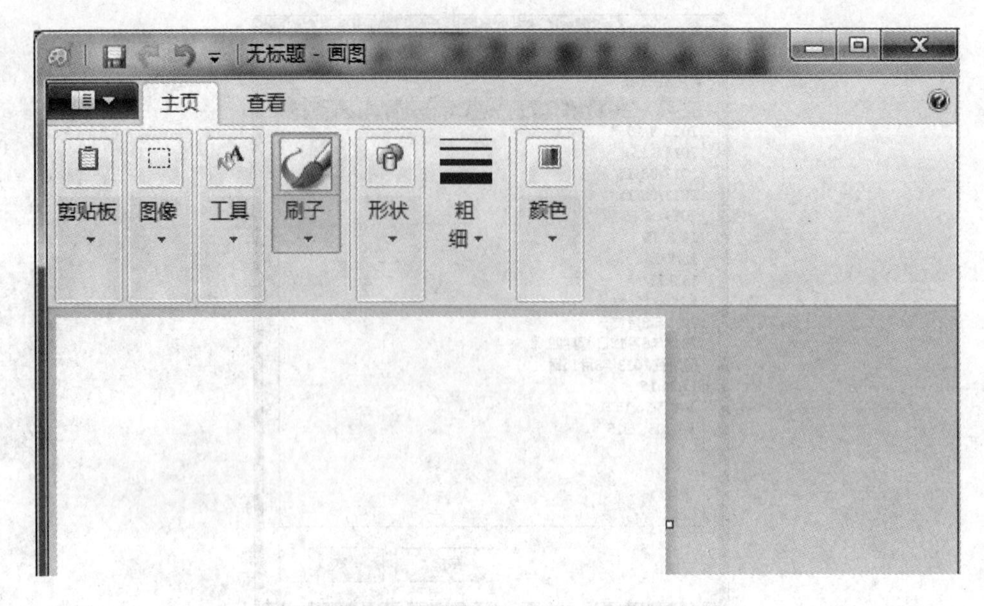

图 9.17 打开一个“画图”窗口

4. 查看文档

使用写字板查看文档的方法也很简单,具体操作步骤如下。

(1) 选择“开始”→“所有程序”→“附件”→“写字板”命令,打开写字板。

(2) 切换到“查看”选项卡,如图 9.18 所示,使用以下命令查看文档以及更改设置。

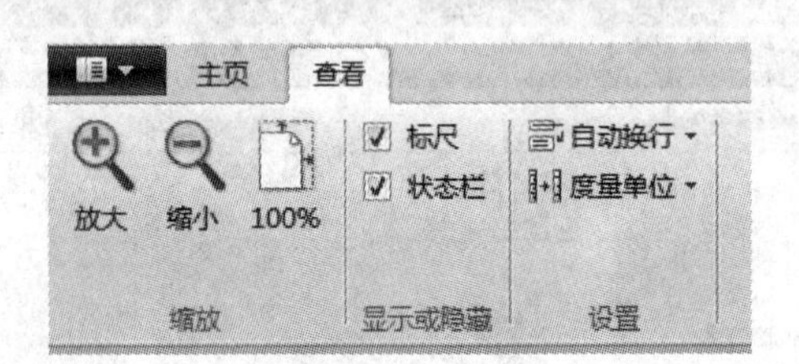

图 9.18 “查看”选项卡

① 增加或减少缩放级别。在“缩放”选择组中,单击“放大”按钮或“缩小”按钮就可以增加或减小文档的缩放级别。

② 如果要以实际大小查看文档,可在“缩放”选项组中单击“100%”按钮。

③ 如果需要在文档工作区显示标尺,可在“显示或隐藏”选项组中选中“标尺”复选框。

④ 如果需要在文档中显示状态栏,可在“显示或隐藏”选项组中选中“状态栏”复选框。

⑤ 如果要更改自动换行设置,可在“设置”选项组中单击“自动换行”按钮,打开如图 9.19 所示的下拉菜单,在菜单中选择所需的设置。

⑥ 如果要更改标尺的度量单位,可在“设置”选项组中单击“度量单位”按钮,打开如图 9.20 所示的下拉菜单,在菜单中选择所需的单位。

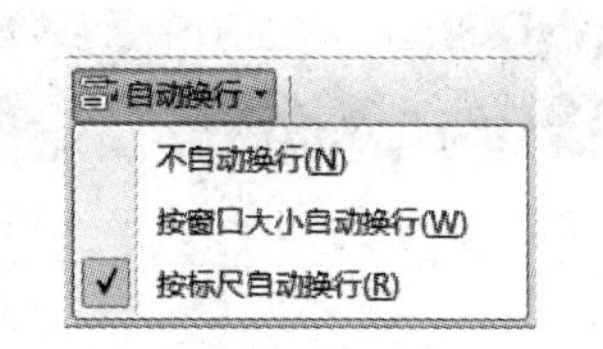

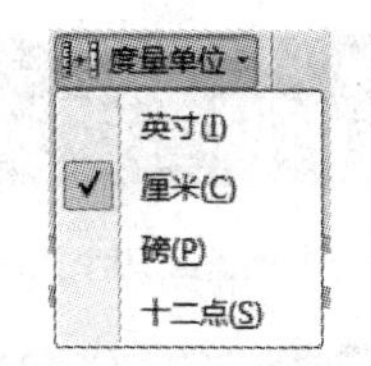

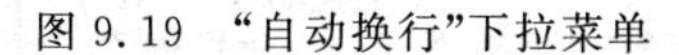
图 9.19　“自动换行”下拉菜单

图 9.20　“度量单位”下拉菜单

若要放大和缩小文档，还可以单击窗口右下角的“缩放”滑块上的“放大”或“缩小”按钮来增加或减小缩放级别。

5. 更改页边距

如果想要在写字板中更改页边距，具体操作步骤如下。

(1) 选择“开始”→“所有程序”→“附件”→“写字板”命令，打开写字板，从中编辑或者打开要更改页边距的文档。

(2) 单击“写字板”菜单按钮，在打开的下拉菜单中选择“页面设置”命令，打开如图 9.21 所示的“页面设置”对话框，在此对话框中设置具体页边距参数。

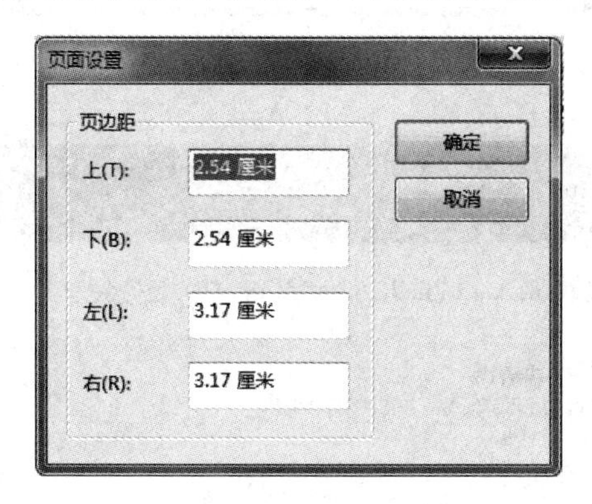

图 9.21　“页面设置”对话框

9.4.2　使用 Windows 语音识别

1. 启动 Windows 语音识别

打开 Windows 语音识别的操作步骤如下。

(1) 选择“开始”→“所有程序”→“附件”→“轻松访问”→“Windows 语音识别”命令，打开 Windows 语音识别，如图 9.22 所示。

(2) 单击“下一步”按钮，出现如图 9.23 所示的选择话筒类型对话框，根据实际情况选择耳机式麦克风、桌面麦克风或其他。例如，选中“耳机式麦克风”单选按钮。

(3) 单击“下一步”按钮，出现如图 9.24 所示的“设置麦克风”界面。确保话筒和扬声器正确地连接到计算机上，并且声卡的驱动程序安装正确。单击“下一步”按钮，出现如图 9.25 所示的调整麦克风的音量界面，在这里大声读完对话框中的一段文字。操作系统认为声音合适，麦克风没有问题，会激活“下一步”按钮。

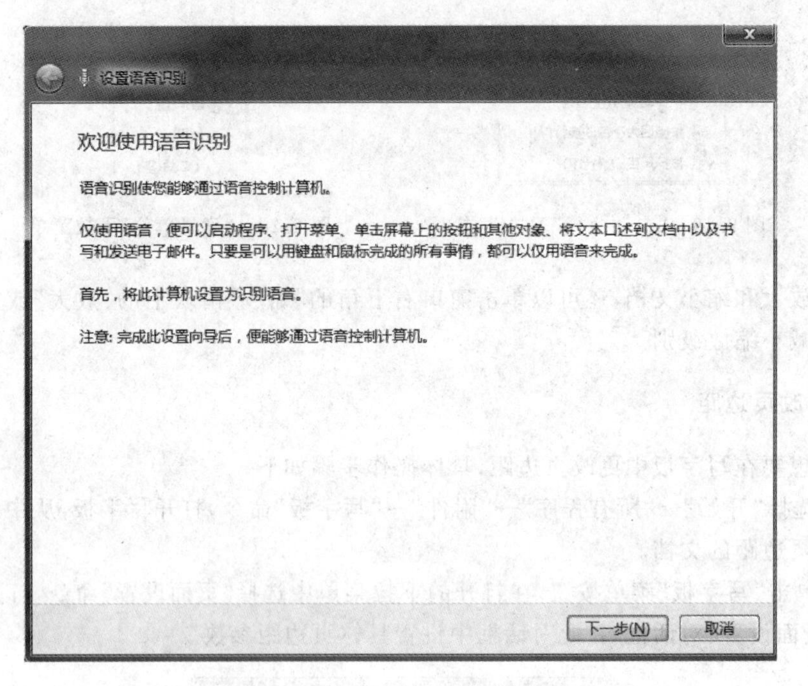

图 9.22　打开 Windows 语音识别

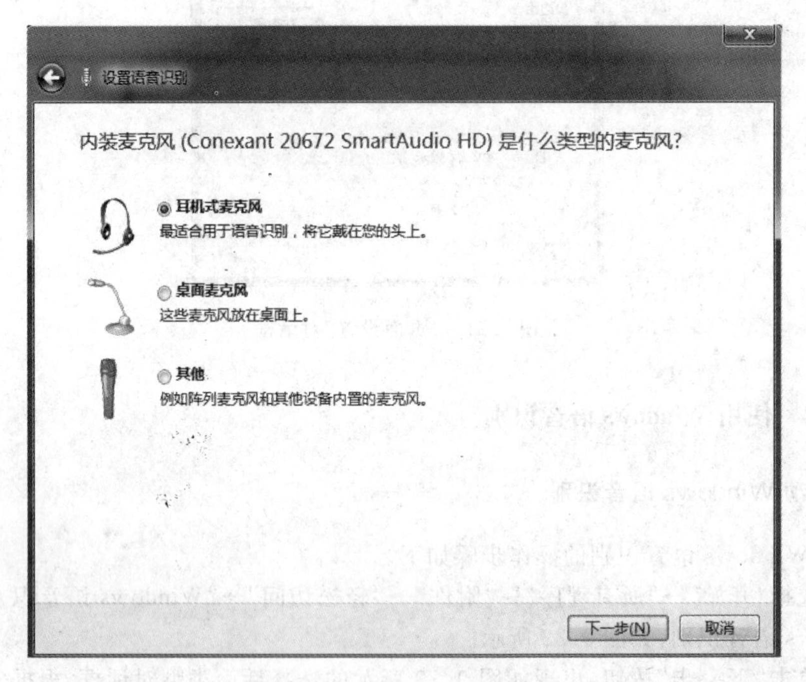

图 9.23　选择话筒类型对话框

（4）单击“下一步”按钮，提示已经设置好话筒，如图 9.26 所示。

（5）单击“下一步”按钮，出现“改善语音识别的精确度”界面，如图 9.27 所示。选中“启用文档审阅”单选按钮，单击“下一步”按钮。

（6）出现“选择激活模式”界面，如图 9.28 所示，在此选择说“停止聆听”命令后执行的

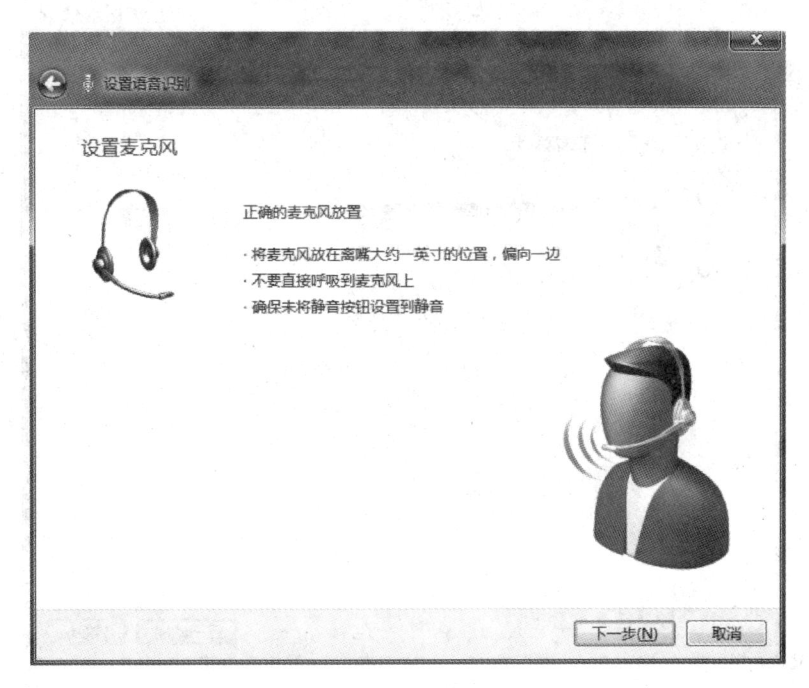

图 9.24 提示正确设置话筒

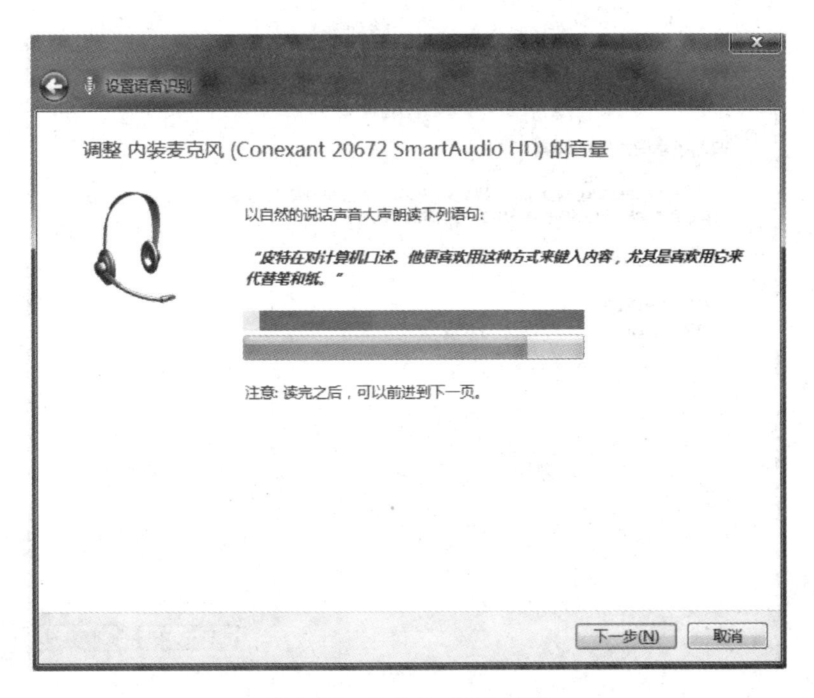

图 9.25 调整麦克风的音量

动作。如果选中"使用语音激活模式"单选按钮，可以通过说"开始聆听"来激活语音识别。如果选中"使用手动激活模式"单选按钮，就必须通过单击"麦克风"按钮或者按 Ctrl+Windows 组合键，启动聆听模式。接下来，按照提示单击"下一步"按钮，通过学习教程来掌握语音识别。也可以跳过教程的学习结束整个设置过程。

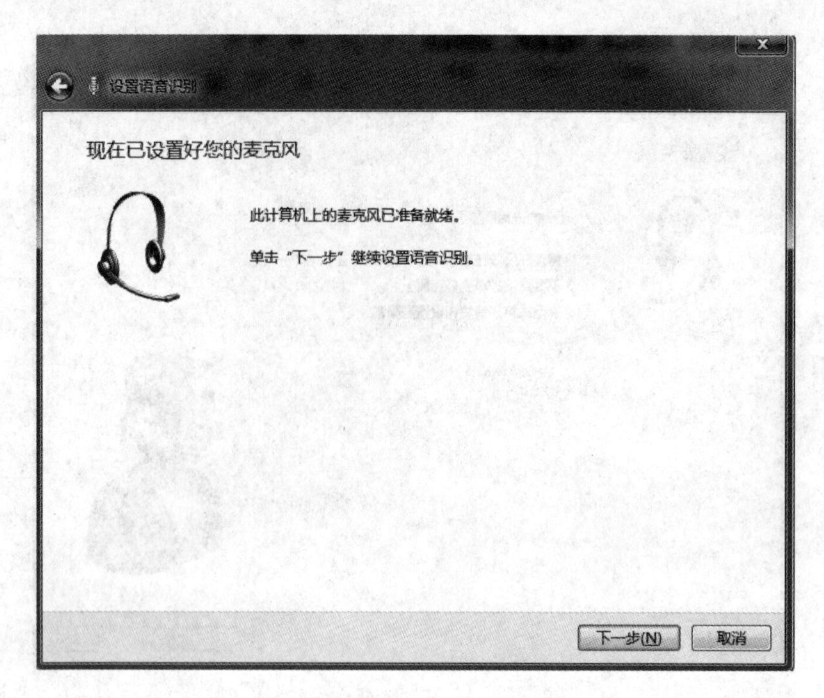

图 9.26　提示已经设置好话筒

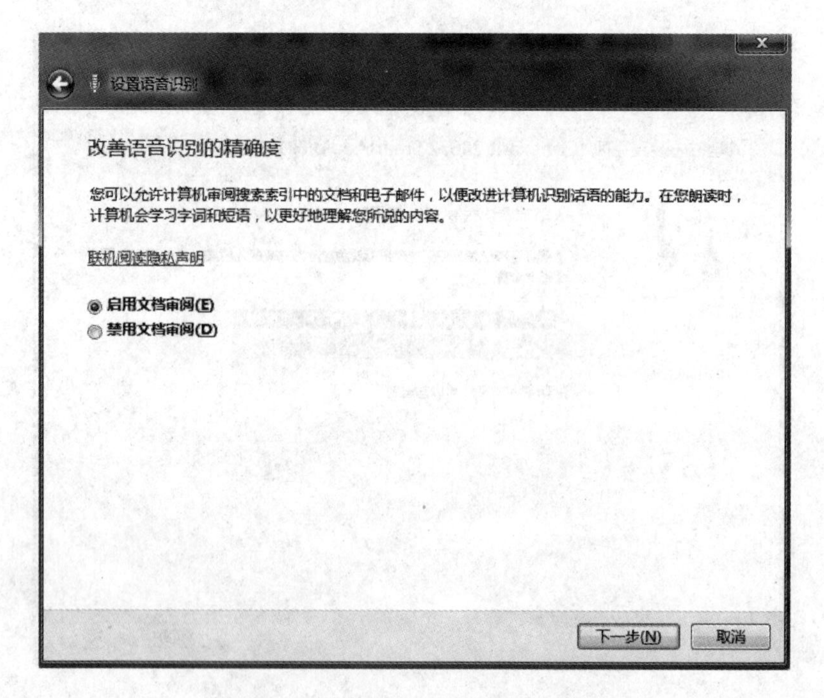

图 9.27　"改善语音识别的精确度"界面

2．使用 Windows 语音识别听写文本

可以使用语音将文本听写到计算机。例如，可以听写文本以填写联机表单；也可以将文本听写到字处理程序（如写字板）以输入字母。

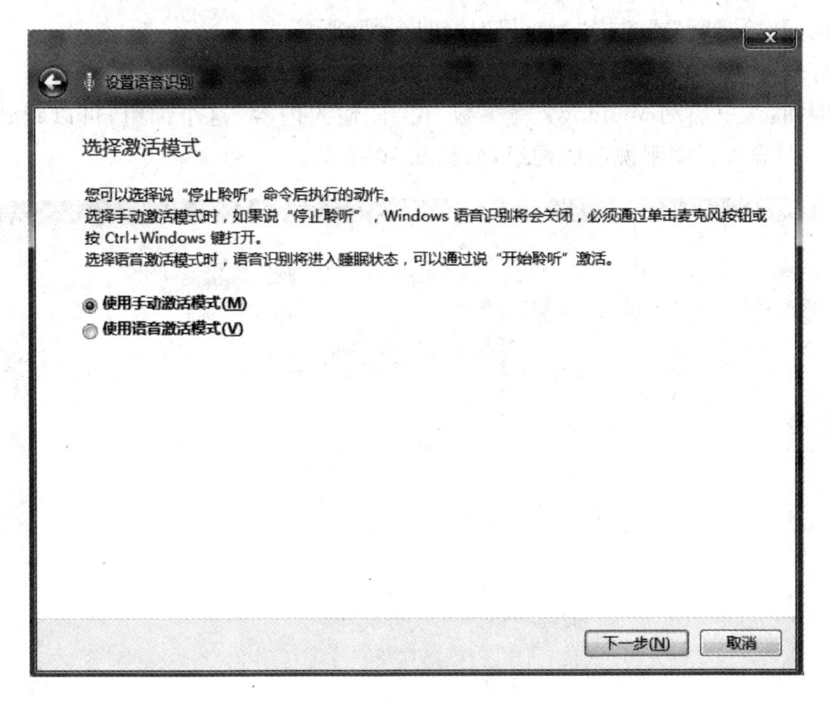

图 9.28　"选择激活模式"界面

当用户对着话筒讲话时，Windows 语音识别可将用户说出来的字词转换为在屏幕上显示的文本。听写文本的操作步骤如下。

(1) 选择"开始"→"所有程序"→"附件"→"轻松访问"→Windows"语音识别"命令，打开 Windows"语音识别"对话框，如图 9.29 所示。

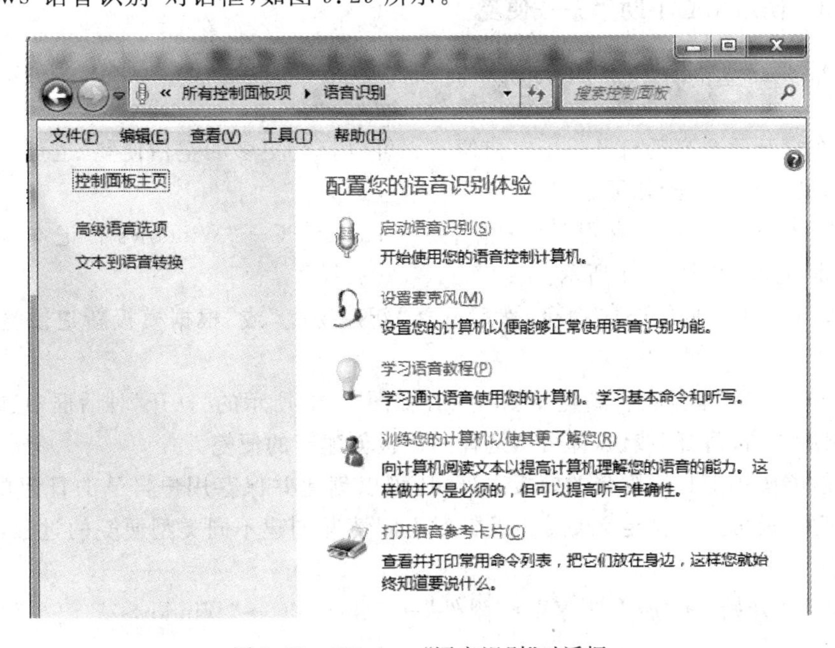

图 9.29　Windows"语音识别"对话框

(2) 说“开始聆听”或单击“麦克风”按钮启动聆听模式。

(3) 打开要使用的程序或选择要将文本听写到其中的文本框。

(4) 例如,这里启动 Windows 写字板,说出“输入内容”这个词组,可以看到 Windows 写字板中立即输入了刚刚说出的词组,如图 9.30 所示。

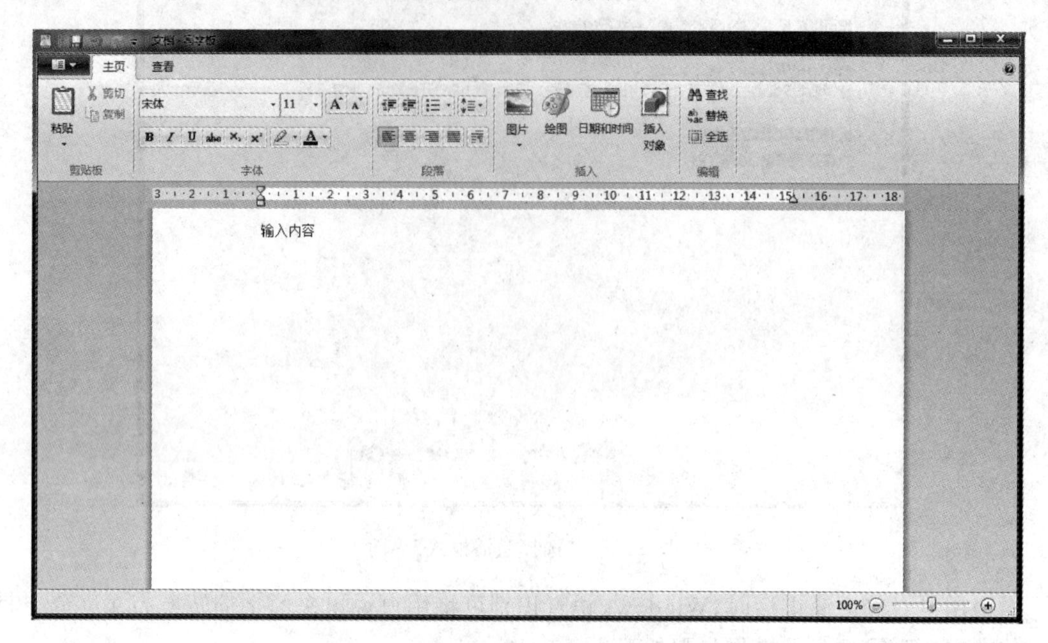

图 9.30 在 Windows 写字板中听写文本

9.4.3 使用贴心小助手——便笺

1. 创建便笺——Windows 日记本

日记在打开后会自动打开一个空白便笺。可以打开更多的空白便笺,也可以通过模板新建便笺,具体操作步骤如下。

(1) 选择“开始”→“所有程序”→“附件”→Tablet PC→“Windows 日记本”命令,打开 Windows 日记本,如图 9.31 所示。

(2) 单击菜单中的“文件”命令,然后选择“新建便笺”或“根据模板新建便笺”命令,如图 9.32 所示。

(3) 如果选择“根据模板新建便笺”,可在如图 9.33 所示的“打开”对话框中选择要使用的模板,然后单击“打开”按钮,即可从选择的模板创建新的便笺。

除了能够使用随日记附带的模板之外,还可以创建并保存用户自己的日记模板(.jtp)文件。创建模板可简化自定义便笺以及针对不同情况创建不同类型便笺的过程,具体操作步骤如下。

(1) 选择“开始”→“所有程序”→“附件”→Tablet PC→“Windows 日记本”命令,打开 Windows 日记。

(2) 选择“文件”→“保存”命令。

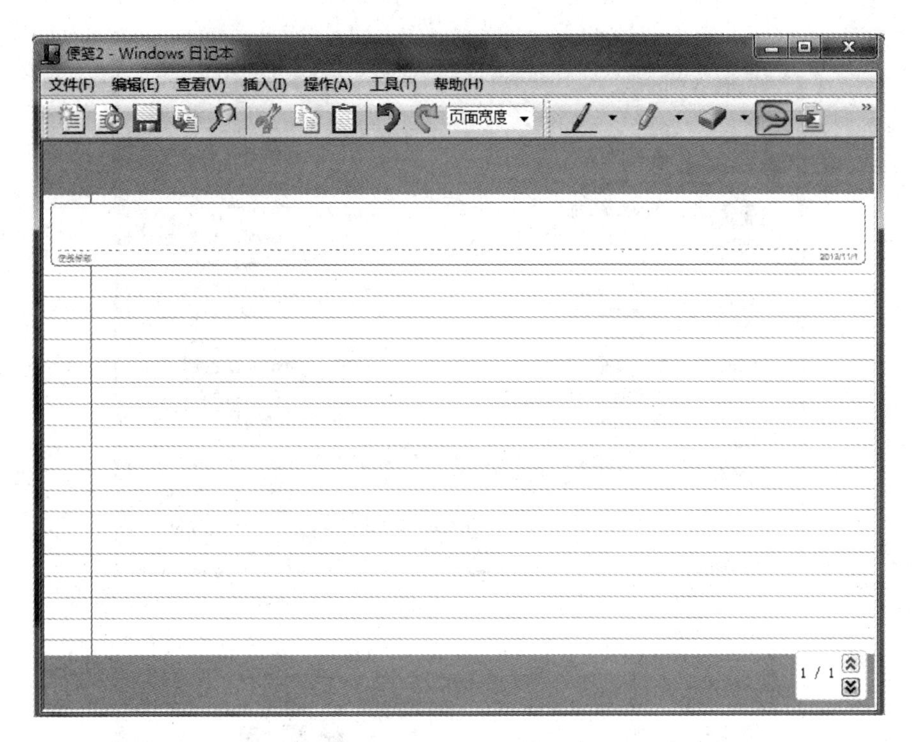

图 9.31　Windows 日记本

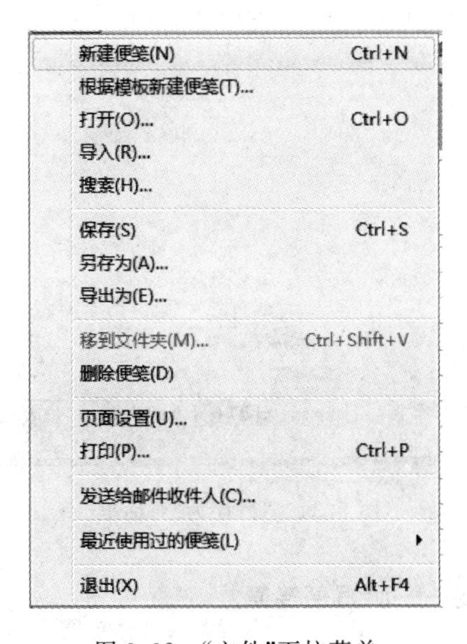

图 9.32　“文件”下拉菜单

(3) 在如图 9.34 所示的“另存为”对话框中，找到要保存便笺的文件夹。

(4) 默认情况下，日记便笺以日记便笺格式(.jnt)保存。如果要将便笺另存为模板，可以从“保存类型”下拉列表框中选择“Windows 日记本便笺(.jnt)”选项。

(5) 在“文件名”下拉列表框中输入便笺或模板的名称，然后单击“保存”按钮即可。

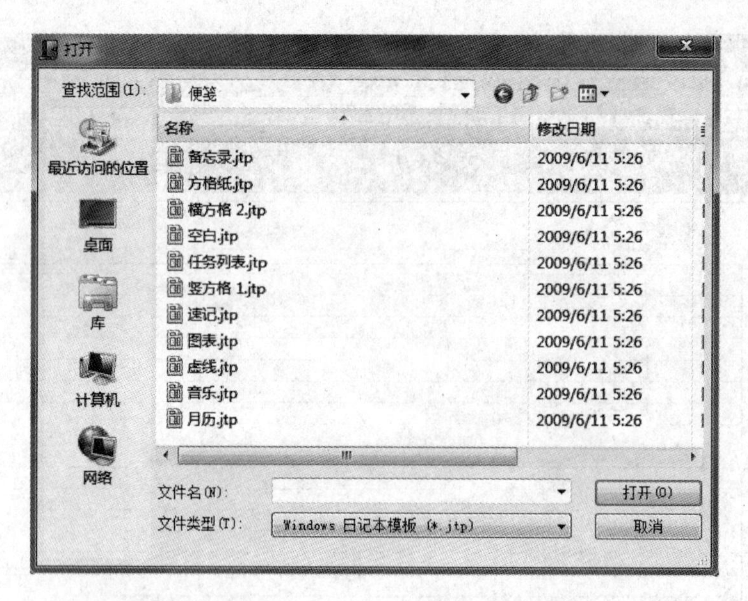

图 9.33 “打开”对话框

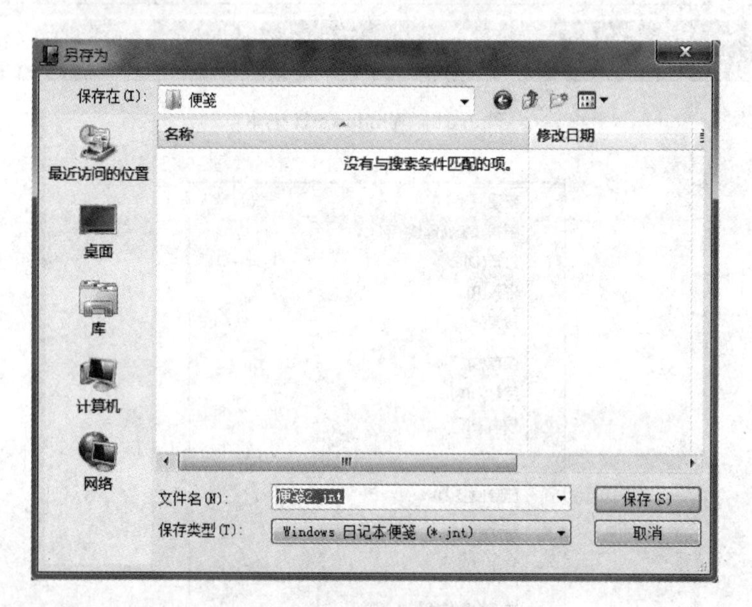

图 9.34 “另存为”对话框

2. 创建和播放语音便笺——听写便笺簿

某些程序可能不会自动接受文本听写，可以使用听写便笺簿将文本听写到这些程序。使用听写便笺簿时，听写的文本将显示在一个单独的窗口中。便笺簿的工作方式像一个临时文档，在便笺簿中可以使用语音、鼠标或键盘。还可以使用便笺簿通过“备用面板”或“语音字典”进行更正。使用听写便笺簿的具体操作步骤如下。

(1) 打开要将文本听写到的程序，如写字板或者记事本，这里打开写字板。

(2) 选择“开始”→“所有程序”→“附件”→“轻松访问”→“Windows 语音识别”命令，打开 Windows 语音识别。

(3) 说“开始聆听”命令或单击“麦克风”按钮启动聆听模式。

(4) 说“显示语音选项”命令，再说“选项”命令，然后说“启用听写面板”命令。

(5) 听写所需的文本，如这里说出“开始输入内容”，就会将说出的话语输入到写字板中，如图 9.35 所示。准备将选中文本删除时说“删除”命令。

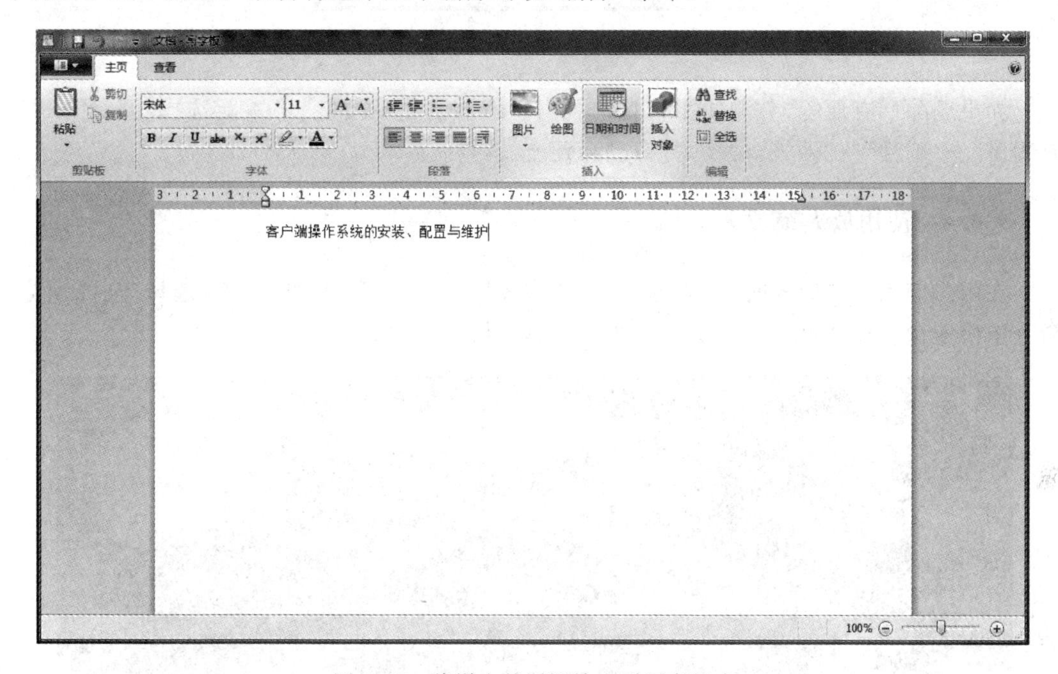

图 9.35　将说出的话语输入到写字板中

3. 创建和删除黏滞便笺

可以使用黏滞便笺记录待办事项列表、电话号码，或可以使用便笺纸记录的任何内容。黏滞便笺可以与 Tablet PC、触笔或与标准键盘一起使用。若要使用触笔书写便笺，只需在便笺上希望墨迹显现的位置开始书写即可。若要在便笺中输入内容，则单击希望显示文本的位置，然后开始输入内容。

创建黏滞便笺的步骤如下。

(1) 选择“开始”→“所有程序”→“附件”→“便笺”命令打开便笺，如图 9.36 所示。

(2) 若要创建其他便笺，可单击“新建便笺”按钮。还可以通过按 Ctrl+N 组合键创建新便笺。

若要调整便笺的大小，可拖动便笺的边或角使其放大或缩小。

黏滞便笺在使用完后，通常要将它从桌面上删除以清理桌面，删除黏滞便笺的步骤如下。

图 9.36　黏滞便笺主界面

(1) 单击“删除便笺”按钮。

(2) 在如图 9.37 所示的“便笺”对话框中，单击“是”按钮即可。还可以通过按 Ctrl+D 组合键删除便笺。

图 9.37 “便笺”对话框

如果删除所有便笺，黏滞便笺会自动关闭。若要创建新便笺，可重新选择“开始”→“所有程序”→“附件”→“便笺”命令，打开黏滞便笺。

9.4.4 使用放大镜放大世界

在用户使用全屏模式时，可以通过单击“视图”按钮，打开“视图”菜单，选择“全屏预览”命令来快速预览整个桌面，如图 9.38 所示。具体操作步骤如下。

图 9.38 快速预览整个桌面

(1) 选择“开始”→“所有程序”→“附件”→“轻松访问”→“放大镜”命令，启动放大镜。

(2) 单击“视图”按钮，打开“视图”菜单，如图 9.39 所示，单击要使用的模式。

(3) 将指针移动到屏幕上要放大的部分。

若要退出放大镜，可按 Windows+Esc 组合键。

如果需要选择放大镜的聚焦位置，可以按照下面的步骤进行操作。

(1) 选择“开始”→“所有程序”→“附件”→“轻松访问”→“放大镜”命令，启动放大镜。

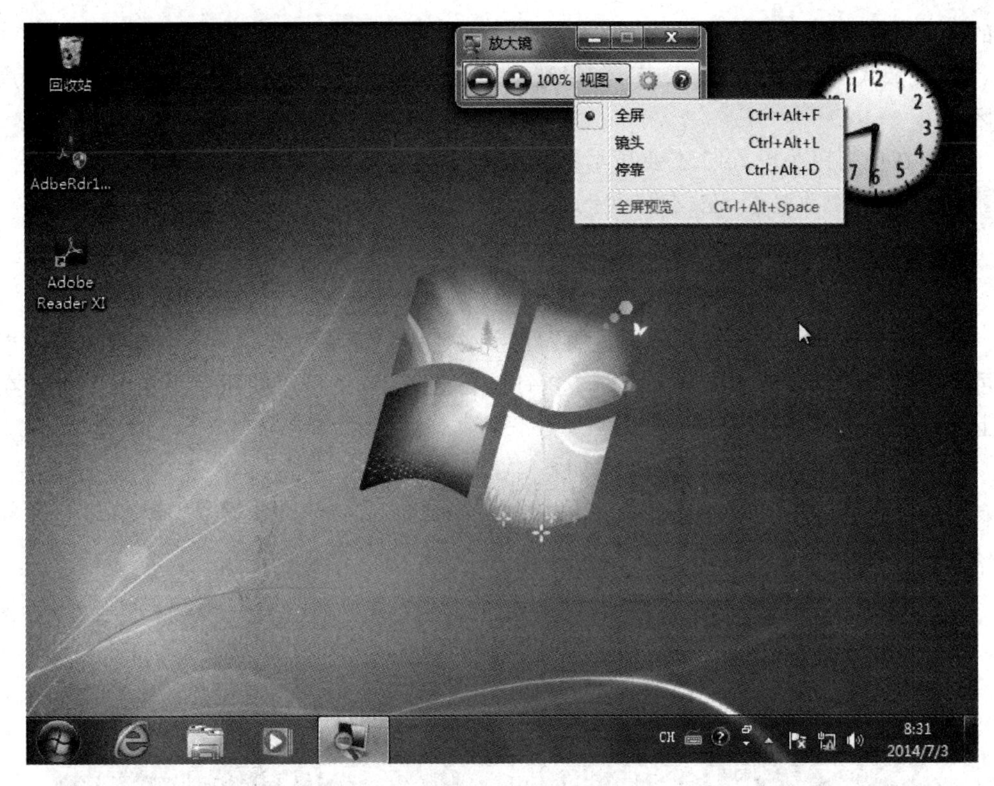

图 9.39　打开“视图”菜单

(2) 单击“选项”按钮，然后在打开的如图 9.40 所示的“放大镜选项”对话框中选择所需的选项。该对话框中各个选项的含义如下。

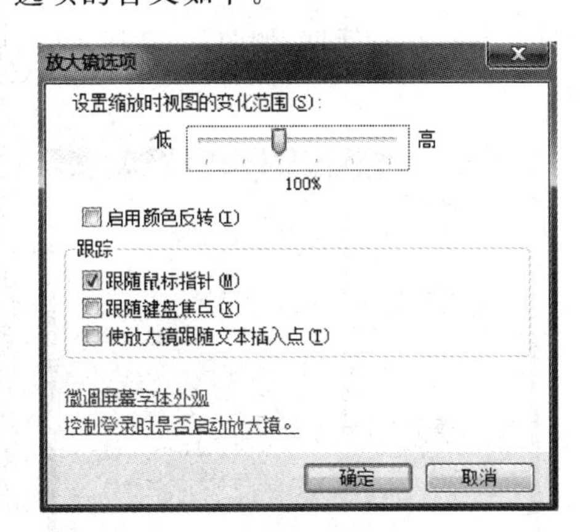

图 9.40　“放大镜选项”对话框

① 设置缩放时视图的变化范围：通过移动滑块来调节缩放时视图的变化范围的大小，调节到用户需要的级别。将滑块移动到左侧会使放大镜缩放速度变慢，使缩放级别之间的变化减小。将滑块移动到右侧会使放大镜缩放速度变快，使缩放级别之间的变化加大。

② 跟随鼠标指针：显示放大镜窗口中鼠标指针周围的区域。如果选中此复选框，当鼠标指针靠近或鼠标指针碰到放大镜窗口的边缘时，就可以选择移动放大镜窗口。

③ 跟随键盘焦点：如果选中此复选框，当用户按下 Tab 键或箭头键时就会显示指针周

围的区域。

④ 使放大镜跟随文本插入点：如果选中此复选框，将会显示用户正在输入的文本周围的区域。

只有在使用镜头模式时才会显示镜头大小选项。可以通过按 Ctrl＋Alt＋R 组合键，上、下移动指针更改高度，左、右移动指针更改宽度来快速更改镜头大小。

9.4.5 使用屏幕键盘

可以使用屏幕键盘代替物理键盘输入文字或数据。屏幕键盘显示一个带有所有标准键的可视化键盘。可以使用鼠标或另一个指针设备选择键，也可以使用单个键或一组键在屏幕上的键之间循环切换。

将信息输入屏幕键盘的操作步骤如下。

(1) 选择"开始"→"所有程序"→"附件"→"轻松访问"→"屏幕键盘"命令，打开屏幕键盘，如图 9.41 所示。

图 9.41 打开屏幕键盘

(2) 单击"选项"按键，打开"选项"对话框，如图 9.42 所示，然后在"若要使用屏幕键盘"选项组下选择用户所需的模式。

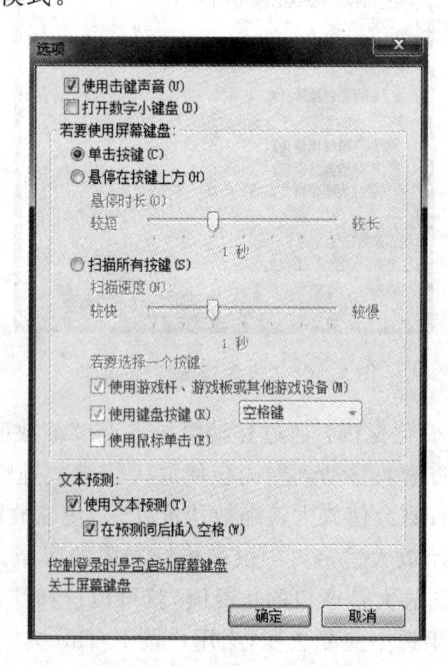

图 9.42 "选项"对话框

① 单击按键：在单击模式中，可单击屏幕键盘键来输入文本。

② 悬停在按键上方：在悬停模式中，用鼠标或游戏杆指向某个键并停留预定义的时间，所选字符将自动输入。

③ 扫描所有按键：在扫描模式中，屏幕键盘持续扫描键盘并突出显示可通过按键盘快捷方式、使用切换输入设备或使用类似于鼠标单击的设备输入键盘字符的区域。

如果用户使用的是悬停模式或扫描模式，并意外最小化了屏幕键盘，则可以通过指向任务栏中的屏幕键盘（适用于悬停模式）或通过按下扫描键（适用于扫描模式）将其还原。

如果在"扫描所有按键"模式下使用鼠标单击选择一个键，则必须将鼠标指针定位在屏幕键盘上。根据活动程序中显示的语言，屏幕键盘中的键盘布局会有所不同。

可以使屏幕键盘在按下某个键时发出单击音频。将屏幕键盘设置为使用音频单击的步骤如下。

(1) 选择"开始"→"所有程序"→"附件"→"轻松访问"→"屏幕键盘"命令，打开屏幕键盘。

(2) 单击"选项"按钮，打开"选项"对话框，选中"使用击键声音"复选框，如图 9.42 所示，然后单击"确定"按钮。

可以使用屏幕键盘中的数字小键盘输入数字。使用屏幕键盘中的数字小键盘的步骤如下。

(1)选择"开始"→"所有程序"→"附件"→"轻松访问"→"屏幕键盘"命令，打开屏幕键盘。

(2) 单击"选项"按键，打开"选项"对话框，如图 9.42 所示，选中"打开数字小键盘"复选框，然后单击"确定"按钮。

如果启用文本预测，则用户在屏幕键盘上输入时会显示用户可能输入的字词列表。启用屏幕键盘中的文本预测的步骤如下。

(1) 选中"开始"→"所有程序"→"附件"→"轻松访问"→"屏幕键盘"命令，打开屏幕键盘。

(2) 单击"选项"按钮，打开"选项"对话框，如图 9.42 所示，选中"使用文本预测"复选框，然后单击"确定"按钮。

(3) 如果在用户使用文本预测插入某个字词后不希望自动添加空格，则取消选中"在预测词后插入空格"复选框，然后单击"确定"按钮。

文本预测仅在英语、法语、意大利语、德语和西班牙语中适用。若要启用特定语言的文本预测，用户必须首先安装该语言的其他语言文件。Windows 7 家庭普通版中不包含文本预测功能。

9.4.6　使用强大的计算器

1. 简单计算

可以单击计算器按钮来执行计算，或者使用键盘输入进行计算。通过按 NumLock 键，用户还可以使用数字键盘输入数字和运算符。使用计算器进行简单计算的操作步骤如下。

(1) 选择"开始"→"所有程序"→"附件"→"计算器"命令，打开"计算器"窗口，如图 9.43 所示。

(2) 单击该窗口菜单上的"查看"，打开"查看"菜单，如图 9.44 所示，选择所需模式。

图 9.43 "计算器"窗口

图 9.44 打开"查看"菜单

(3) 切换模式时，将清除当前的计算，但会保留计算历史记录。

(4) 单击计算器上的数字和运算符号按键，进行所需的计算。

以下是打开计算器的另一种方法：单击"开始"按钮，在搜索框中输入"计算器"，然后在结果列表中单击搜索到的"计算器"即可打开计算器。

2. 科学计算

使用科学计算模式进行计算的具体操作步骤如下。

(1) 单击菜单上的"查看"，打开"查看"菜单，如图 9.44 所示，然后选择"科学型"命令。

(2) 计算器变换为科学计算模式，如图 9.45 所示。单击"计算器"窗口上的按键进行所需的计算。若要求反函数，可单击 Inv 按钮。

图 9.45 计算器变换为科学计算模式

在科学型模式下，计算器会精确到 32 位数。以科学型模式进行计算时，计算器采用运算符优先级。

3. 统计计算

使用统计信息模式时，可以输入要进行统计计算的数据，然后进行计算。输入数据时，数据将显示在历史记录区域中，所输入数据的值将显示在计算区域中。使用统计信息模式进行计算的具体操作步骤如下。

(1) 单击菜单上的“查看”命令，打开“查看”菜单，如图 9.44 所示，然后选择“统计信息”命令。

(2) 计算器变换为统计信息模式，如图 9.46 所示。输入或单击首段数据，然后单击 Add(添加)按钮将数据添加到数据集中。

(3) 单击要进行统计信息计算的按钮，进行统计信息计算。

4. 使用程序员模式

在程序员模式下，计算器最多可精确到 64 位数，这取决于用户所选的字大小。以程序员模式进行计算时，计算器采用运算符优先级。程序员模式只使用整数模式，小数部分将被舍弃。

使用程序员模式进行计算的具体操作步骤如下。

(1) 单击菜单上的“查看”命令，打开“查看”菜单，如图 9.44 所示，然后选择“程序员”命令。

(2) 计算器变换为程序员模式，如图 9.47 所示。单击计算器上的按键进行所需的计算即可。

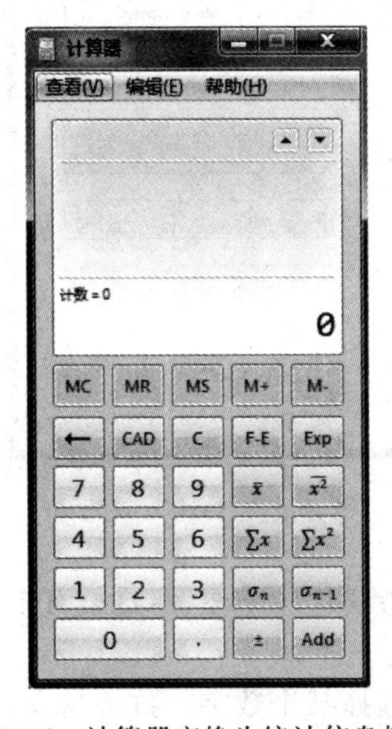

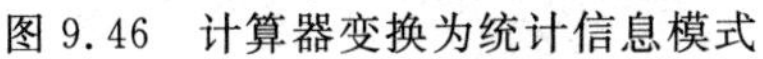
图 9.46　计算器变换为统计信息模式

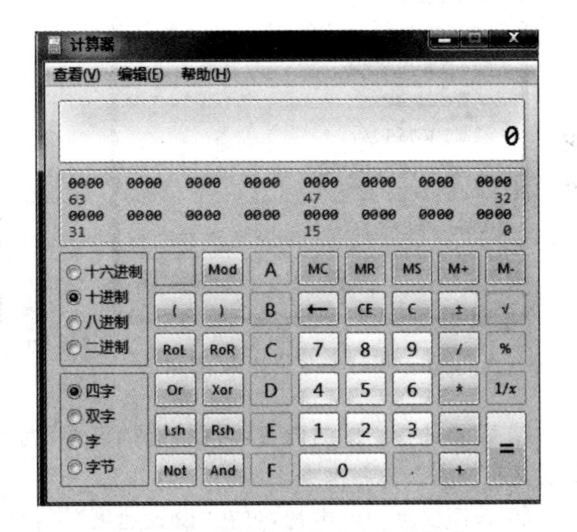

图 9.47　计算器变换为程序员模式

9.4.7　使用讲述人“听”故事

讲述人不适用于所有语言，因此如果以下链接不起作用，则说明讲述人不适用于用户的语言。

1. 选择讲述人高声阅读的文本

选择讲述人高声阅读的文本的具体操作步骤如下。

(1) 选择“开始”→“所有程序”→“附件”→“轻松访问”→“讲述人”命令，打开“Microsoft 讲述人”对话框，如图 9.48 所示。

(2) 在“主要‘讲述人’设置”选项组中，执行下列一项或多项操作。

① 若要收听输入的内容，可选中“回显用户的按键”复选框。

② 若要收听后台事件(如通知)，可选中“宣布系统消息”复选框。

③ 若要在屏幕滚动时收听公告，可选中“宣布滚动通知”复选框。

2. 更改讲述人声音

更改讲述人声音的具体操作步骤如下。

(1) 选择“开始”→“所有程序”→“附件”→“轻松访问”→“讲述人”命令，打开“Microsoft 讲述人”对话框，如图 9.48 所示。

(2) 单击“语音设置”按钮，打开“语音设置-讲述人”对话框，如图 9.49 所示，然后进行下列任意一种调整。

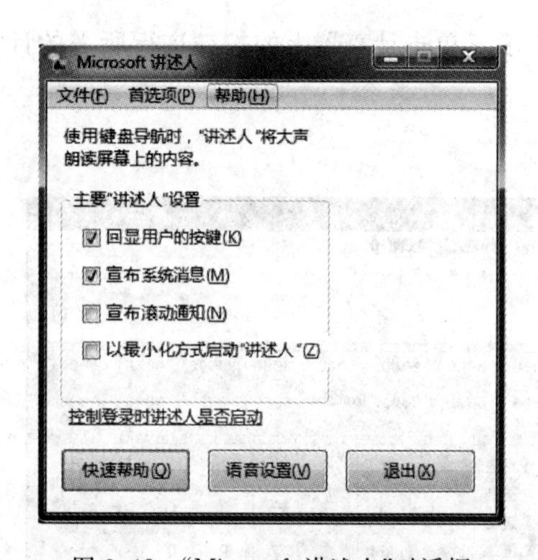

图 9.48 “Microsoft 讲述人”对话框

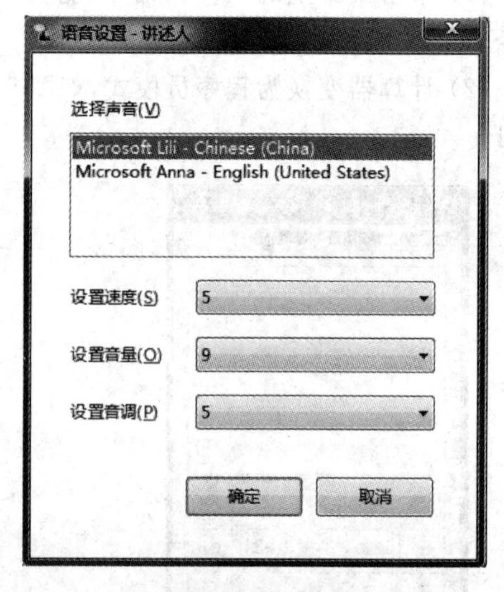

图 9.49 “语音设置-讲述人”对话框

① 若要选择不同的声音，可在“选择声音”列表框中单击要使用的声音，这里有中文和英文两种声音。

② 若需要更快的声音，可在“设置速度”下拉列表框中选择某个数字。数字越大，声音就越快。

③ 若需要更高的声音，可在“设置音量”下拉列表框中选择某个数字。数字越大，音调就越高。音调较高的声音可使某些人更易于听到声音。

3. 启动后最小化讲述人

启动后最小化讲述人的具体操作步骤如下。

(1) 选择“开始”→“所有程序”→“附件”→“轻松访问”→“讲述人”命令，打开“Microsoft 讲述人”对话框，如图 9.48 所示。

(2) 选中“Microsoft 讲述人”对话框中的“主要‘讲述人’设置”选项组中的“以最小化方式启动‘讲述人’”复选框即可，如图 9.50 所示。下次启动讲述人时，它将以图标形式显示在任务栏上，而不是在屏幕上打开。若要将“Microsoft 讲述人”对话框还原到最大尺寸，可在任务栏中单击“讲述人”缩略图。

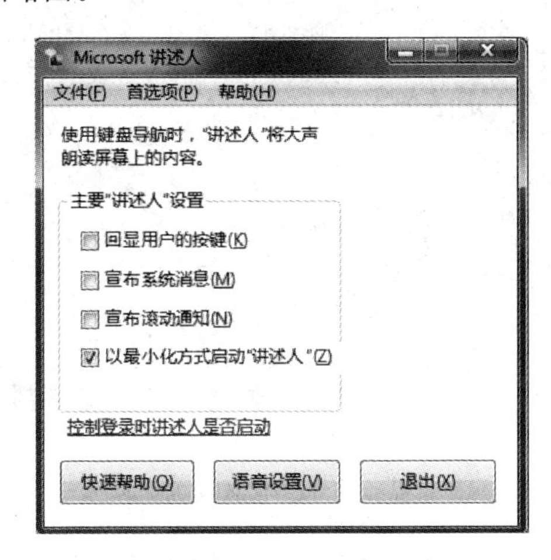

图 9.50　选择“以最小化方式启动‘讲述人’”复选框

9.4.8　使用超强媒体预览——Windows Media Player 12

1. 播放硬盘中的音乐

一般家庭用户的计算机硬盘空间都比较大，可以把自己喜欢的歌曲存储在硬盘中。例如，可以将一些 Internet 上的歌曲下载到用户的本地硬盘中，这样不用每次听歌时都连接 Internet，也可以将 CD 或 MP3 光盘中的音乐复制到硬盘中。

播放已经存储在计算机硬盘中的音乐的操作步骤如下。

(1) 选择“开始”→“所有程序”→Windows Media Player 命令，启动 Windows Media Player。

(2) 选择 Windows Media Player 播放窗口中的“文件”→“打开”命令，弹出“打开”对话框，如图 9.51 所示。在“打开”对话框左侧的导航窗格中可以很快找到文件存放的位置。

(3) 在文件列表中选择要播放的单一文件曲目，也可以选择多首曲目，其方法是按住 Shift 键或 Ctrl 键后单击要选择的文件曲目。

Windows Media Player 12 支持的格式都可以打开播放，如 MIDE 音乐和 WAV 波形文件均可在此对话框中选中打开，并进行播放。

(4) 单击“打开”按钮，选中的曲目将出现在 Windows Media Player 窗口右侧的播放列表中，并且直接开始播放选定的曲目，如图 9.52 所示。

可以直接在“计算机”或“Windows 资源管理器”窗口中选择要播放的媒体文件，然后在要播放的媒体文件上双击；也可以右击，在弹出的快捷菜单中选择“播放”命令，系统会自动启动媒体播放器并播放选中的媒体文件。

图 9.51　选择要播放的媒体文件

图 9.52　直接开始播放选定的曲目

2. 从 CD 复制音乐

用户可以从 CD 光盘上将曲目复制到硬盘上，并且还可创建自己的歌曲列表，对播放的曲目进行随意安排，甚至还可以一边复制一边欣赏。但是，CD 盘的质量和 CD-ROM 的速度可能会影响复制的效果，CD-ROM 驱动器和 CD 读取信息的方式可能会造成复制后的音频在播放过程中有轻微的杂音，如音频中的微弱摩擦声或爆裂声等，这都属于正常情况。

(1) 从 CD 上复制曲目

从 CD 上复制曲目的操作步骤如下。

① 将 CD 光盘放入 CD-ROM 驱动器。

② 在 Windows Media Player 的功能任务栏中单击“翻录”按钮，如果以前没有从该 CD 复制过曲目，将选中所有曲目。如果不想复制某些曲目，则取消选中复制 CD 曲目列表文件名前面的复选框。

③ 复制完成后，所有选中的曲目都将复制到用户的音乐目录下面，选择窗口左侧的“导航窗口”→“音乐”→“文件夹”选项，可以显示此文件夹中的音乐子文件夹，双击音乐子文件夹就可以在细节窗格中显示复制后的内容。

如果想选择所有的文件，或撤销选择所有文件，选中工作界面中细节窗格的标题栏上的“唱片集”复选框即可。

(2) 设置翻录音乐

如果想设定翻录音乐的格式及文件大小，可单击“任务栏”上的“翻录设置”按钮，在打开的下拉菜单中选择“音频质量”命令，展开子菜单，可以看到不同的比特率选项。在此可以选择比特率的大小，设定翻录音频的质量。

“比特率”是单位时间内传输的位数，通常以位/秒为单位。

如果想更改从 CD 复制的音乐文件的默认设置，则可以选择“任务栏”中的“翻录设置”→“更多选项”命令，在弹出的对话框中切换到“翻录音乐”选项卡。

① 在“翻录音乐”选项卡上单击“更改”按钮，弹出“浏览文件夹”对话框，在此可以选择复制音乐的文件夹目录及目录所在位置。

② 在“翻录音乐”选项卡上单击“文件名”按钮，弹出“文件名选项”对话框，在此可以选择要添加到文件名中的详细信息，然后在“分隔符”下拉列表框中选择要使用的分隔符类型，选择完毕后，单击“确定”按钮完成操作。

③ 在“翻录音乐”选项卡中，也可以通过改变“音频质量”滑竿中的滑块位置，达到改变翻录音乐质量的目的。

除了可以设置复制文件的配置文件名及复制音乐的文件夹之外，还可以设置复制音频的质量和文件格式及翻录完成后对 CD 盘的便捷操作。

3. 播放 VCD、DVD 光盘

计算机可以播放音乐，也可以播放影碟。不管是 VCD 还是 DVD，使用 Windows Media Player 都可以很方便地在计算机中播放它们。

(1) 播放 VCD

播放 VCD 与播放 CD 音乐光盘相似，具体操作步骤如下。

① 需要把 VCD 光盘放入计算机的光盘驱动器中，如果是自动开始播放，将会出现全屏幕播放画面。

② 如果没有开始自动播放，用户必须手动选择 VCD 光盘中的文件进行播放。在“Windows 资源浏览器”中双击打开光驱，显示光盘中的所有内容。

③ 双击 MPEGAV 文件夹(一般情况下，VCD 光盘的文件都存放在 MPEGAV 文件夹中)，打开 MPEGAV 文件夹窗口。接着双击其中的扩展名为. dat 的文件，默认情况下会对

.dat文件进行播放。或者在该文件上右击,在弹出的快捷菜单中选择"打开"命令,如果没有设置对.dat类型文件的关联播放软件,Windows 7会询问用户,在此选中"从已安装程序列表中选择程序"单选按钮,然后单击"确定"按钮,打开"打开方式"对话框,在这里选择Windows Media Player选项,并且选中"始终使用选择的程序打开这种文件"复选框,然后单击"确定"按钮开始播放。

另外,还可以直接在Windows Media Player的导航窗格中选中"未知VCD"单选按钮,在细节窗格中选择视频文件,然后单击播放控件区域的"播放"按钮,直接开始播放。

如果在"打开方式"对话框中选中"始终使用选择的程序打开这种文件"复选框,那么,下次打开.dat格式的VCD光盘文件时,就直接启动Windows Media Player程序播放VCD了。

在播放时关闭屏幕保护程序。单击Windows Media Player中的"工具"→"选项"命令,弹出"选项"对话框,切换到"播放机"选项卡,取消选中"播放时允许运行屏幕保护程序"复选框,即可在播放时关闭屏幕保护程序,反之则打开屏幕保护程序。

在播放VCD的过程中,经常需要进行暂停、调整音量、快进和全屏幕播放等操作,这些操作可以通过Windows Media Player窗口底部的各个按钮来实现,具体如下。

① 暂停播放:如果在播放过程中要暂停播放,那么只要单击窗口下方的"暂停"按钮即可完成。

② 无序播放:如果在播放媒体文件时,不想按照顺序一个一个地播放,可以单击"无序播放"按钮进行随机播放。想要关闭无序播放,只需要再次单击此按钮就可以了。

③ 重复播放:如果在播放媒体文件时,遇到自己特别喜欢的内容,需要重复欣赏,可以单击"重复播放"按钮进行重复播放。想要关闭重复播放,只需要再次单击此按钮即可。

④ 从特定点开始播放和倒带、快进:如果要从某一指定的位置播放,可以单击或拖动播放进度条上的滑块来定位。倒带和快速播放,只需单击该进度条上的左右按钮即可。

⑤ 调整音量:拖动音量调整上的滑块,可以增大或减小音量,单击"声音"按钮,可以关闭声音,"声音"按钮关闭后,再次单击此按钮,就又可以打开声音。

图9.59所示的播放画面是以窗口方式显示的,所以播放画面比较小。单击播放画面右下角的"全屏幕视图"按钮,就可以切换到全屏幕播放模式。这时如果需要切换回窗口播放模式,则只要按一下Esc键或者单击屏幕右下角的"退出全屏模式"按钮即可。

在全屏幕播放模式下,如果晃动鼠标,在屏幕下方将出现播放控制按钮,利用它可以在播放时进行不同的操作,如暂停、停止、倒带、快进、音量调节等。

(2) 播放DVD

若要使用Windows Media Player播放DVD,计算机中必须已安装DVD驱动器和兼容的DVD解码器。播放DVD的操作步骤如下。

① 启动播放器并将要播放的DVD插入驱动器。通常情况下,光盘将开始播放。如果没有播放,或者用户要选择已经插入的光盘,则单击"正在播放"选项卡下的箭头,然后单击光盘所在的驱动器。

② 对于DVD,可在列表窗格中单击DVD标题或章节名,即开始播放DVD影片。

Windows Media Player提供了在播放支持特殊功能的DVD时使用的特殊功能。例如,可以设置家长控制,阻止儿童使用计算机播放包含不适宜内容的DVD;或者可以更改摄像机角度或使用DVD上的特殊功能。

启用 DVD 家长控制的方法如下。

① 使用家长控制的第一步是通过相应的 Windows 用户账户和密码来保护计算机。一旦执行此操作，就可以在播放机中指派家长分级。并非所有 DVD 都支持此功能。

② 若要更改家长控制设置，必须以管理员或 Administrators 组成员的身份登录。用管理员账户登录计算机，然后为所有管理员账户指派密码。为希望对其应用家长控制设置的每一个人创建受限制的用户账户。

③ 启动 Windows Media Player，在播放窗口中右击，在弹出的快捷菜单中选择“更多选项”命令，弹出“选项”对话框，然后切换到 DVD 选项卡。

④ 单击“更改”设置按钮，弹出“更改分级限制”对话框。

⑤ 在“阻止其他人播放高于下列分级的 DVD”下拉列表中，选择想让使用受限制账户的用户能在用户的计算机上查看的级别。例如，如果要阻止使用受限制账户的用户查看被评定为 R 级或更高级别的 DVD，需选择 PG-13 选项。

9.4.9　使用 Windows Media Center

1. 欣赏音乐

在媒体中心选项音乐库，如图 9.53 所示，单击“音乐库”图标就可以进入音乐库。音乐库充分利用了宽屏显示，会把每个艺术家的每个专辑和歌曲都使用自己的封面显示出来。这样，整体看上去就像一个使用音乐封面摆满的“音乐墙”。用户需要做的就是使用遥控器选择一个专辑，然后单击“播放”按钮就可以享受美妙的音乐了。

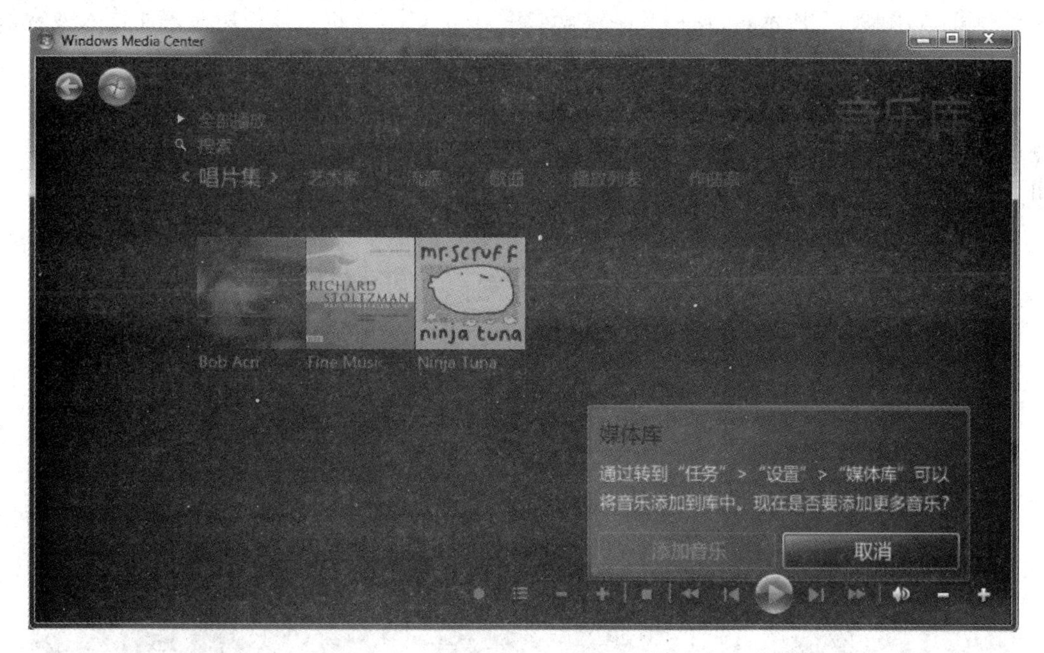

图 9.53　在媒体中心选择音乐库

(1) 在库中查找音乐文件

通过使用向左箭头和向右箭头按钮，可以在音乐库中自动滚动来查找音乐，具体操作步骤如下。

① 在“开始”屏幕上,滚动到“音乐”,然后单击“音乐库”,如图 9.54 所示。

图 9.54 音乐库

② 若要使用搜索功能,在“开始”屏幕上滚动到“音乐”,滚动到右侧“搜索”选项,“搜索:音乐”画面如图 9.55 所示,可使用数字键盘或键盘输入字母,也可以使用遥控器输入搜索条件。选择“唱片集”选项,进入“唱片集”画面,如图 9.56 所示。

图 9.55 “搜索:音乐”画面

图 9.56　选择唱片集

(2) 播放音乐

通过音乐库可以很方便地播放音乐。

① 在“开始”屏幕上，滚动到“音乐”，然后单击“音乐库”。

② 单击“唱片集”、“艺术家”、“流派”、“歌曲”、“播放列表”、“作曲者”或“年份”都可以进行音乐的选择。这里单击选择“唱片集”，单击“唱片集”选择要播放的唱片，然后导航到“唱片集详细信息”画面。

③ 单击标题或名称，然后单击“播放唱片集”按钮(如果选择的是歌曲而不是唱片集，此处就应该单击“播放歌曲”按钮)，如图 9.57 所示。此时便会开始播放音乐，如图 9.58 所示。

图 9.57　单击“播放唱片集”按钮

图 9.58　开始播放音乐

2. 收听广播

在媒体中心里面除了可以欣赏音乐之外，还可以收听调频广播。在媒体中心选择“收音机”，如图 9.59 所示，单击“收音机”图标就可以进入收音机界面了。如果没有安装收音机调谐器，Windows Media Center 会提示安装，如图 9.60 所示。

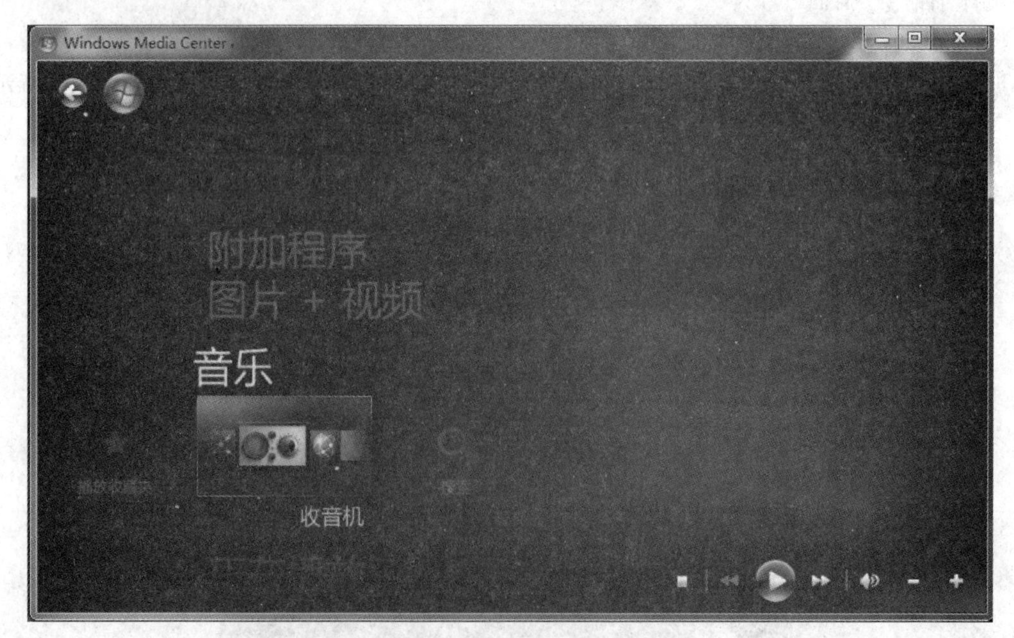

图 9.59　在 Windows Media Center 选择收音机

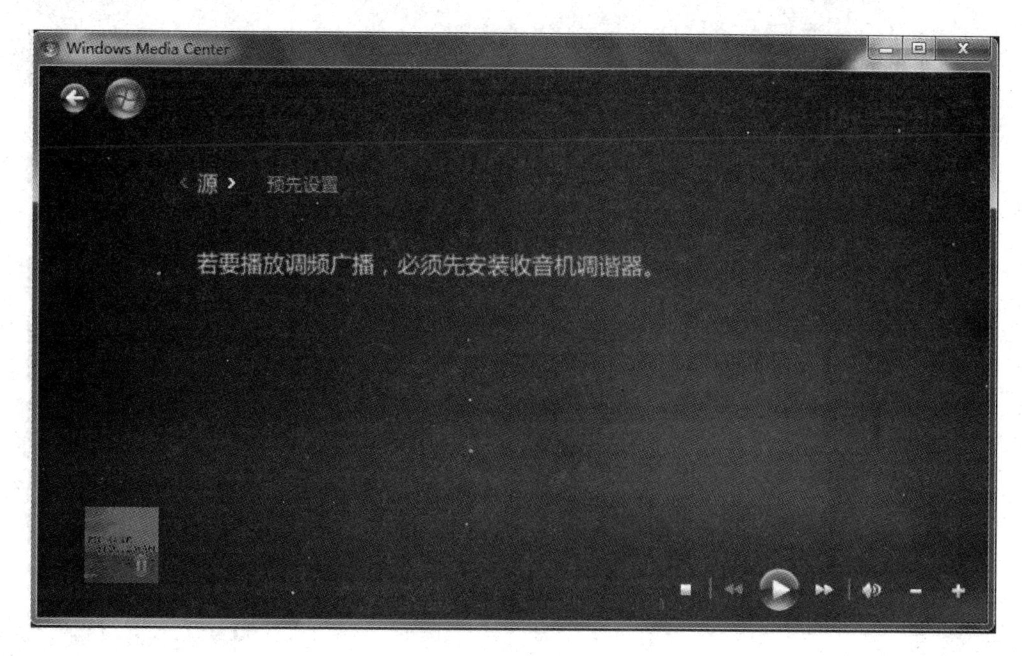

图 9.60　提示安装收音机调谐器

可以使用 Windows Media Center 收听自己所在区域中可用的调频广播电台，还可以创建自己喜欢的广播电台的预设。

每个人都有自己喜欢的频道。Windows Media Center 提供了非常简单的选台方式。

在 Windows Media Center 中播放调频广播电台需要可选的调频调谐器。

3. 欣赏图片和视频

家庭照片和家庭录像会带来美好回忆，它们记录着过去那些重要的日子。Windows 7 提供了一个首尾相连的管理模式以方便浏览，组织管理以及和家人、朋友共享。共享时可以通过用户房间中的其他设备显示，例如电视。

过去，坐在计算机前找照片和视频是一件非常郁闷的事情，但现在有了更好的方式，图片库允许简单的导航和高亮显示，可以让用户很容易找到需要共享的照片。视频库也允许简单的导航和高亮显示，让用户很容易找到需要共享的视频文件。

(1) 欣赏图片

在 Windows Media Center 中欣赏照片已经成为一项轻松愉快的美好体验。它的图片库可以高效地组织和播放图片。

① “文件夹”目录。如图 9.61 所示，照片可以存放在文件夹中，媒体库允许使用这种形式组织目录。

② “拍摄日期”目录。数码相机会自动保存很多细节信息，例如分辨率、快门速度，还有最重要的——拍摄时间。如图 9.62 所示，单击“拍摄日期”，从而使图片库以拍摄日期为顺序组织照片。

③ “标记”目录。Windows Media Center 提供了一个通过“标记”去组织照片的形式，如图 9.63 所示。这个新功能允许用户给照片加上关键字，例而通过关键字去组织照片。例如

图 9.61　使用文件夹浏览

图 9.62　以拍摄日期方式浏览图片库

用户通过几年时间去搜索一些风景照片。这些照片分别存放在不同的文件夹中，想一次全部浏览很困难。这种情况下，可以通过 Windows Media Center 给它们加上"风景"的标记。这样，用户只需要使用遥控器选择"风景"这一项就可以浏览全部的照片，不管它们何时拍摄，或者放在哪一个文件夹中。

④"分级"目录。Windows Media Center 提供了一个通过"分级"组织照片的形式，如图 9.64 所示。这个新功能允许用户给照片分级，从而通过分级关键字去组织照片。

图 9.63　按照“标记”浏览

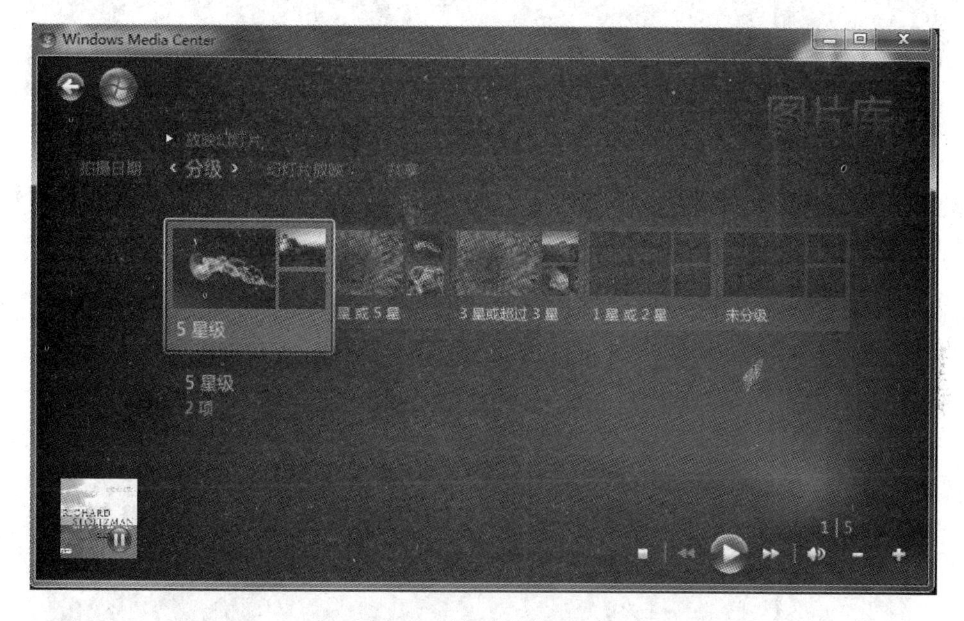

图 9.64　按照“分级”浏览

(2) 播放带音乐的幻灯片

要实现播放带音乐的幻灯片，方法也很简单，步骤如下。

① 在“开始”屏幕上，滚动到“音乐”，然后单击“音乐库”。

② 单击“唱片集”、“艺术家”、“流派”、“歌曲”、“播放列表”、“作曲者”或“年份”。这里单击“唱片集”，然后导航到要欣赏的音乐。

③ 单击要欣赏的音乐名称，然后单击“播放唱片集”，此时便会开始播放音乐。

④ 单击“播放图片”，此时会自动打开用户“图片”文件夹，如果不想播放这里存放的图片，要自定义播放，可以右击，此时会在屏幕右下角出现“设置”按钮，如图 9.65 所示。

图 9.65　播放音乐的同时进行幻灯片播放

⑤ 单击“设置”按钮，出现设置界面，在这里选中“使用此文件夹中的图片”单选按钮，如图 9.66 所示。

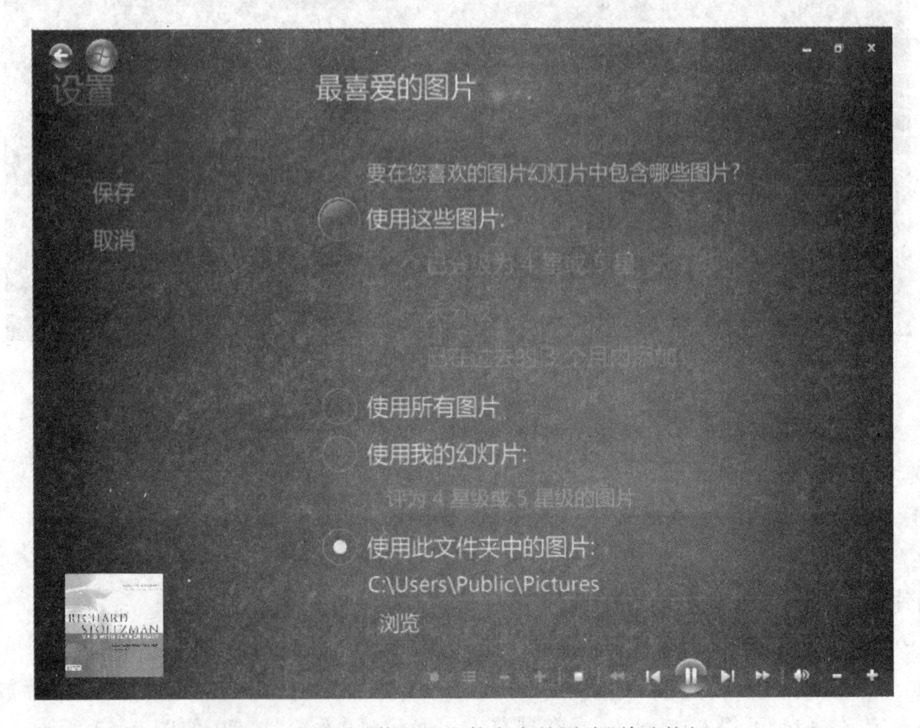

图 9.66　选中“使用此文件夹中的图片”单选按钮

⑥ 然后单击“浏览”按钮，出现“选择一个文件夹”界面，在这里选中“选择本计算机上的文件夹”单选按钮，如图 9.67 所示。如果想要选中其他计算机上的共享文件夹，可以选中“选择另一台计算机的共享文件夹”单选按钮，然后单击“下一步”按钮，弹出“选择包含图片的文件夹”界面，如图 9.68 所示。

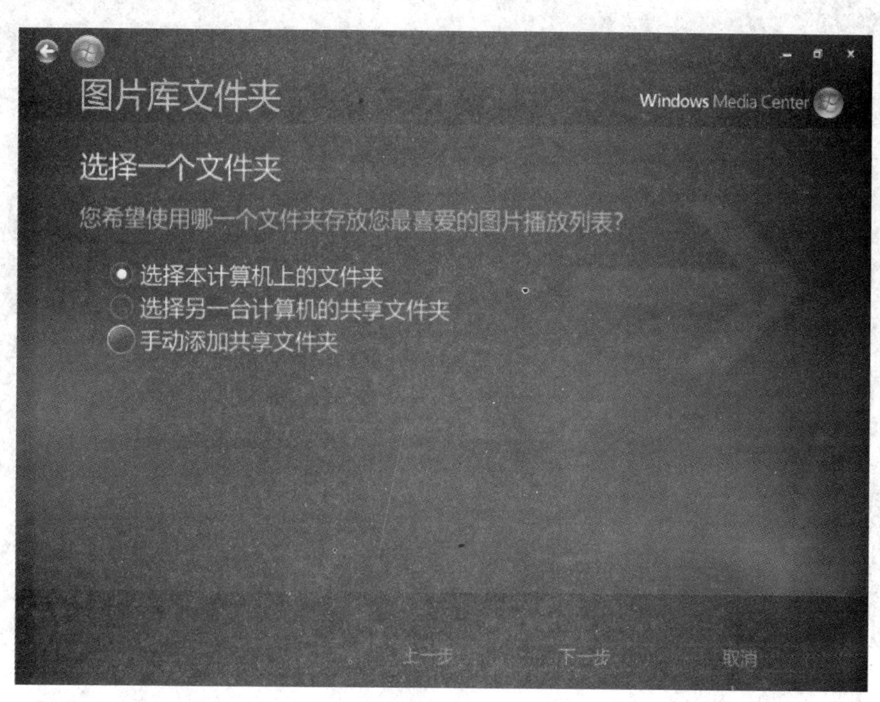

图 9.67　“选择一个文件夹”界面

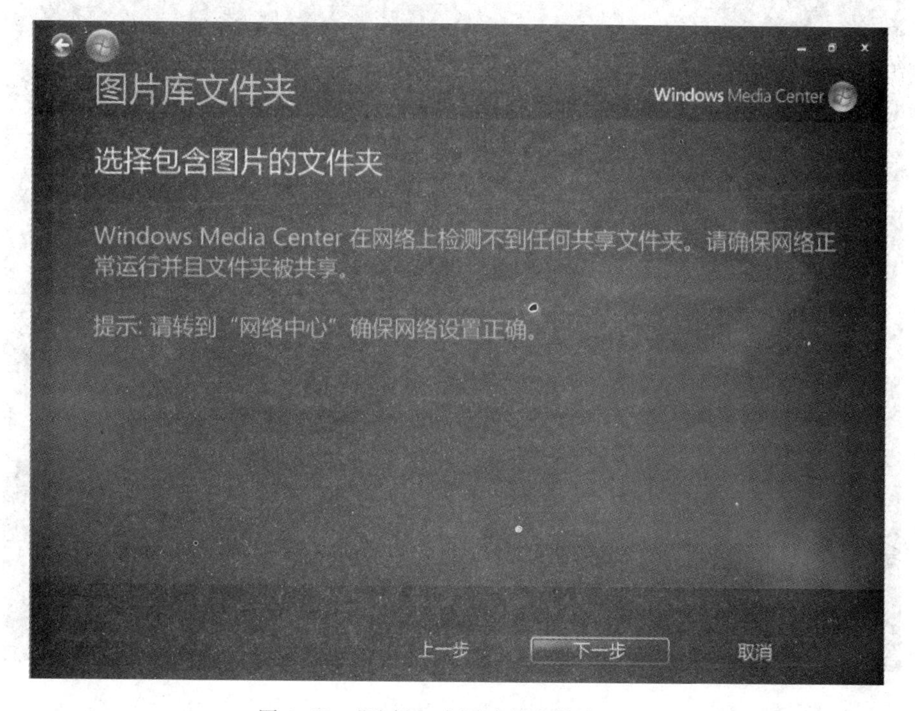

图 9.68　“选择包含图片的文件夹”界面

⑦ 单击“下一步”按钮，出现如图 9.69 所示的确认更改界面，单击“完成”按钮，返回“设置”界面，如图 9.70 所示。

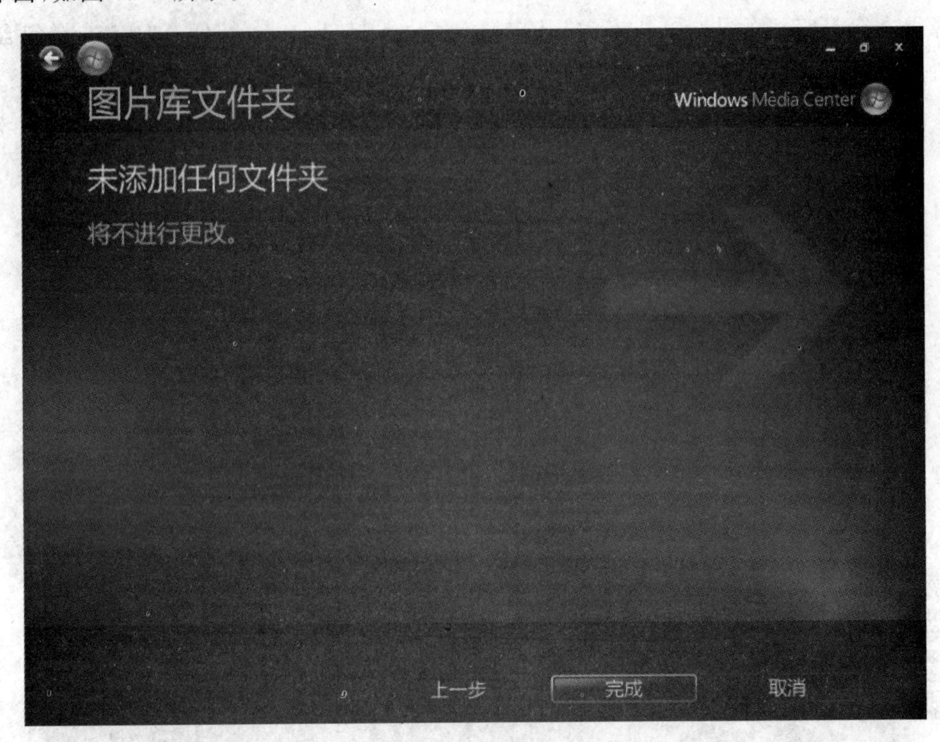

图 9.69　确认更改界面

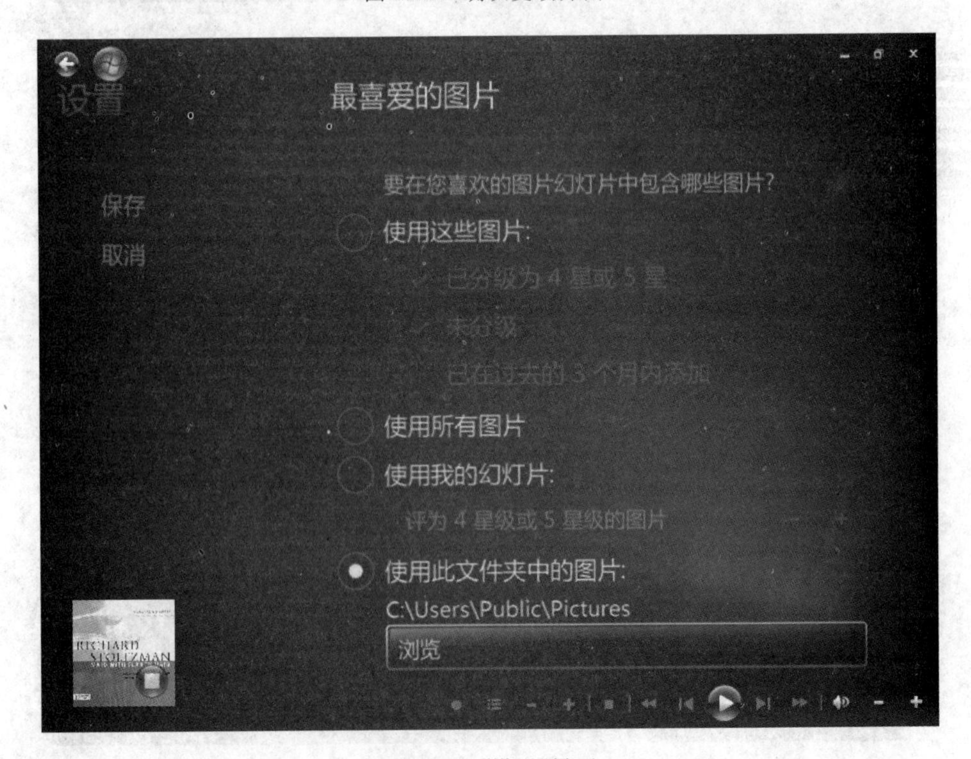

图 9.70　“设置”界面

⑧ 单击"保存"按钮，返回最初的音乐播放窗口，如图 9.71 所示，单击"播放图片"按钮，开始音乐幻灯片的播放，如图 9.72 所示。如果想要全屏幕播放，只需要单击 Windows Media Center 界面右上角的最大化按钮即可，这样就真正成为音乐电子相册了。

图 9.71　音乐播放窗口

图 9.72　开始音乐幻灯片的播放

(3) 欣赏视频

在欣赏视频之前，首先要添加视频。添加视频的方法很简单，具体操作步骤如下。

① 在 Windows Media Center 主界面上，找到“图片＋视频”下面的“视频库”，单击进入“视频库”，如图 9.73 所示。如果是第一次使用视频库，会提示是否添加视频，单击“添加视频”按钮，会出现“选择媒体库”界面，在此选中“视频”单选按钮，如图 9.74 所示。

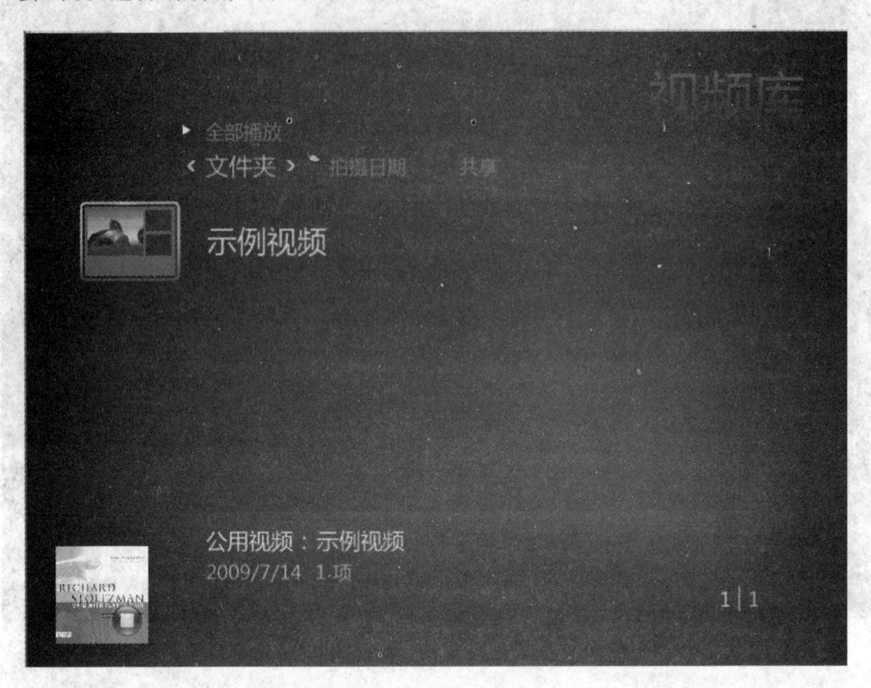

图 9.73 媒体中心视频库

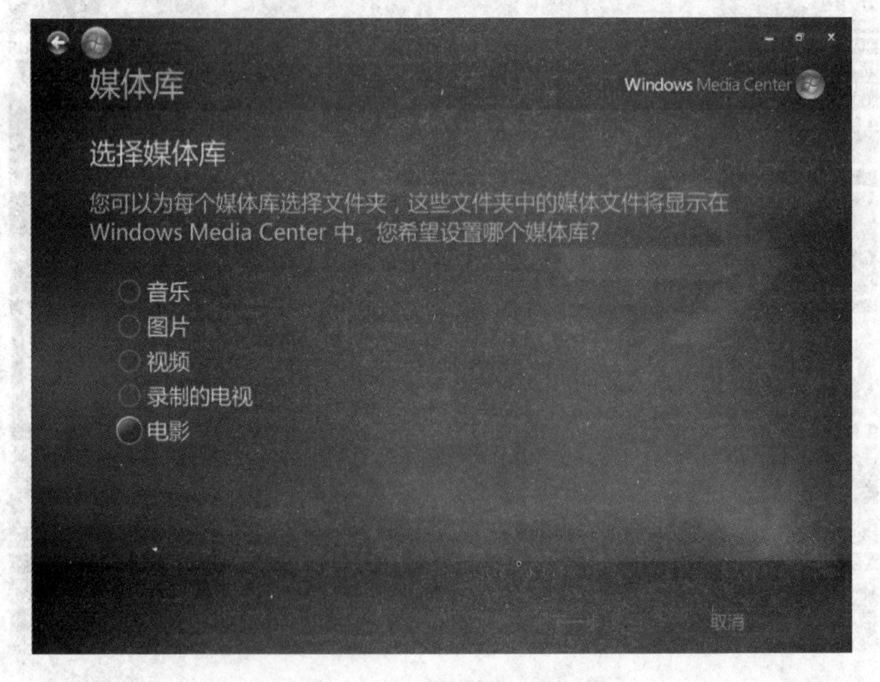

图 9.74 “选择媒体库”界面

② 单击“下一步”按钮，在如图9.75所示的“视频”界面中选中“向媒体库中添加文件夹”，并单击“下一步”按钮。然后在图9.76所示的“添加视频文件夹”界面中选中“在此计算机上(包括映射的网络驱动器)”单选按钮。

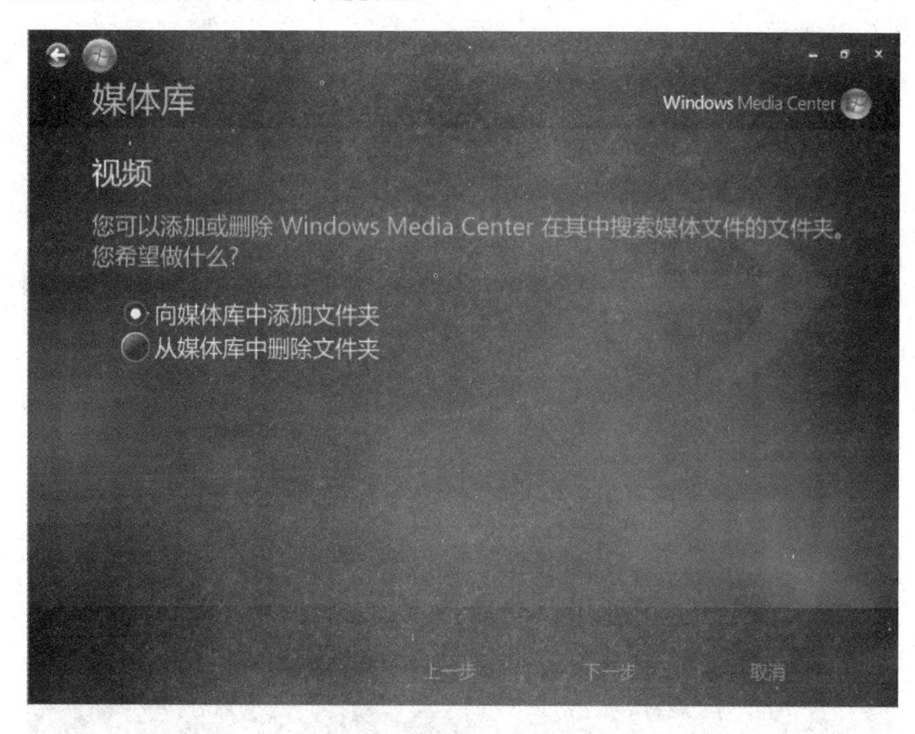

图9.75　“视频”界面

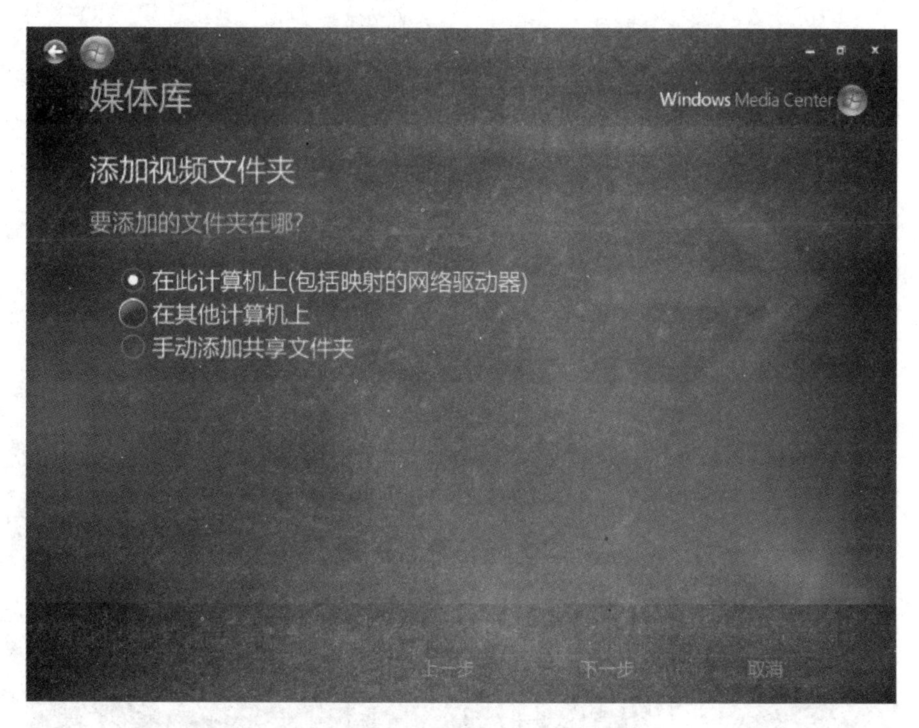

图9.76　“添加视频文件夹”界面

③ 然后单击“下一步”按钮，在如图 9.77 所示的“选择包含视频的文件夹”界面中选择视频所在的文件夹，可以选择多个文件夹。添加完毕后，单击“下一步”按钮，出现如图 9.78 所示的“确认更改”界面。在此单击“完成”按钮，返回视频库。可以看到刚刚添加完成的视频库如图 9.79 所示。

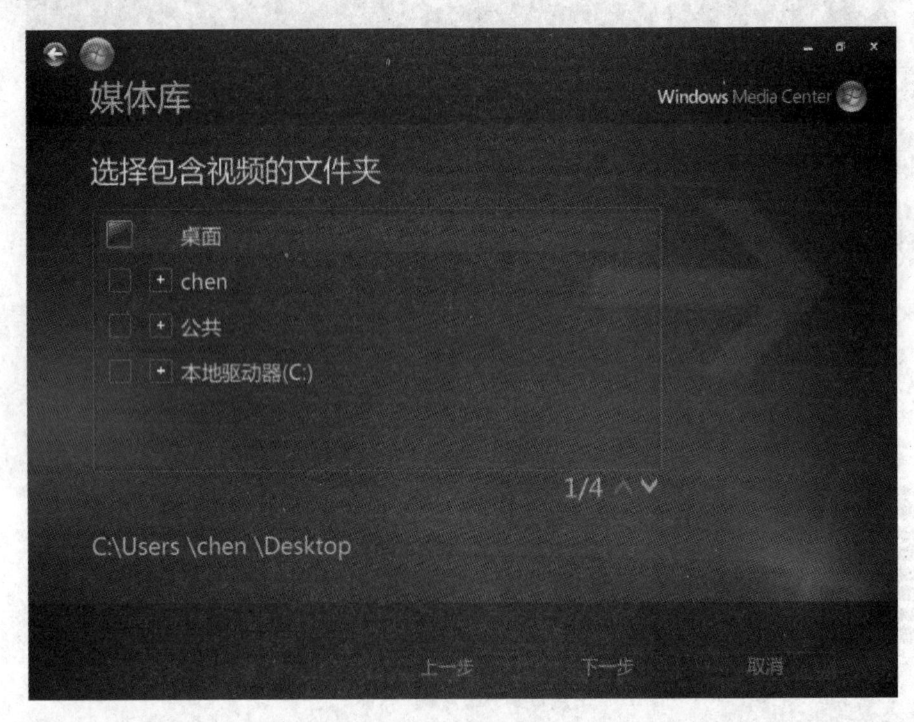

图 9.77 “选择包含视频的文件夹”界面

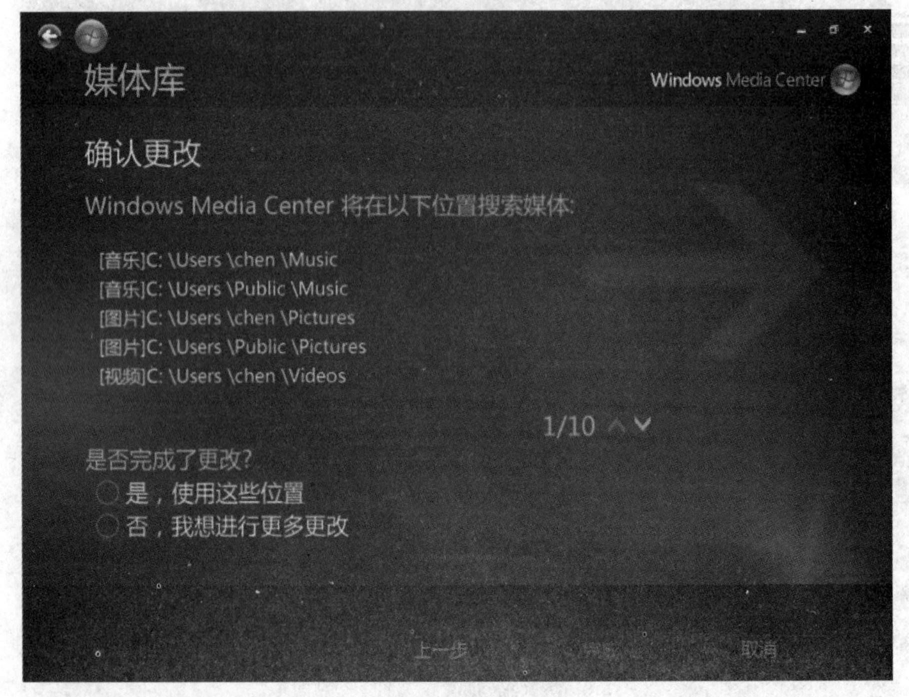

图 9.78 “确认更改”界面

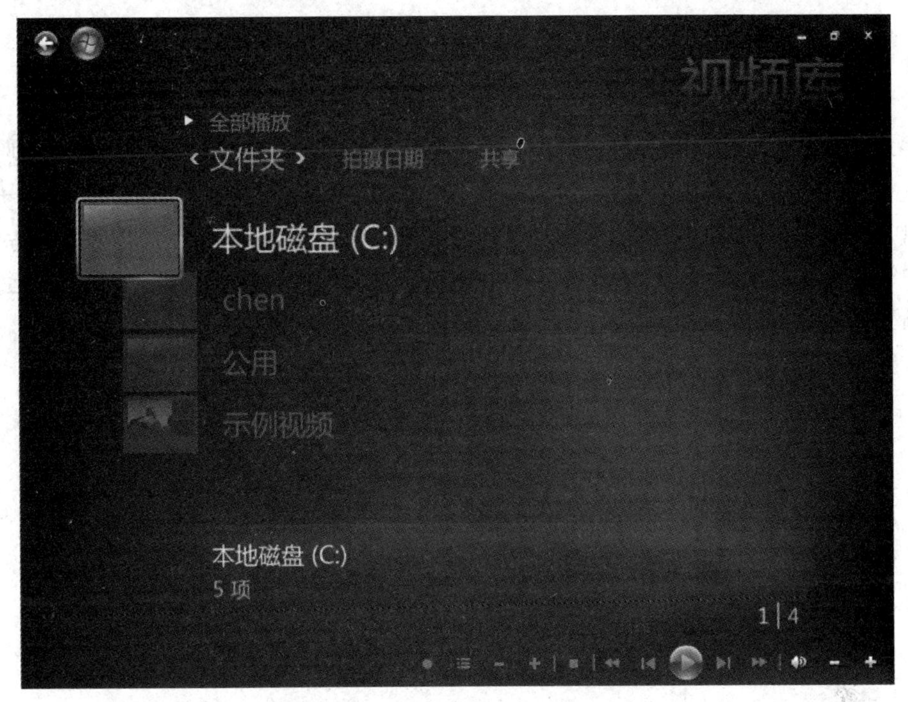

图 9.79　刚刚添加完成的视频库

对每个视频片段，Windows Media Center 都可以找到一个典型的画面作为图标，使用户可以更方便地找到需要的视频。视频库还通过"按名称"和"按日期"对视频进行排列和索引，方便用户寻找需要的视频片段。在视频库中找到需要的视频片段，可以单击视频图标上的"播放"按钮观看视频画面，如图 9.80 所示。

图 9.80　观看视频画面

9.5 后续项目

子项目 9 已经实现了 Windows 7 操作系统中附带的多种小工具的使用，可以帮助用户解决操作 Windows 7 系统时的一些应用，包括写字板、Windows 语音识别、便笺、放大镜、屏幕键盘、计算器、讲述人、Windows Media Player 和 Media Center 等小工具的操作方法。随着客户端系统的安装和使用，系统中会产生很多临时文件和垃圾文件，那么系统的运行速度会逐渐变慢，因此需要进行有效的系统维护和故障处理。

子项目 10 系统的维护和故障处理

10.1 项目任务

在本子项目中要完成以下任务：

(1) 监控客户端系统的系统资源；

(2) 备份客户端系统文件；

(3) 对客户端系统进行磁盘维护；

(4) 轻松传送 Windows；

(5) 使用系统还原保护客户端系统；

(6) 获取客户端系统信息；

(7) 系统常见故障处理。

具体任务指标如下：

(1) 使用资源监视器可以用来实时监视 CPU、硬盘、网络和内存等系统资源的使用情况；

(2) 利用 Windows 7 提供的备份工具来备份计算机上的文件和注册表以及如何还原备份的文件；

(3) 使用 Windows 7 自带的磁盘清理工具对客户端系统进行维护；

(4) 使用 Windows 轻松传送，可以选择要传送到新计算机的内容和传送方式；

(5) 使用系统还原可以帮助用户将计算机的系统文件及时还原到早期的还原点；

(6) 使用系统信息显示有关用户计算机硬件配置、计算机组件和软件的详细信息；

(7) 解决系统中常见的开机故障和错误。

10.2 项目的提出

Windows 7 为人们提供了一系列功能丰富的系统工具，如果能够充分利用这些工具，可以让自己的 Windows 7 功能得到充分的发挥。

Windows 7 自带的系统工具包括资源监视器、备份和还原、磁盘清理、磁盘碎片整理程

序、Windows 轻松传送、系统信息等。

10.3 实施项目的预备知识

预备知识的重点内容

（1）掌握资源监视器的使用方法；

（2）理解系统文件的备份和还原方法；

（3）重点掌握磁盘维护工具的使用方法；

（4）理解 Windows 轻松传送的技巧；

（5）掌握系统还原的使用方法；

（6）理解系统信息的作用。

关键术语

（1）资源监视器：是担当群集服务和资源动态链接库（DLL）之间媒介的群集组件。当群集服务请求资源时，“资源监视器”将请求传输到相应的资源 DLL。如果资源 DLL 必须报告状态或向群集服务通报所发生的事件，则“资源监视器”负责确保信息的成功发送。“资源监视器”是被动的通信层，不执行任何操作。

（2）系统文件：指的是存放操作系统主要文件的文件夹，一般在安装操作系统过程中自动创建并将相关文件放在对应的文件夹中，这里面的文件直接影响系统的正常运行，多数都不允许随意改变。它的存在对维护计算机系统的稳定具有重要作用。

（3）系统还原：目的是在不需要重新安装操作系统，也不会破坏数据文件的前提下使系统回到工作状态。在 Windows Me 就加入系统还原功能，并且一直在 Windows Me 以上的操作系统中使用。系统还原可以恢复注册表、本地配置文件、COM＋数据库、Windows 文件保护（WFP）高速缓存（wfp. dll）、Windows 管理工具（WMI）数据库、Microsoft IIS 元数据，以及实用程序默认复制到“还原”存档中的文件。

预备知识概括

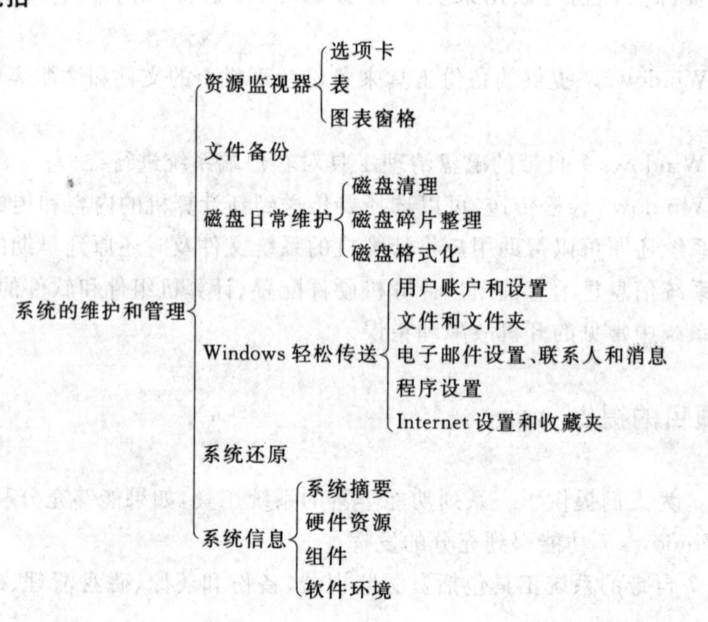

预备知识

10.3.1　资源监视器

资源监视器可以用来实时监视CPU、硬盘、网络和内存等系统资源的使用情况。Windows资源监视器是一个功能强大的工具，可用于了解进程和服务如何使用系统资源。除了可以实时监视资源的使用情况外，资源监视器还可以帮助分析没有响应的进程，确定哪些应用程序正在使用文件，以及控制进程和服务。

Windows资源监视器包括下列元素和功能。

1. 选项卡

资源监视器包括5个选项卡，即概述、CPU、内存、磁盘和网络。

"概述"选项卡显示基本系统资源使用信息；其他选项卡显示有关各种特定资源的信息。通过单击标签可在选项卡之间进行切换。如果已筛选了某个选项卡上的结果，则只有选定进程或服务使用的资源才会显示在其他选项卡上。筛选结果由每个表标题栏下方的橙色栏表示。若要在查看当前选项卡时停止筛选结果，则在关键表中取消选中"映像"旁边的复选框。

2. 表

资源监视器中的每个选项卡都包含多个表，这些表提供有关该选项卡上所提供资源的详细信息。若要展开或折叠表，则单击表标题栏右侧的箭头。默认情况下，不是所有的表都会展开。若要在表中添加或隐藏数据列，则右击任意列选项卡，然后在弹出的快捷菜单中选择"选择列"命令。在此对话框里选中或清除要显示的列所对应的复选框。默认情况下，不是所有的列都会显示。

3. 图表窗格

资源监视器中的每个选项卡都包括一个图表窗格(位于窗口右侧)，这些窗格显示该选项卡中所包括资源的图表。单击窗口右侧图表窗格的"视图"按钮，在打开的下拉菜单中可以选择不同的图标大小，从而更改视图中图标的大小。单击"视图"窗格顶部的箭头按钮，可以隐藏图表窗格。

如果有多个逻辑处理器，则可以选择要在图表窗格中显示的处理器。方法是：首先切换到CPU选项卡，选择菜单栏上的"监视器"命令，打开下拉菜单，然后选择"选择处理器"命令，打开"选择处理器"对话框。在"选择处理器"对话框中，如果监视全部CPU，则选中"所有CPU"复选框，图表窗格中将会显示所有CPU的资源监视图表。如果选择某个或者某些CPU，需要首先取消选中"所有CPU"复选框，然后选中与要显示的逻辑处理器对应的复选框，即可对选中的CPU进行监视。

资源监视器会为每个逻辑处理显示一个图表。例如，具有双核单处理器的计算机在CPU选项卡上的图表窗格中显示两个处理器图表。具有多核处理器的计算机则在CPU选项卡上的图表窗格中显示多个处理器图表。

需要注意的是，只有在无法通过正常方式关闭某个程序时，才应使用"资源监视器"结束

该进程。如果打开的程序与该进程关联，该程序将立即关闭，用户将丢失所有未保存的数据。如果结束系统进程，则可能导致系统不稳定和数据丢失。

如果使用资源监视器挂起进程，用户将无法使用挂起的程序，直到重新恢复该程序为止。如果其他程序依赖于某个进程，挂起该进程可能会导致数据丢失。

10.3.2 文件备份

由于受到病毒或蠕虫工具攻击、软件或硬件故障，或者整个硬盘故障，可能意外删除或替换文件而丢失文件。要保护文件，可以创建备份，即一组与原始文件存储在不同位置的文件副本。Windows 提供了备份文件、程序和系统设置的工具，可以随时手动备份文件或者设置自动备份。

10.3.3 磁盘的日常维护

本节主要介绍磁盘的日常维护工作，包括磁盘清理、磁盘碎片整理、磁盘格式化等，使用户可有效运用磁盘的空间并提高系统运行的效率。

1. 磁盘清理

如果要减少硬盘上不需要的文件数量，以释放磁盘空间并让计算机运行得更快，可使用磁盘清理。该程序可删除临时文件、清空回收站并删除各种系统文件和其他不再需要的项目。

在计算机的使用过程中会留下一些不再需要的文件，例如安装程序产生的暂存盘、网络浏览的记录等。这些垃圾文件占用磁盘空间、拖慢系统速度，因此应该适时清理，让系统运作更加顺畅。

2. 磁盘碎片整理

随着保存、更改或删除文件的进行，硬盘需要进行碎片整理。对文件所做的更改通常存储在硬盘上与原始文件不同的位置。其他更改甚至会保存到多个位置。随着时间的流逝，文件和硬盘本身都会成为碎片，当计算机必须在多个不同位置查找以打开文件时，其速度会降低。

磁盘碎片整理程序是一种工具，它可以重新排列硬盘上的数据并重新组合碎片文件，以便计算机能够更有效地运行。在 Windows 7 中，磁盘碎片整理程序会按计划运行，因此用户无须记住要运行它，尽管仍然可以手动运行它或更改其运行计划。

磁盘重组工具可以重新排列文件、重组分散的文件。用户可以通过对硬盘进行碎片整理来提高计算机的性能。磁盘碎片整理程序可以重新排列碎片数据，以便硬盘能够更有效地工作。磁盘碎片整理程序会按计划运行，但也可以手动进行硬盘碎片整理。

3. 磁盘格式化

硬盘是存储数据的主要载体，而磁盘管理和维护主要是针对硬盘而言的。由于其容量庞大，为了方便管理，往往被分割成多个磁盘区。若想查看某个磁盘区的状况，可以通过“计算机管理”窗口进行查看。

10.3.4　Windows 轻松传送

Windows 轻松传送能够指导用户完成将文件和设置从一台 Windows 计算机传送到另一台计算机。使用 Windows 轻松传送，可以选择要传送到新计算机的内容和传送方式。

使用 Windows 轻松传送可以传送大多数文件和程序设置，传送的具体文件类型如下。

(1) 用户账户和设置：颜色主题、桌面背景、网络连接、屏幕保护程序、字体、"开始"菜单选项、任务栏选项、文件夹、特定文件、网络打印机和驱动器以及辅助功能选项。

(2) 文件和文件夹："文档"、"音乐"、"图片"和"视频"文件夹内的全部内容。使用高级选项，可以选择要传输的其他文件和文件夹。

(3) 电子邮件设置、联系人和消息：来自 Microsoft Outlook Express、Outlook、Windows Mail 和其他电子邮件程序的消息、账户设置和通信簿。

(4) 程序设置：使程序保持在旧计算机上的配置及设置。必须首先在新计算机上安装这些程序，因为 Windows 轻松传送不会传送程序本身。一些程序可能无法在 Windows 7 上工作，包括安全程序(通常与所有版本的 Windows 都不兼容)、防病毒程序、防火墙程序(新计算机应该已运行防火墙，确保传送期间的安全)和带有软件驱动程序的程序(一些不是与所有版本的 Windows 都兼容的程序)。

(5) Internet 设置和收藏夹：Internet 连接设置、收藏夹和 Cookie。

10.3.5　系统还原

系统还原可帮助用户将计算机的系统文件及时还原到早期的还原点。此方法可以在不影响个人文件(例如电子邮件、文档或照片)的情况下，撤销对计算机的系统更改。系统还原会影响 Windows 系统文件、程序和注册表设置。它还可以更改计算机上的脚本、批处理文件和其他类型的可执行文件。它不影响个人文件，例如电子邮件、文档或照片，因此不能帮助用户还原已删除的文件。如果用户有文件的备份，则可以通过备份来还原文件。

有时，安装一个程序或驱动程序会导致对计算机的异常更改或 Windows 行为异常。通常情况下，卸载程序或驱动程序可以解决此问题。如果卸载并没有修复问题，则尝试将计算机系统还原到之前一切运行正常的时候。

系统还原使用名为系统保护的功能定期创建和保存计算机上的还原点，这些还原点包含有关注册表设置和 Windows 使用的其他系统信息的信息，还可以手动创建还原点。

系统还原并不是为了备份个人文件，因此它无法帮助用户回复已删除或损坏的个人文件。用户应该使用备份程序定期备份个人文件和重要数据。

若要存储还原点，则在每个已打开"系统保护"的硬盘上至少需要 300 兆字节(MB)的可用空间。系统还原可能会占用每个磁盘 15%的空间。如果还原点占满了所有空间，系统还原将删除旧的还原点，为新还原点腾出空间。在小于 1 千兆字节(GB)的硬盘上无法运行系统还原。

还原点会一直保存到系统还原可用的硬盘空间用完。随着新还原点的创建，旧还原点会被删除。如果关闭磁盘上的系统保护(创建还原点的功能)，则所有还原点将从该磁盘中删除。如果重新打开系统保护，则会创建新的还原点。

10.3.6 系统信息

系统信息(也称为 msinfo32.exe)显示有关用户计算机硬件配置、计算机组件和软件(包括驱动程序)的详细信息。

系统信息在左窗格中列出了类别,展开后,在右窗格中列出了有关每个类别的详细信息。这些类别的具体内容如下。

(1) 系统摘要:显示有关用户计算机和操作系统的常规信息,如计算机名称和制造商、用户计算机使用的基本输入输出系统(BIOS)的类型以及安装的内存数量。

(2) 硬件资源:向 IT 专业人员显示有关用户计算机硬件的高级详细信息。

(3) 组件:显示有关用户计算机上安装的磁盘驱动器、声音设备、调制解调器和其他组件的信息。

(4) 软件环境:显示有关驱动程序、网络连接以及其他与程序有关的详细信息。

10.4 项目实施

10.4.1 监控客户端系统的系统资源

打开"资源监视器"有两种方法:第一种是选择"开始"→"所有程序"→"附件"→"系统工具"→"资源监视器"命令,打开"资源监视器"窗口。如果系统提示用户输入管理员密码或进行确认,则需输入该密码或提供确认。第二种方法是单击"开始"按钮,在搜索框中输入"资源监视器"或者输入 resmon.exe,然后在结果列表中单击"资源监视器"或者 resmon 就可以打开"资源监视器"窗口了。资源监视器的窗口如图 10.1 所示。

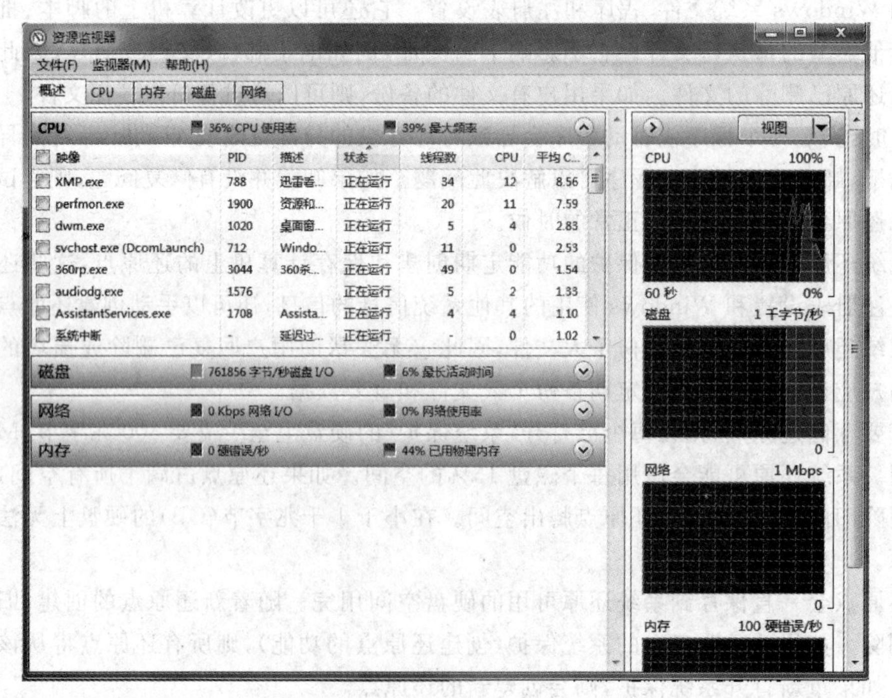

图 10.1 "资源监视器"窗口

1. 使用“资源监视器”结束进程

使用“资源监视器”结束进程的步骤如下。

(1) 首先选择“开始”→“所有程序”→“附件”→“系统工具”→“资源监视器”命令，打开“资源监视器”窗口，如图10.1所示。

(2) 在“资源监视器”任意选项卡上的关键表中的“映像”列中，右击要结束的进程的可执行文件名，然后在弹出的快捷菜单中选择“结束进程”命令。若要结束与选定进程有关的所有进程，可选择“结束进程树”命令，如图10.2所示。

(3) 在弹出的结束进程确认对话框中，确认是否要结束进程，如图10.3所示。如果要结束进程，则单击“结束进程”按钮；如果要取消操作，则单击“取消”按钮。

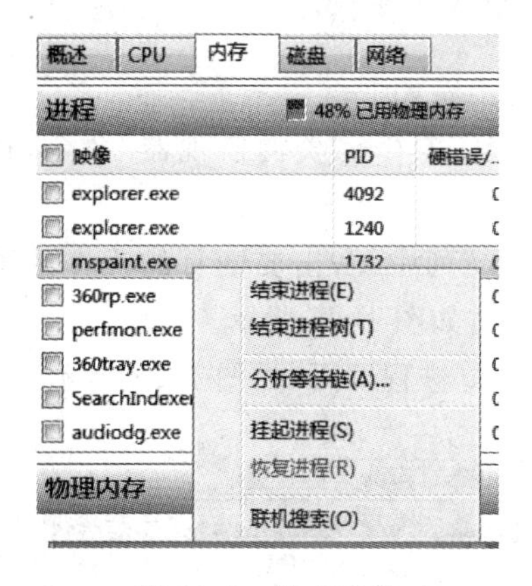

图10.2　结束进程

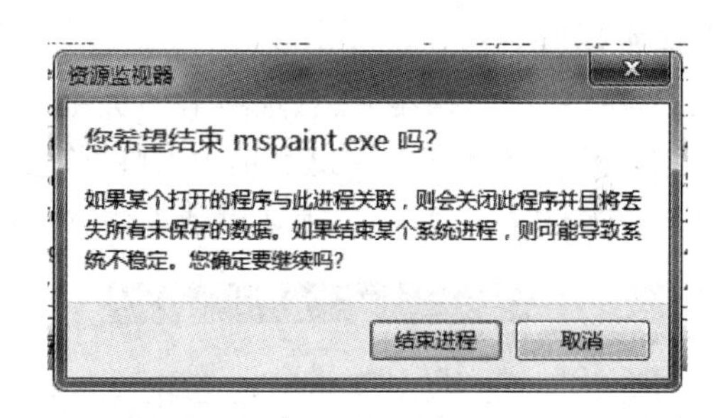

图10.3　结束进程确认对话框

2. 使用“资源监视器”挂起进程

使用“资源监视器”挂起进程的步骤如下。

(1) 首先选择“开始”→“所有程序”→“附件”→“系统工具”→“资源监视器”命令，打开“资源监视器”窗口。

(2) 在“资源监视器”任意选项卡的关键表中的“映像”列中，右击要挂起的进程的可执行文件名，然后在弹出的快捷菜单中选择“挂起进程”命令，如图10.4所示。

(3) 在弹出的挂起进程确认对话框中，确认是否要挂起进程即可，如图10.5所示。挂起的进程在表中显示为蓝色条目，如图10.6所示。

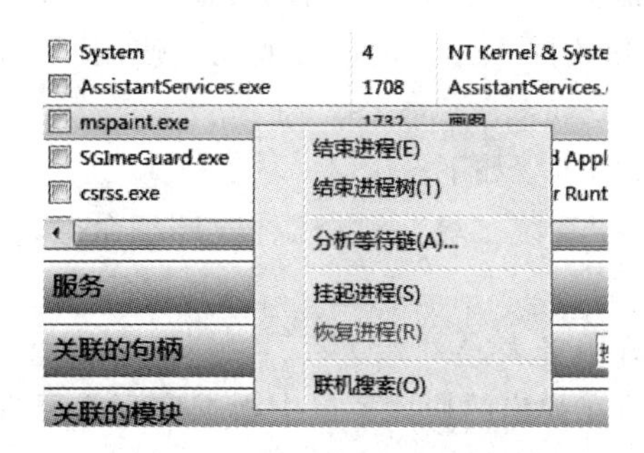

图10.4　选择“挂起进程”命令

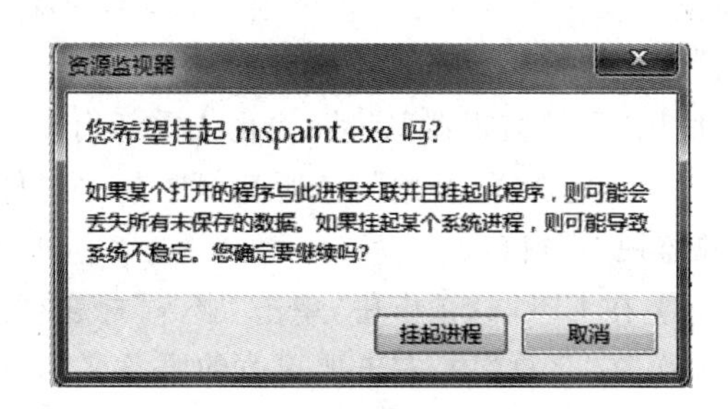

图10.5　挂起进程确认对话框

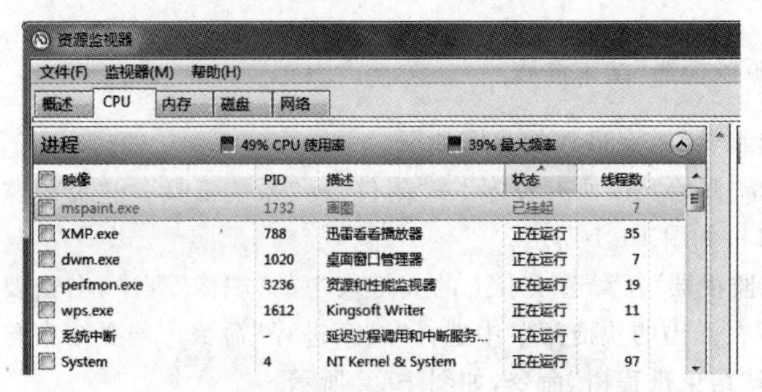

图 10.6　挂起的进程在表中显示为蓝色条目

3. 使用“资源监视器”恢复进程

如果要恢复挂起的进程，方法也很简单，恢复进程的步骤如下。

(1) 首先选择“开始”→“所有程序”→“附件”→“系统工具”→“资源监视器”命令，打开“资源监视器”窗口。

(2) 在“资源监视器”任意选项卡的关键表中的“映像”列中，右击要恢复的程序的可执行文件名，然后在弹出的快捷菜单中选择“恢复进程”命令，如图 10.7 所示。

(3) 在弹出的恢复进程确认对话框中，确认是否要恢复进程即可，如图 10.8 所示。

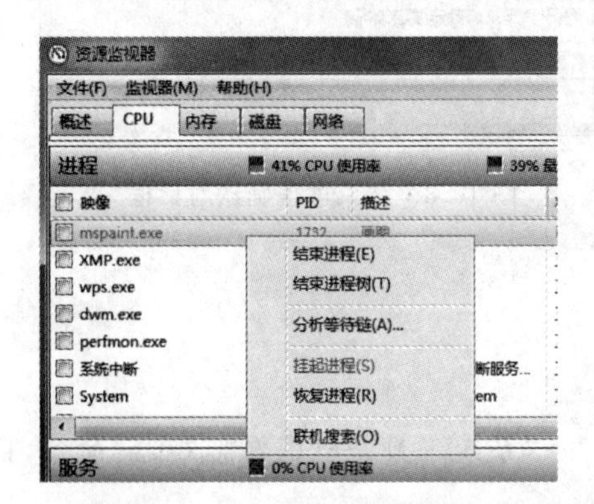

图 10.7　选择“恢复进程”命令

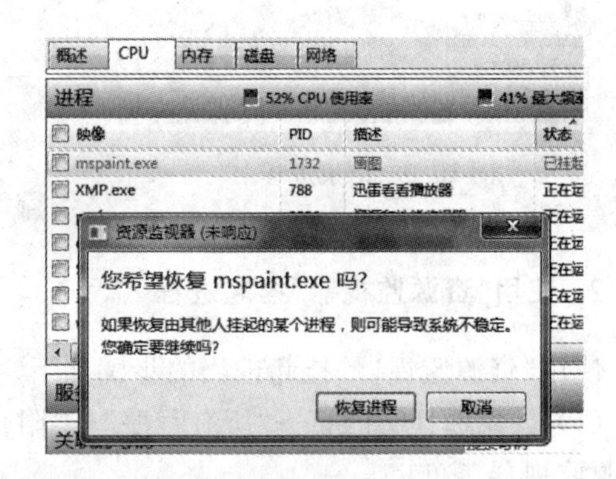

图 10.8　恢复进程确认对话框

4. 使用“资源监视器”控制服务

其他应用程序和服务可能依赖于正在运行的服务。停止或重新启动其他应用程序和服务而正确操作所需的服务可能会导致系统不稳定和数据丢失。用户可能无法使用“资源监视器”停止关键服务。

使用“资源监视器”启动、停止或重新启动服务的步骤如下。

(1) 首先选择“开始”→“所有程序”→“附件”→“系统工具”→“资源监视器”命令，打开“资源监视器”窗口。

(2) 在 CPU 选项卡中，单击“服务”标题栏展开服务表。

(3) 在“名称”中，右击要更改的服务名称，然后在弹出的快捷菜单中根据实际需要选择“停止服务”、“启动服务”或“重新启动服务”命令即可，如图 10.9 所示。

图 10.9 “服务”执行菜单

若要按照服务正在运行还是已经停止对服务进行排序，则单击“状态”列标签进程排序。

10.4.2 备份客户端系统文件

1. 备份文件和计算机

文件备份是存储在与源文件不同位置的文件副本。如果希望跟踪文件的更改，则可以有文件的多个备份。

备份文件的步骤如下。

(1) 选择“开始”→“控制面板”→“系统和安全”→“备份和还原”命令，打开“备份和还原”窗口，如图 10.10 所示。如果是首次进行备份，则需要进行设置。单击“设置备份”链接，打开“设置备份”对话框，选择备份位置，如图 10.11 所示。建议将备份保存在外部硬盘上，以免系统盘损坏后备份数据也无法恢复和使用。

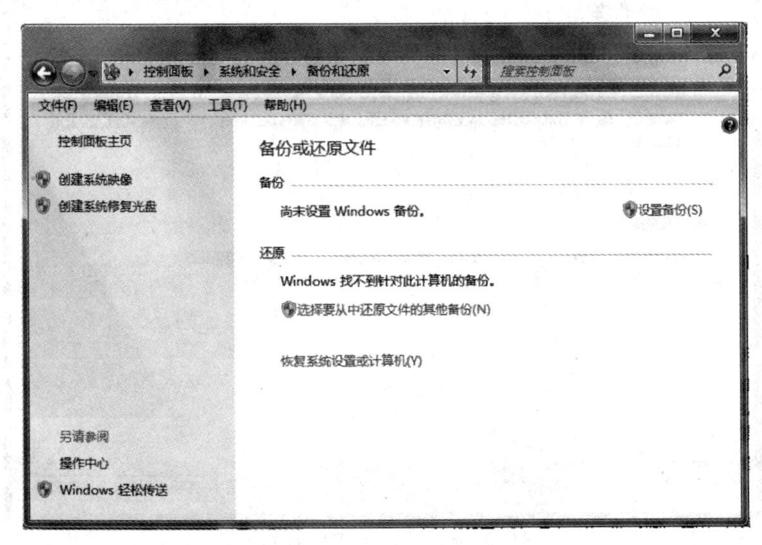

图 10.10 “备份和还原”窗口

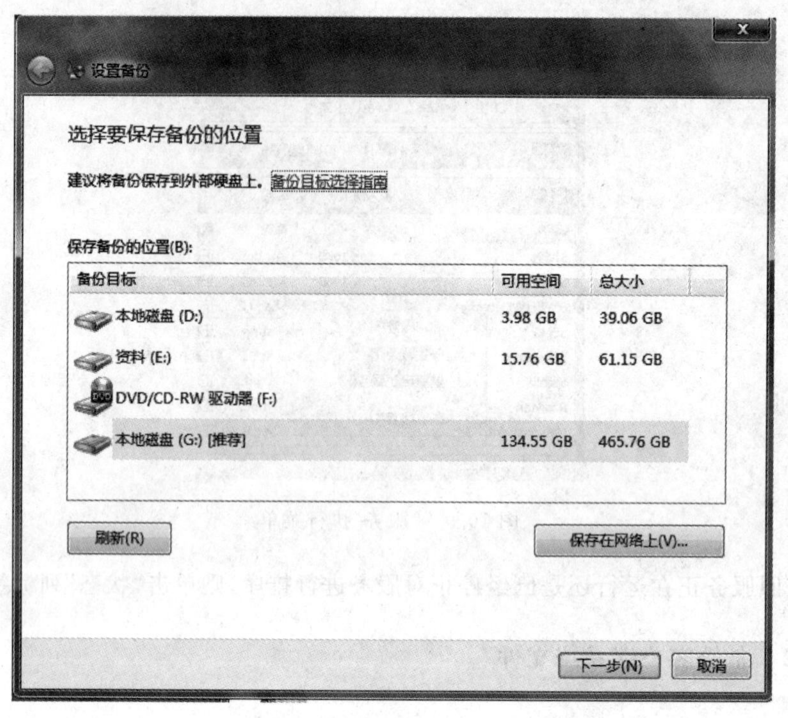

图 10.11 “设置备份”对话框

(2) 选择备份位置完毕后，单击“下一步”按钮，在弹出的对话框中选中“让我选择”单选按钮，如图 10.12 所示，单击“下一步”按钮，在弹出的对话框中选择备份内容。如果外部硬盘空间足够大，还可以选择“包括驱动器 Windows 7 的系统映像”复选框，这样可以将整个 Windows 7 操作系统备份到外部硬盘上，如图 10.13 所示。

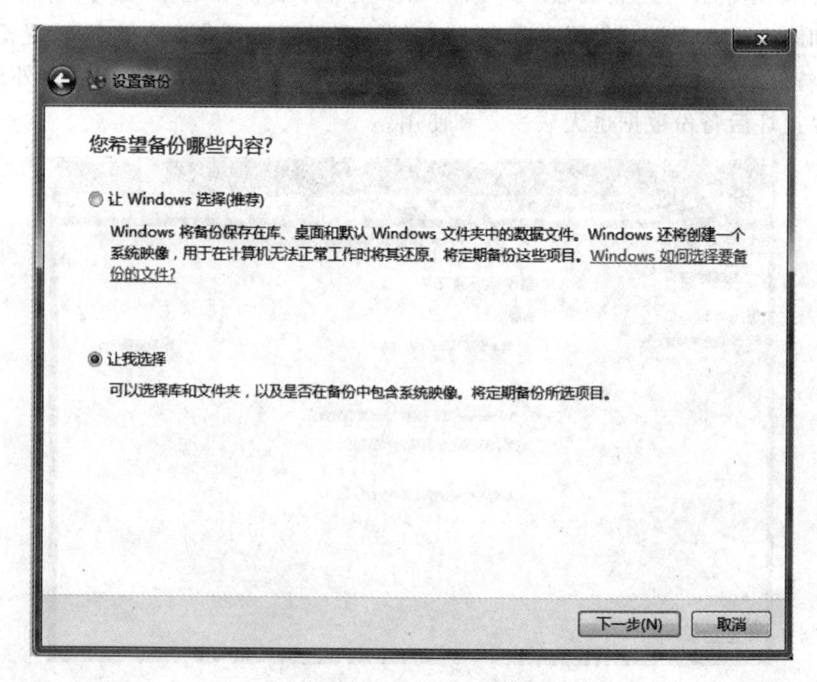

图 10.12 备份内容选择

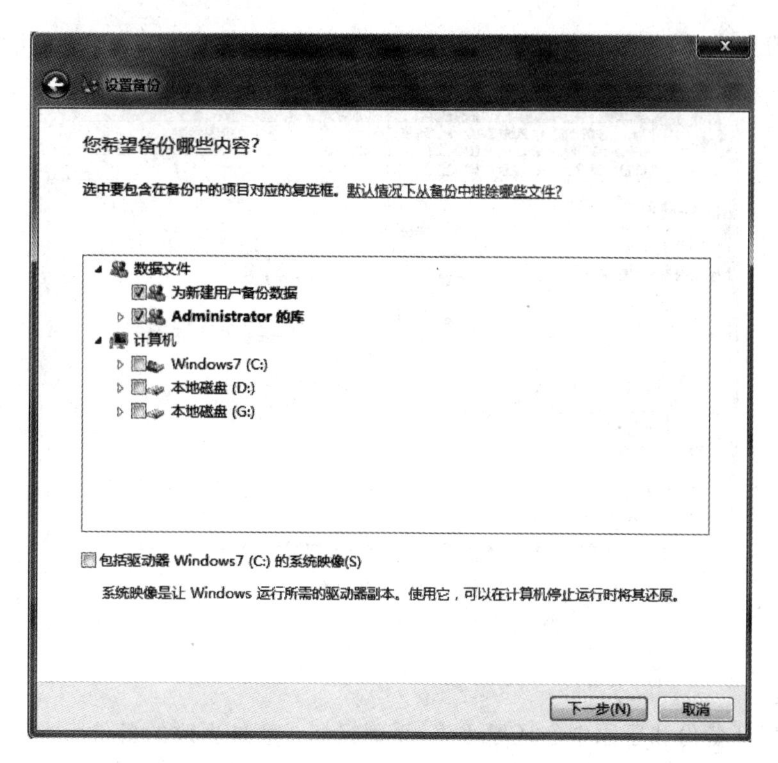

图 10.13　查看备份设置对话框

(3) 选择完毕后，单击“下一步”按钮，弹出“查看备份设置”对话框，确认后，单击“保存设置并运行备份”按钮。

(4) 系统开始备份操作，如图 10.14 所示。

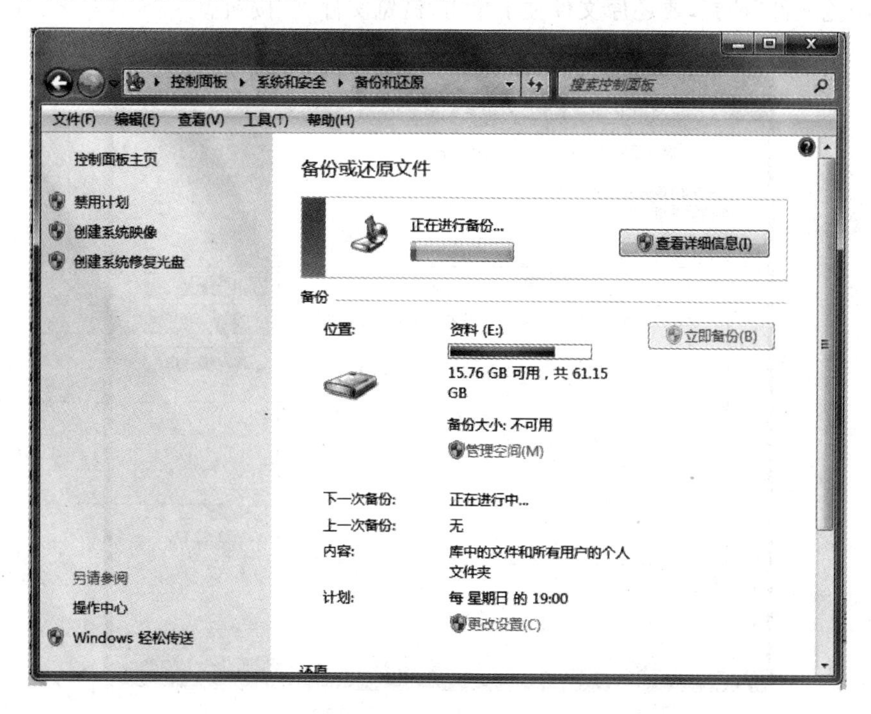

图 10.14　开始备份操作

（5）备份完成后，如图 10.15 所示。

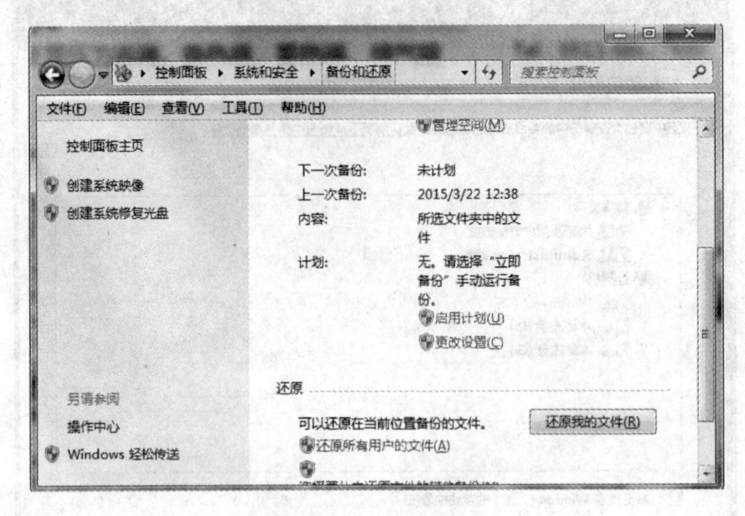

图 10.15　完成备份

2. 从备份还原文件

用户可以从备份和还原中心还原丢失、受到损坏或意外更改的备份版本的文件，还可以还原单独的文件、文件组或者已备份的所有文件，具体步骤如下。

（1）选择"开始"→"控制面板"→"系统和安全"→"备份和还原"命令，打开"备份和还原"窗口。

（2）单击"还原我的文件"按钮，弹出"还原文件"对话框，如图 10.16 所示，要还原文件可单击"浏览文件"按钮，要还原文件夹可单击"浏览文件夹"按钮。

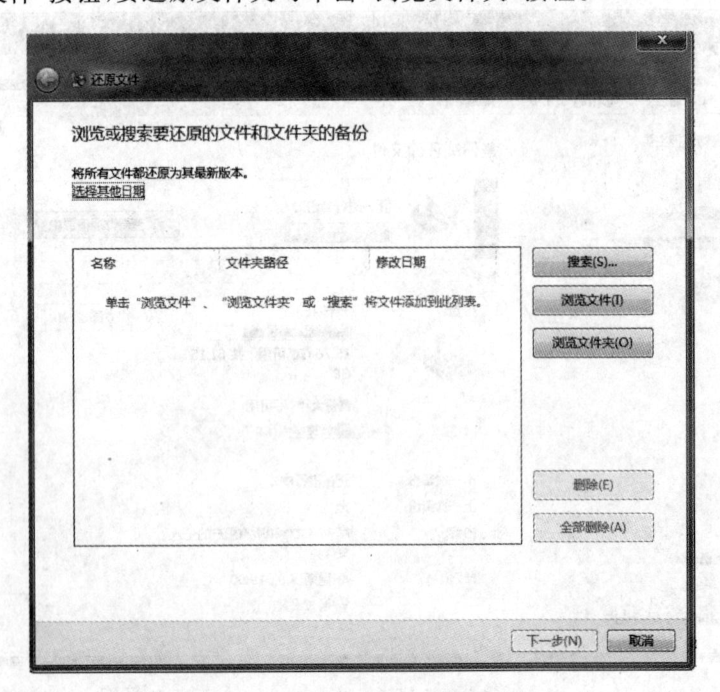

图 10.16　"还原文件"对话框

(3) 选择了要还原的文件后，如图 10.17 所示，单击“下一步”按钮，弹出“您想在何处还原文件”界面，如图 10.18 所示，这里选中“在原始位置”单选按钮，然后单击“还原”按钮，如果原始位置包含此文件，会弹出“复制文件”对话框，提示是否复制和替换，单击“复制和替换”按钮即可完成复制和替换。

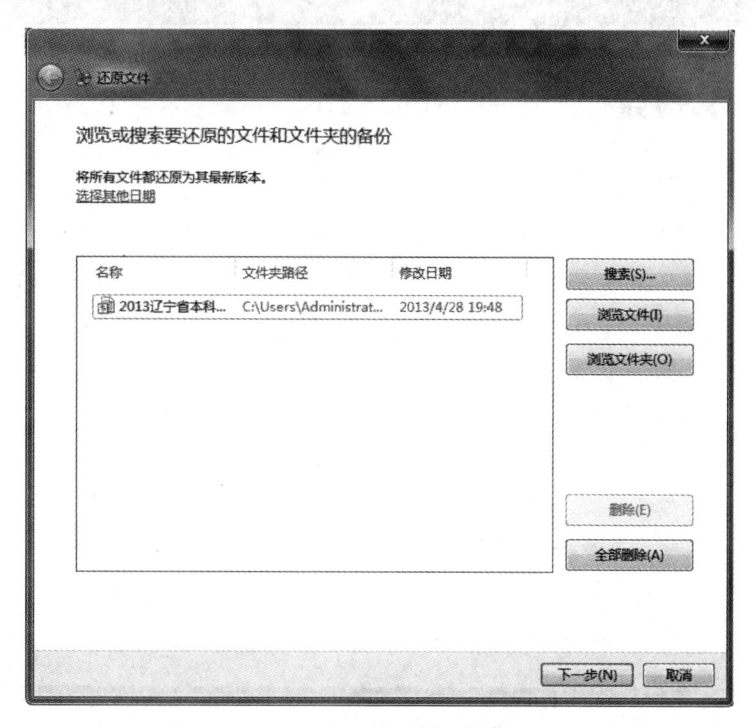

图 10.17　选择要还原的文件

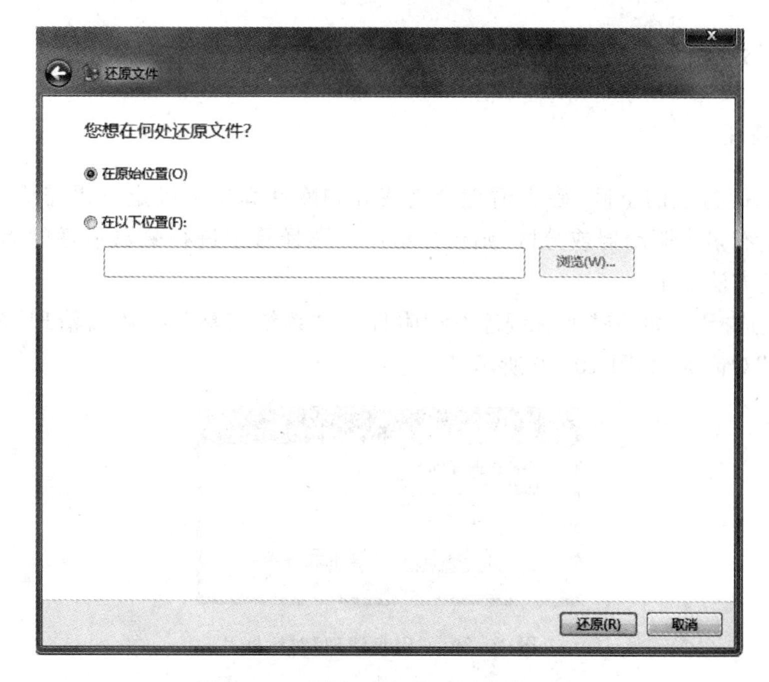

图 10.18　“您想在何处还原文件”界面

(4) 还原完成后,弹出完成提示信息,如图 10.19 所示。

(5) 单击"完成"按钮结束还原过程。

图 10.19　完成提示信息

10.4.3　对客户端系统进行磁盘维护

1. 磁盘清理

为了释放硬盘上的空间,磁盘清理会查找并删除计算机上确定不再需要的临时文件。如果计算机上有多个驱动器或分区,则会提示用户选择希望进行磁盘清理的驱动器。启动"磁盘清理"的方法如下。

(1) 通过选择"开始"→"所有程序"→"附件"→"系统工具"→"磁盘清理"命令,可以打开"磁盘清理"对话框,如图 10.20 所示。

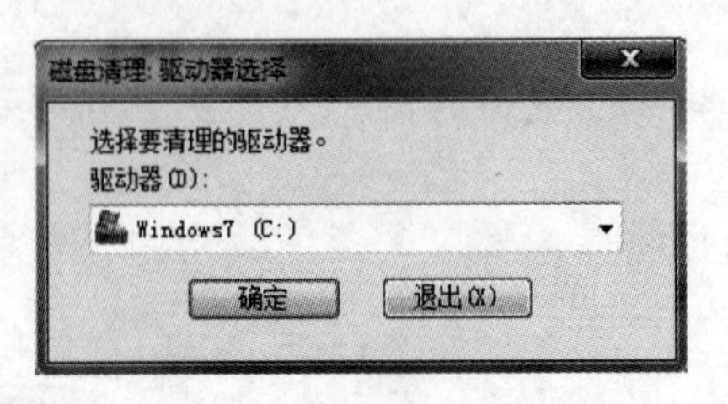

图 10.20　"磁盘清理"对话框

(2) 打开"磁盘清理"对话框的另一种方法是：单击"开始"按钮，在"搜索"框中输入"磁盘清理"，然后在结果列表中双击"磁盘清理"，启动"磁盘清理"工具。

使用磁盘清理删除临时文件的操作步骤如下。

(1) 选择"开始"→"所有程序"→"附件"→"系统工具"→"磁盘清理"命令，打开"磁盘清理"工具，在"驱动器"下拉列表框中选择要清理的驱动器，然后单击"确定"按钮，需要进行几分钟的扫描，如图 10.21 所示，然后弹出"磁盘清理"对话框，如图 10.22 所示。

图 10.21 磁盘清理扫描

(2) 选中要删除的临时文件对应的复选框，单击"确定"按钮，弹出确认删除对话框，如图 10.23 所示。

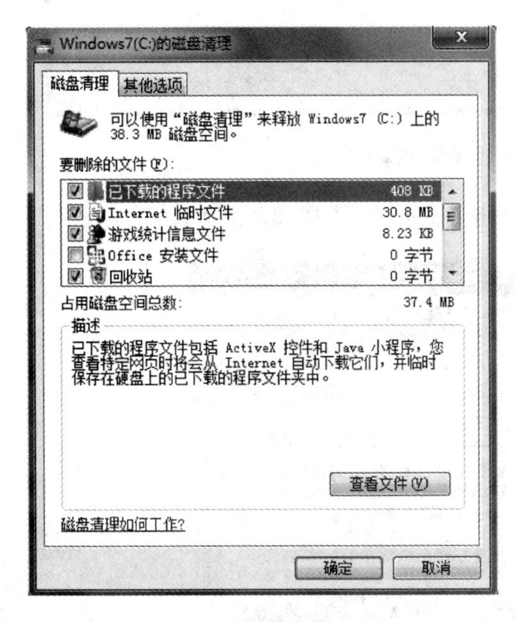

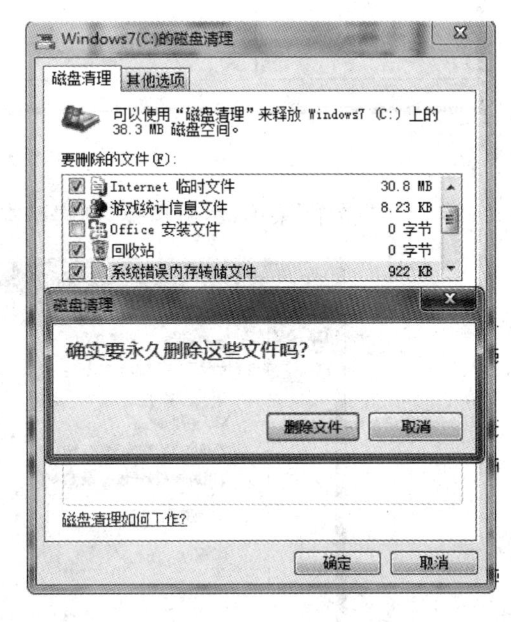

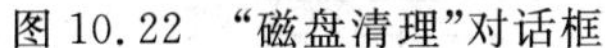

图 10.22 "磁盘清理"对话框　　　　图 10.23 确认删除对话框

(3) 单击"删除文件"按钮，将会删除选择的临时文件，单击"取消"按钮，将会取消删除操作。

磁盘清理是一种用于删除计算机上不再需要的文件并释放硬盘空间的方法。计划定期运行磁盘清理可以省去用户必须记住要运行磁盘清理的麻烦。定期运行磁盘清理的操作步骤如下。

(1) 选择"开始"→"所有程序"→"附件"→"系统工具"→"任务计划程序"命令，打开"任务计划程序"窗口，如图 10.24 所示。如果系统提示用户输入管理员密码或进行确认，则需输入密码或提供确认。

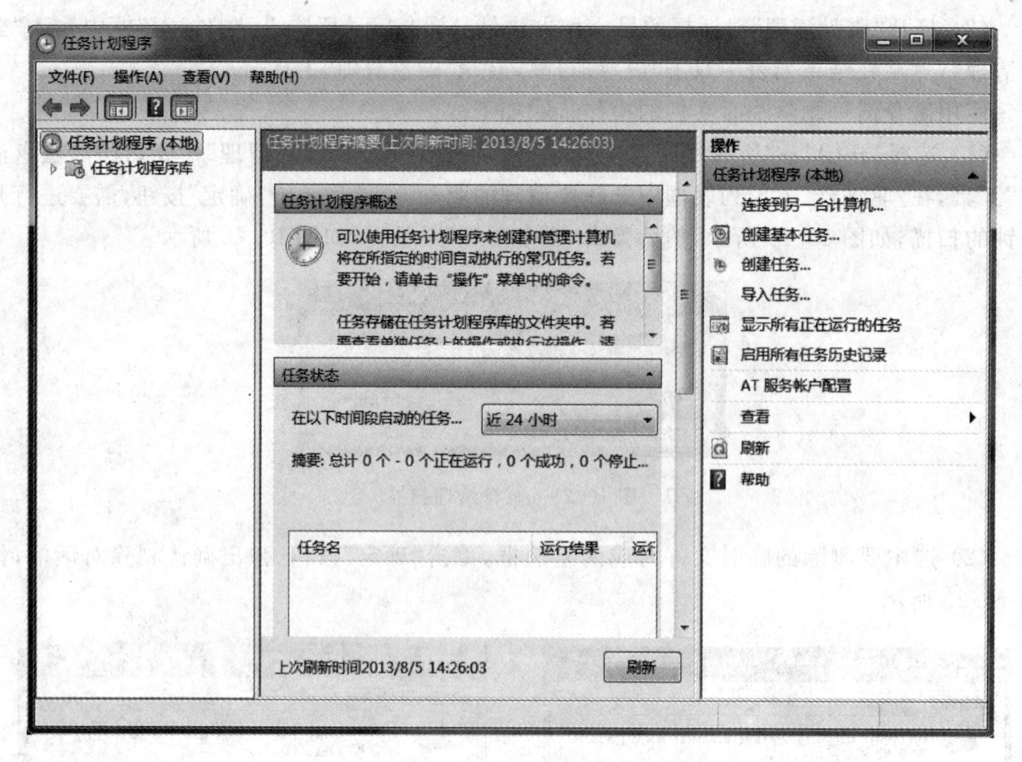

图 10.24 "任务计划程序"窗口

(2) 单击"操作"菜单，然后选择"创建基本任务"命令，如图 10.25 所示。

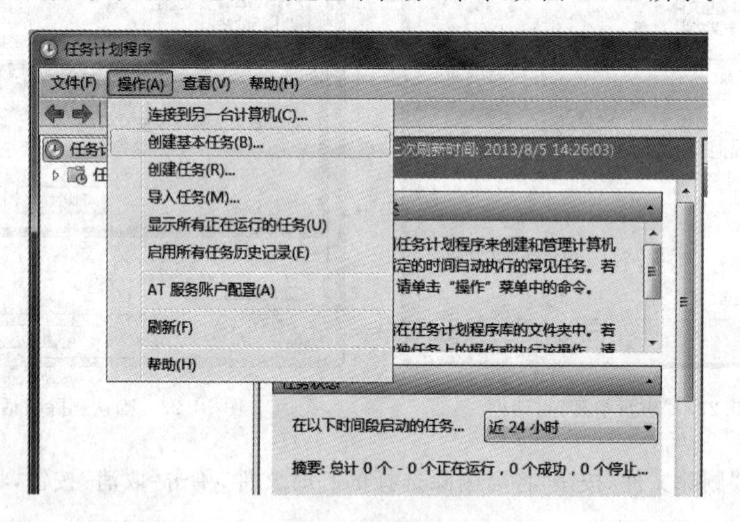

图 10.25 创建基本任务

(3) 弹出"创建基本任务"对话框，在此输入任务的名称和描述(可选)，然后单击"下一步"按钮，如图 10.26 所示。

(4) 弹出"任务触发器"对话框，若要根据日历选择计划，则选中"每天"、"每周"、"每月"或"一次"单选按钮，然后单击"下一步"按钮，如图 10.27 所示。

(5) 在弹出的对话框中，指定要使用的计划，然后单击"下一步"按钮，如图 10.28 所示。

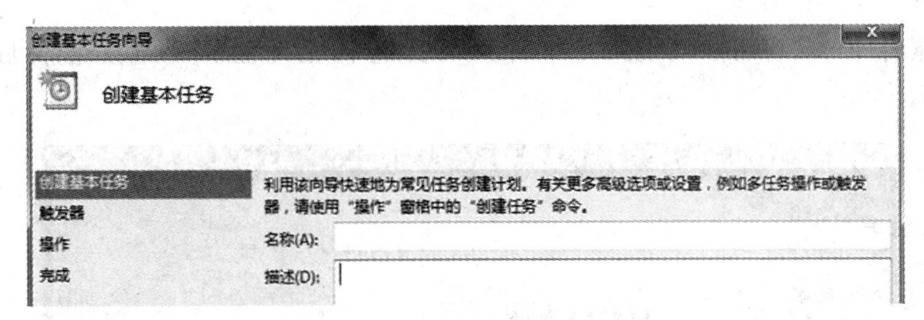

图 10.26　输入任务的名称和描述

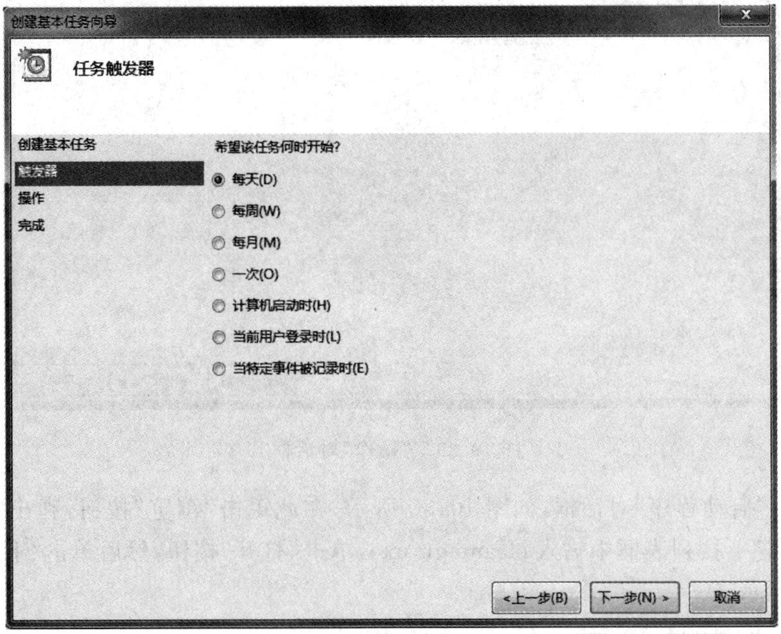

图 10.27　“任务触发器”对话框

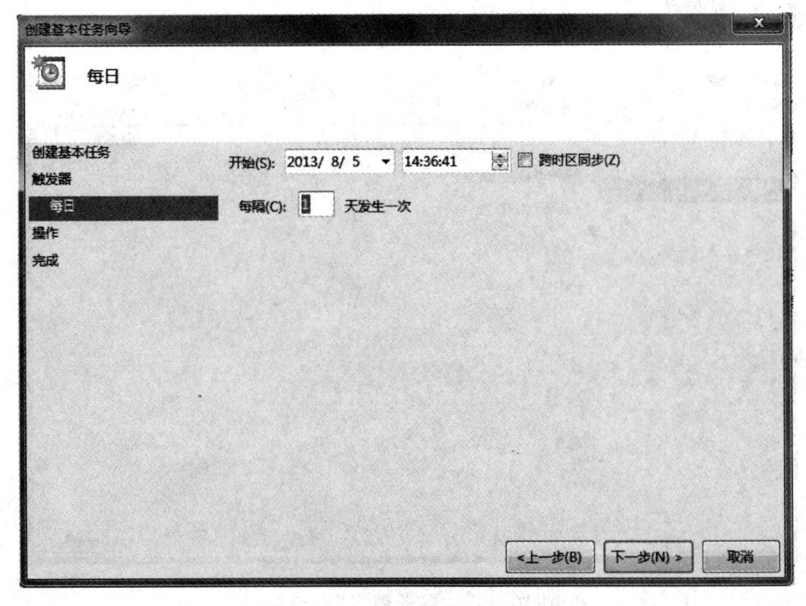

图 10.28　指定要使用的计划

(6) 弹出"操作"对话框，如图 10.29 所示，在此选中"启动程序"单选按钮，然后单击"下一步"按钮。

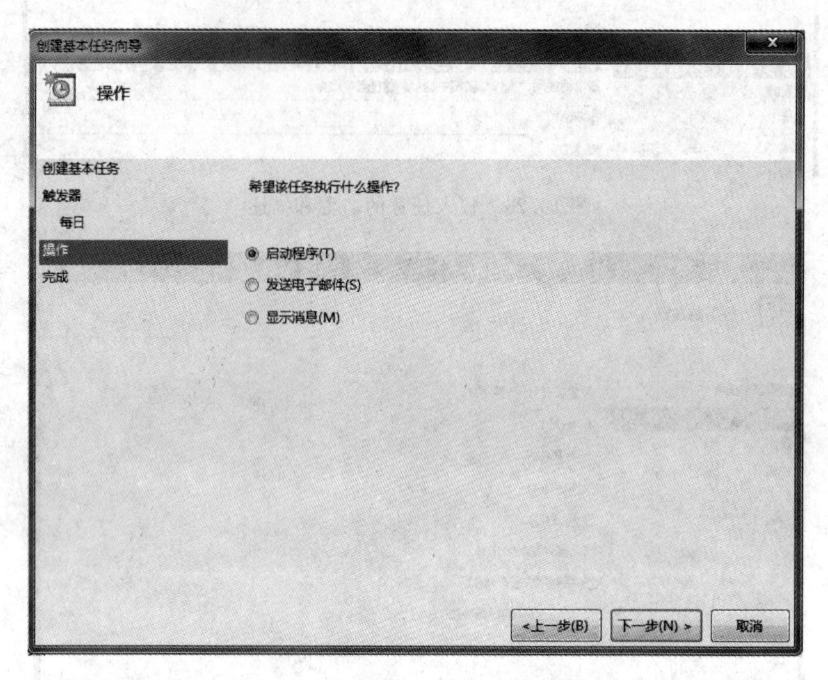

图 10.29 "操作"对话框

(7) 弹出"启动程序"对话框，如图 10.30 所示，在此单击"浏览"按钮，弹出"打开"对话框，在"文件名"下拉列表框中输入 cleanmgr.exe，单击"打开"按钮，然后单击"下一步"按钮，如图 10.31 所示。

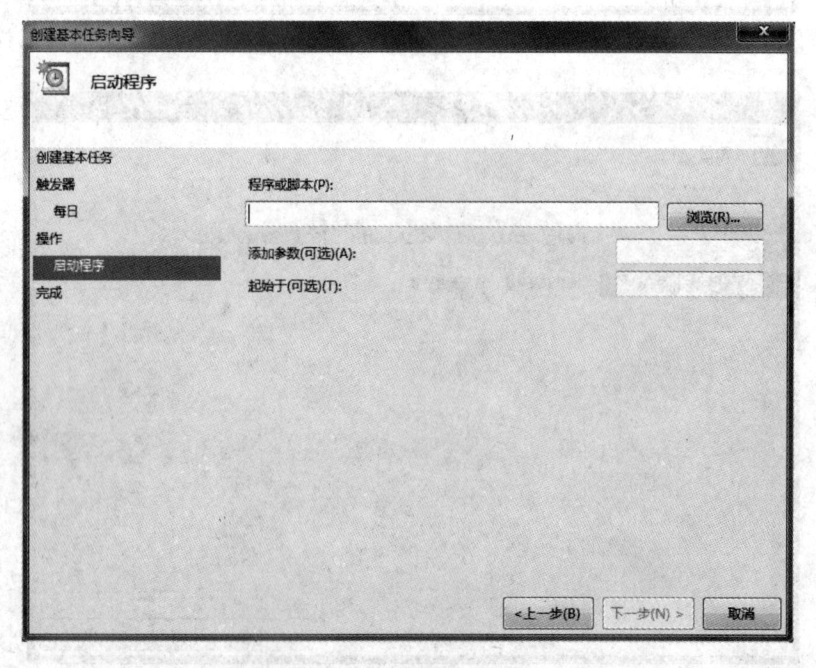

图 10.30 "启动程序"对话框

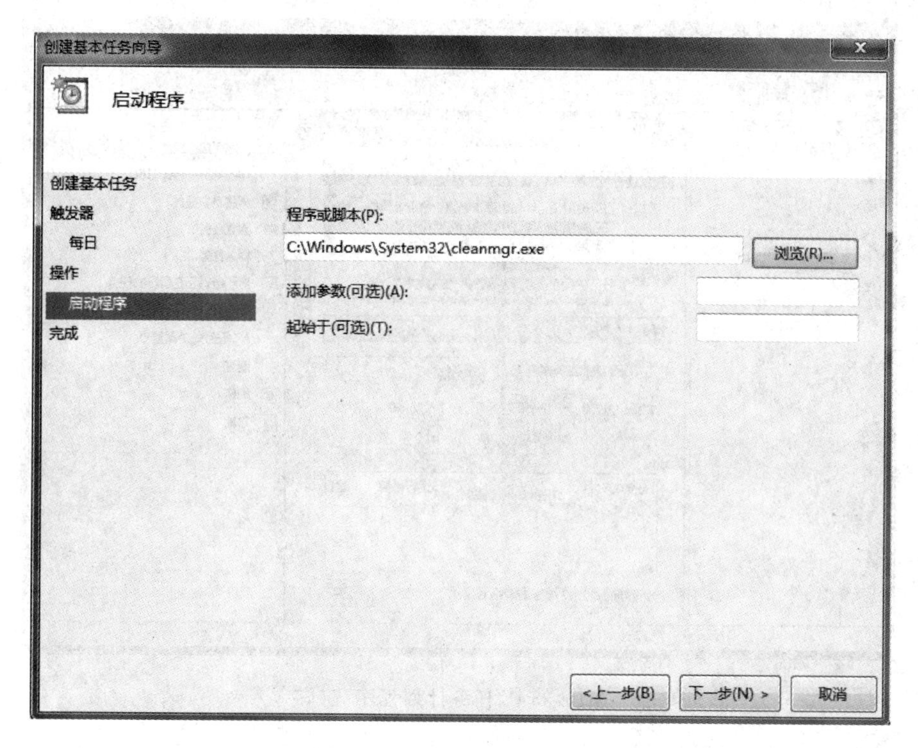

图 10.31　打开 cleanmgr. exe

(8) 在弹出的"摘要"对话框中,如图 10.32 所示,单击"完成"按钮完成计划,返回"任务计划程序"窗口,如图 10.33 所示。

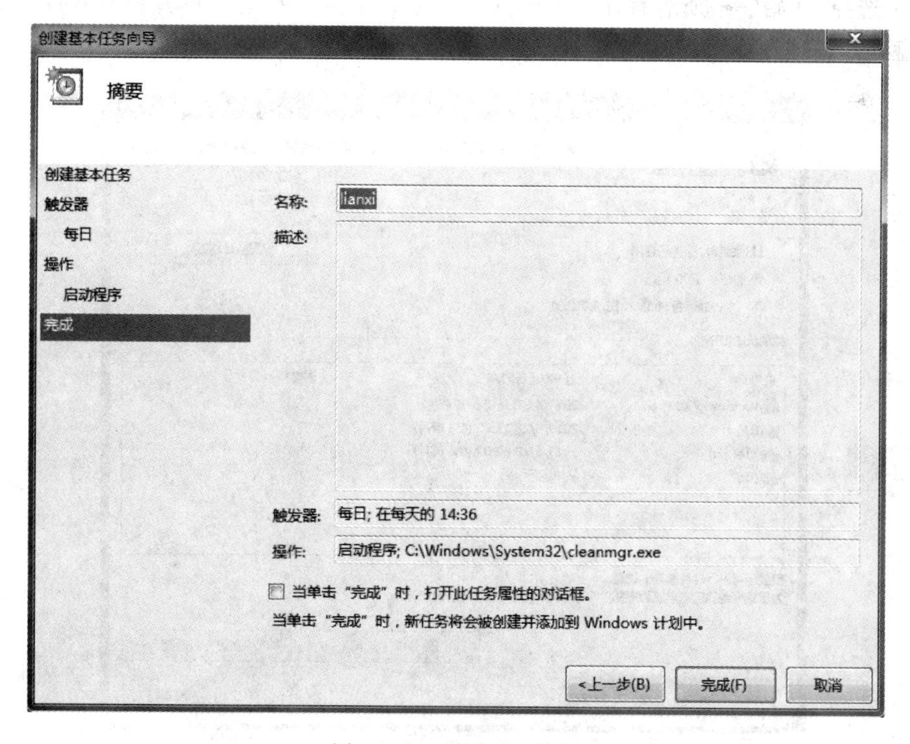

图 10.32　"摘要"对话框

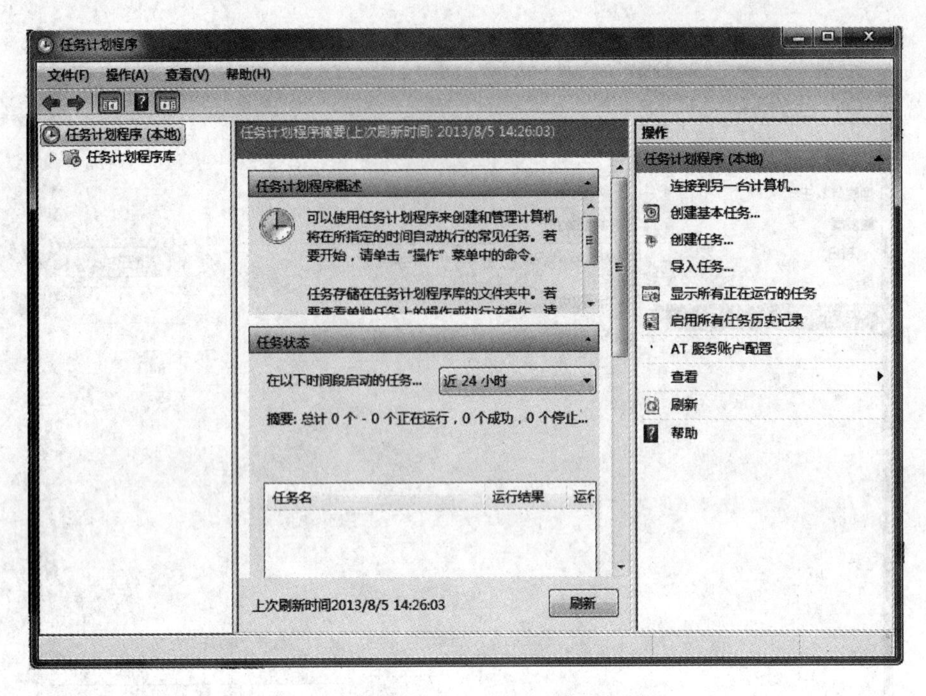

图 10.33 "任务计划程序"窗口

2．磁盘碎片整理

手动进行硬盘碎片整理的步骤如下。

(1) 选择"开始"→"所有程序"→"附件"→"系统工具"→"磁盘碎片整理程序"命令，打开"磁盘碎片整理程序"窗口，如图 10.34 所示。

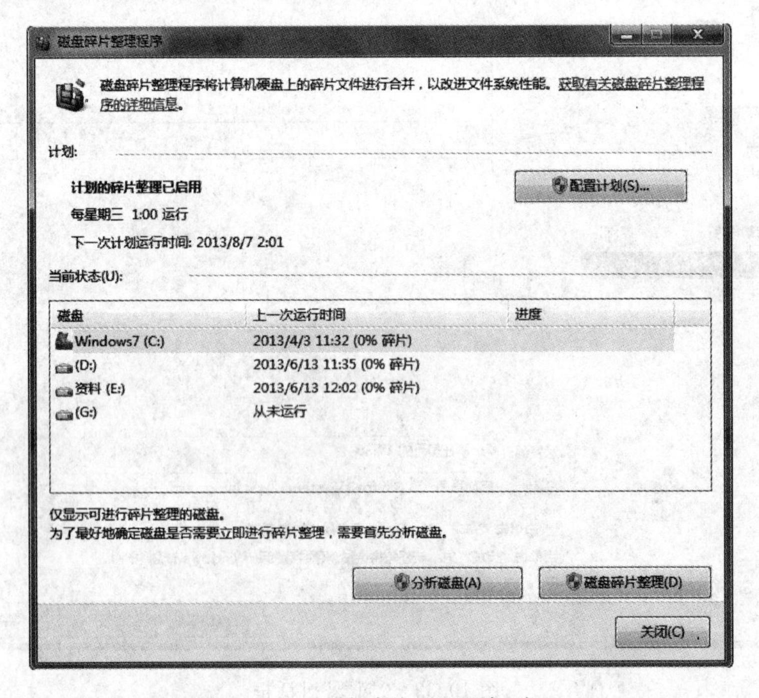

图 10.34 "磁盘碎片整理程序"窗口

(2) 首先选择要整理碎片的磁盘,然后单击“分析磁盘”按钮,分析磁盘上的碎片情况,分析完成后,会将磁盘碎片百分比显示在“当前状态”区域中,单击“磁盘碎片整理”按钮,则立即开始分析并进行磁盘碎片的整理工作,如图 10.35 所示。磁盘碎片整理程序可能需要几分钟到几小时才能完成,具体取决于硬盘碎片的大小和程度。在磁盘碎片整理过程中,仍然可以使用计算机。

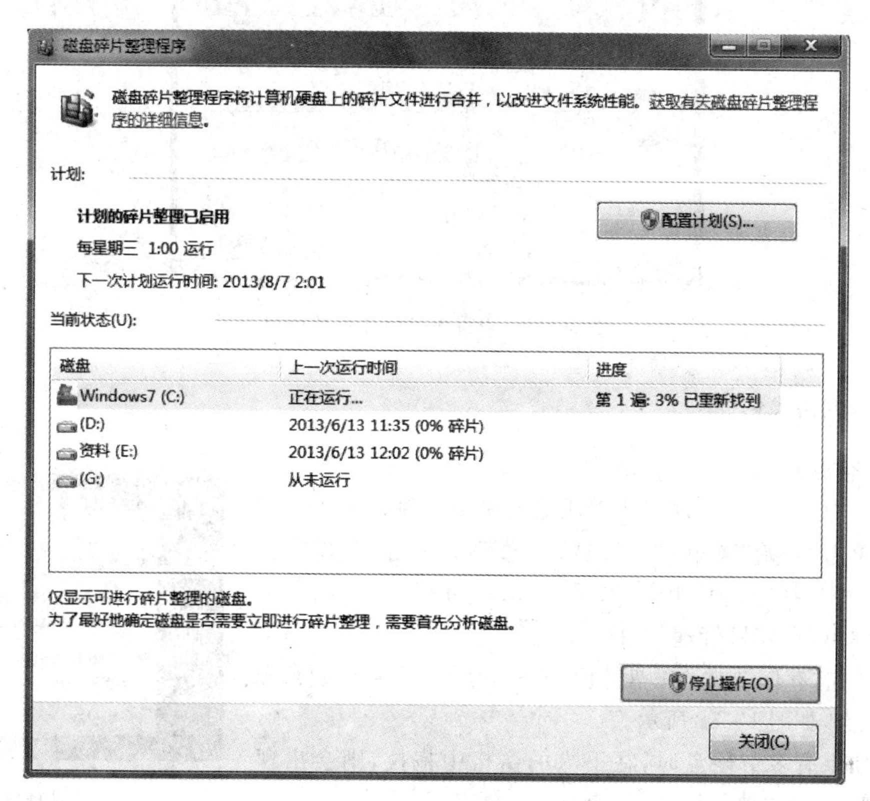

图 10.35　开始整理磁盘碎片

使用磁盘碎片整理程序可以重新排列碎片数据,以便硬盘能够更有效地工作。在 Windows 7 中,打开计算机后,磁盘碎片整理程序会以定期的时间间隔运行,因此用户无须记住要运行它。

磁盘碎片整理程序设置为每周运行,以确保磁盘碎片得到整理。用户无须做其他任何事情。但是,可以更改磁盘碎片整理程序运行的频率和运行的时间,具体的操作步骤如下。

(1) 选择“开始”→“所有程序”→“附件”→“系统工具”→“磁盘碎片整理程序”命令,打开“磁盘碎片整理程序”窗口。

(2) 单击“配置计划”按钮,弹出“磁盘碎片整理程序:修改计划”对话框,在此对话框中,选择要进行碎片整理的频率、日期、时间、磁盘,然后单击“确定”按钮返回“磁盘碎片整理程序”窗口,如图 10.36 所示。

(3) 再次在“磁盘碎片整理程序”窗口单击“确定”按钮完成整个设置过程。

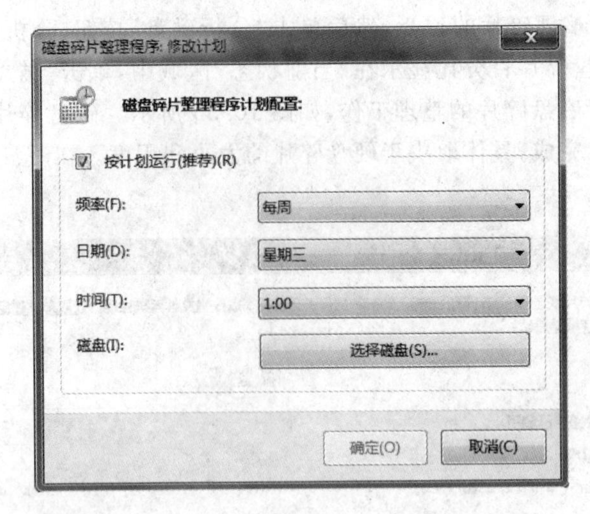

图 10.36　设置磁盘碎片整理计划

3. 磁盘格式化

(1) 查看磁盘

通过“计算机管理”窗口查看磁盘的操作步骤如下。

① 单击“开始”菜单，在“计算机”选项上右击，在弹出的快捷菜单中选择“管理”命令，如图 10.37 所示。

② 弹出“计算机管理”窗口。

③ 单击“存储”中的“磁盘管理”选项，则会出现目前硬盘和分区的状态，如图 10.38 所示。

④ 如果有多个硬盘时，在下方的窗格中拖拉，则会出现所有磁盘（包括本地的硬盘、U 盘）的状态。

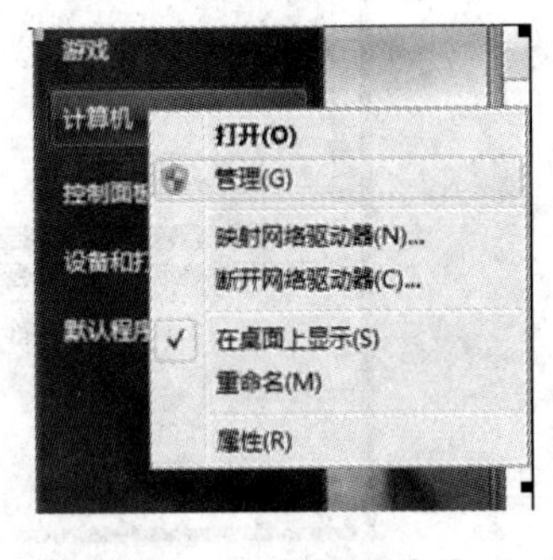

图 10.37　“管理”命令

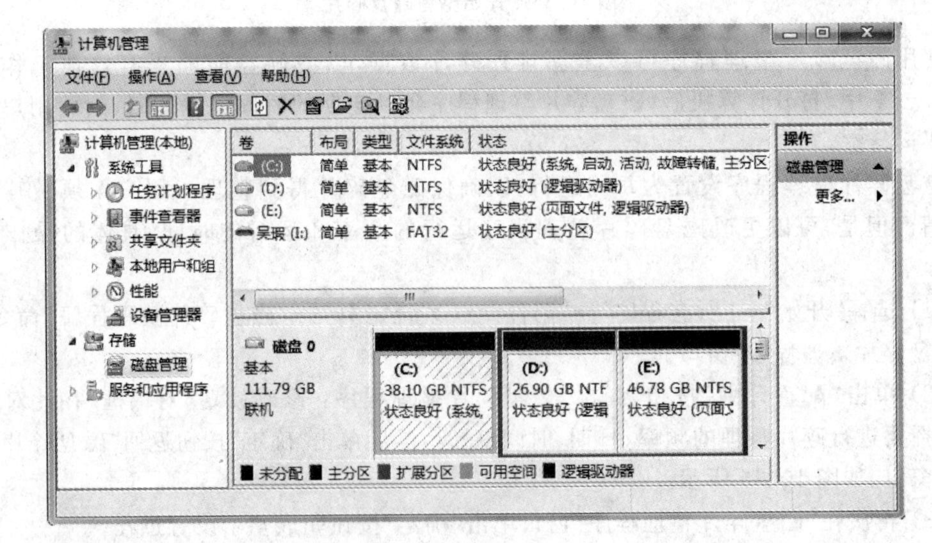

图 10.38　“磁盘管理”界面

（2）格式化磁盘

格式化会将该分区上所有的数据删除，操作步骤如下。

① 如果要将某分区直接格式化，可以右击该分区，在弹出的快捷菜单中选择“格式化”命令，如图 10.39 所示。

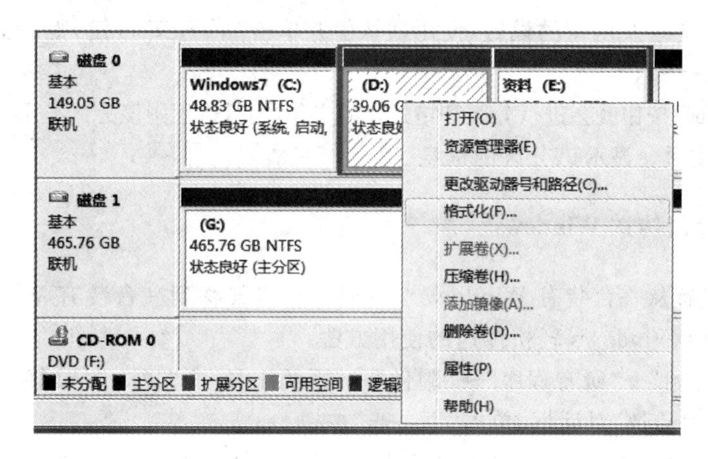

图 10.39　“格式化”命令界面

② 单击后就会出现“格式化”对话框。

③ 在“格式化”对话框中可以选择文件系统的格式、分配单元的大小、是否执行快速格式化以及压缩的设置，单击“确定”按钮后会出现警告对话框。

④ 继续单击“确定”按钮，格式化完成后该分区会出现状态“良好”的字样。

（3）分割磁盘并格式化

如果硬盘的空间较大，若希望在上面建立多个磁盘（分区）进行格式化，操作步骤如下。

① 首先在 D 盘分区上右击，在弹出的快捷菜单中选择“删除卷”命令。注意：U 盘上一般无法分割多个分区。

② 弹出警告对话框，如图 10.40 所示。

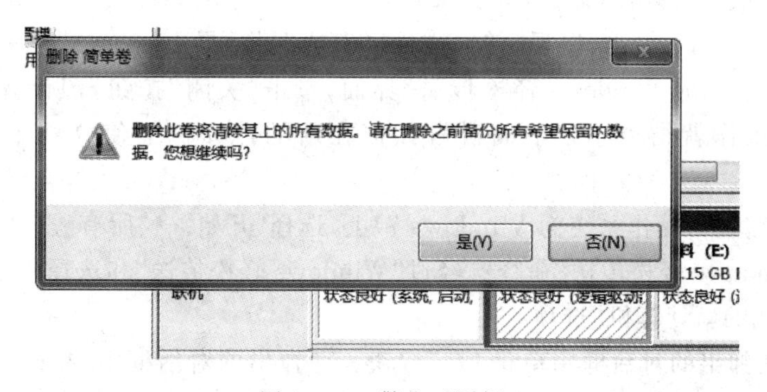

图 10.40　警告对话框

③ 单击“是”按钮，则该分区就会被删除，在原分区的位置上会显示“未分配”。

④ 接着在“未分配”的分区上右击，在弹出的快捷菜单中选择“新建简单卷”命令。

⑤ 弹出“新建简单卷向导”对话框。

⑥ 单击“下一步”按钮，弹出“磁盘分区大小设置”对话框。

⑦ 输入该磁盘区的大小，并单击“下一步”按钮，弹出指定磁盘驱动器代号的设置对话框。

⑧ 单击“下一步”按钮，则会出现“格式化设置”对话框。

⑨ 在这个对话框中可以选择文件系统格式（NTFS 或是 FAT32）、配置单元的大小、是否运行快速格式化以及压缩的设置，使用默认值并单击“下一步”按钮，则会出现“完成配置”对话框。

⑩ 单击“完成”按钮就会进行分区和格式化的操作，运行过程中该分区显示“正在格式化”。

⑪ 分割完成后会显示该分区的信息。

10.4.4 轻松传送 Windows

以把个人设置从一台装有 Windows 7 的旧计算机转移到一台装有 Windows 7 的新计算机为例，来介绍 Windows 轻松传送的使用方法。

(1) 选择“开始”→“所有程序”→“附件”→“系统工具”→“Windows 轻松传送”命令，打开“Windows 轻松传送”对话框，单击“下一步”按钮。

(2) 在弹出的“选择传送方式”对话框中，要求用户选择 Windows 轻松传送方法。

(3) 用户可以根据实际情况进行选择。如果有串行口的双机连线，可以选用第一项“轻松传送电缆”；如果两台计算机在同一局域网络中，可以选择第二项“网络”；如果有 USB 闪存盘、外接硬盘可以选择第三项“外部硬盘或 USB 闪存驱动器”。这里选择“外部硬盘或 USB 闪存驱动器”。弹出“您现在使用的是哪台计算机”界面，这里选择“这是我的旧计算机”选项。

(4) 弹出“选择要从此计算机传送的内容”界面，在此选择要从此计算机传送的内容，然后单击“下一步”按钮，弹出的对话框要求输入密码，并保存进行传送的文件和设置。不设置密码就保持密码设置文本框为空就行，单击“保存”按钮，弹出“保存轻松传送文件”对话框，在此选择保存位置，注意保存位置是外部硬盘或 USB 闪存驱动器。

(5) 保存完成后，弹出对话框，提示保存完成。

(6) 单击“下一步”按钮，出现“传输文件已完成”提示界面。单击“下一步”按钮，出现“已在此计算机上完成 Windows 轻松传送”界面，单击“关闭”按钮，旧计算机上的个人设置和文件收集工作就结束了。下面讲解如何在新的计算机上使这些个人设置和文件生效。

(7) 在新计算机（操作系统为 Windows 7）上，选择“开始”→“所有程序”→“附件”→“系统工具”→“Windows 轻松传送”命令。经过“Windows 轻松传送”和选择传送方法的对话框后，选择“这是我的新计算机”选项。

(8) 此时在弹出的对话框中单击“是”按钮。在弹出的对话框中，在此选择外接硬盘上保存的 Windows 轻松传送文件，单击“打开”按钮，弹出“选择要传送到该计算机的内容”界面，在此选择要传送到该计算机上的内容。

(9) 选择完成后，单击“传送”按钮开始传送。传送完成后，出现提示传送完成的对话框。单击“关闭”按钮，完成整个传送过程。

10.4.5　使用系统还原保护客户端系统

1. 打开或关闭系统还原

系统还原定期跟踪计算机的系统文件的更改，使用名为系统保护的功能定期创建还原点。系统保护在默认情况下，会在计算机的所有硬盘上打开。用户可以选择在哪些磁盘上打开系统保护。

关闭磁盘的系统保护会删除该磁盘的所有还原点。在用户重新打开系统保护并创建还原点之前，无法还原磁盘。

打开或关闭特定磁盘的系统保护的步骤如下。

(1) 选择"开始"→"所有程序"→"附件"→"系统工具"→"系统还原"命令，打开"系统还原"对话框，如图 10.41 所示。

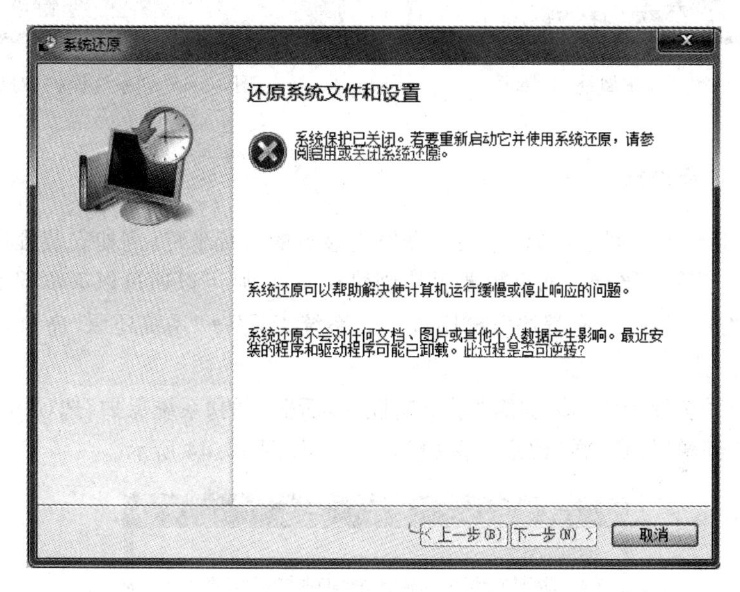

图 10.41　"系统还原"对话框

(2) 单击"系统保护"链接，打开"系统属性"对话框，切换到"系统保护"选项卡；或者选择"开始"→"控制面板"→"系统和安全"→"系统"命令，打开"系统"窗口，单击左侧的"系统保护"选项，也可以打开"系统属性"对话框中的"系统保护"选项卡，如图 10.42 所示。

(3) 若要打开硬盘的系统保护，应选中需要系统保护的磁盘，然后单击"配置"按钮，打开"系统保护"对话框，在此选中"还原系统设置和以前版本的文件"或者"仅还原以前版本的文件"单选按钮，然后单击"确定"按钮，即可打开该磁盘的系统保护，如图 10.43 所示。

(4) 若要关闭硬盘的系统保护，则在"系统保护"对话框中选中"关闭系统保护"单选按钮，然后单击"确定"按钮即可。

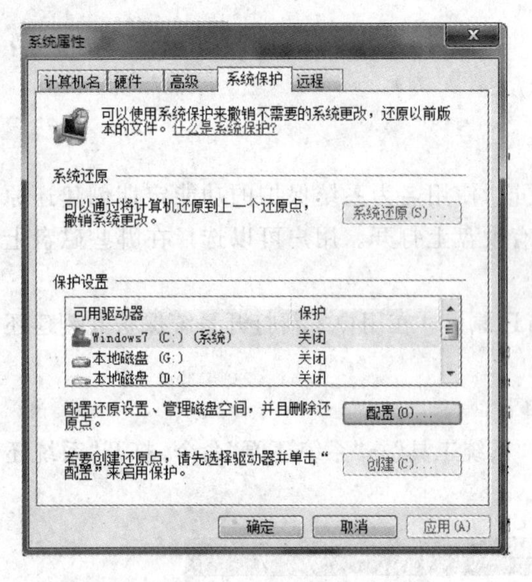

图 10.42 “系统属性”对话框

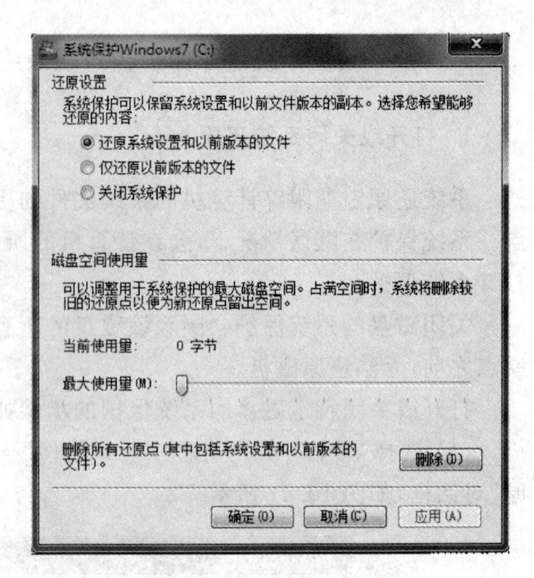

图 10.43 “系统保护”对话框

2. 创建系统还原点

系统每天都会自动创建还原点，还有在发生显著的系统事件(例如安装程序或设备驱动程序)之前也会创建还原点。如果想要手动创建还原点，则可以通过以下步骤实现。

(1) 选择“开始”→“所有程序”→“附件”→“系统工具”→“系统还原”命令，打开“系统保护”对话框。

(2) 单击“系统保护”链接，打开“系统属性”对话框中的“系统保护”选项卡。

(3) 单击“创建”按钮，弹出“系统保护”对话框，如图 10.44 所示。

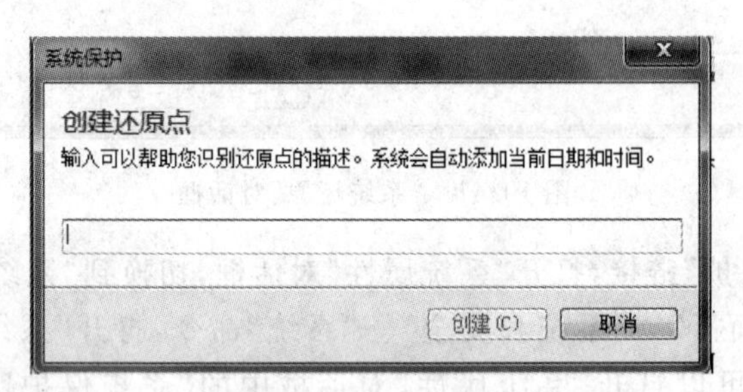

图 10.44 “创建还原点”对话框

(4) 在“系统保护”对话框中，输入描述，然后单击“创建”按钮，开始创建系统还原点，如图 10.45 所示。系统还原点创建成功后，会弹出提示信息，如图 10.46 所示。

图 10.45 开始创建系统还原点

图 10.46 成功创建系统还原点

3. 进行系统还原

如果尝试使用系统还原来修复问题，系统还原的操作步骤如下。

(1) 选择“开始”→“所有程序”→“附件”→“系统工具”→“系统还原”命令，打开“系统还原”对话框，如图 10.47 所示。

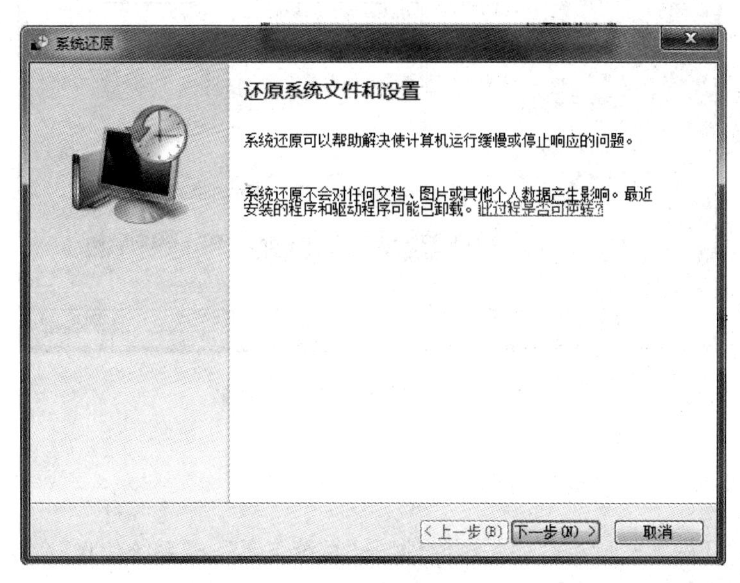

图 10.47　“系统还原”对话框

(2) 单击“下一步”按钮，弹出“选择还原点”对话框，如图 10.48 所示。

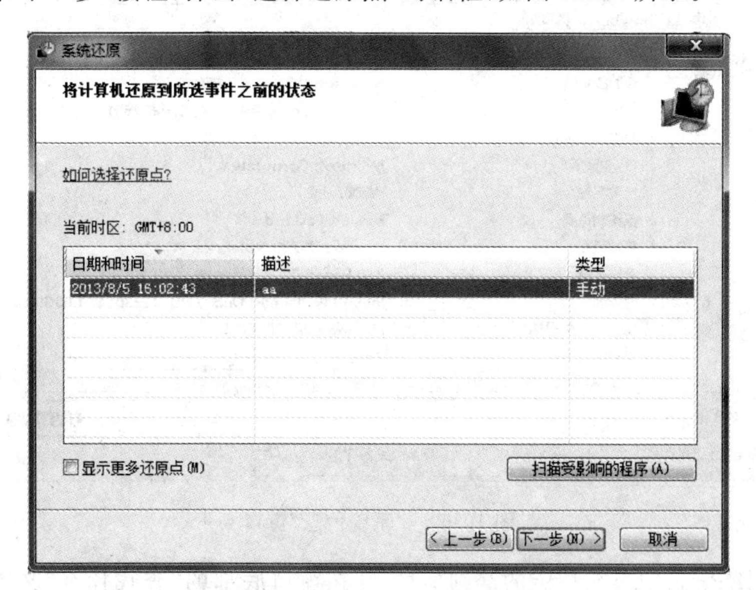

图 10.48　“如何选择还原点”对话框

(3) 选择完毕后，单击“下一步”按钮，弹出“确认还原点”对话框，如图 10.49 所示。

(4) 然后单击“完成”按钮，计算机将重新启动，进行系统还原。系统还原完成后，可以看到成功完成系统还原的提示信息。

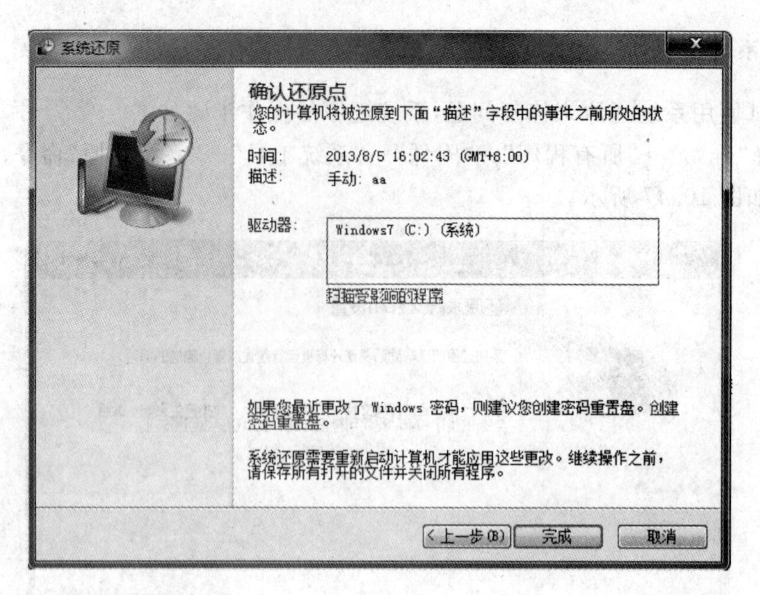

图 10.49 "确认还原点"对话框

10.4.6 获取客户端系统信息

通过选择"开始"→"所有程序"→"附件"→"系统工具"→"系统信息"命令，可以打开"系统信息"窗口，如图 10.50 所示。

系统信息

文件(F) 编辑(E) 查看(V) 帮助(H)

系统摘要
- 硬件资源
- 组件
- 软件环境

项目	值
OS 名称	Microsoft Windows 7 旗舰版
版本	6.1.7601 Service Pack 1 内部版本 7601
其他 OS 描述	不可用
OS 制造商	Microsoft Corporation
系统名称	WUXIA-PC
系统制造商	Hewlett-Packard
系统模式	Presario V3700 Notebook PC
系统类型	X86-based PC
处理器	Intel(R) Pentium(R) Dual CPU T2330 @ 1.60GHz，16(
BIOS 版本/日期	Phoenix F.2B, 2008/5/7
SMBIOS 版本	2.4

查找什么(W): 查找(D) 关闭查找(C)

只搜索所选的类别(S) 只搜索类别名称(R)

图 10.50 "系统信息"窗口

若要在系统信息中查找特定的详细信息，则在窗口底部的"查找什么"文本框中输入用户要查找的信息。例如，若要查找计算机的 Internet 协议(IP)地址，则在"查找内容"框中输入"IP 地址"，然后单击"查找"按钮，开始查找。

查找到 IP 地址后，显示结果在右侧窗格中，如图 10.51 所示。

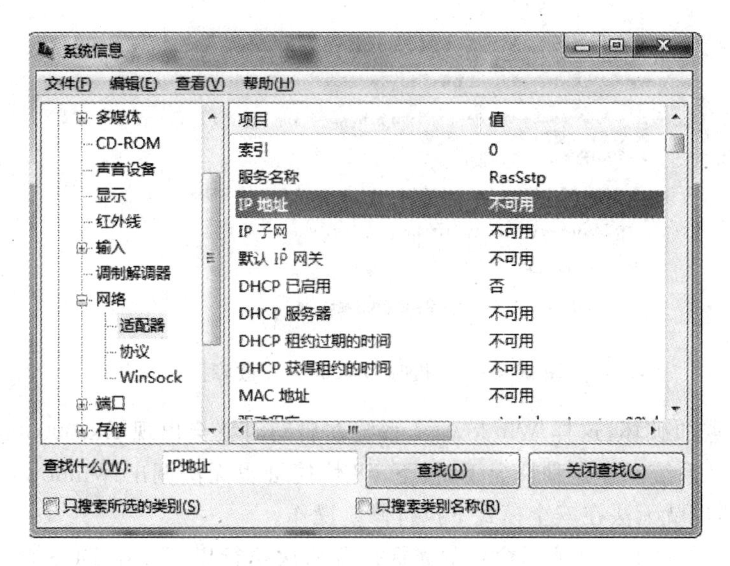

图 10.51　查找的 IP 地址结果

10.4.7　硬盘主引导记录故障处理

故障表现：开机后出现类似 press F11 start to system restore 的错误提示。

原因分析：许多一键 Ghost 之类的软件，为了达到优先启动的目的，在安装时往往会修改硬盘主引导记录 MBR，这样在开机时就会出现相应的启动菜单信息，不过要是此类软件有缺陷或与 Windows 7 系统不兼容，就非常容易导致 Windows 7 系统无法正常启动。

解决方法：对于硬盘主引导记录(即 MBR)的修复操作，利用 Windows 7 系统安装光盘中自带的修复工具——Bootrec. exe 即可轻松解决此故障。其具体操作步骤是：先以 Windows 7 系统安装光盘启动计算机，当光盘启动完成之后，按 Shift＋F10 键调出命令提示符窗口并输入 DOS 命令“bootrec /fixmbr”，如图 10.52 所示，然后按下回车键，按照提示完成硬盘主引导记录的重写操作就可以了。

图 10.52　MBR 故障处理

10.4.8　系统开机不能正常登录故障处理

故障表现：开机时不能正常地登录系统，而是直接弹出如图 10.53 所示的 Oxc000000e 故障提示。

原因分析：由于安装或卸载某些比较特殊的软件，往往会对 Windows 7 系统的引导程

Windows 启动管理器

Windows 未能启动。原因可能是最近更改了硬件或软件。解决此问题的步骤：

1. 插入 Windows 安装光盘并重新启动计算机。
2. 选择语言设置，然后单击"下一步"。
3. 单击"修复计算机"。

如果没有此光盘，请与您的系统管理员或计算机制造商联系，以获得帮助。

文件：\windows\system32\winload.exe

状态：0xc000000e

信息：无法加载所选项，因为应用程序丢失或损坏。

图 10.53　开机时 Oxc000000e 故障提示

序造成非常严重的破坏，这样 Windows 7 系统在启动时就会出现 Oxc000000e 错误从而导致无法正常启动系统。在这种情况下，按下 F8 快捷键也无法调出 Windows 7 系统的高级启动菜单，当然也就无法在安全模式下执行修复操作。

解决方法：在图 10.52 所示窗口的光标位置依次执行以下 5 条 DOS 命令，如图 10.54 所示，C 盘是 Windows 7 系统所安装的系统盘，命令如下所示。

```
C:
cd windowssystem32
bcdedit /set {default} osdevice boot
bcdedit /set {default} device boot
bcdedit /set {default} detecthal 1
```

注意：如果大家没有 Windows 7 系统安装光盘，亦可进入 Windows PE 环境中执行上述 5 条 DOS 命令。

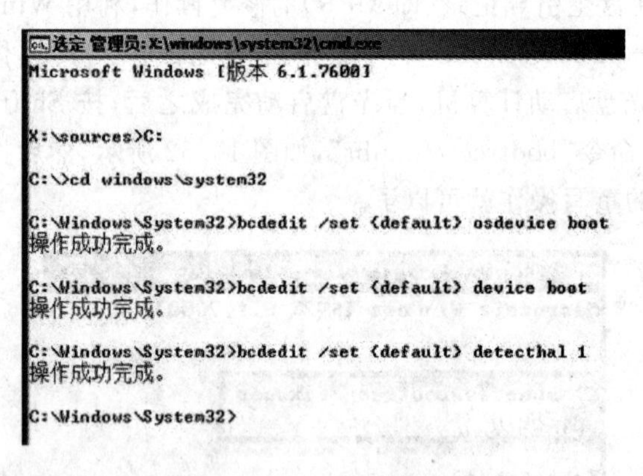

图 10.54　DOS 命令界面

10.4.9　开机的时候出现 BOOTMGR is compressed 故障

故障表现：该故障和 BOOTMGR is missing 类似，同样是开机无法登录系统而只出现 BOOTMGR is compressed 错误提示，如图 10.55 所示。

原因分析：这种故障产生的原因是对系统盘进行了压缩。

解决方法：以 Windows PE 启动系统，运行其自带的命令提示符工具并依次执行以下

```
BOOTMGR is compressed
Press Ctrl+Alt+Del to restart
```

图 10.55　BOOTMGR is compressed 错误提示

DOS 命令：

```
c:
cd windowssystem32
compact /u /a /f /i /s c: *
```

执行完上述 DOS 命令后，命令提示符工具就会开始 C 盘文件的完全解压操作，然后重启系统，即可正常登录 Windows 7 系统了。

客户端系统操作的项目总结

本项目中一共包含10个子项目,分别是系统的安装和升级、系统中的硬件管理、屏幕和窗口设置、用户和权限管理、文件和文件夹管理、软件的管理和使用、网络设置和应用、系统的安全防范、常用工具的使用、系统的维护和故障处理。

- 客户端操作系统的安装、配置和维护
  - 子项目1：系统的安装和升级
    - 任务1：Windows 7系统安装
    - 任务2：升级到Windows 7系统
  - 子项目2：系统中的硬件管理
    - 任务1：安装非即插即用型硬件
    - 任务2：安装和配置显卡
  - 子项目3：屏幕和窗口设置
    - 任务1：更改Windows 7的颜色设置
    - 任务2：更改Windows 7的桌面背景
    - 任务3：设置Windows 7的屏幕保护程序
    - 任务4：更改Windows 7的音效
    - 任务5：更改Windows 7的鼠标形状和大小
    - 任务6：设置Windows 7的小工具
  - 子项目4：用户和权限管理
    - 任务1：创建、切换和修改用户账户
    - 任务2：设置用户权限
    - 任务3：更改用户账户密码
    - 任务4：更换用户图标
    - 任务5：创建密码重置盘
    - 任务6：删除、激活或禁用用户账户
    - 任务7：创建、添加和删除本地组
    - 任务8：家长控制的设置和操作
  - 子项目5：文件和文件夹管理
    - 任务1：利用“计算机”或“Windows资源管理器”打开文件
    - 任务2：更改文件的显示方式
    - 任务3：更改文件的排列方式
    - 任务4：新建文件夹
    - 任务5：重命名文件与文件夹
    - 任务6：复制文件与文件夹
    - 任务7：移动文件与文件夹
    - 任务8：删除或还原文件与文件夹
    - 任务9：查找文件与文件夹
    - 任务10：隐藏文件与文件夹
    - 任务11：压缩文件与文件夹
    - 任务12：文件和文件夹的权限设置
  - 子项目6：软件的管理和使用
    - 任务1：应用软件的安装和卸载
    - 任务2：设置软件的兼容性

客户端操作系统的安装、配置和维护（续）

- 子项目 7：网络设置和应用
  - 任务 1：单一计算机上网
  - 任务 2：多台计算机上网
  - 任务 3：无线上网设置
  - 任务 4：家庭组的使用
  - 任务 5：IE 浏览器的使用
  - 任务 6：Windows Mail 的安装、设置和操作
  - 任务 7：联系人和日历的设置
- 子项目 8：系统的安全防范
  - 任务 1：Windows Defender 的启动和设置
  - 任务 2：操作中心的设置
- 子项目 9：常用工具的使用
  - 任务 1：使用功能强大的写字板
  - 任务 2：使用 Windows 语音识别
  - 任务 3：使用贴心小助手——便笺
  - 任务 4：使用放大镜放大世界
  - 任务 5：使用屏幕键盘
  - 任务 6：使用强大的计算器
  - 任务 7：使用讲述人“听”故事
  - 任务 8：使用超强媒体预览——Windows Media Player 12
  - 任务 9：使用 Windows Media Center
- 子项目 10：系统的维护和故障处理
  - 任务 1：监控客户端系统的系统资源
  - 任务 2：备份客户端系统文件
  - 任务 3：对客户端系统进行磁盘维护
  - 任务 4：轻松传送 Windows
  - 任务 5：使用系统还原保护客户端系统
  - 任务 6：获取客户端系统信息
  - 任务 7：硬盘主引导记录(MBR)故障处理
  - 任务 8：系统开机不能正常登录故障处理
  - 任务 9：开机的时候出现 BOOTMGR is compressed 故障

参考文献

[1] 马开颜. 计算机应用基础综合实训(Windows 7＋Office 2010)[M]. 3 版. 北京：高等教育出版社，2014.

[2] 杨宏，黄杰，施一飞. 实用计算机技术实训教程(Windows 7＋Office 2013)[M]. 北京：人民邮电出版社，2014.

[3] 李畅. 计算机应用基础习题与实验教程(Windows 7＋Office 2010)[M]. 北京：人民邮电出版社，2013.

[4] 武马群. 计算机应用基础(Windows 7＋Office 2010)(双色版)[M]. 北京：人民邮电出版社，2014.

[5] 施博资讯. Windows 7 标准教程[M]. 北京：海洋出版社，2012.

[6] 朱凤明，王如荣. 计算机应用基础：Windows 7＋Office 2010[M]. 北京：化学工业出版社，2013.

[7] 张思卿. 计算机应用基础项目化教程(Windows 7＋Office 2007 版)[M]. 北京：化学工业出版社，2013.

[8] 博智书苑. 新手学 Windows 7 完全学习宝典[M]. 上海：上海科学普及出版社，2012.

[9] 何振林. 大学计算机基础——基于 Windows 7 和 Office 2010 环境[M]. 3 版. 北京：中国水利水电出版社，2014.

[10] 羊四清. 大学计算机基础实验教程(Windows 7＋Office 2010 版)[M]. 北京：中国水利水电出版社，2013.

[11] 丁超，侯发忠. 大学计算机基础(Windows 7＋Office 2010)[M]. 北京：人民邮电出版社，2014.

[12] 孟敬. 计算机应用基础(Windows 7＋Office 2010)[M]. 北京：人民邮电出版社，2014.

[13] 吴俊强. 计算机应用基础(Windows 7＋Office 2010)[M]. 南京：东南大学出版社，2013.

[14] 郭增欣. 电脑新手入门与提高(Windows 7 版)[M]. 北京：中国铁道出版社，2012.

[15] 李义官. Windows 7 中文版[M]. 南京：东南大学出版社，2010.

[16] 苏风华. 中文版 Windows 7 从入门到精通[M]. 上海：上海科普出版社，2013.

[17] 文杰书院. 新手学电脑入门与提高(Windows 7＋Office 2010 版)[M]. 北京：化学工业出版社，2011.

[18] 徐辉. 大学计算机应用基础(Windows 7＋Office 2010)[M]. 北京：北京理工大学出版社，2014.